应用型本科规划教材|机器人技术及应用

机电一体化系统设计

荆学东　编著

上海科学技术出版社

内 容 提 要

本书结合应用型教材的编写要求和编写团队多年来从事电气控制技术的研发经验编写而成。全书围绕“机电一体化系统设计”这个核心，首先介绍机电一体化系统的概念、分类、组成、关键技术、主要应用领域等，然后介绍其结构类型、控制电机及常用执行器的选型和控制方法、常用参量的检测，最后基于前述各方面基础知识，给出小型、中型及大型机电一体化系统的设计方法，即本书第 7 章可视作第 2～6 章相关内容的具体应用。

本书可用作应用型本科院校机器人技术相关专业教材，也可供机电一体化系统从业人员学习参考。

图书在版编目（CIP）数据

机电一体化系统设计 / 荆学东编著. -- 上海 : 上海科学技术出版社, 2023.1
应用型本科规划教材. 机器人技术及应用
ISBN 978-7-5478-5860-8

Ⅰ. ①机… Ⅱ. ①荆… Ⅲ. ①机电一体化－系统设计－高等学校－教材 Ⅳ. ①TH-39

中国版本图书馆CIP数据核字(2022)第166092号

机电一体化系统设计
荆学东　编著

上海世纪出版(集团)有限公司
上 海 科 学 技 术 出 版 社　出版、发行
(上海市闵行区号景路 159 弄 A 座 9F - 10F)
邮政编码 201101　www.sstp.cn
上海锦佳印刷有限公司印刷
开本 787×1092　1/16　印张 18.75
字数：470 千字
2023 年 1 月第 1 版　2023 年 1 月第 1 次印刷
ISBN 978 - 7 - 5478 - 5860 - 8/TH・97
定价：75.00 元

丛书前言

当前，机器人技术、人工智能技术和先进制造系统相结合，促进了智能制造系统的产生和发展，并成为现代制造业发展的必然趋势。在汽车制造业、装备制造业、电子制造业等智能制造系统中，以工业机器人为中心的机器人工作站成为连接制造系统中各个制造单元的关键环节。机器人工作站的开发和使用需要高水平应用型人才，机器人工程专业正是为了满足此类人才培养需求而开设，它属于典型的新工科专业之一，是为了适应以新技术、新产业、新业态和新模式为特征的新型制造业的发展需求而设立的。本套丛书就是为培养高水平应用型机器人工程专业人才而组织撰写。

工业机器人的应用，就是根据焊接、喷涂、装配、码垛等作业需求，通过选择作业机器人、配置机器人作业外围设备、开发机器人工作站控制系统，完成机器人工作站的开发。机器人工程专业毕竟是新兴专业，其专业内涵已经不是传统的机械工程专业或自动化专业所能够覆盖，也不是在这两个专业原有课程体系的基础上增加机器人技术课程就能够体现。应用型机器人工程专业的课程体系需要以开发机器人工作站为目标进行重新构建。在这个新的课程体系中，除了高等数学、线性代数、大学物理等学科基础课外，核心专业基础课和专业课程还包括：电气控制技术及 PLC 应用，机电一体化系统设计，机器人焊接、喷涂与激光加工工艺及设备，机器人末端执行器、作业工装及输送设备设计，工业机器人技术及应用。这 5 门课程的内容，体现了机械工程、控制科学与工程、信息技术的交叉融合。

开发机器人工作站需要把机器人与外围设备相集成，目前应用最多的技术是 PLC 技术，因此，开设“电气控制技术及 PLC 应用”课程成为必然。此外，工业机器人工作站是典型的机电一体化系统，它也包括电气控制系统、检测系统和机械系统，因此，开设“机电一体化系统设计”这门课，也是为开发机器人工作站提供基本的方法和技术手段。另外，要完成机器人工作站开发，设计人员需要掌握与机器人作业相关的工艺，典型的工艺包括焊接工艺、喷涂工艺、装配工艺等，设计人员也需要熟悉与这些作业有关的设备，因此，“机器人焊接、喷涂与激光加工工艺及设备”课程就是为这一目的而开设的。此外，工业机器人要完成焊接、装配、喷涂等作业，需要在机器人末端法兰安装手爪即末端执行器，还需要工件传输设备，开设“机器人末端执行器、作业工装及输送设备设计”课程正是为满足此要求而开设。要完成机器人工作站的开发，需要掌握工业机器人组成、轨迹规划、编程语言及控制策略，也包括机器人工作站的组成，“工业机器人技术及应用”课程的开设正可以实现该目的。

本丛书 5 分册教材，分别与上述 5 门课程对应撰写。其内容涵盖了机器人工作站开发所涉及的作业工艺、工装夹具、末端执行器，也包括了机器人工作站开发所涉及的电气控制技术、检测技术和机械设计技术的应用方法，构成了机器人工程专业的核心教材体系；每分册教材都体现了应用型教材的特点，即以应用为导向，以典型实例引导读者理解和掌握机器人工作站的设计目标、设计方法和设计流程。丛书中每一分册教材涵盖的内容都较为全面，便于授课教师根据学时进行取舍，也便于读者自学。

本丛书针对机器人工程专业撰写，既考虑了以机械为主的机器人工程专业的需求，也考虑到以自动化为主的机器人工程专业的需求。同时，本套丛书也可供机械工程专业以及自动化专业人员系统学习机器人工作站开发技术学习、参考。

丛书编写组

前　言

机电一体化技术是计算机技术、信息技术、传感器技术与机械技术相结合的产物，对于一个具体的机电一体化系统而言，这些技术已经融为一体。典型的机电一体化系统可以是单台设备，如一个工业机器人或一台数控机床；也可以是由几台甚至十几台设备组成的一个中型系统，如一个数控加工中心；甚至可以是由成百上千乃至上万台设备组成的大系统，如一条自动化汽车生产线。针对这样的系统设计，本书作者基于从事20多年机电一体化技术研究的相关经验，给出一般性的方法。机电一体化系统由机械系统、电气控制系统和检测系统组成。设计机电一体化系统，涉及机械工程、控制科学与工程、计算机科学与工程、通信工程等学科的知识，因此，如何在有限的篇幅下面向不同学科背景的技术人员，提出机电一体化系统设计的一般方法，无疑是一个挑战。

应用机电一体化技术解决工程问题，需要学习机械系统设计、电气控制系统设计及检测系统设计的基本理论、方法和设计手段。但是，一个具体的机电一体化系统无论涉及的对象多少、多复杂，它都是以单机设备控制为基础的。因此，学习机电一体化技术的"脉络"，是以单台设备涉及的机电一体化系统相关机械设计技术、计算机控制技术和检测技术的学习为基础，逐步向多台设备"群控"的复杂机电一体化系统学习拓展，后者主要涉及现场总线技术和集散控制技术等。

任何一个机电一体化系统都是由基本的控制单元组成。在机电一体化系统中，电机和执行器是最基本的控制对象，掌握了它们的选择方法和控制方法，可以为设计复杂的机电一体化系统奠定基础。由电机、驱动器、控制器可以构成"最小的控制单元"；同样，由控制器与电动执行器、液动执行器和气动执行器也可组成"基本控制单元"。学习这些"基本控制单元"的系统组成和控制方法，可以为整个系统设计奠定基础。

在机电一体化系统中，机械系统是系统功能的物理载体。针对如何根据系统的功能和技术指标设计机械系统，包括确定原动机类型(电机、液压缸、气缸等)机械传动系统和执行机构，本书给出了完整的方法，内容包括机械传动方案设计、零部件结构设计、机器装配图设计，特别是应用了三维设计、有限元分析技术和虚拟样机技术等数字化设计手段。原动机是联系机械系统和控制系统的纽带，这是因为原动机向上延伸涉及电气控制系统和检测系统，向下延伸涉及机械系统。针对设计过程中如何实现这两个系统的衔接，本书也给出了一般性的方法。

在机电一体化系统中，电气控制系统设计往往基于原动机的控制要求。本书给出了如何依据这些要求设计电气控制系统的方法。机电一体化系统要成为闭环，需要监测系统的运行状态，为此，需要对相关的参量进行检测，这些参量包括模拟量（如位移、速度、加速度和力等参数）、脉冲量和开关量。为实现该目标，本书给出了检测系统的设计方法。

机电一体化系统要按照既定的时序运转，"通信"或"互连"是机电一体化系统最关键的问题。其中，小型机电一体化系统需要解决一台设备内各子系统的"通信"或"互连"问题；中型机电一体化系统需要解决车间或生产单元内相关设备的互连问题；大型机电一体化系统不但要解决各车间内设备的互连问题，还要解决车间与车间之间的"通信"或"互连"问题。而计算机总线、现场总线、工业以太网总线等各种总线是解决"通信"或"互连"问题的手段。通信是通过"通信协议"完成的；目前有标准、成熟的总线通信硬件和软件产品，这些技术和产品为简化机电一体化系统设计提供了保障。

为了实现上述目标，本书内容安排如下：第 1 章给出了机电一体化系统的概念、组成、功能、分类、基本设计要求和基本设计工具等；第 2 章给出了机电一体化系统的基本结构类型；第 3 章给出了机械系统的组成、功能和设计方法；第 4 章给出了控制电机及常用执行器的选型和控制方法；第 5 章给出了电气控制系统的设计方法；第 6 章给出了检测系统的设计方法。以前 6 章的内容为基础，本书第 7 章给出了机电一体化系统完整的设计方法，内容涉及产品需求分析、功能分解、技术指标确定；以及如何基于这些内容，完成机械系统设计、电气控制系统设计和检测系统设计；另外，还包括整个系统如何调试，并重点介绍了小型机电一体化系统的设计方法，以此为基础，给出了中型和大型机电一体化系统的设计方法。

本书可供高等院校机械工程专业、机器人工程专业和自动化专业的本科生和研究生使用、参考。

编者

目　录

第1章

绪　论

◎ 学习成果达成要求

1. 了解机电一体化系统的概念。
2. 了解机电一体化系统的结构、分类及关键技术。
3. 熟悉机电一体化系统的关键技术指标。
4. 了解机电一体化系统编程语言的作用。
5. 了解机电一体化系统的主要应用领域。
6. 掌握应用机电一体化系统解决工程问题面临的基本任务。

本章介绍机电一体化系统的概念、组成及功能，机电一体化系统设计基本要求，研究和设计机电一体化系统应具备的基础知识，机电一体化系统设计工具，机电一体化系统中操作系统的选择，以及机电一体化系统设计相关标准和规范。这些内容是学习机电一体化技术的基础。

1.1　机电一体化系统概述

1.1.1　机电一体化系统的概念

由于电子技术，特别是计算机技术在机械中的应用越来越广泛，使得机械的控制模式越来越向“电子化”或“计算机化”发展，因而机械技术和电子技术日益紧密结合，促使“机电一体化”的诞生。机电一体化(mechatronics)也称机械电子学或机械电子工程，该术语由日本产业界在1970年的《机械设计》期刊中首先提出，其本意是“机械产品的电子化”。“机电一体化”是机械技术与微电子技术和信息技术的有机融合，它以计算机为核心控制机械机构，从而提升了机械产品的性能、品质、适应性和控制的便捷性。

1.1.2　机电一体化系统的分类及组成

按照系统规模，机电一体化系统可以分为小型系统、中型系统和大型系统三类，其中小型系统一般由单台设备构成，如工业机器人；中型系统一般有几十个控制对象，如数控加工中心或一个生产车间；而大型系统有成百乃至上千个控制对象，如一条生产线的群组设备构成。三种机电一体化系统的特点见表1-1。

表 1-1 机电一体化系统分类

类型	控制对象数量	控制系统	实例
小型机电一体化系统	1～20	一般采用专用的控制系统，如数控机床和加工中心采用 G 代码的专用数控系统；工业机器人也采用专用的控制系统，一般采用单级计算机控制	工业机器人、几何量测量仪、数控机床
中型机电一体化系统	20～100	基于 PLC（可编程控制器）或现场总线的控制系统，一般采用两级计算机控制	数控加工中心、工业机器人工作站、零部件生产线、中型物流仓储系统
大型机电一体化系统	＞100	DCS、SCADA 等，采用多级计算机控制	汽车生产线、大型物流仓储系统

1）小型机电一体化系统

小型机电一体化系统一般指单台设备。对于单台设备而言，典型的机电一体化系统包括工业机器人和数控机床。完整的机电一体化系统一般包括机械系统、电气控制系统和检测系统，其中机械系统由机械本体、动力与驱动系统和执行机构三个子系统组成。机械系统中的三个子系统及电气控制系统和检测子系统，这五个子系统一般称为机电一体化系统构成的五大要素。机电一体化系统的功能见表 1-2。

表 1-2 机电一体化系统的结构组成及其功能

系统组成		子系统构成	子系统功能
机械系统	机械本体	机身、框架、连接件等	为系统所有功能要素提供机械支持结构
	动力与驱动系统	动力源、能量转换装置、机械运动传动链	为机电一体化系统提供能量，其动力源是机电一体化产品能量供应部分，作用是按照系统控制要求向机械系统提供能量和动力使系统正常运行。提供能量的方式包括电能、气能和液压能，以电能为主
	执行机构	原动件、机架和从动件。执行机构是运动部件，一般采用机械、电磁、电液等机构	位于机电一体化系统的末端，与作业对象直接接触，根据控制及信息处理部分发出的指令完成规定的动作和功能，改变作业对象的性质、状态、形状或位置，以及对作业对象进行检测、度量等，以进行生产或达到其他预定要求
电气控制系统		被控对象、传感器、控制器、执行器、控制策略	（1）根据指令及传感器反馈信号，控制执行机构完成规定的运动和功能 （2）与系统外部进行信息交换
检测系统		传感器、信号调理、模数转换器、计算机、检测算法	监测机电一体化系统运行状态和检测控制参数

小型机电一体化系统以工业机器人和数控机床最为典型。以工业机器人为例，其系统构成如图 1-1 所示，它由机器人本体、控制柜、示教器和编程器组成。机器人本体是机器人机械系统的总称，包括机体结构和机械传动系统，其中机械传动系统一般包括传动部件、机身及行走机构、臂部、腕部和手部五部分。工业机器人的控制系统是以计算机为核心的闭环控制系

统。典型的工业机器人本体的具体结构如图1-2所示。

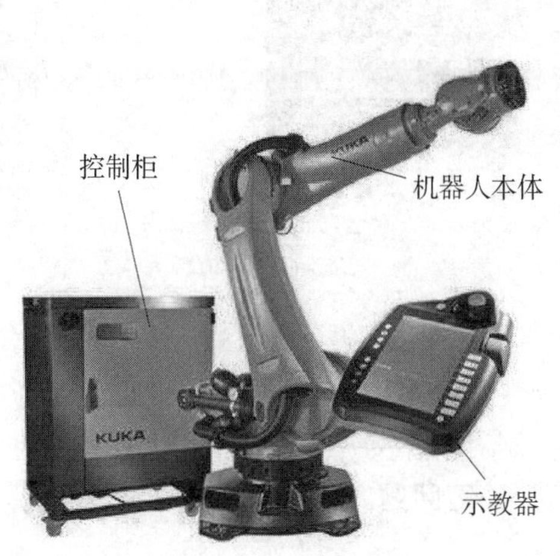

图1-1　工业机器人基本组成

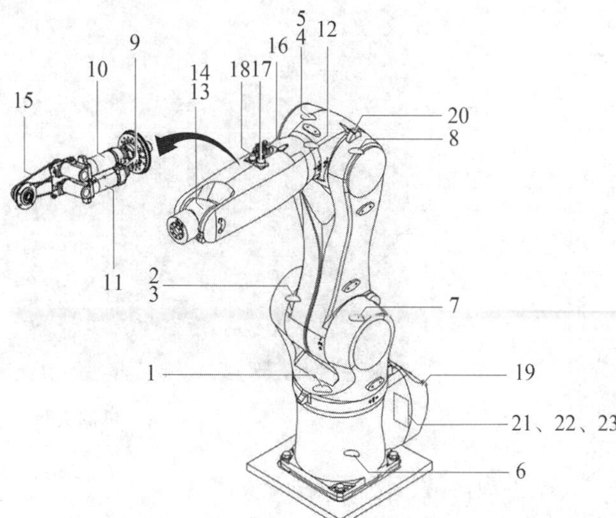

1—腰部伺服电机(轴1);2—肩部伺服电机(轴2);3—支撑轴承;4—肘部伺服电机(轴3);5—支撑轴承(轴3);6—腰部减速器(一般为RV减速器);7—肩部减速器(一般为RV减速器);8—肘部减速器(一般为RV减速器);9—手腕轴4伺服电机总成;10—手腕轴5伺服电机总成;11—手腕轴6伺服电机总成;12—手腕轴4减速器(一般为谐波减速器);13—手腕轴5旋转接头总成;14—手腕轴6旋转接头总成;15—手腕传动带组;16—阀组总成;17—手腕I/O接口;18—手腕总线接口;19—电缆组;20—仪表盒;21—RDC(旋转变压器数字转换器);22—I/O模块;23—接线端子

图1-2　工业机器人本体结构

2）中型机电一体化系统

中型机电一体化系统具备制造和生产过程管理功能。数控加工中心是典型中型机电一体化系统之一,如图1-3所示。数控加工中心是由机械设备与数控系统组成的适用于加工复杂零件的高效率自动化机床,是世界上产量最高、应用最广泛的数控机床之一。它的综合加工能力较强,工件一次装夹后能完成较多的加工内容,加工精度较高,生产效率是普通设备的5倍以上,对形状较复杂、精度要求高的中小批量多品种生产更为适用。

图1-3　数控加工中心

工业机器人工作站也是典型的中型机电一体化系统之一。图1-4所示为机器人焊接工作站,它由工业机器人、焊接电源、送丝机构、保护气体输送装置、焊枪、工作台等部分组成。

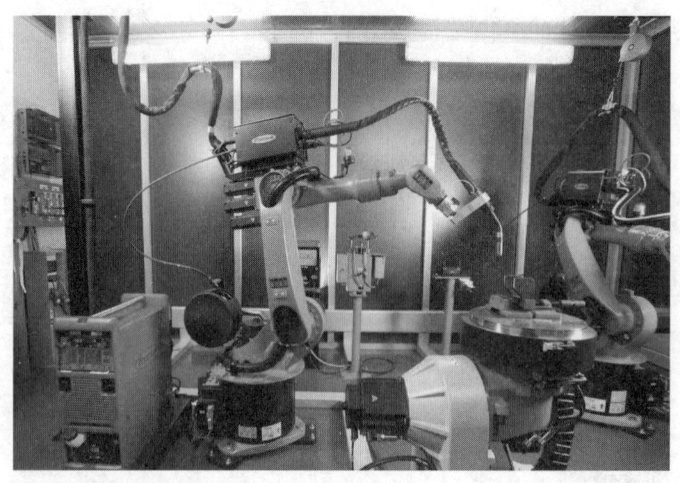

图 1-4 机器人焊接工作站

3）大型机电一体化系统

大型机电一体化系统可能是一条生产线，如图 1-5 所示；也可能是一个车间，甚至一个工厂等。大型机电一体化系统是一个集生产、计划、管理为一体的系统，它可能包括成百上千乃至上万个控制对象，因为控制对象较多，可以把每一个控制对象作为一个节点，由这些节点组成一个网络。对于这样的系统设计，子系统之间的通信是关键问题。大型机电一体化系统组成一般采用集散控制(DCS)模式。

图 1-5 奇瑞汽车生产线

1.1.3 机电一体化系统的功能

机电一体化系统按照功能可以实现完整的物质流、能量流和信息流。

(1) 物质流。系统通过机构实现机械运动形式的改变(如机器人)，可以把电机的旋转运动变换为末端执行器(手爪)的运动；或者实现材料形状的改变(如数控车床、数控铣床、加工中心等)，进而实现零件形状的变化。

(2) 能量流。系统可以完成机械能与其他形式能量之间的转换，如工业机器人和电动汽车都可以实现电能向机械能的转换。

(3) 信息流。为实现物质流和能量流，信息流需要完成相关信息的检测、处理和变换，如具有视觉和触觉的智能机器人可以感知外部环境信息，实现对机器人的自主移动和完成指定的运动。

1.2 机电一体化系统设计的基本要求

(1) 准确性。机电一体化系统从开始启动，经过过渡阶段后达到稳定运转状态，理论上要求系统的输出与设定值一致。但对于一个实际的机电一体化系统，由于系统结构、外作用形式及摩擦、间隙等非线性因素的影响，系统的实际稳定输出与设定值之间可能存在误差，称为稳态误差。稳态误差是衡量控制系统控制精度的重要指标，在机电一体化系统的设计中应给出指标值的具体要求。

(2) 可靠性。机电一体化系统的可靠性是系统在一定时间内、在一定条件下无故障地执行指定功能的能力或可能性，可通过可靠度、失效率、平均无故障间隔等来评价产品的可靠性。机电设备可靠性由机械系统可靠性、电气系统可靠性及检测系统可靠性决定。

(3) 稳定性。机电一体化系统稳定性是指系统受到干扰后，恢复到稳定状态的能力。机电一体化系统中的控制系统和供电系统可能受到内外的电、磁干扰，或者机电一体化系统的负载产生较大的变化，这些因素都可能破坏系统设定的稳定运行状态。控制系统要有相应的检测手段及时发现这些干扰，并采用相应的措施使机电一体化系统重新恢复稳定运行的状态。

(4) 快速性。为了完成设定目标，机电一体化系统除了稳定性外，还必须对系统初始状态到稳定状态之间的过渡过程提出具体要求，一般要求尽可能缩短过渡时间和超调量，也就是说，过渡时间要短，系统振荡要小。

(5) 安全性。机电一体化系统首先应该保证设备操作人员及设备周围人员的生命健康安全。机电设备的安全性保障需要应用主动和被动安全防范措施。主动措施包括设置隔离区，将设备与周围环境隔离，并给出安全提示和预警；在机电一体化系统的设计阶段，要充分考虑机械系统的安全防范措施和电气控制系统的安全防范措施，特别是对机电设备的操作人员的正常作业及设备检修时的安全防护。为此，可以采用机械式预防和电气式预防措施，防止机器人对人构成伤害；一旦系统检测到设备发生安全事故，应启用相应的措施使系统及时制动。

机电产品在安全方面有国际标准和国家标准。电气系统设计应符合《国家电气设备安全技术规范》(GB 19517—2009)的要求，机械系统设计应该满足《机械安全　机械安全标准的理解和使用指南》(GB/T 20850—2014)的要求。

1.3 机电一体化系统设计工具

一个机电一体化系统设计要完成机械系统设计和控制系统设计，其中首先要完成虚拟样机设计，因此除了需要掌握机械学科和控制工程学科的基础知识外，还需要掌握机械系统和控制系统的设计工具。

1.3.1 机械系统设计工具

计算机辅助设计(computer aided design, CAD)技术的出现引发了机械产品设计方法和手段的革命，使机械设计由二维向三维迈进，而且设计周期缩短，其设计流程如图 1-6 所示。机械产品设计中常用的三维设计软件有 CAXA、AutoCAD、Inventor、SolidWorks、Catia、

Pro/E、UG 等，利用这些软件，特别是软件自带的标准库，可以完成零件图设计和装配图设计，其中一部分软件可以完成机器中机构运动学和动力学仿真。

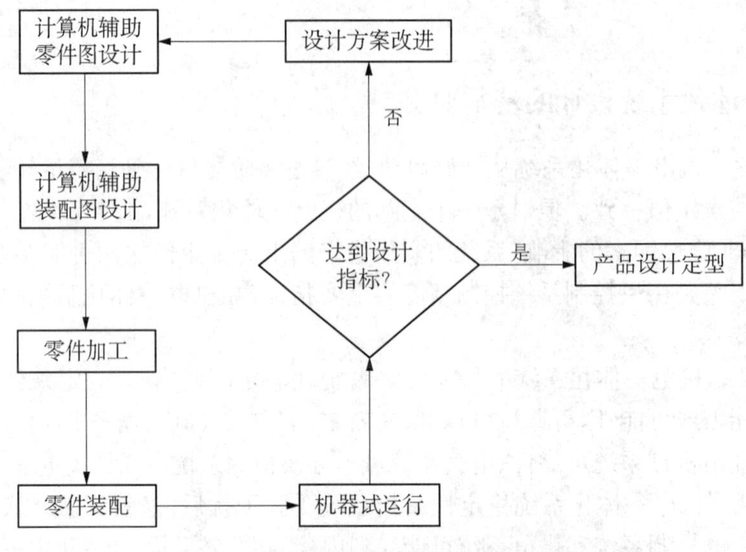

图 1-6 计算机辅助机械产品设计流程

1）机械系统的三维设计

机械系统三维设计软件的功能和应用见表 1-3。

表 1-3 常用的机械系统开发软件

软件类型	主要功能	应用
CAXA	二维和三维图形绘制、编辑，高级曲线生产，尺寸关联，工程标注和捕捉，参数查询，并行交互技术，文字编辑，图形管理和输出，文件格式转换，工程计算等	机械产品设计、数控加工、工厂布局设计、电气系统设计等领域
AutoCAD	平面图形绘制、三维图形绘制、三维图形渲染、图形编辑、图形尺寸标注、图形输出与打印、二次开发等	机械制图、电气工程制图、印刷电路制图、建筑制图、水电工程制图等
Autodesk Inventor	设计流程管理、数字样机设计专用工具、运动仿真、管线设计、CAD 集成、零件设计、钣金设计、装配设计、焊接件设计、工程图、数据管理、设计流程自动化	机械设计领域
SolidWorks	三维实体建模、大型装配体设计、钣金设计、焊件设计、塑料与铸造零件设计、模具设计、CAD 导入导出、电气电缆缆束和导管设计、管道和管筒设计	航空航天、工业机械、汽车和运输、消费产品、设计与工程服务、电子、医疗、模具设计等
Catia	装配设计(ASS)、Drafting(DRA)、Catia 特征设计模块、钣金设计、高级曲面设计、白车身设计、Catia 与 ALIAS 互操作模块、逆向工程、自由外形设计、创成式外形建模(GSM)、整体外形修形(GSD)、曲面设计(SUD)、电气设备和支架造型(ELD)、电缆布线路径定义(SPD)、电线束安装(ELW)等	航空航天、汽车制造、造船、机械制造、电子/电器、消费品等行业，其集成解决方案覆盖所有的产品设计与制造领域

（续表）

软件类型	主要功能	应用
Pro/E	(1) 提供参数化功能定义、实体零件及组装造型、三维上色实体或线框造型及完整工程图 (2) 提供用户自定义手段，以生成一组组装系列，可自动更换零件，具有在组合件内自动零件替换、排列组合、组装模式下的零件生成、组件特征提取等功能 (3) 提供三维电缆布线功能，可在设计和组装机电装置时同时进行，允许在机械与电缆空间进行优化设计 (4) 提供 Pro/E 与 Catia 的双向数据交换接口 (5) 为 CADAM 二维工程图提供 Professional CAD/CAM 与 Pro/E 双向数据交换直接接口 (6) 加速设计大型及复杂的顺序组件，这些工具可方便地生成装配图层次等级 (7) 具有较为完善的工程图生成的功能，包括自动尺寸标注、参数特征生成、全尺寸修饰、自动生成投影面、辅助面、截面和局部视图 (8) 为专将图表上的图块信息制成图表记录及装备说明图的工具	模具、钣金设计、机械设计等领域的仿真、有限元分析。应用范围遍及电子线体、导管、HVAC、流程图及作业流程管理等
UG	工业设计，产品设计，有限元分析，机构运动分析、动力学分析和仿真模拟，图形输出，CNC 加工，模具设计，二次开发提供	汽车、航空航天及相关模具设计、分析、制造

2）机械系统虚拟样机设计技术

机械工程中虚拟样机技术也称为机械系统动态仿真技术，本质上是采用数字化技术建立机械系统样机模型，即在计算机里设计出机器样机，并利用虚拟现实技术模拟机器运行环境，动力学仿真技术模拟机器的真实运动，从而代替传统的物理样机实验。虚拟样机设计流程如图 1－7 所示。

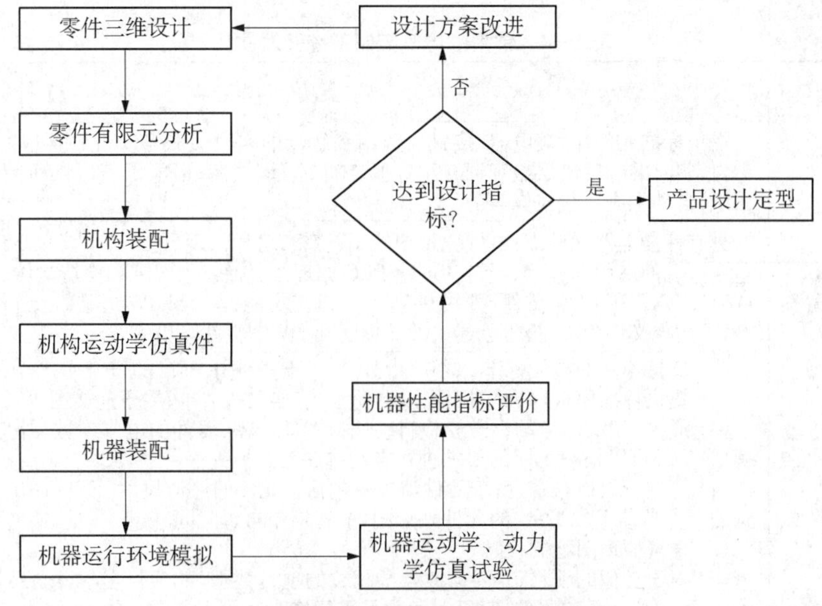

图 1－7　机械产品虚拟样机设计流程

虚拟样机技术具有如下特点：

(1) 虚拟样机技术是将 CAD 建模技术、计算机支持协同工作（computer supported cooperative work，CSCW）技术、用户界面设计、基于知识的推理技术、设计过程管理和文档化技术、虚拟现实技术集成起来，形成一个基于计算机、桌面化的分布式环境以支持产品设计过程中的并行工程方法。

(2) 虚拟样机的概念与集成化产品和加工过程开发（integrated product and process development，IPPD）分不开。IPPD 是一个管理过程，这个过程将产品概念开发到生产支持的所有活动集成在一起，对产品及其制造和支持过程进行优化，以满足性能和费用目标。IPPD 的核心是虚拟样机，而虚拟样机技术必须依赖 IPPD 才能实现。

(3) 虚拟样机技术就是在建立第一台物理样机之前，设计师利用计算机技术建立机械系统的数学模型进行仿真分析，并以图形方式显示该系统在真实工程条件下的各种特性，从而修改并得到最优设计方案的技术。

常用的模拟零件机械运动的软件有 ADAMS 和 SolidWorks。ADAMS 是专业的 CAE 分析软件，即机械系统动力学自动分析，该软件是美国机械动力公司开发的虚拟样机分析软件。ADAMS 软件可以使用交互式图形环境和零件库、约束库、力库，创建完全参数化的机械系统几何模型，其求解器采用多刚体系统动力学理论中的拉格朗日方程建立系统动力学方程，对虚拟机械系统进行静力学、运动学和动力学分析，输出位移、速度、加速度和反作用力曲线。ADAMS 软件的仿真可用于预测机械系统的性能、运动范围、碰撞检测、峰值载荷及计算有限元的输入载荷等。

SolidWorks 的 Motion 模块则是通过零件间的约束形式来构造配合关系，完成零件间运动的模拟。

1.3.2 电气控制系统设计工具

1) 电气控制系统开发和仿真

电气控制系统设计要完成电气控制系统原理图、电气器件布置图和电气安装图设计。常用的制图软件有 AutoCAD Electrical、EPLANT、Elecworks、Eleccalc、SolidWorks Electrical、Promis. e 等，其主要功能见表 1－4。

表 1－4 常用的电气控制系统开发软件

软件类型	主要功能
AutoCAD Electrical	提供标准元件库；继电器/接触器线圈和触点的实时关联和交互；电气原理图绘制和编辑；实时的电气错误检查；面板/背板装配布置图绘制；由电子表格自动创建 PLC I/O 图纸；自动生成工程报告等
SolidWorks Electrical	具有标准电器元件库；电气原理图绘制、编辑；可导入现有 DWG™ 和 DXF™ 文件，会包含原有的属性和连接；全自动创建 PLC 原理图、接线板、图纸和支持文件；为项目创建 DWG、DXF 和 PDF 文件，并提供进一步归档功能；与 SolidWorks Enterprise PDM 兼容，可实现文件管理、报告创建、PDF 创建和 DWG 文件输出等
EPLANT	(1) 支持不同的电气标准，如 IEC、JIC、DIN 等，并有标准的符号库 (2) 提供标准模板，各种图表可以自动生成，如设备清单、端子连接图等 (3) 通过 EPLANT 的标准模板自动选择器件，关联器件的电气参数、外形尺寸、品牌等信息，并可以根据不同的要求进行自动排序 (4) 可进行面板布置，由于元件清单中包括了元件的外形尺寸，EPLANT 可以根据所选的元件自动生成 1∶1 的元件外形图，节省柜箱布置时间 (5) 电气原理图绘制、编辑 (6) 对于类似的项目，只要修改一些相关的项目数据，如项目名称、项目编号、用户名称等，即可成为新项目的图纸，避免项目重复修改等

（续表）

软件类型	主要功能
Elecworks	电气原理图和线束原理图的绘制、编辑；协同设计，允许多用户同时设计同一项目；具备API方便用户使用智能端口连接更高级的工业过程和自动化设计；多功能设计：除了电气设计外，还可以进行液压和气动原理设计；仪表控制和线束设计；与其他三维(3D)软件无缝集成等
Eleccalc	电气原理图和工程图的绘制、编辑；多工作模式模拟分析；产品制造商选型库，支持自建；具有无功补偿相序图；可实时进行短路电流分析、潮流分析和生产功率平衡表；可进行电缆选型等
Promis. e	电气原理图与工程图绘制、编辑；可以自由扩充符号库和符号集，实现电气线的自动连接，断线后电气线能自动闭合；协同设计，允许多用户同时设计同一工程，提高设计效率；负荷分配功能，由负荷提资表，自动生成单线图；PLC原理图自动生成；自动生成各种报表，如材料表、采购清单、元器件库、端子排清单、电缆清册、工程版本、图纸目录等
MATLAB	利用MATLAB的Simulink工具箱和Control System工具箱可以完成控制系统分析(时域、频域)和仿真等

2）应用程序开发平台

机电一体化系统中常用的有基于单片机的控制系统、基于PLC的控制系统、嵌入式系统、基于IPC(工控机)的控制系统、SCADA系统及DCS系统，其特点见表1-5。

表1-5　机电一体化系统应用程序开发平台

控制系统类型		型号及应用
单片机控制系统	51系列单片机	单片机目前已有多种型号，8031/8051/8751是英特尔公司早期的产品，ATMEL公司的AT89C51、AT89S52则更实用。ATMEL公司的51系列还有AT89C2051、AT89C1051等型号。该类型应用较为广泛
	PIC系列单片机	基本级系列，如PIC16C5X，适用于各种对成本要求严格的家电产品；中级系列，如PIC12C6XX，内部带有A/D变换器、E2PROM数据存储器、比较器输出、PWM输出、I2C和SPI等接口，适用于各种高、中和低档的电子产品的设计；高级系列，如PIC17CXX，具有丰富的I/O控制功能，并可外接扩展EPROM和RAM，适用于高、中档的电子设备
	AVR单片机	ATMEL公司研发出的增强型内置Flash的RISC(Reduced Instruction Set CPU)精简指令集高速8位单片机。AVR的单片机广泛应用于计算机外部设备、工业实时控制、仪器仪表、通信设备、家用电器等领域
	MIPS单片机	MIPS是一种流行的RISC处理器。和英特尔相比，MIPS的授权费用比较低，也就为除英特尔外的大多数芯片厂商所采用。MIPS公司陆续开发了高性能、低功耗的32位处理器内核MIPS324Kc与高性能64位处理器内核MIPS645Kc
	ARM	ARM即Advanced RISC Machines，是对一类微处理器的通称，技术具有性能高、成本低和能耗省的特点，适用于嵌入控制、消费/教育类多媒体、DSP和移动式应用等

（续表）

控制系统类型		型号及应用
单片机控制系统	PPC	PPC是一种精简指令集(RISC)架构的中央处理器(CPU)，其基本的设计源自IBM的POWER(performance optimized with enhanced RISC)。其特点是可伸缩性好、方便灵活
	DSP	DSP(digital signal processor)是一种独特的微处理器，是以数字信号来处理大量信息的器件。其不仅具有可编程性，而且其实时运行速度可达每秒数以千万条复杂指令程序，远远超过通用微处理器
PLC控制系统		西门子、施耐德、欧姆龙、三菱、LS、松下、台达等
嵌入式系统		嵌入式处理器分成4类：嵌入式微处理器(micro processor unit，MPU)、嵌入式微控制器(micro controller unit，MCU单片机)、嵌入式DSP处理器和嵌入式片上系统(system on chip，SOC)
IPC控制系统		基于PCI总线、PCIE总线、STD总线、USB总线等控制系统
基于专用总线的控制系统		PXI总线控制系统、VXI控制系统、VME总线控制系统
专用数控系统		西门子数控系统、发那科数控系统、海德汉数控系统、马扎克数控系统、三菱数控系统、哈斯数控系统、发格数控系统等
SCADA系统		霍尼韦尔、ABB、爱默生、北京和利时、浙江中控、南京科远自动化、上海自动化仪表等
DCS系统		西门子、纵横科技、北京世纪长秋科技、北京三维力控科技、北京亚控科技、北京昆仑通态自动化软件科技等

1.3.3 检测系统设计工具

常用的检测系统开发平台包括虚拟仪器开发平台，如美国NI公司的LabVIEW、安捷伦公司的Agilent-VEE、北京中科泛华测控技术有限公司的X-Designer等，也可以基于PCI、PXI等数据采集卡的API利用高级语言开发。当然，控制系统也可以应用其他高级语言开发检测系统，如用C语言、C++、VC++等开发，前提是控制系统中的关键器件，如传感器、数据采集装置、运动控制器等具有与计算机相连接的通信接口和驱动程序；同时，它们应该具有相应的某种高级语言开发的应用程序接口(API)。

以LabVIEW为例，它是一种图形化的编程语言的开发环境，具有以下功能：

(1) 信号处理、分析和连接。添加用于声音和振动测量、机器视觉、RF通信、瞬时与短时信号分析等的专用图像和信号处理函数。

(2) 控制与仿真。提供高级控制算法及动态仿真与运动控制模块，如NI LabVIEW PID、模糊逻辑工具包、NI LabVIEW控制设计与仿真模块、NI LabVIEW系统辨识工具包、NI LabVIEW仿真接口工具包、LabVIEW NI SoftMotion模块。

(3) 数据管理、记录与报表生成。其可以快速记录、管理、搜索采集的数据，并将其导出至第三方软件工具(如Microsoft Office和工业标准的数据库)，如NI LabVIEW数据记录与监控模块、NI LabVIEW Microsoft Office报表生成工具包、NI LabVIEW数据库连接工具包、NI LabVIEW DataFinder工具包、NI LabVIEW Signal Express等。

(4) 开发工具和验证。用户可利用代码分析仪和单元测试架构评估图形化代码质量，并根据开发需求实现回归测试和验证等操作的自动化。

(5) 应用发布。通过创建可执行程序、安装程序和 DLL 可以将 LabVIEW 应用程序发布给用户，或者通过网络或因特网共享用户界面。

利用 LabVIEW 开发的虚拟仪器应用程序由前面板、程序框图(后面板)和图标/连线板三部分组成。

(1) 前面板。前面板相当于界面，它包括输入控件、显示控件和控件选板，如图 1-8 所示。

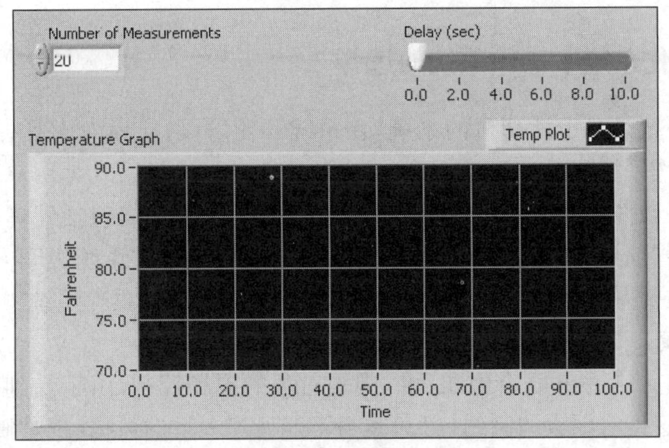

图 1-8 前面板

(2) 程序框图(后面板)。程序框图即图形化的程序代码，决定程序运行行为，一般包括终端、子 VI、函数、常数、结构和连线。图 1-9 所示为程序框图。

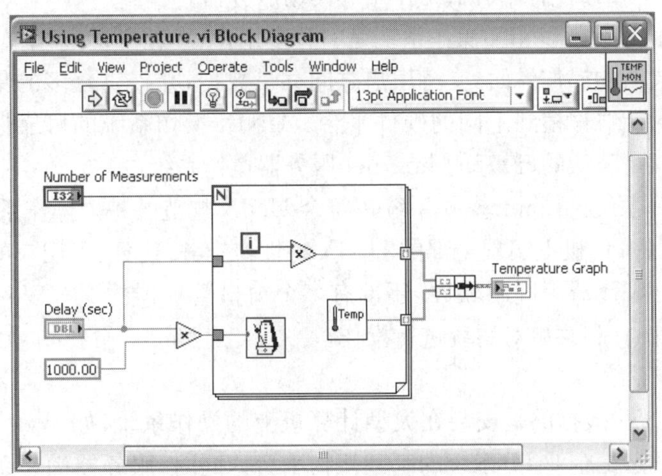

图 1-9 程序框图

1.3.4 数字孪生技术

数字孪生，也称为数字双胞胎和数字化映射，它是在 2012 年由 NASA 提出的。数字孪生是指充分利用物理模型、传感器、运行历史等数据，集成多学科、多尺度的仿真过程。作为虚拟空间中对实体产品的镜像，它反映了相对应物理实体产品的全生命周期过程。数字孪生是一种超越现实的概念，可以被视为一个或多个重要的、彼此依赖的装备系统数字映射系统。

数字孪生主要是创建和物理实体等价的虚拟体或数字模型，虚拟体能够根据物理实体运行的实时反馈信息对其运行状态进行监控，依据采集的物理实体的运行数据完善虚拟体的仿真分析算法，从而对物理实体的后续运行和改进提供更加精确的决策依据。

对于机电一体化系统设计，设备级数字孪生是基础，特别是对于机器人和数控机床这两种典型的机电一体化系统设计，可以基于已积累的设计数据，结合虚拟现实技术，对设备位置分布、类型、运行环境、运行状态进行真实复现。

1.4 机电一体化系统中操作系统的选择

机电一体化系统是基于计算机的系统，在系统开发阶段，应该考虑其控制系统的运行平台，这首先涉及操作系统(operating system, OS)的选择。操作系统是用户和计算机的接口，同时也提供计算机硬件和其他软件的接口。操作系统的五大功能包括处理机管理功能、存储器管理功能、设备管理功能、文件管理功能，以及作为用户与硬件系统之间的接口。操作系统按应用领域划分主要有桌面操作系统、服务器操作系统和嵌入式操作系统。

1) 无操作系统

基于PLC机电控制系统适合电机、泵、阀等对象的现场控制，由于受到PLC本身的内存大小和CPU运算速度等因素的制约，PLC本身不能处理大量的数据，也难以胜任文件管理功能。因此，PLC本身没有操作系统。

2) 桌面操作系统

(1) Windows操作系统。Windows NT是一个网络型操作系统，其在应用、管理、性能、内联网/互联网服务、通信及网络集成服务等方面，拥有多项其他操作系统无可比拟的优势。因此，它常用于要求严格的商用台式机、工作站和网络服务器。

(2) UNIX操作系统。UNIX操作系统是一种多用户、多任务的通用操作系统，可以为用户提供一个交互、灵活的操作界面，支持用户之间共享数据，并提供众多的集成工具以提高用户的工作效率，同时能够移植到不同的硬件平台。UNIX操作系统的可靠性和稳定性是其他系统所无法比拟的，是公认的、最好的Internet服务器操作系统。

(3) Linux操作系统。Linux操作系统是符合UNIX规范的一个操作系统，以高效性和灵活性著称。它能够在PC机上实现全部的UNIX特性，具有多任务、多用户的能力。它包括文本编辑器、高级语言编译器等应用软件，还带有多个窗口管理器的X-Windows图形用户界面，允许使用窗口、图标和菜单对系统进行操作。

3) 服务器操作系统

服务器操作系统一般指的是安装在大型计算机上的操作系统，如Web服务器、应用服务器和数据库服务器等，是企业IT系统的基础架构平台。同时，服务器操作系统也可以安装在个人电脑上。相比个人版操作系统，服务器操作系统要承担额外的管理、配置、稳定、安全等功能，处于每个网络的心脏部位。

4) 嵌入式操作系统

嵌入式操作系统(embedded operating system, EOS)是指用于嵌入式系统的操作系统。嵌入式操作系统通常包括与硬件相关的底层驱动软件、系统内核、设备驱动接口、通信协议、图形界面、标准化浏览器等。嵌入式操作系统负责嵌入式系统的全部软、硬件资源的分配、任务调度、控制、协调并发活动，能够通过装卸某些模块来达到系统所要求的功能。目前，在嵌入式领域广泛使用的操作系统有 μC/OS-Ⅱ、Linux、Windows Embedded、VxWorks 等，以及应用在智能手机和平板电脑的 Android、iOS 等系统。

1.5　机电一体化系统设计相关标准和规范

机电一体化系统设计主要包括机械系统设计和控制系统设计，它们都有相应的设计标准和规范。对于机械系统设计，相应的设计标准收录在参考文献[2]中，供设计人员参考使用；电气系统设计相应的标准收录在《电气控制设备》(GB/T 3797—2016)中。

1.6　研究和设计机电一体化系统应具备的基础知识

1）机械工程基础知识

机电一体化系统中一般有机械运动，故需要机械传动机构。机械传动机构由一系列零部件通过关节(运动副)连接起来，以实现一定的机械运动，因而机构的组成原理、运动副类型和机构的运动分析成为基本内容。因此，需要学习机械原理方面的知识。另外，机构中构件是由一些具有一定尺寸和结构的零件装配而成，常用的零部件结构和设计方法，包括机械连接件、常用的传动形式(如齿轮传动、蜗杆涡轮传动、同步带传动)及其零部件结构设计成为基本内容。因此，也需要学习与机械设计相关的知识。

2）数学和力学基础知识

机电一体化系统最终需要的是末端执行器的运动，包括位移、速度和加速度。为研究机器人的运动，需要学习微积分的基本知识；为了研究机电一体化系统末端执行器的运动与机电一体化系统每个关节运动的关系，需要掌握线性代数(主要是矩阵)的基本知识；控制机电一体化系统运动需要克服负载阻力，因而需要确定机电一体化系统末端执行器需要输出力或力矩，而机电一体化系统末端执行器输出力或力矩与每个关节输出力或力矩有关，要确定它们之间的关系，就需要掌握理论力学的基本知识。

3）控制工程基础知识

在应用机电一体化系统时，一般希望末端执行器保持运动的准确性、稳定性和可靠性，其中稳定性是最基本的要求。为此需要掌握控制工程的基本知识，包括电机、液压缸、气缸等典型环节的传递函数、一阶系统和二阶系统特性等。机电一体化系统的位置控制和力控制一般是通过设定目标值，而后通过测量实际值和目标值的差距来逐渐减小偏差的。为此，需要掌握PID(proportional-integral-derivative，比例-积分-微分)控制策略，大部分工程控制问题都可以用 PID 控制策略解决。

4）电气工程基础知识

要了解机电一体化系统中控制系统的硬件构成和主要功能(包括自动控制、保护、监视和测量等功能)，需要学习电气工程基础知识。为此，需要学习电工技术、微机原理及接口技术、自动控制原理、控制电机技术、工厂电气技术、PLC 技术和现场总线技术等。

5）计算机技术基础知识

(1) 微型计算机原理及接口技术。由于机电一体化系统都是基于计算机控制的系统，每个控制对象的运动指令由计算机的控制器通过输出端口发出，关节的位移、速度和力等信息需要通过计算机的输入端口反馈，相关数据的算术运算和逻辑运算须经过计算机的运算器来完成，数据处理结果还需要存储和显示。要理解上述过程，需要了解计算机的五大硬件结构及其之间的关系。

计算机各功能部件之间的信息传递是通过总线(Bus)完成的。微型计算机中的总线一般有内部总线、系统总线和外部总线。内部总线是微机内部各外围芯片与处理器之间的总线；而系统总线是微机中各插件板与系统板之间的总线，用于插件板一级的互连。内部总线中的数据总线类型包括 ISA、EISA、VESA、PCI、PXI 等，需要了解它们的特点和应用场合。外部总线是微型计算机和外部设备之间的总线，通过该总线和其他设备进行信息与数据交换，它用于设备一级的互连。

由于软件是用户与计算机之间的接口界面，用户主要是通过软件与计算机进行交流。计算机软件包括系统软件(指控制和协调计算机及外部设备、支持应用软件开发和运行的系统，无须用户干预)和应用软件(用户可以使用的各种程序设计语言，也包括应用软件包和用户程序两类)。机电一体化系统及外围设备的控制软件属于应用软件，需要由开发人员设计。

(2) 现场总线技术。由于机电一体化系统需要与外围设备组成系统才能完成一定的功能，而机电一体化系统与外围设备最有效的集成途径就是基于工业现场总线。现场总线(field bus)主要解决工业现场的智能化仪器仪表、控制器、执行机构等现场设备间的数字通信，以及现场控制设备和高层控制系统之间的信息传递问题。目前，市场上主要的现场总线包括基金会现场总线(foundation fieldbus，FF)、CAN(controller area network 控制器局域网)总线、LonWorks 总线、DeviceNet 总线、PROFIBUS 总线、HART 总线、CC - Link 总线、WorldFIP 总线、INTERBUS 总线等。

参考文献

[1] Devdas Shetty, Richard A Kolk. Mechatorics System Design [M]. 2rd. Auckland: Global Engineering, 2011.

[2] 闻邦椿. 机械设计手册[M]. 6 版. 北京：机械工业出版社，2018.

思考与练习

1. 机电一体化系统由哪些部分组成，各部分有什么作用？

2. 机电一体化系统设计基本要求是什么？

3. 机电一体化系统设计工具有哪些？

4. 机电一体化系统中常用的操作系统类型有哪些，它们各自适用于什么场合？

5. 机电一体化系统中常用的应用程序开发平台有哪些，它们各自适用于什么场合？

6. 什么是虚拟样机技术？常用的虚拟样机设计平台有哪些，这些平台在哪些领域得到了成功应用？

第 2 章

机电一体化系统的基本结构类型

◎ **学习成果达成要求**

1. 了解基于 PC 机总线的机电一体化系统的类型及结构。
2. 了解基于专用控制总线的机电一体化系统的类型及结构。
3. 理解基于单片机的机电一体化系统。
4. 了解基于 PLC 的机电一体化系统。
5. 了解基于现场总线的机电一体化系统的类型及结构。
6. 了解基于具有混合结构的机电一体化系统的组成。
7. 了解大型机电一体化系统的结构、特点及其应用。

本章从应用角度出发介绍机电一体化系统的类型，包括基于 PC 机总线的机电一体化系统、基于专用控制总线的机电一体化系统、基于单片机的机电一体化系统、基于 PLC 的机电一体化系统、基于现场总线的机电一体化系统、基于混合结构的机电一体化系统及大型机电一体化系统等。这些内容将为机电一体化系统设计中的系统选型奠定基础。

2.1 基于 PC 机总线的机电一体化系统

机电一体化系统常用的计算机包括普通 PC 机(personal computer)、工控机(industrial personal computer，IPC)和工作站，如图 2-1 所示。其中，PC 机即个人计算机；工控机即工业控制计算机，是一种采用总线结构，对生产过程及机电设备、工艺装备进行检测与控制的工具总称，工控机具有计算机主板、CPU、硬盘、内存、外设及接口，并有操作系统、控制网络和协议，抗干扰能力强。工作站是一种高端的通用微型计算机，它为单用户使用并提供比个人计算机更强大的性能，特别是图形处理能力和任务并行方面的能力；通常配有多屏显示器及容量很

(a) 普通 PC 机及主板

(b) 工控机及主板

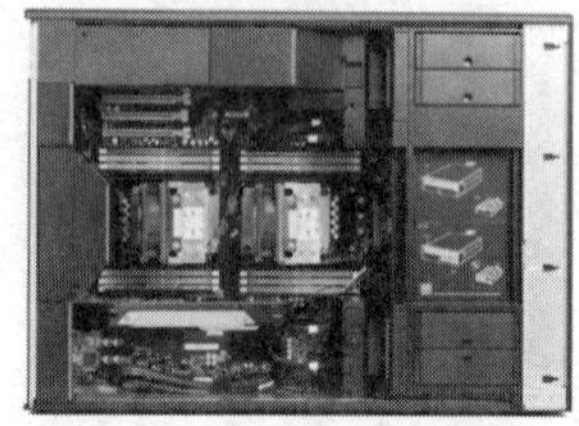

(c) 工作站及主板

图 2-1 常用 PC 机和工作站

大的内部存储器和外部存储器，并且具有极强的信息、图形、图像处理能力。

工控机与普通计算机相比必须具有以下特点：①工控机机箱采用钢结构，有较高的防磁、防尘、防冲击的能力；②机箱内有专用底板，底板上有 PCI 和 ISA 插槽；③机箱内有专门电源，电源有较强的抗干扰能力；④要求具有连续长时间工作能力；⑤一般采用便于安装的标准机箱(4U 标准机箱较为常见)。

计算机与外部设备之间的通信接口包括串行接口、并行接口和总线接口三种类型，目前以串行接口和总线接口为主。串行通信需要的数据线数少、成本低、传输距离远。串行通信速率以波特率为主要指标，波特率指每秒内传送二进制数据的位数，以位每秒(bit/s 或 bps)为单位。

常用的并行总线包括 PCI 总线、STD 总线和 IEEE-488 总线。串行接口主要包括 RS-232-C、RS-422、RS485 和 USB 接口，每种接口的特点见表 2-1。

表 2-1 并行总线和串行总线接口类型及特点

接口类型		特　点
并行总线	PCI	(1) 传输速率高，其最大数据传输率为 132 MB/s，数据宽度可升级到 64 位，数据传输率可达 264 MB/s；缓解了数据 I/O 瓶颈，使高性能 CPU 的功能得以充分发挥，适应高速设备数据传输的需要 (2) 采用 PCI 总线可在一个系统中让多种总线共存，容纳不同速度的设备一起工作 (3) 独立于 CPU，PCI 总线不依附于某一具体处理器，即 PCI 总线支持多种处理器及将来发展的新处理器，在更改处理器品种时，更换相应的桥接组件即可 (4) 自动识别与配置外设，用户使用方便 (5) 具有并行操作能力等
	STD 总线	(1) 高可靠性。使用 STD 总线构成的工控机可以在恶劣环境下长期工作 (2) 小板结构。高度模块化，可根据用户要求组成各种微型机应用系统 (3) 结构简单。结构简单并支持多微型机处理器系统 (4) 总线兼容结构。总线向上兼容，16 位的总线兼容 8 位总线产品，32 位兼容 16 位及 8 位总线产品等

（续表）

接口类型		特　　点
并行总线	IEEE488 总线	按照位并行、字节串行双向异步方式传输信号，连接方式为总线方式，仪器设备直接并联于总线上而无需中介单元，但总线上最多可连接 15 台设备。最大传输距离为 20 m，信号传输速度一般为 500 kB/s，最大传输速度为 1 MB/s （1）数据传输速率≤1 MB/s （2）连接在总线上的设备（包括作为主控器的微型机）≤15 个 （3）设备间的最大距离≤20 m （4）整个系统的电缆总长度≤220 m，若电缆长度超过 220 m，则会因延时而改变定时关系，从而造成工作不可靠。这种情况应附加调制解调器 （5）所有数据交换都必须是数字化的 （6）总线规定使用 24 线的组合插头座，并且采用负逻辑，即用小于+0.8 V 的电平表示逻辑“1”；用大于 2 V 的电平表示逻辑“0”等
串行总线	RS-232	RS-232 采取点对点不平衡传输方式（即所谓单端通信），其共模抑制能力弱、传输距离短、速率低，仅适合本地设备间的接口通信；RS-232 接线可按三线方式（只连接收、发、地三根线），也可采用简易接口方式（除连接收、发、地外，另增加一对握手信号 DSR 和 DTR），或者采用完全串口线方式
	RS-422	RS-422 是一种单机发送、多机接收的单向平衡传输规范，支持点对多的双向通信，支持挂接多台设备组网等。RS-422 四线接口采用单独的发送和接收通道，用 RS-422 总线接入多设备时，有不同的地址，在接口主设备控制下通信
	RS-485	RS-485 是在 RS-422 的基础上制定了 RS-485 标准，增加了多点、双向通信能力，采用平衡发送和差分接收机制，数据传输可达千米。RS-485 可以采用二线与四线方式。RS-485 总线上的设备具有相同的通信协议，地址各不相同
	USB	传输速率高、传输可靠；USB 接口能为设备供电，低功耗设备可以直接取电；USB 支持热插拔，能够即插即用

传感器和控制器等外围器件可通过计算机的并行接口和串行接口数据采集装卡（器）或运动控制卡（器）与计算机相连，形成控制系统。在机电一体化系统中，伺服电机和步进电机经常用运动控制卡（器）控制；数据采集经常用数据采集卡实现。常用的基于 PC 机总线的数据采集卡和运动控制卡分别如图 2-2、图 2-3 所示。

(a) PCI 数据采集卡

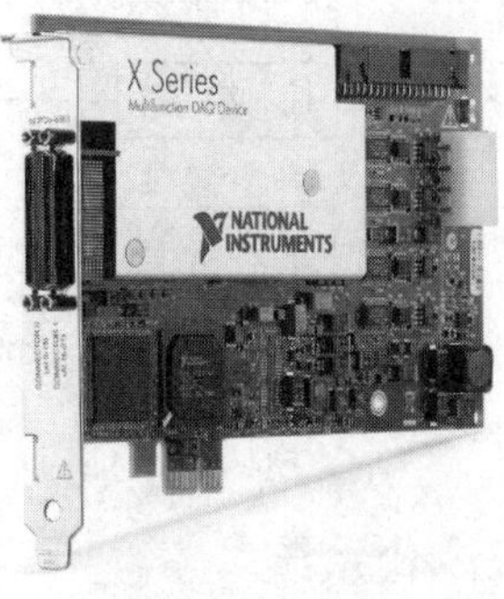

(b) PCIE 数据采集卡

(c) PCMCIA 数据采集卡

(d) 1394 数据采集卡

(e) USB 数据采集卡

图 2-2 不同 PC 机总线的数据采集卡

(a) PCI 运动控制卡

(b) USB 运动控制卡

图 2-3 不同 PC 机总线的运动控制卡

基于 PC 机总线的机电一体化系统的典型结构如图 2-4 所示，它一般具有测量和控制功能，如数控机床、几何量测量仪器、工业机器人等。

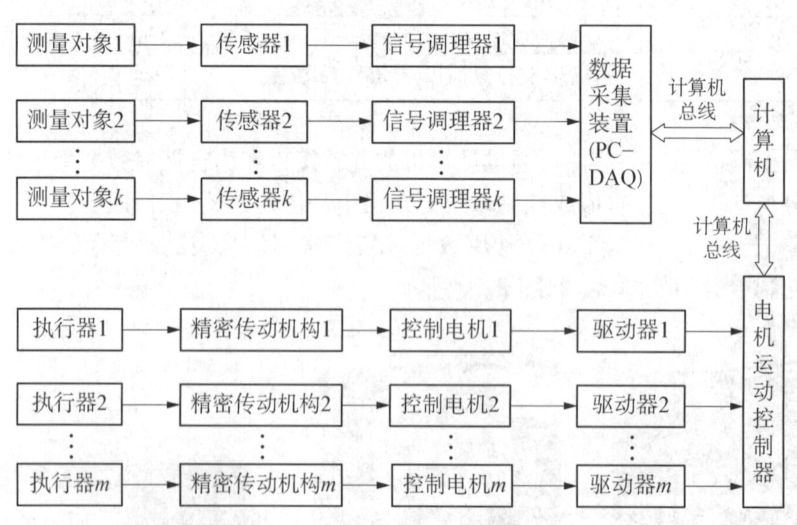

图 2-4 基于 PC 机总线的机电一体化系统的典型结构

2.2 基于专用控制总线的机电一体化系统

专门为工业控制和测控领域开发的专用总线有 VME 总线、PXI 总线和 VXI 总线等，它们用于开发参数较多、数据处理量较大的专用测量系统或控制系统。采用这些总线的计算机如图 2-5 所示，其性能特点见表 2-2。

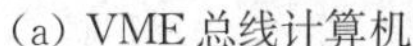
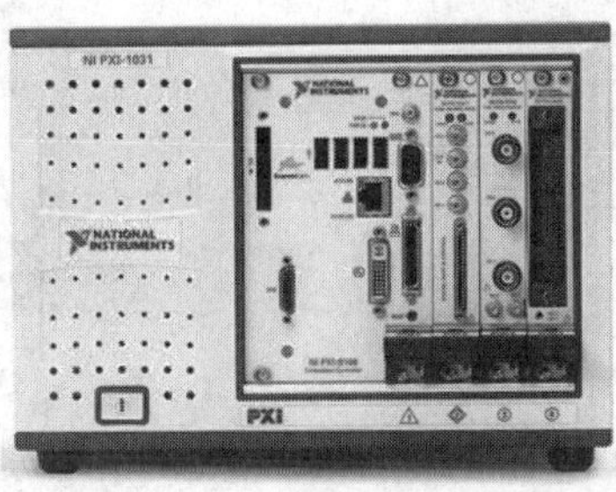
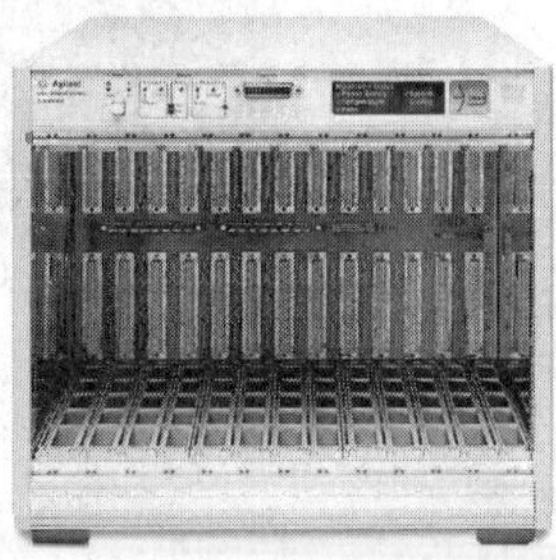

(a) VME 总线计算机　(b) PXI 总线计算机　(c) VXI 计算机

图 2-5　专用测控总线计算机

表 2-2　专用测控总线的接口类型及特点

总线接口类型	特　点
VME	其数据传输方式为异步方式，不依赖于系统时钟，有多个总线周期，地址宽度是 16 位、24 位、32 位、40 位或 64 位，系统可以动态选择；其数据传输速率为 0～500 MB/s；有 Unaligned Data 传输能力、误差纠正能力和自我诊断能力，用户可以定义 I/O 端口；配有 21 个插卡插槽和多个背板
PXI	PXI 是一种由 PXI 联盟发布的、坚固的、基于 PC 机的测量和自动化平台。PXI 结合了 PCI 的电气总线特性与 CompactPCI 的坚固性、模块化及 Eurocard 的机械封装特性，发展成适合于试验、测量与数据采集场合应用的机械、电气和软件规范
VXI	VXI 总线规范是一个开放的体系结构标准，其主要目标是使 VXIbus 器件之间、VXIbus 器件与其他标准的器件(计算机)之间能够以明确的方式开放通信，使系统体积更小；使用高带宽的吞吐量为开发者提供高性能的测试设备；采用通用的接口来实现相似的仪器功能，使系统集成软件成本进一步降低

机电一体化系统中常用伺服电机和步进电机，它们可以用运动控制卡(器)控制；数据采集经常用数据采集卡实现。工业控制领域常用的数据采集卡和运动控制卡分别如图 2-6、图 2-7 所示。

(a) PXI 数据采集卡　(b) PXIe 数据采集卡

图 2-6　不同 PC 机总线的数据采集卡

(c) PCI运动控制卡　　(d) PXI运动控制卡

图 2-7　基于 PCI 和 PXI 总线的运动控制卡

基于专用测控总线的机电一体化系统的典型结构如图 2-8 所示。

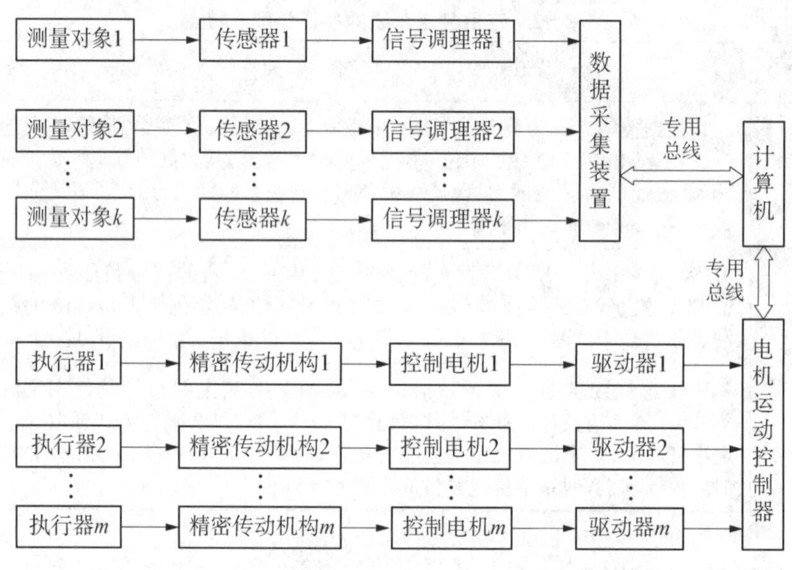

图 2-8　基于专用测控总线的机电一体化系统的典型结构

2.3　基于单片机的机电一体化系统

单片机(single-chip microcomputer)是一种集成电路芯片,采用超大规模集成电路技术把具有数据处理能力的中央处理器 CPU、随机存储器 RAM、只读存储器 ROM、多种 I/O 接口和中断系统、定时器、计数器等功能(可能还包括显示驱动电路、脉宽调制电路、模拟多路转换器、A/D 转换器等电路)都集成到一块硅片上构成的一个小而完善的微型计算机系统。单片机广泛应用于仪器仪表、家用电器、医用设备、航空航天及过程控制等领域。

常用的单片机有 51 系列、AVR 系列、PIC 系列、STM32 系列和 MSP430,如图 2-9 所示。

(a) 51 单片机系统

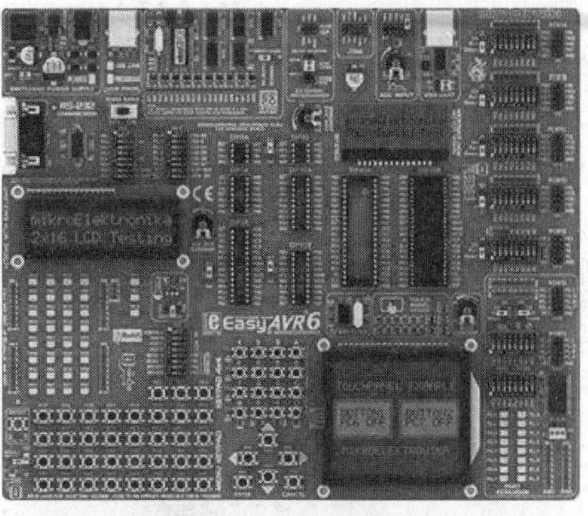

(b) AVR 单片机系统

(c) PIC 单片机系统

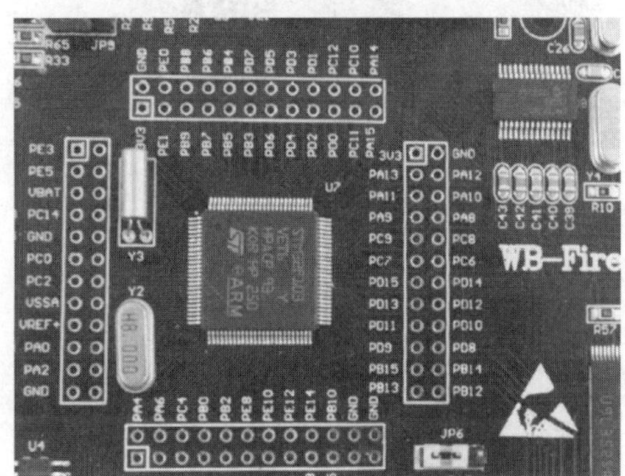

(d) STM 32 单片机系统

图 2-9　常用单片机类型

对于测量或控制对象较少的场合,可以采用基于单片机的机电一体化系统,其典型结构如图 2-10 所示。设计这样的系统,除了需要具备测量和控制技术外,还要具备计算机基础知识及单片机外围电路设计相关的电子技术知识和印刷电路板设计能力。

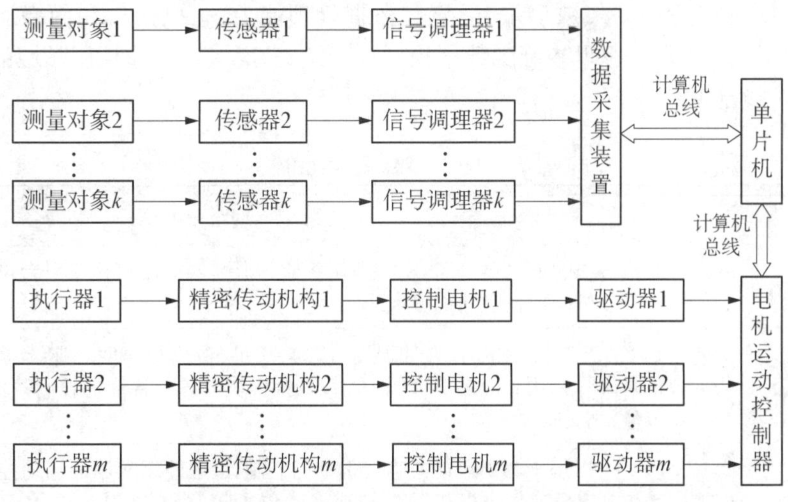

图 2-10　基于单片机的机电一体化系统的典型结构

2.4 基于PLC的机电一体化系统

PLC,即可编程逻辑控制器,是专门为在工业环境下应用而设计的数字运算操作电子系统。它采用一种可编程的存储器,在其内部存储执行逻辑运算、顺序控制、定时、计数和算术运算等操作的指令,通过数字式或模拟式的输入、输出来控制各种类型的机械设备或生产过程。目前PLC在工业领域里应用较为普遍,常用的PLC类型如图2-11所示。

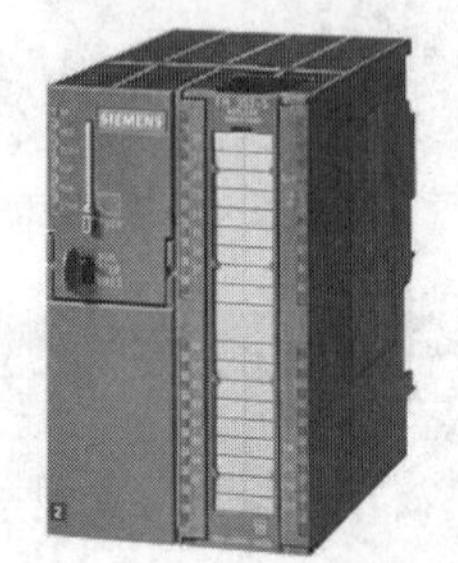

(a) 西门子PLC

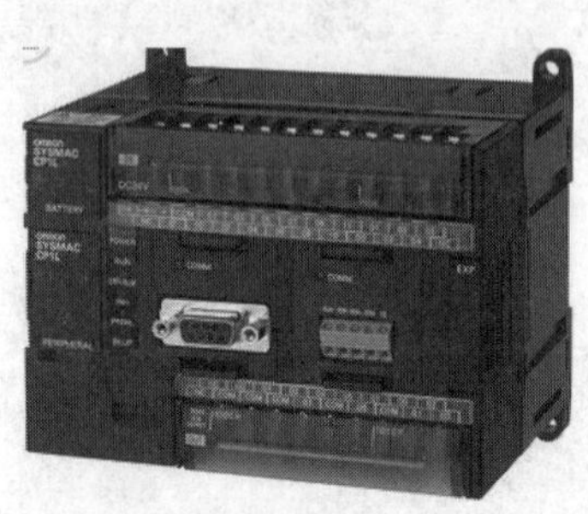

(b) 欧姆龙PLC

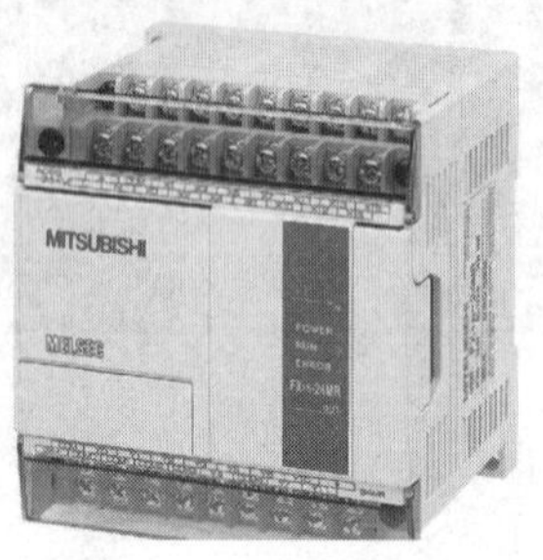

(c) 三菱PLC

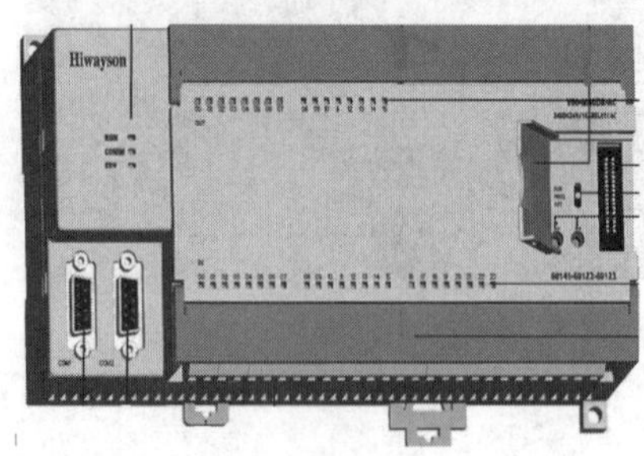

(d) 德维森PLC

图2-11 常用PLC类型

2.4.1 PLC的功能

目前,PLC在处理模拟量、数字量、运算和数据处理能力、人机接口和网络通信等方面能力都取得显著进步,实现了逻辑控制到数字控制的飞跃,已经成为工业控制领域的主流控制手段。PLC的功能见表2-3。

表2-3 PLC主要功能

功能类型	特　点
开关量逻辑控制	取代传统的继电器电路,实现逻辑控制、顺序控制,既可用于单台设备的控制,也可用于多机群控及自动化流水线
工业过程控制	在工业生产过程中,存在如温度、压力、流量、液位和速度等连续变化的量(即模拟量),PLC采用相应的A/D和D/A转换模块及各种各样的控制算法程序来处理模拟量,完成闭环控制
运动控制	PLC可以用于圆周运动或直线运动的控制,一般使用专用的运动控制模块,如可驱动步进电机或伺服电机的单轴或多轴位置控制模块,其广泛用于各种机械、机床、机器人、电梯等场合

（续表）

功能类型	特　点
数据处理	PLC具有数学运算（含矩阵运算、函数运算、逻辑运算）、数据传送、数据转换、排序、查表、位操作等功能，可以完成数据的采集、分析及处理。数据处理一般用于造纸、冶金、食品工业等领域中的一些大型控制系统
通信及联网	PLC通信含PLC间的通信及PLC与其他智能设备间的通信。随着工厂自动化网络的发展，现在的PLC都具有通信接口，十分便捷

2.4.2 PLC的分类

1）按点数分类

PLC可以按照点数分为小型机、中型机和大型机，它们的特点见表2-4。

表2-4　PLC类型及特点

PLC类型	I/O点数	特　点
小型PLC	一般在128点以下	体积小、结构紧凑，整个硬件融为一体，除了开关量I/O以外，还可以连接模拟量I/O及其他各种特殊功能模块。它能执行包括逻辑运算、计时、计数、算术运算、数据处理和传送、通信联网及各种应用指令
中型PLC	一般为256～1024点	采用模块化结构，I/O的处理方式除采用一般PLC通用的扫描处理方式外，还能采用直接处理方式，即在扫描用户程序的过程中，直接读输入，刷新输出。它能连接各种特殊功能模块，通信联网功能更强，指令系统更丰富，内存容量更大，扫描速度更快
大型PLC	一般在1024点以上	软、硬件功能强，具有极强的自诊断功能。通信联网功能强，有各种通信联网的模块，可以构成三级通信网，实现工厂生产管理自动化。大型PLC还可以采用三CPU构成表决式系统，使机器的可靠性更高；它需要一定数量的存储单元（RAM）以存放I/O的状态和数据，这些单元称为I/O映象区。一个开关量I/O占用存储单元中的一个位（bit），一个模拟量I/O占用存储单元中的一个字（16个bit）。因此，整个I/O映象区可看作由两个部分组成，即开关量I/O映象区和模拟量I/O映象区

2）按结构分类

PLC按结构分为箱体式及模块式两大类。微型机、小型机多为箱体式的，但从发展趋势看，小型机也逐渐发展成模块式。两种结构的PLC特点见表2-5。

表2-5　PLC结构类型及特点

结构类型	特　点	机型
箱体式	箱体式PLC把电源、CPU、内存、I/O系统都集成在一个小箱体内。一个主机箱体就是一台完整的PLC，可实现控制。控制点数不符合需要，可再接扩展箱体，由主箱体及若干扩展箱体组成较大的系统，以实现对较多点数的控制	微型机、小型机

（续表）

结构类型	特　点	机型
模块式	模块式 PLC 按功能分成若干模块，如 CPU 模块、输入模块、输出模块、电源模块等；大型机的模块功能更单一，因而模块的种类也相对多些；目前一些中型机，其模块的功能也趋于单一，种类也在增多，便于系统配置	中型机、大型机

3）按生产厂家分类

PLC 按照生产厂家可以分为西门子 PLC、欧姆龙 PLC、三菱 PLC、松下 PLC、施耐德 PLC、IPM PLC、LS PLC 和国产 PLC 等，其特点见表 2-6。

表 2-6　PLC 按生产厂家分类

PLC 类型	型　号
西门子 PLC	德国西门子公司有 S5 系列的产品，包括 S5-95U、100U、115U、135U 及 155U。135U、155U 为大型机，控制点数可达 6 000 多点，模拟量可达 300 多路。西门子最近还推出 S7 系列机，有 S7-200(小型)、S7-300(中型)和 S7-400 机(大型)，其性能较 S5 有大幅提高
欧姆龙 PLC	日本欧姆龙公司有 CPM1A 型机、P 型机、H 型机、CQM1、CVM、CV 型机、Ha 型机、F 型机等，大、中、小、微均有，特别在中、小、微方面更具特长。欧姆龙 PLC 在中国及世界市场都占有相当的份额
三菱 PLC	三菱小型机 F1 前期在国内用得很多，后又推出 FX2 机，性能有了很大提高。其中大型机为 A 系列，包括 AIS、AZC、A3A 等
日立 PLC	日本日立公司也生产 PLC，其 E 系列为箱体式，基本箱体有 E-20、E-28、E-40、E-64，I/O 点数分别为 12/8、16/12、24/16 及 40/24。另外，还有扩展箱体，其规格与主箱体相同，其中 EM 系列为模块式的，可在 16～160 范围内组合
东芝 PLC	日本东芝公司也生产 PLC，其 EX 小型机及 EX-PLUS 小型机在国内也用得很多。它的编程语言是梯形图，其专用的编程器用梯形图语言编程。另外，还有 EX100 系列模块式 PLC，点数较多，也是用梯形图语言编程
松下 PLC	FP1 系列为小型机，结构也是箱体式的，尺寸紧凑。FP3 为模块式的，控制规模较大，工作速度也很快，执行基本指令仅 0.1 μs
GE PLC	GE-FANAC 公司的 90-70 大型机也很有市场，它具有 25 个特点，如用软设定代替硬设定、结构化编程、多种编程语言等，该系列包括 914、781/782、771/772、731/732 等多种型号。另外，还有中型机 90-30 系列，其型号有 344、331、323、321 多种；还有 90-20 系列小型机，型号为 211
施耐德 PLC	美国施耐德公司的 984 型机中的 E984-785 可安 31 个远程站点，总控制规模可达 63535 点；小的为紧凑型，如 984-120 控制点数为 256 点，在最大与最小之间共 20 多个型号。施耐德又推出 Twido 系列 PLC，控制点数有 10 点、16 点、20 点、24 点、40 点不等
AB PLC	美国 AB(Alien-Bradley)公司的 PLC-5 系列很有名，其下有 PLC-5/10、PLC-5/11、…、PLC-5/250 多种型号。另外，它也有微型 PLC，如 ControLgix 系列和 SLC-500 系列。有 20、30 和 40I/O 三种配置选择，I/O 点数分别为 12/8、18/12 和 24/16
IPM PLC	美国 IPM 公司的 IP1612 系列机，由于自带模拟量控制功能、通信口，其集成度又非常之高，虽点数不多，仅 16 入、12 出，但性价比还是高的，适合于系统不大但又有模拟量需控制的场合。该公司新出的 IP3416 机，其 I/O 点数扩大到 34 入、12 出，还自带一个简易小编程器，性能又有改进

（续表）

PLC 类型	型　号
LS PLC	韩国 LS(LG)公司的 K80S、K120S、K200S、K300S 和 K1000S 系列 PLC
大陆产 PLC	我国大陆比较有影响的 PLC 厂商有深圳德维森、深圳艾默生、无锡光洋、无锡信捷、北京和利时、北京凯迪恩、北京安控、黄石科威、洛阳易达、浙大中控、浙大中自、南京冠德、兰州全志等
台湾产 PLC	我国台湾永宏的 FBS 系列，台达的 DVP 系列，盟立的 SC500 系列，丰炜的 VB 系列、VH 系列和台安的 TP02 系列等

基于 PLC 的机电一体化系统的典型结构如图 2－12 所示。

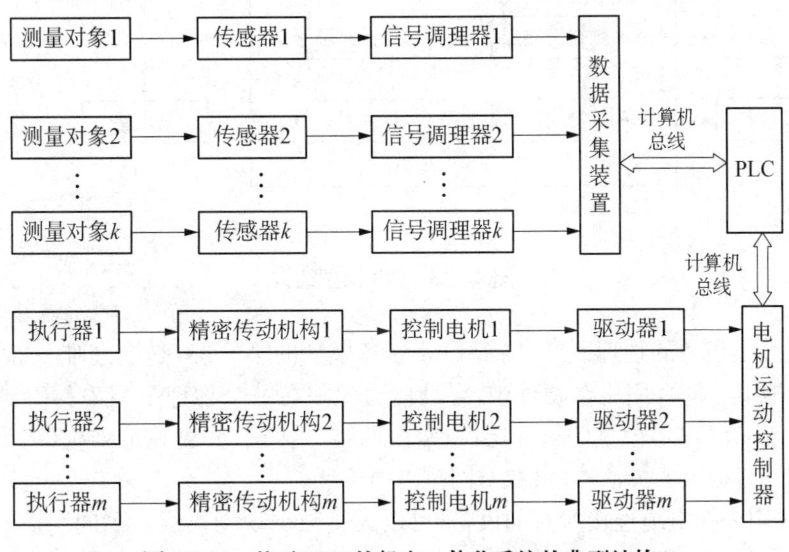

图 2－12　基于 PLC 的机电一体化系统的典型结构

2.5　基于现场总线的机电一体化系统

当前工业现场总线系统（fieldbus control system，FCS）逐渐在工业领域推广应用，这使得设备不但具有控制和测量功能，还具备通信和管理功能。基于现场总线的机电一体化系统在测量和控制领域也得到应用。

现场总线通信基于 TCP/IP 通信协议。TCP/IP 是目前应用最为广泛的通信协议，它是基于网络通信的基本结构——七层 OSI 开放系统互连参考的模型，如图 2－13 所示。

TCP/IP 是一个协议族，它的核心协议主要有传输控制协议（TCP）、用户数据协议（UDP）和网际协议（IP）。在 TCP/IP 中，与 OSI 模型的网络层等价的部分为 IP，另外一个兼容的协议层为传输层，TCP 和 UDP 都运行在这一层。OSI 模型的高层与 TCP/IP 的应用层协议相对应。此外，还有 5 个补充协议，它们分别是文件传输协议（FTP）、远程登录协议（TELNET）、简单邮件传输协议（SMTP）、域名服务（DNS）、简单网络管理协议（SNMP）和远程网络监测（RMON）等。

TCP/IP 地址是网络设备和主机的标识，网络中存在两种寻址方法，即 MAC 地址和 IP 地

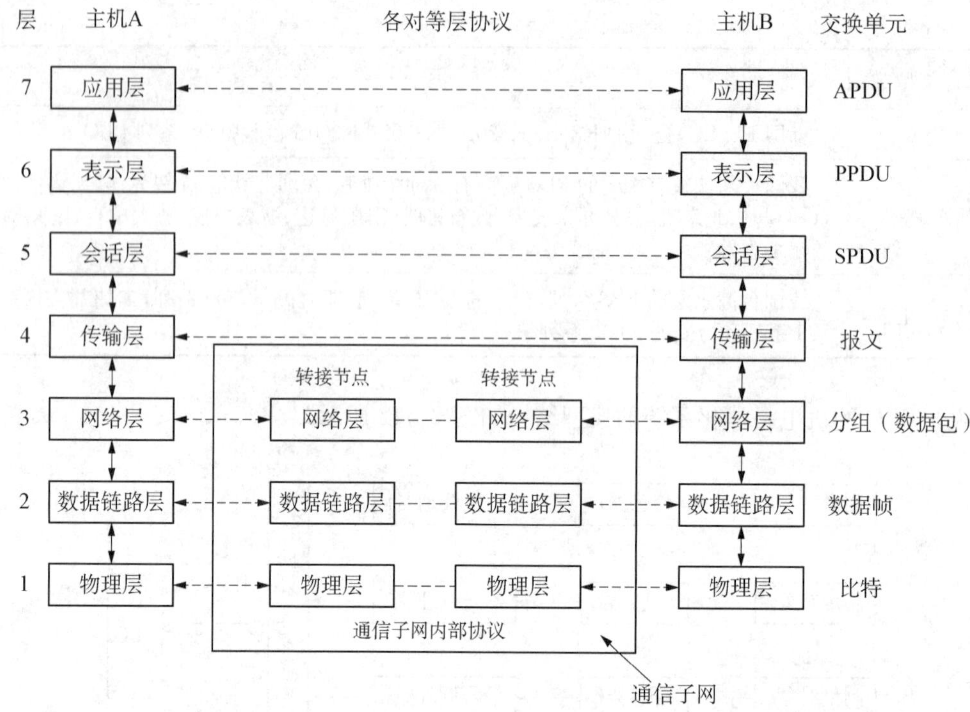

图 2-13 OSI 模型结构

址。MAC 地址是设备的物理地址，位于 OSI 参考模型的第 2 层，是全网唯一标识，为无级地址结构(一维地址空间)，固化在硬件中，寻址能力仅限在一个物理子网中。IP 地址是设备的逻辑地址，位于 OSI 参考模型的第 3 层，也是全网唯一标识，分级地址结构(多维地址空间)，由软件设定，具有很大的灵活性，可在全网范围内寻址。

现场总线用一根电缆连接所有的设备，可以大量减少现场接线。不同制造厂商生产的装置间可以完全互操作，增加现场一级的控制功能，系统集成大大简化，维护也十分方便。现场总线使用数字化仪表，免去了 A/D 和 D/A 过程，提高了系统集成性和精度。

现场总线的主要技术特点包括：①实现全数字化通信；②采用开放型的互连网络；③设备间相互操作性强；④现场设备的智能化控制程度高；⑤系统结构的高度分散；⑥对现场环境的适应性强。

现场总线控制系统由控制系统、测量系统和管理系统三部分组成。

(1) 控制系统。控制系统的软件有组态软件、维护软件、仿真软件、设备应用软件和监控软件等。开发基于现场总线的控制系统时，需要选择开发组态软件、控制操作人机接口软件。通过组态软件，可以实现功能块之间的连接，并进行网络组态，在网络运行过程中实现实时采集数据、数据处理、计算、优化控制及逻辑、控制报警、监视和显示等功能。

(2) 测量系统。可以实现多变量的高速、高精度测量，使测量仪器仪表具有计算等更多功能。测量系统由于采用数字信号，具有高分辨率、准确性高、抗干扰、抗畸变能力强等特点，同时还具有仪表设备的状态信息可以对处理过程进行实时调整的特点。

(3) 管理系统。可以提供设备自身及过程的诊断信息、管理信息、设备运行状态信息及厂商提供的设备信息。利用设备管理功能可以构建一个现场设备的综合管理系统信息库，在此基础上实现设备的可靠性分析及预测性维护。管理系统也包括网络系统的硬件组成和软件类型、总线系统计算机服务模式和数据库。

① 网络系统的硬件组成和软件类型。网络系统硬件主要包括系统管理主机、服务器、网关、协议变换器、集线器，用户计算机及底层智能化仪表。网络系统软件包括 NetWare、LAN Manager、Vines；服务器操作软件如 Linux、OS/2、Windows NT 等。

② 总线系统计算机服务模式。客户机/服务器模式是目前较为流行的网络计算机服务模式。服务器为数据源，客户机为数据使用者，它从数据源获取数据，并进行处理。客户机运行在 PC 机或工作站上，服务器运行在小型机或大型机上，它使用双方的智能、资源、数据来完成相关任务。

③ 数据库。数据库能有效组织和动态存储与生产过程相关的大量数据和应用程序，实现数据的共享和交叉访问，且具有高度的独立性。生产设备在运行过程中参数连续变化，数据量大，控制的实时性要求高，因此需要一个可以互访操作的分布关系及实时性的数据库系统。常用的关系数据库有 Oracle、Sybas、Informix、SQL Server 等，实时数据库有 InfoPlus、PI 和 ONSPEC 等。实际应用中可以基于机器人工作站的功能选择合适的数据库类型。

2.5.1 基于 EtherCAT 现场总线的机电一体化系统

EtherCAT（control automation technology，CAT）是一个以以太网为基础的开放架构的现场总线系统。EtherCAT 总线可以实现高精度设备同步，具有线缆冗余配置，也具有功能性安全协议（SIL3）。EtherCAT 可以支持线形、树形和星形设备连接拓扑结构，物理介质可以选 100Base－TX 标准以太网电缆或光缆；使用 100Base－TX 电缆时站间间距可以达到 100 m；整个网络最多可以连接 65 535 个设备。使用快速以太网全双工通信技术构成主从式的环形结构如图 2－14 所示。

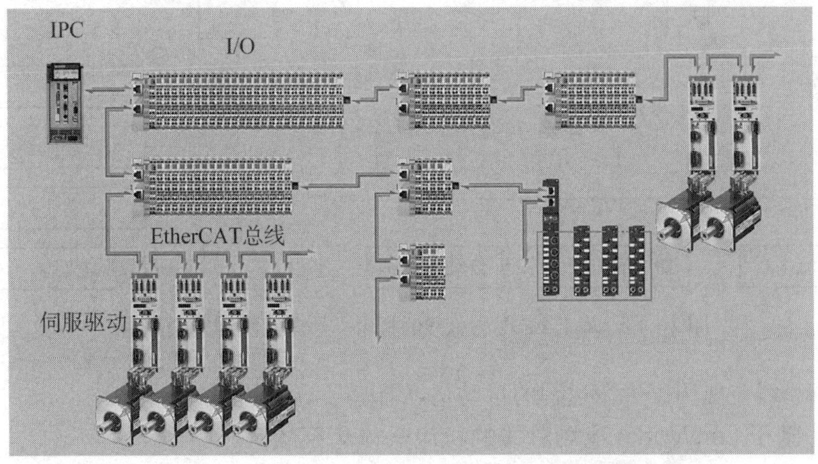

图 2－14　基于 EtherCAT 现场总线的机电一体化系统的拓扑结构

1）主站组成

EtherCAT 通信是由主站发起的，主站发出的数据帧传输到一个从站站点时，从站将解析数据帧，每个从站从对应报文中读取输出数据，并将输入数据嵌入子报文中，同时修改工作计数器 WKC 的值，以标识从站已处理该报文。网段末端的从站处理完报文后，将报文转发回主站，主站捕获返回的报文并对其进行处理，完成一次通信过程。

主站的实现可采用嵌入式和 PC 机两种方式，这两种方式均需配备标准以太网 MAC 控制器，传输介质可使用 100BASE－TX 规范的 5 类 UTP 线缆。EtherCAT 从站设备除了具备通信功能外，还需具备对从站设备的控制功能。常见的从站设备有 I/O 端子、伺服设备、微处理器等。

EtherCAT主站运行需具备以下基本功能：①读取从站设备描述XML文件，并对其进行解析，获取其中的配置参数；②捕获和发送EtherCAT数据帧，完成EtherCAT子报文解析、打包等；③管理从站设备状态，运行状态机，完成主从站状态机的设置和维护；④可进行非周期性数据通信，完成系统参数配置，处理通信过程中的突发事件；⑤实现周期性过程数据通信，实现数据实时交换，实时监控从站状态，从站反馈信号实时处理等。

2）从站组成

在EtherCAT系统的通信过程中，从站采用专用的从站协议控制器（EtherCAT Slave Controller，ESC）来高速动态地（on-the-fly）处理网络通信数据。系统通信的整个过程中，网络数据的处理都在从站协议控制器内部由硬件完成；过程数据接口为从站应用层提供了一个双端口随机存储器来实现数据交换。EtherCAT从站提供网络数据通信和控制任务功能。

2.5.2 基于FF现场总线的机电一体化系统

FF现场总线（foundation field bus，基金会现场总线）分为H1和H2两级总线，基于FF现场总线的机电一体化系统的典型结构如图2－15所示。H1现场总线主要用于现场设备控制，其传输速率为31.25 kB/s，可以利用两线制向现场仪器仪表供电，并能维护总线供电设备的安全；H2现场总线主要面向过程控制级、监控管理级和自动化应用，传输速率分别为1 MB/s、2.5 MB/s和100 MB/s。

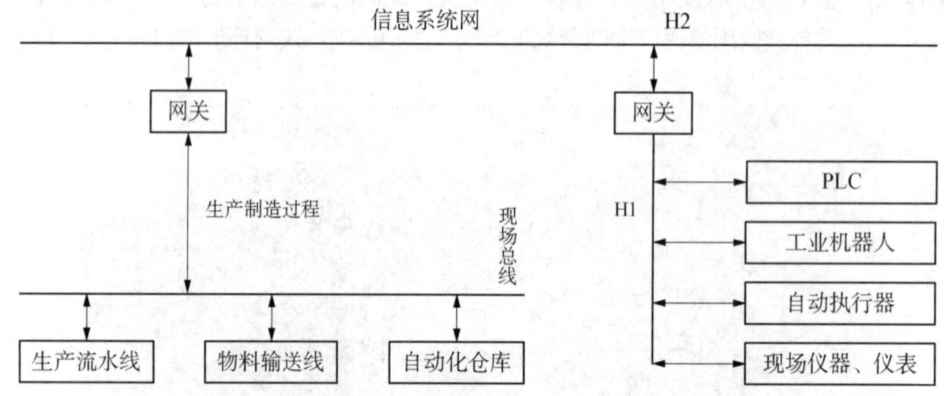

图2－15 基于FF现场总线的机电一体化系统的典型结构

FF现场总线主要用于生产过程的自动化，如化工、石油、电力等行业。

2.5.3 基于LonWorks现场总线的机电一体化系统

基于LonWorks现场总线的机电一体化系统的典型结构如图2－16所示。LonWorks现场总线支持双绞线、同轴电缆、光缆和红外线等多种通信介质，通信速率从300 bit/s至1.5 MB/s，直接通信距离达2 700 m（78 kB/s）。

LonWorks技术采用的LonTalk协议，并被封装到神经元的芯片中。LonWorks现场总线主要应用于楼宇自动化、保安系统、办公设备、交通运输和工业过程控制等领域。

2.5.4 基于CAN现场总线的机电一体化系统

CAN（control area network）总线的模型结构只有3层，只取OSI底层的物理层、数据链路层和应用层，基于CAN现场总线的机电一体化系统的典型结构如图2－17所示。CAN总线的信号传输介质为双绞线，通信速率最高可达1 MB/s（40 m以内），直接传输距离最远可达10 km，可挂接设备最多达110个。

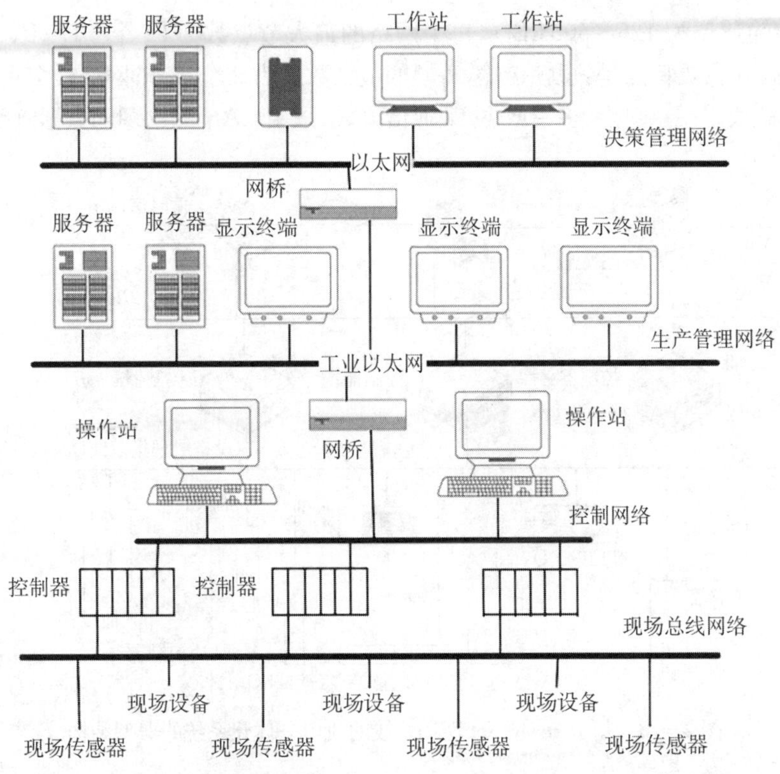

图 2-16 基于 LonWorks 现场总线的机电一体化系统的典型结构

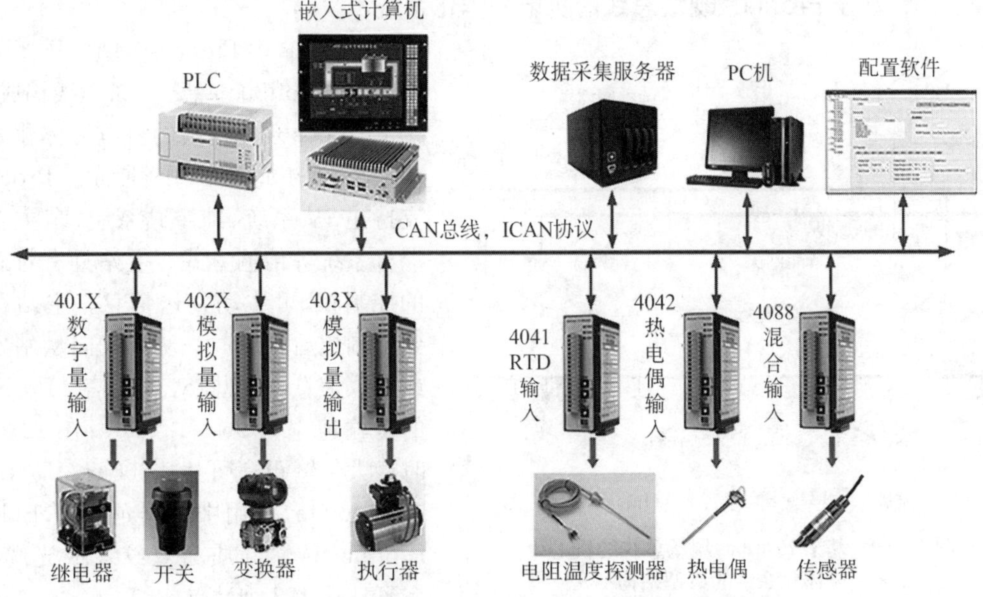

图 2-17 基于 CAN 现场总线的机电一体化系统的典型结构

CAN 总线主要应用于汽车制造、公共交通车辆、机器人、楼宇自动化、数控机床和医疗器械等领域。

2.5.5 基于 DeviceNet 现场总线的机电一体化系统

基于 DeviceNet 现场总线的机电一体化系统的典型结构如图 2-18 所示。Devicenet 基于

CAN 技术，传输速率为 125～500 kB/s，每个网络的最大节点数为 64 个。DeviceNet 主要用于实时传输数据，其主要特点是：短帧传输，每帧的最大数据为 8 个字节；网络最多可连接 64 个节点；DeviceNet 总线采用点对点、多主或主/从通信方式，采用 CAN 的物理和数据链路层协议。

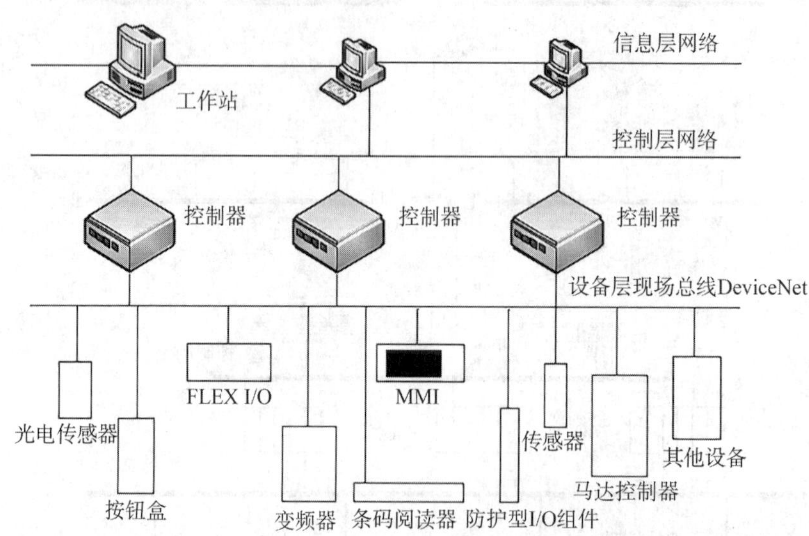

图 2-18 基于 DeviceNet 现场总线的机电一体化系统的典型结构

DeviceNet 总线主要应用于工业控制系统、智能建筑、智能仪表和车用通信等领域。

2.5.6 基于 Profibus 现场总线的机电一体化系统

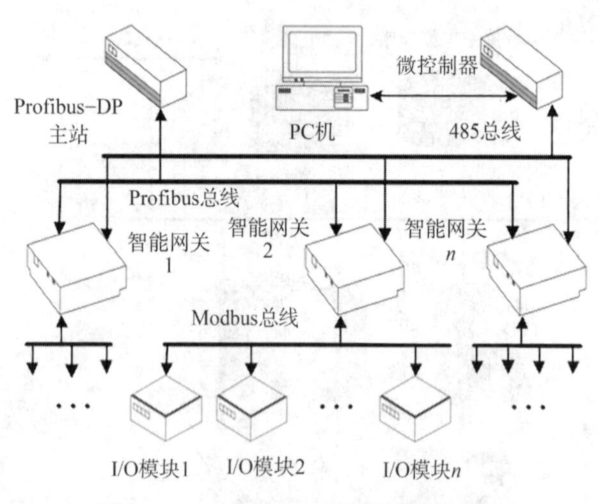

图 2-19 基于 Profibus 现场总线的机电一体化系统的典型结构

Profibus 由 Profibus-DP、Profibus-FMS 和 Profibus-PA 三条总线构成，基于 Profibus 现场总线的机电一体化系统的典型结构如图 2-19 所示。Profibus 支持主-从系统、纯主站系统、多主多从混合系统等传输方式。主站具有对总线的控制权，可主动发送信息。主站在得到控制权后，可按主-从方式向从站发送或索取信息，实现点对点通信。Profibus 的传输速率为 96～12 kB/s；在 12 kB/s 时最大传输距离可达 1 000 m，15 MB/s 时为 400 m，可用中继器延长至 10 km。Profibus 传输介质为双绞线或光缆，最多可挂接 127 个站点。

Profibus 主要应用于机器人控制、汽车装配线、零件冲压线、食品、造纸、纺织、石油化工、制药和电力系统等领域。

2.5.7 基于 HART 现场总线的机电一体化系统

基于 HART(highway addressable remote transducer)现场总线的机电一体化系统的典型结构如图 2-20 所示，其通信模型采用物理层、数据链路层和应用层三层。物理层采用 FSK (frequency shift keying)技术在 4～20 mA 模拟信号上叠加一个频率信号，频率信号采用 Bell202 国际标准；数据传输速率为 1 200 bit/s。数据链路层用于按 HART 通信协议规则建立 HART 信息格式，其信息构成包括开头码、显示终端与现场设备地址、字节数、现场设备状态与通信状态、数据、奇偶校验等。HART 总线支持点对点、主从应答方式和多点广播方式。

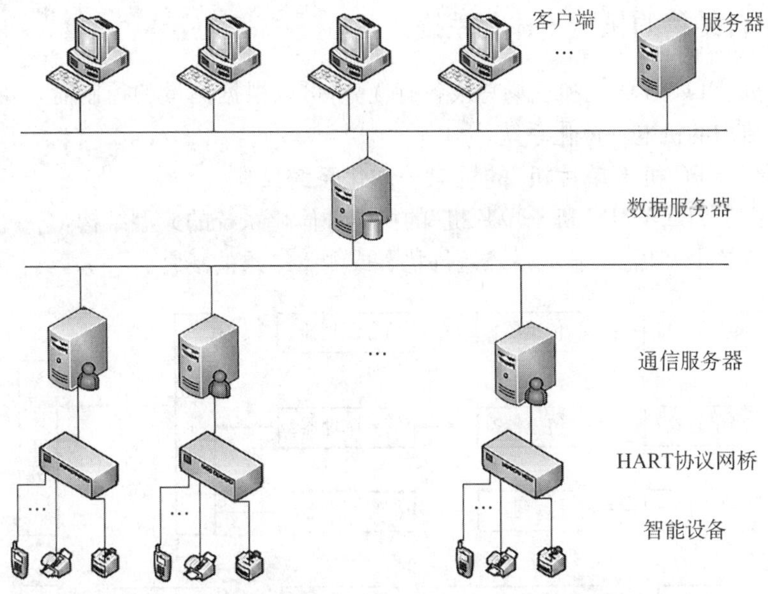

图 2-20 基于 HART 现场总线的机电一体化系统的典型结构

基于 HART 现场总线的机电一体化系统主要用于智能仪器仪表的控制。

2.5.8 基于 CC-Link 现场总线的机电一体化系统

基于 CC-Link(control & communication link)现场总线的机电一体化系统的典型结构如图 2-21 所示，它可以将控制和信息数据同时以 10 MB/s 高速传送至现场网络，不仅解决了

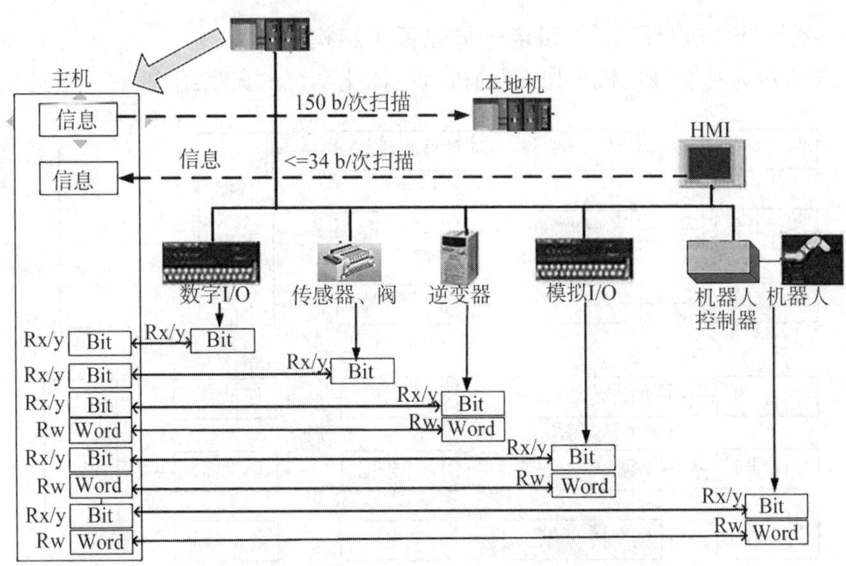

图 2-21 基于 CC-Link 现场总线的机电一体化系统的典型结构

工业现场配线复杂的问题,还具有较高的抗干扰性和较好的兼容性。CC-Link 是一个以设备层为主的网络,同时也可覆盖较高层次的控制层和较低层次的传感层。

CC-Link 总线主要应用于半导体、电子、汽车、医药、立体仓库、机械设备制造、食品、搬运、印刷等领域。

2.6 基于混合结构的机电一体化系统

由于单片机、PLC、PC 机和现场总线各有优势,可以根据测量和控制需要将其组合起来,构成具有混合结构的机电一体化系统。

2.6.1 基于"PC 机+单片机"的机电一体化系统结构

图 2-22 所示为基于"PC 机+单片机"的机电一体化系统的典型结构,它一般适用于控制对象或测量对象较少,但需要显示系统运行状态或测量结果的场合。

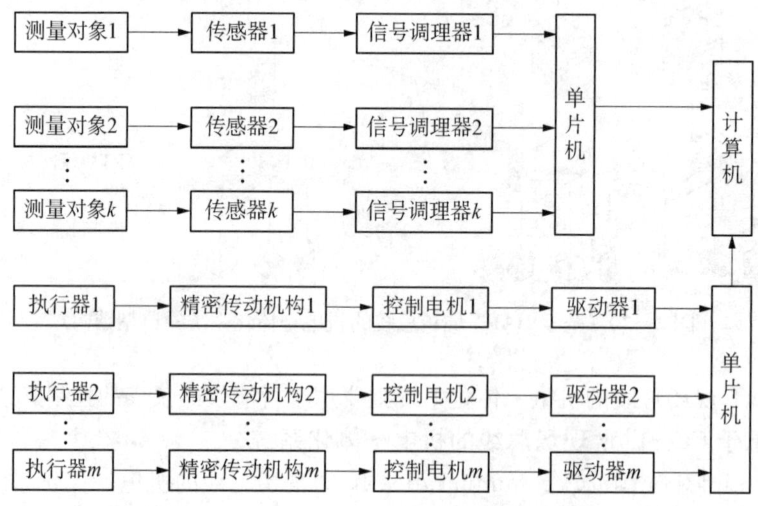

图 2-22 基于"PC 机+单片机"的机电一体化系统的典型结构

2.6.2 基于"PC 机+PLC"的机电一体化系统结构

图 2-23 所示为基于"PC 机+PLC"的机电一体化系统的典型结构,它一般适用于控制对

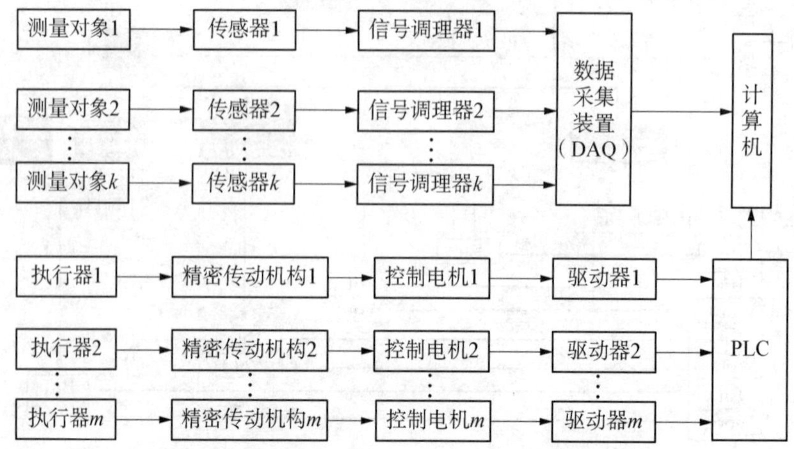

图 2-23 基于"PC 机+PLC"的机电一体化系统的典型结构

象较多，且有大量的测量数据需要处理的场合。

2.6.3 基于“PC机＋PLC＋现场总线”的机电一体化系统结构

图2-24所示为基于“PC机＋PLC＋现场总线”的机电一体化系统的典型结构，如工业机器人与外围设备及生产系统相集成就属于这种系统。

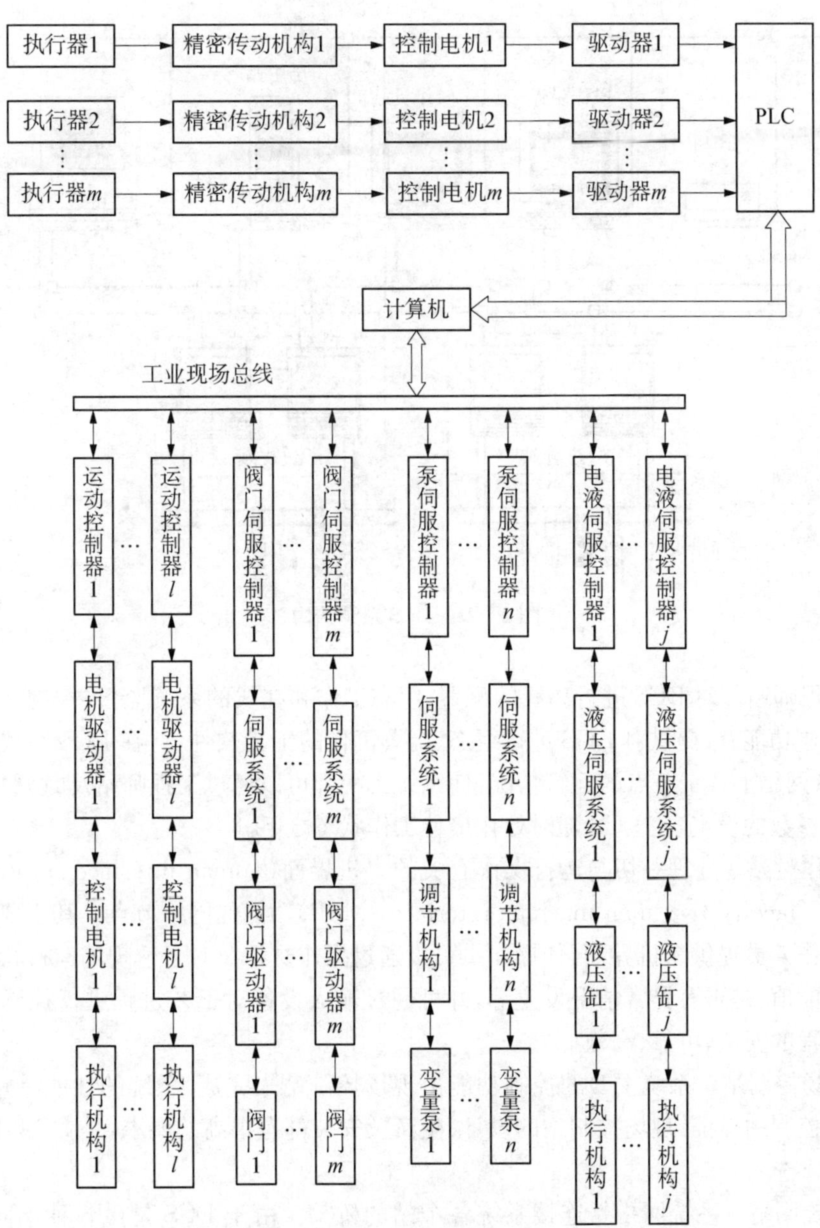

图2-24 基于“PC机＋PLC＋现场总线”的机电一体化系统的典型结构

2.7 大型机电一体化系统

2.7.1 基于 DCS 的大型机电一体化系统

DCS(distributed control system)即"分布式控制系统",也称分散控制系统、集散控制系统,其系统组成包括工程师站、操作员站、现场控制站、系统网络,如图 2-25 所示。

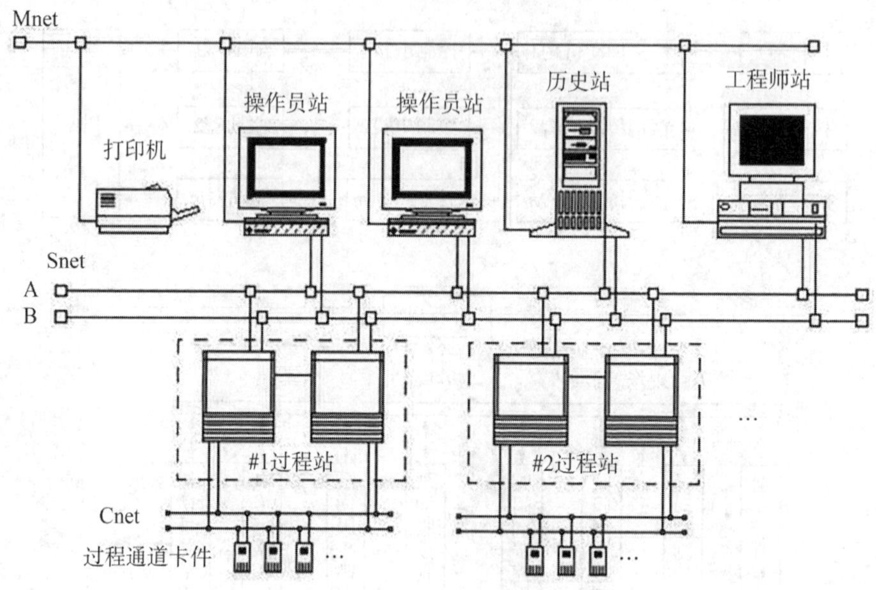

图 2-25 DCS 系统结构

(1) 工程师站。对 DCS 进行离线的配置、组态工作和在线的系统监督、控制、维护的网络接点。其主要功能有:提供对 DCS 进行组态、配置工作的工具软件,并在 DCS 在线运行时,实时监视 DCS 网络上各个节点的运行情况,使系统工程师可以通过工程师站及时调整系统配置及一些系统参数的设定,使 DCS 随时处在最佳工作状态之下。

(2) 操作员站。处理一切与运行操作有关的人机界面(human interface station, HIS;或 operator interface, OI;或 man machine interface, MMI)功能的网络节点。其主要功能有:系统的运行操作人员提供人机界面,使操作员可以通过操作员站及时了解现场运行状态、各种运行参数的当前值、是否有异常情况发生等,并可通过输入设备对工艺过程进行控制和调节,以保证生产过程的安全、可靠、高效。

(3) 现场控制站。系统主要的控制功能由现场控制站来完成,系统的性能等重要指标也都依靠现场控制站保证;现场控制站的设计、生产及安装都有很高的要求,是 DCS 中的主要任务执行者。

(4) 系统网络。系统网络是连接系统各个站的桥梁。由于 DCS 是由各种不同功能的站组成的,这些站之间必须实现有效的数据传输,才能保证系统总体的功能实现。系统网络的实时性、可靠性和数据通信能力关系到整个系统的性能。

2.7.2 基于 SCADA 的大型机电一体化系统

数据采集与监视控制(supervisory control and data acquisition, SCADA)系统是以计算

机为基础的 DCS 自动化监控系统。

SCADA 系统集成了数据采集系统、数据传输系统和 HMI 软件，以提供集中的监视和控制，以便进行过程的输入和输出。SCADA 系统包括硬件系统和软件系统两个部分。SCADA 不是完整的控制系统，而是位于控制设备之上，侧重于管理的纯软件。SCADA 所接的控制设备通常是 PLC，也可以是智能表、板卡等。典型的 SCADA 系统如图 2－26 所示。SCADA 应用领域广泛，可以应用于电力、冶金、石油、化工、铁路等领域。

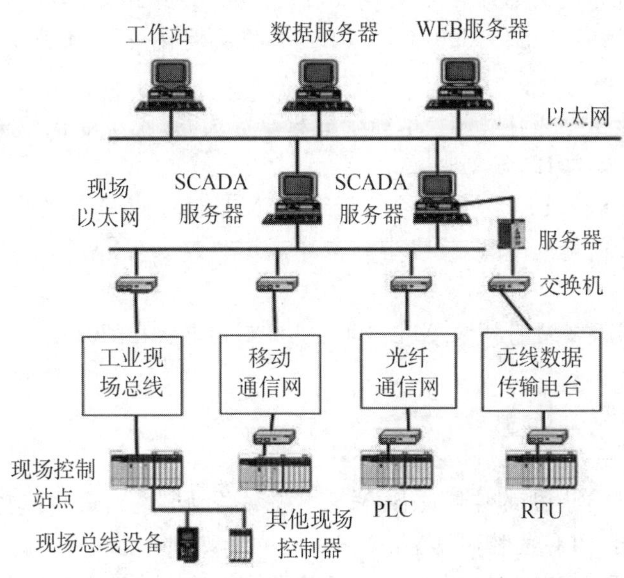

图 2－26 SCADA 控制系统

SCADA 系统具有以下特点：

(1) 图形界面。人们可以通过图形界面直观地监视整个系统，并且很方便地观看采集来的数据。

(2) 系统状态动态模拟。监视控制系统一般都是实时地把数据传送到监控中心，利用动态模拟可以很直观地监测系统。

(3) 实时资料和历史趋势。只有将实时资料完整地记录下来，并且在此基础上利用相关的计算方式进行计算得出相关的数据，SCADA 系统才可以起到真正的作用。

(4) 报警处理系统。当系统出现异常情况时，系统可以发出警告信息，以及时处理相关问题。

(5) 数据采集及记录。系统通过相关数据采集设备将分布在各个地点的数据采集到监控中心，并且记录下来供系统使用。

(6) 数据分析。一个系统如果只是将各个采集点的数据采集记录下来，其功能是不完整的。只有将数据进行分析，并且通过分析得出结论以提供参考，这样系统才可以真正起到作用。

(7) 报表输出。将系统采集的数据进行分析，得出相关的结论，最后形成报表输出。

SCADA 系统的软硬件一般通过三种方式进行连接：标准通信协议、标准的资料交换接口、特别定制的绑定驱动。

常用的SCADA软件包括紫金桥Realinfo、Hmibuilder、世纪星、三维力控、组态王KingView、态神uScada、Controx(华富开物)、E-Form++组态源码解决方案、iCentroView、QTouch、易控等。

参考文献

[1] 胡汉才.单片机原理及其接口技术[M].北京:清华大学出版社,2010.

[2] 罗萍,罗志勇.西门子S7-300/400:PLC工程实例详解[M].北京:人民邮电出版社,2012.

[3] 陈先锋.西门子全集成自动化技术综合教程系统编程、现场维护与故障诊断[M].北京:人民邮电出版社,2012.

[4] 李金城.三菱FX2N PLC功能指令应用详解[M].北京:电子工业出版社,2011.

[5] 卢巧,黄志,等.欧姆龙PLC编程指令与梯形图快速入门[M].北京:电子工业出版社,2010.

[6] 郭琼.现场总线及其应用技术[M].北京:机械工业出版社,2011.

思考与练习

1. 选择一种基于单片机的控制设备,说明其机械传动系统组成和控制系统组成。

2. 选择一种基于PLC的控制设备,说明其机械传动系统组成和控制系统组成。

3. 选择一种基于ARM的控制设备,说明其机械传动系统组成和控制系统组成。

4. 从KUKA机器人、ABB机器人、FANUC机器人、安川机器人中分别选择一种型号,说明其机械传动系统组成和控制系统组成。

5. 从数控车床、数控铣床中分别选择一种型号,说明其机械传动系统组成和控制系统组成。

6. 选择一种基于工业现场总线的控制设备,说明其机械传动系统组成和控制系统组成。

7. 选择一种基于SCADA的机电一体化系统,说明其机械传动系统组成和控制系统组成。

8. 选择一种基于DCS的机电一体化系统,说明其机械传动系统组成和控制系统组成。

第 3 章

机械系统设计方法

◎ 学习成果达成要求

1. 了解机械系统的组成及功能。
2. 了解机械系统设计流程。
3. 掌握机械系统设计方法。

本章介绍机电一体化系统中机械系统的功能、组成，机械系统设计流程及设计方法。具体内容包括技术指标确定、原动机选型、机构设计、基本强度理论、零部件结构设计、装配图设计、结构有限元分析、机构运动学和动力学分析、虚拟样机分析等。

3.1 机械系统设计概述

机械系统是机电一体化系统的最基本要素，是系统运动功能的载体，它是由若干零部件根据一定的功能要求和结构形式组成的有机整体。

3.1.1 机械系统组成

(1) 动力系统。动力机及其配套装置是机械系统工作的动力源，常用的动力机包括内燃机、汽轮机、水轮机等。凡是能把二次能源(如电能、液能、气能)转变为机械能的装置都是动力源。

(2) 传动系统。指把动力机的动力和运动传递给执行系统的中间装置。

(3) 执行系统。包括机械的执行机构和执行构件，是利用机械能来改变作业对象的性质、状态、形状、位置或对作业对象进行检测、度量等，以进行生产或达到其他预定要求的装置。

(4) 操纵控制系统。它是使动力系统、传动系统、执行系统彼此协调运行，并准确、可靠地完成整机功能的装置。

机械系统设计包括机械传动方案拟定、机构设计、零部件设计、装配图设计等环节。技术设计阶段的目标是产生总装配及部件装配草图；通过草图设计确定出各部件及其零件的外形及基本尺寸，包括各部件之间的连接、零部件的外形及基本尺寸；最后绘制零件的工作图、部件装配图和总装图。在上述过程中，机械传动方案的拟定及机构设计需要应用机械原理课程的知识；零部件设计需要应用理论力学、材料力学、机械设计、金属材料及热处理、公差与技术测量等核心课程的知识。

3.1.2 机械系统技术设计的具体任务

1）确定机械系统技术参数及技术指标

设计任务应根据市场需要合理制定，包括确定机械系统的主要技术参数、技术指标和总体设计图要求。机械系统的主要技术参数与技术指标包括规格参数、运动参数、动力参数、性能参数、重量参数，见表3-1。

表3-1 机械系统的主要技术参数

参数类型	参数说明	具体参数
规格参数	主要指影响力学性能的结构尺寸、规格尺寸等	机械系统三维尺寸
运动参数	指执行机构的转动或移动速度及调速范围等	位移、速度、加速度等
动力参数	指机械系统中使用的动力源参数	力矩、功率等
性能参数	也称技术经济指标，是评价机械系统性能优劣的主要依据，也是设计应达到的基本要求	生产率、加工质量、寿命、成本等
重量参数	与机器重量相关的参数	整机重量、部件重量、重心位置等

2）机械系统的功能描述、功能分解与求解

机电一体化系统的功能分析就是通过对设计任务书提出的机器功能中必须达到的要求进行综合分析，判断这些功能能否实现，各项功能间有无矛盾，相互间能否替代等。最后确定出功能参数，提出可能的解决方案。在寻求方案时，可按原动部分、传动部分及执行部分分别进行讨论。较为常用的办法是先从执行部分开始分析。

确定机器的执行部分时，首先是工作原理的选择。例如，设计制造螺钉的机器时，其工作原理既可采用在圆柱形毛坯上用车刀车削螺纹的办法，也可采用在圆柱形毛坯上用滚丝模滚压螺纹的办法。这就涉及两种不同工作原理的选择。

3）机械系统总体方案设计

机械系统总体方案设计就是确定设计任务、设计要求和设计条件。以此为基础，确定机械系统功能原理方案，进行功能原理设计，确定机构类型，从而获得机构运动方案，以为机械系统受力分析和零部件结构设计奠定基础。机械系统总体设计的主要内容包括：

(1) 系统原理方案构思。首先要确定工作机的机构构型，并确定原动件到工作机的机械传动方案，即从齿轮传动（圆柱齿轮、锥齿轮、蜗杆）、链传动、带传动、液压传动和气动传动中选择合适的传动类型，并组合成传动链。

(2) 机械传动链设计。确定机械传动链中各种传动类型的运动尺寸和主要几何尺寸。

(3) 总体布局与环境设计。总体布局设计任务是确定系统各主要部件之间相对应的位置关系及其尺寸。

其主要内容包括：拟定工艺路线，确定机型特征、外形尺寸；确定主要组成部件及其相对位置、尺寸。在进行总体布局时，应注意以下基本问题：布局有利于系统功能的实现，有利于物料流的畅通，有利于机器安装、使用与维修，应注意到整体的平衡性，有效避免干涉。

总体布局的基本形式如下：按主要工作机构的空间位置可分为平面式、空间式等；按主要工作机构的相对位置可分为前置式、中置式、后置式等；按主要工作机构的运动轨迹可分为回转式、直线式、振动式等；按机架或机壳的形式可分为整体式、组合式等。

(4) 绘制总体设计图。总体设计图是指单个产品的总装配图或成套设备的总体布置详图,对所设计机械系统的总体布置和结构做完整的描述。

总体设计图是零部件技术设计的依据,在绘制时需要遵守以下要求:严格按比例绘制;要表明重要零部件的细部结构;要表明机构运动部件的极限位置;要表明操纵件的位置;标注出有关重要尺寸和技术要求;必要时应绘出其他相关图,如联系尺寸图、分系统图(如传动系统图、液压系统图、润滑系统图)等。在总体设计过程中逐步形成的技术文件包括系统工作原理简图、主要部件工作原理图、方案评价报告、总体设计报告、系统总体布置图。

(5) 机械系统方案的评价和求解。能实现同样功能的机械系统方案一般不唯一,需要综合考虑机械系统方案所占空间的大小、成本、传动链长短等因素,选择相对合理的方案。

(6) 机械系统主要技术参数确定。根据执行机构(工作机)输出的运动范围,工作速度范围,加速度范围,工作阻力/力矩大小,位置精度,速度、加速度控制精度,力/力矩控制精度等要求。依据机械传动链确定原动件的运动范围、工作速度范围、加速度范围、工作阻力/力矩大小、位置精度、速度、加速度控制精度、力/力矩控制精度等要求。

4) 机械系统运动学设计

根据机械系统的功能,依据执行机构的位移、速度、加速度、工作阻力等要求,利用机械传动链,确定原动件的参数(功率、转速、线速度等),之后做机构运动学分析,从而确定各运动构件的运动参数(转速、速度、加速度等),为零部件的结构设计奠定基础。

根据机械系统主要技术参数及机械传动方案,来完成机构运动简图设计,建立机构运动学方程,即原动机和机械系统输出端之间的位移关系方程,这就是运动学方程;此外,利用运动学方程,在不考虑作用力的前提下,研究原动机与系统输出构件之间的位移、速度和加速度关系,这就是运动学分析。

5) 机械系统静力学分析

对机械系统进行静力学分析,是基于机械系统运动和力传递顺序,利用每个构件的静力平衡条件,依此确定每个构件受到的力,包括力和力矩,从而为构件的结构设计奠定基础。这是因为构件的主要结构尺寸可以依据构件的受力、设计准则(强度条件)来确定。

6) 零部件结构设计

利用机械系统的静力学分析,确定各构件的受力状况,从而为零部件的结构设计提供依据。机械零部件的设计具有众多的约束条件,设计准则就是设计应该满足的约束条件,见表3-2。

表3-2 机械零部件设计准则

设计准则	设计准则定义
技术性能准则	技术性能是指包括产品功能、制造和运行状况在内的一切性能,包括静态性能和动态性能,如产品所能传递的功率、效率、使用寿命、强度、刚度、抗摩擦、磨损性能、振动稳定性、热特性等
标准化准则	与机械产品设计有关的主要标准有: (1) 概念标准化:设计过程中所涉及的名词术语、符号、计量单位等应符合国家标准 (2) 实物形态标准化:零部件、原材料、设备及能源等的结构形式、尺寸、性能等,都应按统一的规定选用 (3) 方法标准化:操作方法、测量方法、试验方法等都应按相应规定实施 标准化准则,就是在设计全过程中的所有行为,都要满足上述标准化的要求。现已发布的与机械零件设计有关的标准,从运用范围上来讲,可以分为国家标准、行业标准和企业标准3种;从使用强制性来说,可以分为必须执行的和推荐使用的2种

（续表）

设计准则	设计准则定义
可靠性准则	可靠性是指产品或零部件在规定的使用条件下，在预期的寿命内，能完成规定功能的概率。可靠性准则就是指所设计的产品、零部件应能满足规定的可靠性要求
安全性准则	机器的安全性包括： (1) 零件安全性：指在规定外载荷和规定时间内零件不发生断裂、过度变形、过度磨损和丧失稳定性等问题 (2) 整机安全性：指机器保证在规定条件下不出故障，能正常实现总功能的要求 (3) 工作安全性：指保证操作人员人身安全和身心健康等的要求 (4) 环境安全性：指对机器周围的环境和人不造成污染和危害的要求

7）装配图设计

装配图是表达机器或部件的图样，主要表达其工作原理和装配关系。在机器设计过程中，装配图的绘制位于零件图之前。装配图主要用于机器或部件的装配、调试、安装、维修等场合，也是生产中的重要技术文件。在产品或部件的设计过程中，一般是先根据机械系统中主要传动零件的几何尺寸和运动尺寸设计装配图，然后再根据装配图进行零件图设计；在产品或部件的制造过程中，先根据零件图进行零件加工和检验，再按照装配图所制定的装配工艺规程将零件装配成机器或部件。

8）机械系统动力学分析

如果机械系统高速运行，特别是系统中构件的惯性力和惯性力矩对执行机构的运动轨迹、位姿精度有较大的影响时，需要对机械系统进行动力学分析。动力学分析的基本方法是建立动力学方程组，对于 n 自由度的机械系统，该方程组就有 n 个方程。这个方程组解释了机械系统所受到的外力与每个构件位移、速度、加速度之间的关系。求解这个方程组，可以获得机械系统在已知外力作用下的真实运动，即每个构件的位移速度和加速度。

9）机械系统虚拟样机分析

虚拟样机技术就是在建立第一台物理样机之前，利用计算机技术，建立机械系统的数学模型进行仿真分析，并以图形方式显示该系统在真实工程条件下的各种特性，从而修改并得到最优设计方案的技术。虚拟样机是一种计算机模型，它能够反映实际产品的特性，包括外观、空间关系、运动学和动力学特性。

10）技术文件编制

技术文件的种类较多，常用的有机器的设计计算说明书、使用说明书、标准件明细表等。其他技术文件，如检验合格单、外购件明细表、验收条件等，视需要与否另行编制。编制设计计算说明书时，应包括方案选择及技术设计的全部结论性内容。编制供用户使用的机器使用说明书时，应说明机器的性能参数范围、使用操作方法、日常保养及简单的维修方法、备用件目录等。

11）机械系统制造、安装、调试

利用虚拟样机技术分析机械系统达到设计指标要求时，可以进入机械系统制造阶段，即把机械系统的每一个零件都制造出来，然后按照构件装配图组装成部件，再按照机械系统总装配图组装成机器。

3.2 机械系统设计流程

机械系统设计流程如图 3-1 所示，包括机构设计、结构设计及装配、调试、定型整个过程。

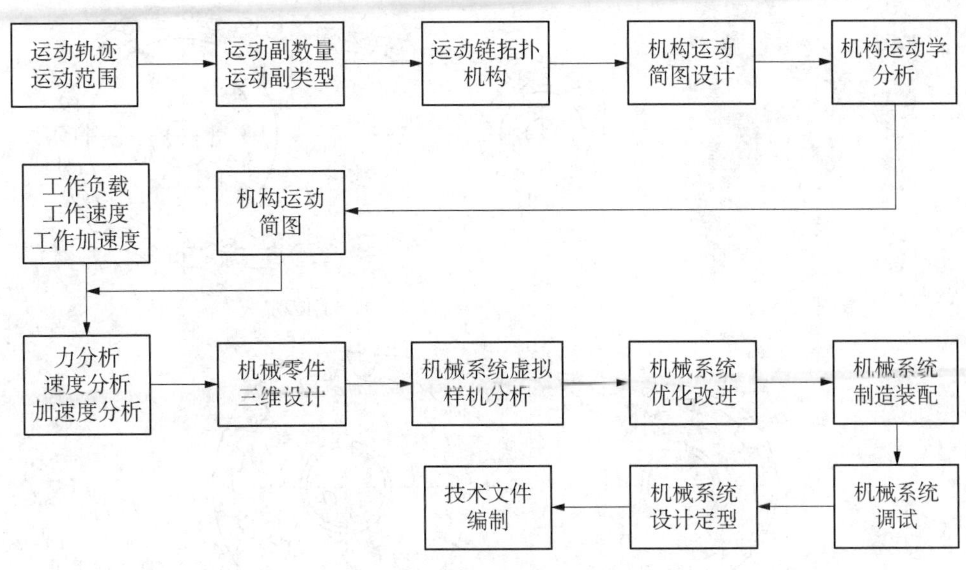

图3-1　机械系统设计流程

3.3　机械系统主要技术参数及设计指标的确定

确定机械系统技术参数，制定合理的设计任务目标，确定技术指标(指设备或产品的精度、功能等)和总体设计图要求。机械系统的主要技术参数见表3-1。

3.4　机械系统传动方案设计

3.4.1　机械系统传动方式选择

机械传动系统是连接原动机和执行系统的中间装置，其任务是将原动机的运动和动力按执行系统的需要进行转换，并传递给执行机构。传动系统的具体功能通常包括：①速度变换；②力/力矩变换；③改变运动形式；④分配运动和动力；⑤实现某些操纵和控制功能。

机械传动系统是通过机械传动方式的组合来实现的。机电一体化系统中常用的机械传动方式包括啮合传动和摩擦传动两种，分别如图3-2、图3-3所示。

啮合传动的主要优点有工作可靠、寿命长、传动比准确、传递功率大、效率高(蜗杆传动除外)，速度范围广；主要缺点是对加工制造安装的精度要求较高。

(a) 直齿圆柱齿轮传动

(b) 斜齿圆柱齿轮传动

(c) 圆锥齿轮传动

(d) 蜗杆传动

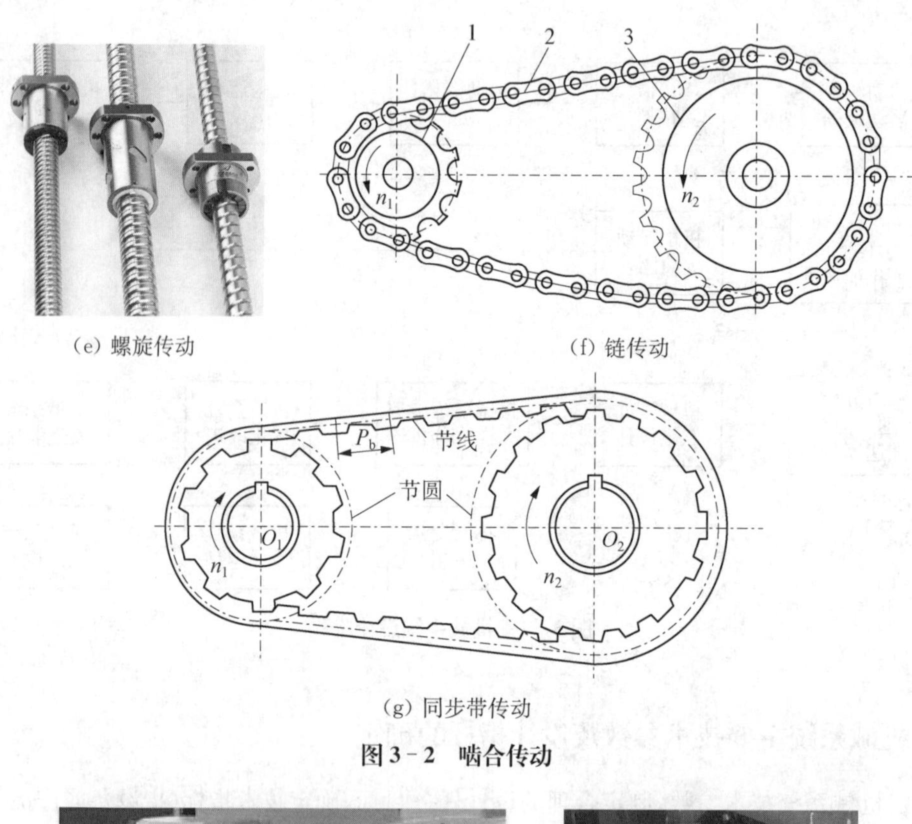

(e) 螺旋传动　　(f) 链传动

(g) 同步带传动

图 3-2　啮合传动

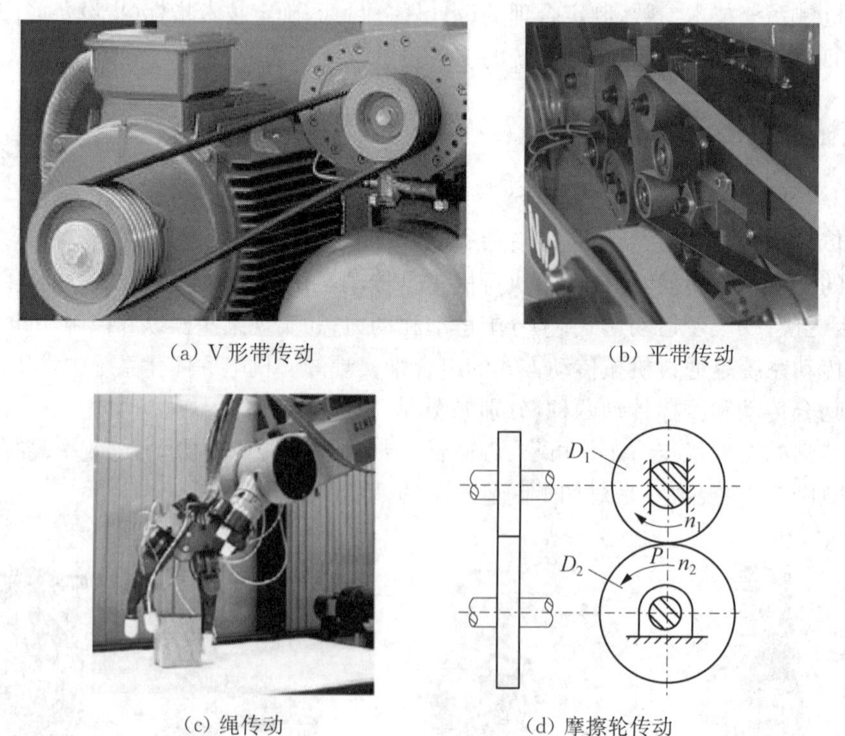

(a) V形带传动　　(b) 平带传动

(c) 绳传动　　(d) 摩擦轮传动

图 3-3　摩擦传动

摩擦传动的主要优点有工作平稳、噪声低、结构简单、造价低，具有过载保护能力；主要缺点有外廓尺寸较大、传动比不准确、传动效率较低、元件寿命较短。

3.4.2 常用机械传动部件确定

(1) 减速器。减速器的传动比 i=输入转速/输出转速>1,即输出端转速小于输入端转速,因此可以通过降低减速器输出端转速来增加输出力和力矩的目的。减速器由刚性箱体、齿轮和蜗杆等传动副及若干附件组成。常用的减速器见表3-3和表3-4。表中,对于每一级传动,小齿轮为输入端,大齿轮为输出端。

表3-3 圆柱齿轮减速器类型及其应用

类型	传动简图	传动比	特点及应用
单级	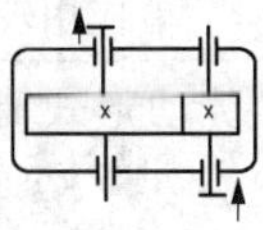	调质齿轮:$i \leqslant 7.1$ 淬硬齿轮:$i \leqslant 6.3$ (较佳:$i \leqslant 5.6$)	单级齿轮传动中,齿轮可用直齿、斜齿或人字齿 可用于低速轻载,也可用于高速重载,结构简单,应用广泛
两级展开式	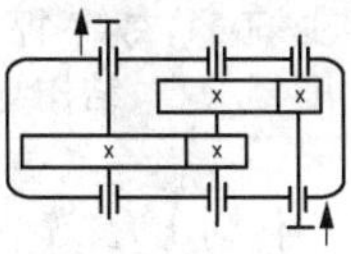	调质齿轮: $i = 7.1 \sim 50$ 淬硬齿轮: $i = 7.1 \sim 31.5$ (较佳:$i = 7.1 \sim 20$)	齿轮相对轴承不对称,齿向载荷分布不均,故要求高速级小齿轮远离输入端,轴应有较大刚性 应用广泛、结构简单,高速级常用斜齿
两级同轴式	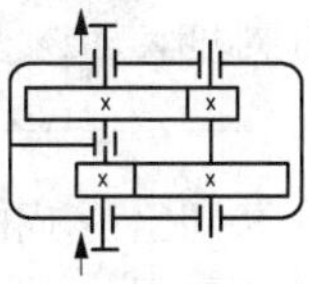	调质齿轮: $i = 7.1 \sim 50$ 淬硬齿轮: $i = 7.1 \sim 31.5$ (较佳:$i = 7.1 \sim 20$)	箱体长度较小,但轴向尺寸较大。输入输出轴同轴线,布置较合理。中间轴较长,刚性差,齿向载荷分布不均,且高速级齿轮承载能力难以充分利用
两级分流式	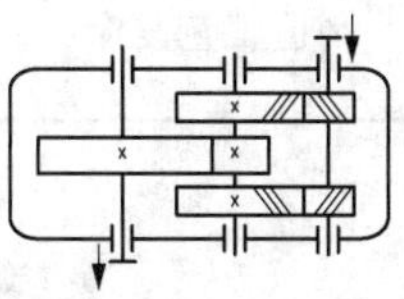	调质齿轮: $i = 7.1 \sim 50$ 淬硬齿轮: $i = 7.1 \sim 31.5$ (较佳:$i = 7.1 \sim 20$)	高速级常用斜齿,一侧左旋,一侧右旋。齿轮对称布置,齿向载荷分布均匀,两轴承受载均匀 结构复杂,常用于大功率变载荷场合

表3-4 其他齿轮减速器及其应用

类型	传动简图	传动比	特点及应用
锥齿轮减速器	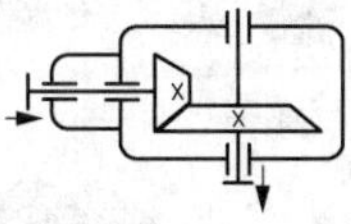	直齿:$i \leqslant 5$ 斜齿、曲线齿:$i \leqslant 8$	用于输出轴和输入轴两轴线垂直相交的场合 为保证两齿轮有准确的相对位置,应有进行调整的结构。齿轮难于精加工,仅在传动布置需要时采用
圆锥圆柱齿轮减速器	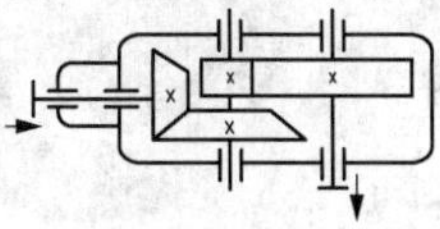	直齿: $i = 6.3 \sim 31.5$ 斜齿、曲线齿: $i = 8 \sim 40$	应用场合与单级圆锥齿轮减速器相同 锥齿轮在高速级,可减小锥齿轮尺寸,避免加工困难;小锥齿轮轴常悬臂布置,在高速级可减小其受力

(续表)

类型	传动简图	传动比	特点及应用
蜗杆减速器		$i=8\sim80$	大传动比时结构紧凑,外廓尺寸小,效率较低。下置蜗杆时,润滑条件好,应优先采用,但当蜗杆速度太高时($v\geqslant5\,\text{m/s}$),搅油损失大。上置蜗杆式轴承润滑不便
蜗杆-齿轮减速器		$i=15\sim480$	有蜗杆传动在高速级和齿轮传动在高速级两种形式。前者效率较高,后者应用较少
行星齿轮减速器		$i=2.8\sim12.5$	传动形式有多种,NGR型体积小、重量轻、承载能力大、效率高(单级可达0.97～0.99)、工作平稳,比普通圆柱齿轮减速器体积和重量减少50%,效率提高30%,但制造精度要求高,结构复杂
摆线针轮行星减速器		$i=11\sim87$	传动比大、效率较高(0.9～0.95)、运转平稳、噪声低、体积小、重量轻、过载和抗冲击能力强、寿命长,但加工难度大、工艺复杂
谐波减速器		单级: $i=50\sim500$	传动比大,同时参与啮合齿数多、承载能力高、体积小、重量轻,效率为0.65～0.9,传动平稳,噪声小,但制造工艺复杂

机械系统中应用的典型减速器如图3-4所示。

(a) 普通齿轮减速器

(b) 圆锥-圆柱齿轮减速器

(c) 蜗杆减速器

(d) 行星齿轮减速器

(e) RV减速器

(f) 谐波减速器

图3-4 常用减速器类型

(2) 增速器。增速器的传动比 i = 输入转速/输出转速<1。增速器是用于增速传动的独立部件,应用于需要升高转速的场合。它由刚性箱体、齿轮和蜗杆等传动副及若干附件组成(图 3-5)。对于每一级传动,大齿轮为输入端,小齿轮为输出端。

图 3-5　机床主轴增速器

3.4.3　机械传动方案设计

机械传动系统一般包括减速或变速装置、起停换向装置、制动装置、安全保护装置等部分。机械的执行系统方案设计和原动机的预选型完成后,即可进行传动系统的方案设计,机械传动方案设计步骤如图 3-6 所示。

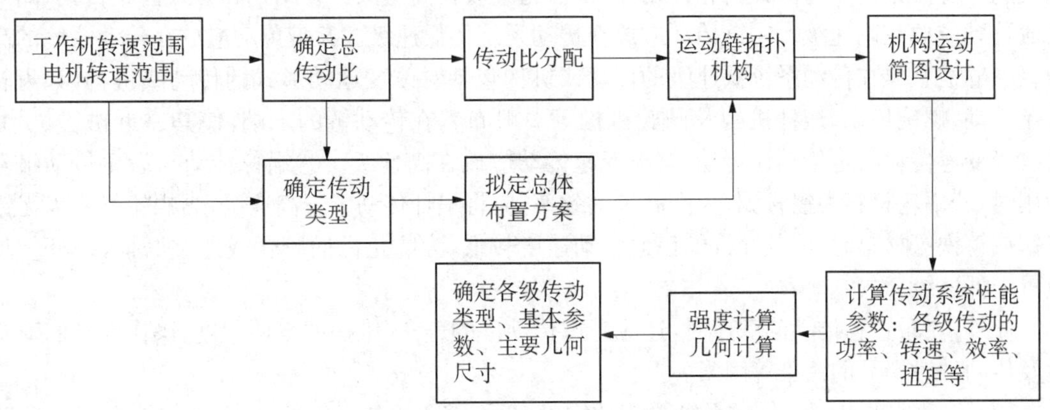

图 3-6　机械传动方案设计步骤

进行传动方案设计时,需要确定传动链所采用的传动类型。常用传动类型见表 3-5。

表 3-5　常用传动类型基本参数

传动类型	基本参数
圆柱齿轮传动	齿轮传动的中心距、齿数、模数、齿宽、螺旋角、传动比等
圆锥齿轮传动	齿数、模数、压力角、齿顶高、齿根高、面锥角(顶锥角)、分锥角(节锥角)、根锥角、背锥距、轮冠距、安装距、固定弦齿厚、固定弦齿高、变位系数、侧隙等
蜗杆传动	蜗杆头数、蜗轮齿数、模数、压力角、蜗杆螺旋线升角、蜗杆分度圆直径、蜗杆直径特性系数、传动比等
普通螺旋传动	螺纹直径、螺距、螺纹升角、导程等
同步带传动	带速、中心距、带轮齿数、带节线长度等
平带传动	带轮基准直径、传动比、带速、中心距、带根数、小带轮包角等
链传动	链速、链轮齿数、链的节距和中心距、链长等

1) 机械传动方案设计的基本要求

传动方案设计是一项较为复杂的任务,需要综合运用机械学科及电气工程学科的多种知识和实践经验,进行多方案分析比较,才能设计出较为合理的方案。通常传动系统设计方案应满足以下基本要求：应满足机器的功能要求，而且性能优良；传动效率高；结构简单、紧凑；便于操作、安全可靠；可制造性好、加工成本低；可维修性好；不污染环境。

2）机械传动类型的选择

选择机械传动类型时需要遵循的原则包括：①与原动机和工作机相互匹配的原则；②满足功率和速度范围要求的原则；③传动比的准确性及合理范围选用原则；④结构布置和外廓尺寸紧凑原则；⑤机器质量化原则；⑥经济性原则。

3）传动系统的总体布置

（1）传动路线的确定。传动路线的形式根据执行机构的运动形式和数量，决定采用串联、并联或混合传动方式。设计时，要尽量缩短传动链。

（2）传动顺序的安排。通常按以下原则考虑：①斜齿轮与直齿轮传动-斜齿轮传动应放在高速级。②圆锥齿轮与圆柱齿轮传动-圆锥齿轮应放在高速级。③闭式和开式齿轮传动-闭式齿轮传动应放在高速级。④链传动应放在传动系统的低速级。⑤带传动应放在传动系统的高速级。⑥适宜放在传动系统低速级的传动或机构包括对改变运动形式的传动或机构，如齿轮齿条传动、螺旋传动、连杆机构及凸轮机构等一般布置在传动链的末端，使其靠近执行机构。⑦有级变速传动与定传动比传动-有级变速传动应放在高速级。⑧蜗杆传动与齿轮传动组合使用时，若蜗轮材料为锡青铜，为提高传动效率，应将蜗杆传动置于高速级；当蜗轮材料为无锡青铜或铸铁等材料时，因其允许的齿面滑动速度较低，为防止齿面胶合或严重磨损，蜗杆传动应置于低速级。

此外，在布置各传动的顺序时，还应考虑传动件的寿命、维护的方便程度、操作人员的安全性及传动件对产品的污染等因素。

（3）传动比的分配。机械系统总传动比确定后，需要给各级传动分配传动比，此时应注意以下几点：①通常不应超过各种传动的推荐传动比；②应注意使各传动件尺寸协调、结构匀称，避免发生相互干涉；③对于多级减速传动，可按照“前小后大”（即由高速级向低速级逐渐增大）的原则分配传动比，且相邻两级差值不要过大；④在多级齿轮减速传动中，低速级传动比小些，有利于减小外廓尺寸和质量；⑤在采用溅油润滑方式时，要考虑传动件的浸油条件；⑥在蜗杆-齿轮传动中，将齿轮传动放在高速级时，可得到较高的传动精度；⑦对于要求传动平稳、频繁起停和动态性能较好的多级齿轮传动，可按照转动惯量最小的原则设计。

4）机械传动系统的特性及其参数

机械传动系统的特性包括运动特性和动力特性。运动特性如转速、传动比和变速范围等；动力特性如功率、转矩、效率和变矩系数等。根据这些特性，可以确定作为原动机的主要参数范围，如转速范围、功率范围、转矩范围等，从而为选择电动机的类型和型号奠定基础。

（1）传动比。对于 n 级串联式单流传动系统，当传递回转运动时，其总传动比 i 为

$$i=\frac{n_1}{n_{n+1}}=i_1 i_2\cdot\cdots\cdot i_n \tag{3-1}$$

式中，n_1 为原动机的转速或传动系统的输入转速（r/min）；n_{n+1} 为传动系统的输出转速（r/min）；i_1，i_2，…，i_n 为传动系统中各级传动的传动比。

（2）转速和变速范围。传动系统中，任一传动轴的转速 n_m 可由下式计算：

$$n_m=\frac{n_1}{i_1 i_2\cdot\cdots\cdot i_{m-1}} \tag{3-2}$$

式中，i_1，i_2，…，i_{k-1} 为系统中 k 级传动的传动比。

(3) 机械效率。各种机械传动及传动部件的效率值可在《机械设计手册》中查到。在一个传动系统中，设各传动及传动部件的效率分别为 η_1、η_2、…、η_n，串联式单流传动系统的总效率 η 为

$$\eta = \eta_1 \eta_2 \cdot \cdots \cdot \eta_n \tag{3-3}$$

(4) 功率。机器执行机构的输出功率 P_E 可由负载参数（力或力矩）及运动参数（线速度或转速）求出。设执行机构的效率为 η_E，则传动系统的输入功率或原动机的所需功率为

$$P_r = \frac{P_E}{\eta \eta_E} \tag{3-4}$$

原动机的额定功率 P_P 应满足 $P_P \geqslant P_r$，由此可确定 P_P 值。

设计各级传动时，常以传动件所在轴的输入功率 P_{i} 为计算依据。若从原动机至该轴之前各传动及传动部件的效率分别为 η_1、η_2、…、η_i，则有

$$P_{\mathrm{i}} = P_{\mathrm{d}} \eta_1 \eta_2 \cdot \cdots \cdot \eta_i \tag{3-5}$$

式中，P_{d} 为设计功率。

(5) 转矩和变矩系数。传动系统中任一传动轴的输入转矩 T_{i}(N · m)可由下式求出：

$$T_{\mathrm{i}} = 9.55 \times 10^3 \frac{P_{\mathrm{i}}}{n_i} \tag{3-6}$$

式中，P_{i} 为轴的输入功率(kW)；n_i 为轴的转速(r/min)。

传动系统的输出转矩 T_{c} 与输入转矩 T_{r} 之比称为变矩系数，用 K 表示，由下式可得：

$$K = \frac{T_{\mathrm{c}}}{T_{\mathrm{r}}} = \frac{P_{\mathrm{c}} n_{\mathrm{r}}}{P_{\mathrm{r}} n_{\mathrm{c}}} = \eta i \tag{3-7}$$

式中，P_{c} 为传动系统的输出功率。

扭矩是传动系统方案和结构设计的主要依据。

PUMA－560 机械手是 Unimation 公司机器人历史上经典的工业机器人，如图 3－7 所示。它有 6 个旋转自由度，末端额定负载为 2 kg，采用直流伺服电机驱动。PUMA－560 采用类人手臂的机械结构，由一系列刚性连杆和一系列柔性关节交替连接而成的串联连接结构。关节之间采用连杆，连杆和人的手臂连接类似，通过中间的活动关节分别连接类似于人的上臂和下臂。整个机械手和人类相比的话，其本体相当于人的肩关节、肘关节和腕关节。

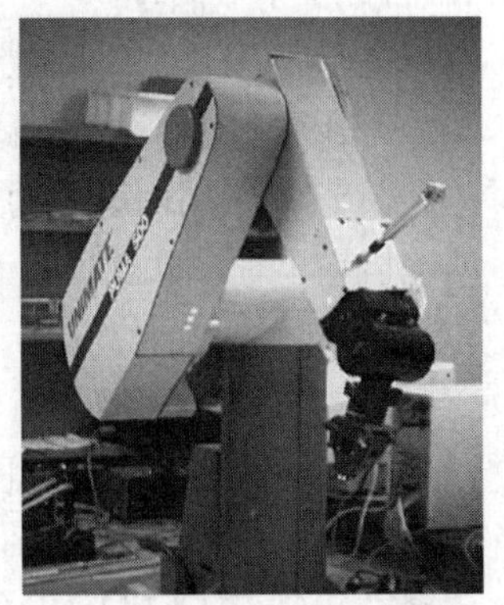

图 3－7 PUMA－560 机器手

PUMA－560 驱动采用直流伺服电机并配有安全刹闸；手腕最大载荷为 2.5 kg(包括手腕法兰盘)；最大抓紧力为 60 N；重复精度为±0.1 mm；工具在最大载荷下，自由运动时的速度为 1.0 m/s，直线运动时的速度为 0.5 m/s，工具在最大载荷下的加速度为 g；机器人工作空间是以肩部中心为球心半径的 0.92 m 的空间半球；整个手臂重 53 kg。

PUMA－560 机器人的机械传动方案如图 3－8 所示。

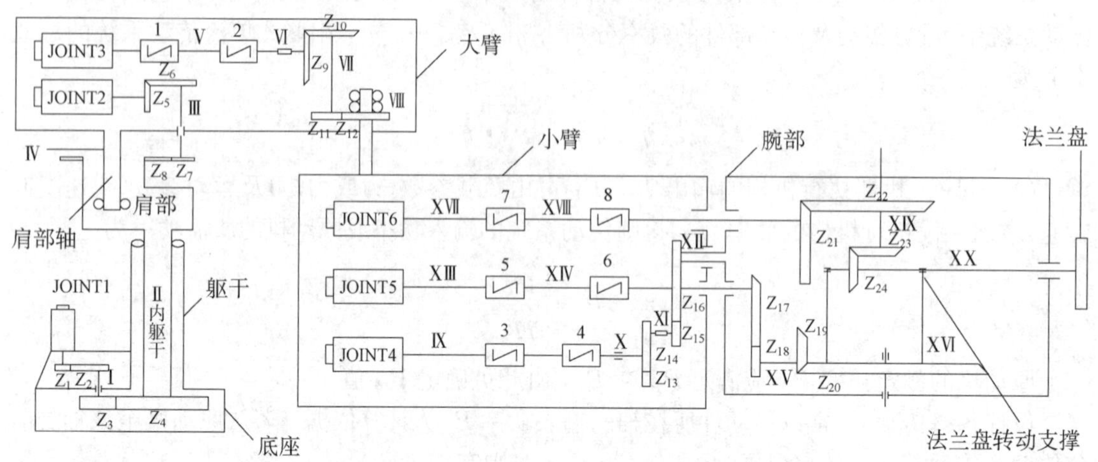

图 3－8 PUMA－560 机械传动系统方案

由图 3－8 可以看出，PUMA－560 机器人采用 6 个自由度关节式结构，动作空间大、灵活，在焊接时能保证焊枪的空间姿势和运动轨迹。各关节的传动由直齿轮、锥齿轮、特殊的弹性万向联轴器和特殊轴承组成。

设 N_{jM} 为关节 j 驱动电机转速（$j=1, 2, 3, 4, 5, 6$），Z_1-Z_n 为传动齿轮齿数，i_j 为关节 j 的总传动比，则各关节的传动路线和转速计算如下：

关节 1：采用两级齿轮传动。传动路线为：驱动电机输出轴→Z_1/Z_2→轴Ⅰ→Z_3/Z_4→轴Ⅱ。

关节 2：采用两级齿轮传动，其中高速级为圆锥齿轮传动，低速级为圆柱齿轮传动。传动路线为：驱动电机输出轴→Z_5/Z_6→轴Ⅲ→Z_7/Z_8→轴Ⅳ。

关节 3：采用两级齿轮传动，其中高速级为圆锥齿轮传动，低速级为圆柱齿轮传动。传动路线为：驱动电机输出轴→联轴器 1→轴Ⅴ→联轴器 2→轴Ⅵ→Z_9/Z_{10}→轴Ⅶ→Z_{11}/Z_{12}→轴Ⅷ（带动关节 3 转动）。

关节 4：采用两级圆柱齿轮传动。传动路线为：驱动电机输出轴→联轴器 3→轴Ⅸ→联轴器 4→轴Ⅹ→Z_{13}/Z_{14}→轴Ⅺ→Z_{15}/Z_{16}→轴Ⅻ（腕部轴带动关节 4 转动）。

关节 5：采用两级传动，高速级为圆柱齿轮传动，低速级为圆锥齿轮传动。传动路线为：驱动电机输出轴→联轴器 5→轴ⅩⅢ→联轴器 6→轴ⅩⅣ→Z_{17}/Z_{18}→ⅩⅤ→Z_{19}/Z_{20} 轴ⅩⅥ（带动关节 5 转动）。

关节 6：采用两级锥齿轮转动。传动路线为：驱动电机输出轴→联轴器 7→轴ⅩⅦ→联轴器 8→轴ⅩⅧ→Z_{21}/Z_{22}→轴ⅩⅨ→Z_{23}/Z_{24}→轴ⅩⅩ（关节 6 转动轴）。

3.5 机械系统机构运动简图设计

用简单的线条和符号来代表构件和运动副，并按一定比例表示各运动副的相对位置，用以说明机构各构件间相对运动关系的简单图形，称为机构运动简图。利用机构运动简图可以建立机械系统的运动学方程，利用该方程可以求解正向和逆向运动学问题。借助机构运动简图可以建立机器系统的力学模型，分析其运动学和动力学特性，求解作用在各组成构件上的力，为进一步选择零件的材料及其承载能力设计奠定基础。

图3-7所示为PUMA-560机器人关节类型及配置，其机构运动简图如图3-9所示。

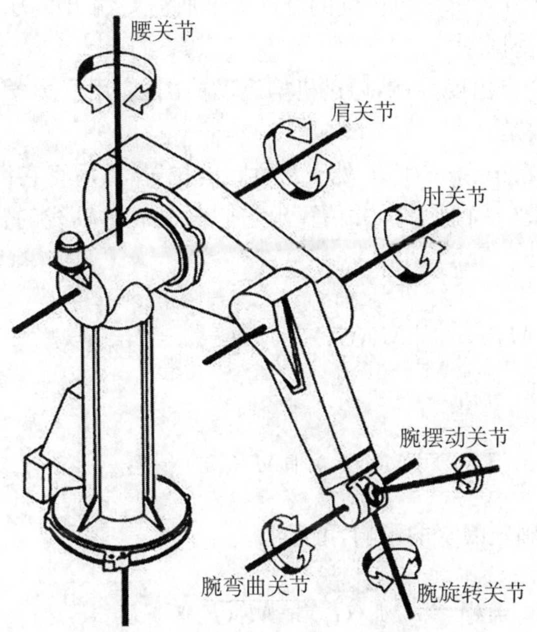

(a) PUMA-560机器人关节类型及配置

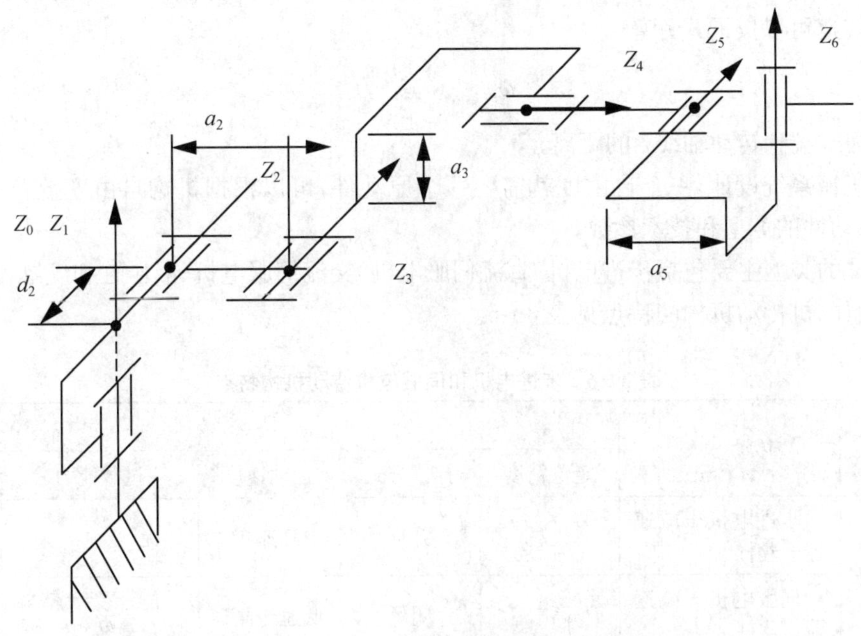

(b) PUMA-560机器人机构运动简图

图3-9 6自由度PUMA机器人机构运动简图

3.6 原动件类型的选择及设计

对于一个 n 自由度机械系统，可以利用其末端工作机构的最大阻力/阻力矩、工作速度范围和机构运动简图，依次计算每个自由度的驱动关节所需要输出的力/力矩、工作速度范围，从而为原动件的选择提供依据。

在机构中，以第 k 个自由度为例，通过机构运动简图，应用静力学分析方法求解其驱动关节的力/力矩的具体方法是：

让关节 $k+1$、$k+2$、…、$n-1$、n 处于最危险的位置，然后将它们瞬时"凝固"，即把连杆 $k+1$ 直至末端瞬时当做"一个刚体"，并估算出它们对关节 k 轴线的转动惯量 $I_{(k+1\sim n)}$。利用牛顿第二定律计算得：

$$M_{di}-\sum_{j=k+1}^{n}M_j(G_j)+M_j(F_r)=I_{(k+1\sim n)}\varepsilon_{n\max} \tag{3-8}$$

即

$$M_{di}=\sum_{j=k+1}^{n}M_j(G_j)+M_j(F_r)+I_{(k+1\sim n)}\varepsilon_{n\max} \tag{3-9}$$

考虑到运动副摩擦等不确定因素的影响，可以取

$$M_{di}=k\left[\sum_{j=k+1}^{n}M_j(G_j)+M_j(F_r)+I_{(k+1\sim n)}\varepsilon_{n\max}\right] \tag{3-10}$$

式中，$k=1.5\sim2.5$；$M_j(G_j)$ 为重力 G_i 产生的力矩；$M_j(F_r)$ 为工作负载 F_r 产生的力矩。

工作转速可以按下式计算：

$$\omega_{di}=v_{\max}/r_i \tag{3-11}$$

式中，r_i 为末端到转动轴线 i 的距离。

对于机械系统设计，一个自由度就需要一个原动件，可以根据机构自由度数及其运动类型，确定原动件的类型和技术参数。

原动件的类型主要包括步进电机、直流伺服电机、交流伺服电机、液压缸和气缸，其中步进电机和伺服电机传动机构的特点见表 3-6。

表 3-6 步进电机和伺服电机传动机构特点

机构运动类型	传动方式	特点				
		定位精度	控制方式	运动速度	过载能力	成本
直线运动	步进电机+减速器+丝杠	较高	开环	中高速	无	较高
	伺服电机+减速器+丝杠	高	闭环	低速～高速	能承受 3 倍额定负载转矩	高
旋转运动	步进电机+减速器	较高	开环	中高速	无	较高
	伺服电机+减速器	高	闭环	低速～高速	能承受 3 倍额定负载转矩	高

表3-6中的伺服电机有直流伺服电机和交流伺服电机两种类型，它们的特点和应用场合见表3-7。

表3-7 直流伺服电机控制和交流伺服电机控制的特点及应用场合(输出功率相同)

<table>
<tr><th colspan="2" rowspan="2">伺服电机类型</th><th colspan="4">对比</th><th rowspan="2">应用场合</th></tr>
<tr><th>机械特性和调节特性</th><th>体积、重量和效率</th><th>动态响应</th><th>成本</th></tr>
<tr><td rowspan="2">直流伺服电机</td><td>有刷类型：体积小、反应快、过载能力大、调速范围宽、低速力矩大、波动小、运行平稳</td><td>机械特性和调节特性均为线性关系，速度控制精确，转矩速度特性很硬</td><td>体积小、重量轻、效率高</td><td>较好</td><td>低</td><td>需要精确控制转速或精确控制转速变化曲线的动力驱动；不适用粉尘和易燃易爆环境</td></tr>
<tr><td>无刷类型：体积小、重量轻、输出力矩大、响应快、力矩稳定、转动平滑、控制复杂、寿命长</td><td>机械特性和调节特性均为线性关系，在不同的电压下，机械特性曲线相互平行</td><td>体积小、重量轻、效率高</td><td>较好</td><td>低</td><td>需要精确控制恒定转速或精确控制转速变化曲线的动力驱动；适用于各种环境</td></tr>
<tr><td>交流伺服电机</td><td>伺服电机内部的转子是永磁铁，驱动器控制U/V/W三相电形成电磁场</td><td>速度控制特性良好，可实现平滑控制，具有90%以上的效率，高速、高精确度位置控制</td><td>体积大、重量大、效率低</td><td>好</td><td>高</td><td>对位置、速度和力矩控制精度要求较高的场合，适用于各种环境</td></tr>
</table>

选用直流伺服和交流伺服控制方式要综合考虑负载的功率大小、扭矩、转速范围、定位精度、成本、现场工作环境和供电方式等因素。

把所有原动件的类型和技术参数确定后，汇总于表3-8。其中负载的功率和扭矩要根据负载的工作阻力(阻力矩)、转速范围、机构运动简图来确定。

表3-8 典型原动件控制技术要求

<table>
<tr><th colspan="2">原动件类型</th><th>数量</th><th>技术参数</th></tr>
<tr><td rowspan="3">控制电机</td><td>步进电机</td><td>i</td><td>最大转矩、转速范围、定位精度等</td></tr>
<tr><td>直流伺服电机</td><td>j</td><td>最大转矩、转速范围、定位精度等</td></tr>
<tr><td>交流伺服电机</td><td>k</td><td>最大转矩、转速范围、定位精度等</td></tr>
<tr><td colspan="2">液压缸</td><td>l</td><td>最大工作阻力、转速范围、定位精度等</td></tr>
<tr><td colspan="2">气缸</td><td>m</td><td>最大工作阻力、转速范围、定位精度等</td></tr>
</table>

(1) 步进电机的选型。根据最大转矩、转速范围、定位精度要求，按照4.1节中的方法确定。

(2) 直流伺服电机的选型。根据最大转矩、转速范围、定位精度要求，按照4.2节中的方法确定。

(3) 交流伺服电机的选型。根据最大转矩、转速范围、定位精度要求，按照4.3节中的方法确定。

(4) 液压缸的选型/设计。根据最大工作阻力、转速范围、定位精度要求，按照4.4节中的方法确定。

(5) 气缸的选型/设计。根据最大工作阻力、转速范围、定位精度要求，按照 4.5 节中的方法确定。

用上述方法确定所有原动件的类型和技术参数后，可以为每一个原动件的运动控制系统设计提供依据，它们也是电气控制系统设计和检测系统设计的依据。

3.7 机构运动学分析

基于机构运动简图，可以根据运动件的位移、速度和加速度，确定每个构件的位移、速度和加速度。以图 3-7 所示 PUMA-560 机器人为例，可以确定 PUMA-560 机器人的 $D-H$ 参数，进而利用 $D-H$ 矩阵建立该机器人的正向运动学方程。对于机器人，其运动学方程表示末端连杆坐标系(或末端执行器坐标系)相对于机器人基坐标系的位置和姿态与机器人各个关节变量的关系。运动学方程建立的具体步骤为：

(1) 建立连杆坐标系。根据图 3-9 中 PUMA-560 机构运动简图，将坐标系建立在每个连杆的上关节，可以确定每个连杆的坐标系，如图 3-10 所示。

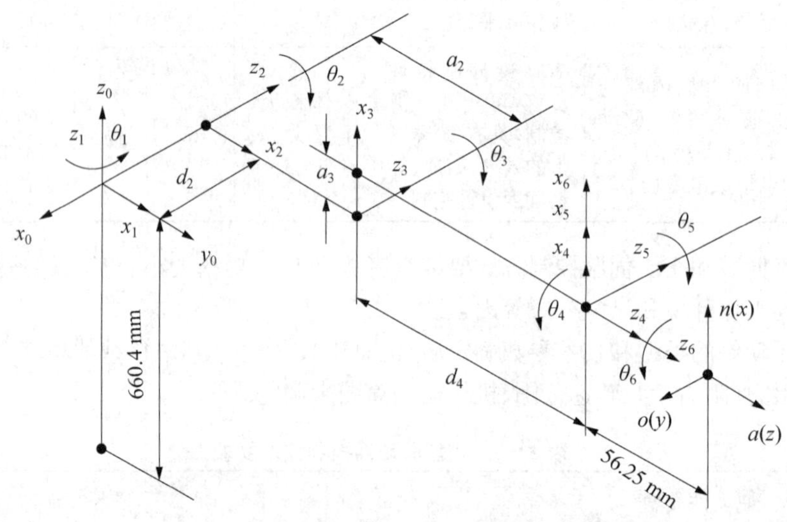

图 3-10 PUMA-560 机器人连杆坐标系

(2) 确定连杆 $D-H$ 参数。利用相邻两个连杆坐标系之间的位置和姿态关系，可以确定每个连杆的 $D-H$ 参数，见表 3-9。

表 3-9 PUMA-560 机器人 $D-H$ 参数

连杆 i	$\alpha_{i-1}/(°)$	a_{i-1}/m	d_i/m	$\theta_i/(°)$
1	0	0	0	−160～160
2	−90	0	0.1491	−225～45
3	0	0.4318	0	−45～225
4	−90	−0.0203	0.4331	−110～170
5	90	0	0	−100～100
6	−90	0	0	−266～266

(3) 确定 $D-H$ 矩阵。利用每个连杆参数可以获得连杆 i 坐标系$\{i\}$相对于连杆 $i-1$ 坐标系$\{i-1\}$的位姿矩阵,即 $D-H$ 矩阵为

$$
\begin{aligned}
{}^{i-1}T_i &= \mathrm{trans}(a_i,\ 0,\ 0)\mathrm{Rot}(x_{i-1},\ \alpha_{i-1})\mathrm{trans}(0,\ 0,\ d_i)\mathrm{Rot}(z_i,\ \theta_i) \\
&= \begin{bmatrix} \cos\theta_i & -\sin\theta_i & 0 & a_{i-1} \\ \sin\theta_i\cos a_{i-1} & \cos\theta_i\cos a_{i-1} & -\sin a_{i-1} & -\mathrm{d}_i\sin a_{i-1} \\ \sin\theta_i\sin a_{i-1} & \cos\theta_i\sin a_{i-1} & \cos a_{i-1} & \mathrm{d}_i\cos a_{i-1} \\ 0 & 0 & 0 & 1 \end{bmatrix}
\end{aligned} \tag{3-12}
$$

将表 3-9 中的连杆参数代入式(3-12)可得

$$
{}^0T_1 = \begin{bmatrix} \cos\theta_1 & -\sin\theta_1 & 0 & 0 \\ \sin\theta_1 & \cos\theta_1 & 0 & 0 \\ 0 & 0 & 1 & 0 \\ 0 & 0 & 0 & 1 \end{bmatrix};\ {}^1T_2 = \begin{bmatrix} \cos\theta_2 & -\sin\theta_2 & 0 & 0 \\ 0 & 0 & 1 & 0.1491 \\ -\sin\theta_2 & -\cos\theta_2 & 1 & 0 \\ 0 & 0 & 0 & 1 \end{bmatrix}
$$

$$
{}^2T_3 = \begin{bmatrix} \cos\theta_3 & -\sin\theta_3 & 0 & 0.4318 \\ \sin\theta_3 & \cos\theta_3 & 0 & 0 \\ 0 & 0 & 1 & 0 \\ 0 & 0 & 0 & 1 \end{bmatrix};\ {}^3T_4 = \begin{bmatrix} \cos\theta_4 & -\sin\theta_4 & 0 & -0.0203 \\ 0 & 0 & 1 & 0.4331 \\ -\sin\theta_4 & -\cos\theta_4 & 1 & 0 \\ 0 & 0 & 0 & 1 \end{bmatrix}
$$

$$
{}^4T_5 = \begin{bmatrix} \cos\theta_5 & -\sin\theta_5 & 0 & 0 \\ 0 & 0 & -1 & 0.1491 \\ \sin\theta_5 & \cos\theta_5 & 0 & 0 \\ 0 & 0 & 0 & 1 \end{bmatrix};\ {}^5T_6 = \begin{bmatrix} \cos\theta_6 & -\sin\theta_6 & 0 & 0 \\ 0 & 0 & 1 & 0 \\ -\sin\theta_6 & -\cos\theta_6 & 0 & 0 \\ 0 & 0 & 0 & 1 \end{bmatrix}
$$

(4) 建立机器人正向运动学方程。利用图 3-9 和图 3-10 所示运动链的传递关系,自第一个关节开始,将每个连杆 $D-H$ 矩阵自左向右拼接,即矩阵右乘,可以得到该机器人的运动学方程:

$$
{}^0g_6 = {}^0T_1\,{}^1T_2\,{}^2T_3\,{}^3T_4\,{}^4T_5\,{}^5T_6 = \begin{bmatrix} n_x & o_x & a_x & p_x \\ n_y & o_y & a_y & p_y \\ n_z & o_z & a_z & p_z \\ 0 & 0 & 0 & 1 \end{bmatrix} \tag{3-13}
$$

其中:$n_x = c_1[c_{23}(c_4c_5c_6 - s_4s_6) - s_{23}s_5c_6] + s_1(s_4c_5s_6 + c_4s_6)$;

$n_y = s_1[c_{23}(c_4c_5c_6 - s_4s_6) - s_{23}s_5c_6] - c_1(s_4c_5s_6 + c_4s_6)$;

$n_z = -s_{23}(c_4c_5c_6 - s_4s_6) - c_{23}s_5c_6$;

$o_x = c_1[-c_{23}(c_4c_5c_6 + s_4s_6) + s_{23}s_5c_6] + s_1(c_4c_6 - s_4c_5s_6)$;

$o_y = s_1[-c_{23}(c_4c_5c_6 + s_4s_6) + s_{23}s_5c_6] - c_1(c_4c_6 - s_4c_5s_6)$;

$o_z = s_{23}(c_4c_5c_6 + s_4s_6) + c_{23}s_5s_6$;

$a_x = -c_1(c_{23}c_4c_5 + s_{23}c_5) - c_1s_4s_5$;

$a_y = -s_1(c_{23}c_4c_5 + s_{23}c_5) + c_1s_4s_5$;

$a_z = s_{23}c_4c_5 - c_{23}c_5$;

$p_x = c_1[a_2c_2 + a_3c_{23} - d_4s_{23}] - d_2s_1$；
$p_y = s_1[a_2c_2 + a_3c_{23} - d_4s_{23}] + d_2s_1$；
$p_z = -a_3s_{23} - a_2s_2 - d_4c_{23}$。

式中，$c_i = \cos\theta_i$；$s_i = \sin\theta_i$；$c_{ij} = \cos(\theta_i + \theta_j)$；$s_{ij} = \sin(\theta_i + \theta_j)$。

利用该运动学方程可以确定机器人末端执行器坐标系原点的位移、速度和加速度，也可以确定机器人末端连杆转动的角速度和角加速度。利用机器人任一连杆上的任意点的坐标(在连杆局部坐标系中的坐标)可以确定该点的位移、速度和加速度。

(5) 机器人逆运动学分析。若机器人末端位姿给定，需要求解机器人各个关节角 $\theta_1 \sim \theta_6$：

$$
{}^0g_6 = \begin{bmatrix} n_x & o_x & a_x & p_x \\ n_y & o_y & a_y & p_y \\ n_z & o_z & a_z & p_z \\ 0 & 0 & 0 & 1 \end{bmatrix} = {}^0T_1\,{}^1T_2\,{}^2T_3\,{}^3T_4\,{}^4T_5\,{}^5T_6 \tag{3-14}
$$

利用矩阵变换的方法可以求得

$$
\theta_1 = a\tan 2(p_x,\ p_y) - a\tan 2\left[\frac{d_2}{\rho},\ \pm\sqrt{1-\left(\frac{d_2}{\rho}\right)^2}\right] \tag{3-15}
$$

其中：$p_x = \rho\cos\phi$；$p_y = \rho\sin\phi$；$\rho = \sqrt{p_x^2 + p_y^2}$；$\phi = a\tan 2(p_x, p_y)$。

$$
\theta_3 = a\tan 2(a_3,\ d_4) - a\tan 2(k,\ \pm\sqrt{a_3^2 + d_4^2 - k^2}) \tag{3-16}
$$

其中：$k = \dfrac{p_x^2 + p_y^2 + p_z^2 - a_2^2 - a_3^2 - d_3^2 - d_4^2}{2a_2}$。

$$
\theta_2 = \theta_{23} - \theta_3 = a\tan 2(s_{23},\ c_{23}) - \theta_3 \tag{3-17}
$$

其中：$s_{23} = \dfrac{(-a_3 - a_2c_3)p_z + (c_1p_x - s_1p_y)(a_2s_3 - d_4)}{p_z^2 + (c_1p_x + s_1p_y)^2}$；

$c_{23} = \dfrac{(-d_4 + a_2s_3)p_z - (c_1p_x + s_1p_y)(-a_2s_3 - a_3)}{p_z^2 + (c_1p_x + s_1p_y)^2}$；

$\theta_{23} = \theta_2 + \theta_3 = a\tan 2(s_{23},\ c_{23})$。

$$
\theta_4 = a\tan 2(-r_{13}s_1 + r_{23}c_1,\ -r_{13}s_1c_{23} - r_{23}s_1c_{23} + r_{33}s_{23}) \tag{3-18}
$$

当 $s_5 = 0$ 时，机器人处于奇异位姿，产生了退化。此时，关节轴 4 和轴 6 重合，只能解出 θ_4 和 θ_6 的和或差。奇异位姿可以由 θ_4 的结果判断，当两个变量都为 0 时，则为奇异位姿。

$$
\theta_5 = a\tan 2(s_5,\ c_5) \tag{3-19}
$$

其中：$s_5 = -r_{13}(c_1c_{23}c_4 + s_1s_4) - r_{23}(s_1c_{23}c_4 - c_1s_4) + r_{33}(s_{23}c_4)$；

$c_5 = r_{13}(-c_1s_{23}) + r_{23}(-s_1s_{23}) + r_{33}(-c_{23})$。

$$
\theta_6 = a\tan 2(s_6,\ c_6) \tag{3-20}
$$

其中：$s_6 = -r_{11}(c_1c_{23}s_4 - s_1c_4) - r_{12}(s_1c_{23}s_4 + c_1c_4) + r_{13}(s_{23}s_4)$；

$c_6 = r_{11}[(c_1c_{23}c_4 + s_1s_4)c_5 - c_1s_{23}s_4] + r_{12}[(s_1c_{23}c_4 - c_1s_4)c_5 - s_1s_{23}s_5] - r_{13}(s_{23}c_4c_5 + c_{23}s_4)$。

应用 SolidWorks、UG、Pro/E、ADAMS 等软件的运动仿真分析功能，可以完成上述机器人的运动学分析。在进行运动学分析中，需要确定每个构件质心的线加速度和角加速度，从而根据构件的质量和转动惯量确定构件的惯性力和惯性力矩，进而为构件的受力分析及强度和刚度计算奠定基础。

3.8 机构静力学分析

机电一体化系统中的构件和零件的主要结构尺寸一般是根据强度、刚度和稳定性原则设计的。因此，需要确定每个构件的受力情况，根据运动链，研究负载从电机到末端连杆的静力及其传递关系。

机电一体化系统若受到外部负载的作用，为保持受力平衡，需要确定每个关节输出的驱动力(包括力和力矩)，故需要研究关节驱动力沿运动链的传递关系。以图 3-11 所示连杆 i 为研究对象，规定：$\boldsymbol{f}_{i-1}^{i}$ 为连杆 $i-1$ 对连杆 i 施加的作用力，其反作用力为 $\boldsymbol{f}_{i}^{i-1}$；$\boldsymbol{\tau}_{i-1}^{i}$ 为连杆 $i-1$ 对连杆 i 施加的力矩，其反作用力矩为 $\boldsymbol{\tau}_{i}^{i-1}$。

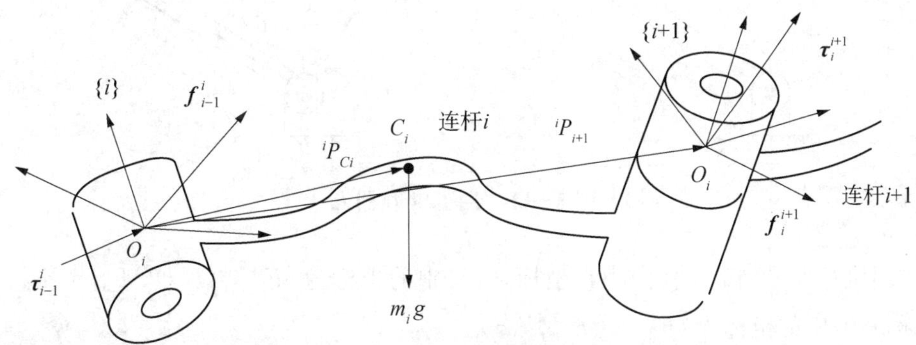

图 3-11 连杆的静力平衡关系

连杆 i 受力平衡的条件是合外力和合外力矩(对坐标系$\{i\}$原点取矩)分别为 0，则

$$\left.\begin{aligned}&{}^i\boldsymbol{f}_{i-1}^{i} - {}^i\boldsymbol{f}_{i}^{i+1} + {}^im_ig = 0\\&{}^i\boldsymbol{\tau}_{i-1}^{i} - {}^i\boldsymbol{\tau}_{i}^{i+1} + {}^iP_{ci} \times {}^im_ig - {}^iP_{i+1} \times {}^i\boldsymbol{f}_{i}^{i+1} = 0\end{aligned}\right\} \tag{3-21}$$

当不计连杆重力时，式(3-21)变为

$$\left.\begin{aligned}&{}^i\boldsymbol{f}_{i-1}^{i} = {}^i\boldsymbol{f}_{i}^{i+1} = {}_{i+1}^{i}R^{i+1}\boldsymbol{f}_{i}^{i+1}\\&{}^i\boldsymbol{\tau}_{i-1}^{i} = {}_{i+1}^{i}R^{i+1}\tau_{i}^{i+1} + {}^iP_{i+1} \times {}^i\boldsymbol{f}_{i}^{i+1} = {}_{i+1}^{i}R^{i+1}\boldsymbol{\tau}_{i}^{i+1} + {}^iP_{i+1} \times {}^i\boldsymbol{f}_{i-1}^{i}\end{aligned}\right\} \tag{3-22}$$

式(3-21)为相邻连杆 i 和连杆 $i+1$ 之间静力传递的递推式。应用式(3-21)时，一般应在工具坐标系$\{T\}$中，根据末端连杆受到的工作阻力 F_R 和阻力矩 M_R，求出末端连杆 n 对工作对象的作用力 f_n^G 和作用力矩 τ_n^G；然后依据坐标系之间的姿态矩阵，按照式(3-21)依次求出所有相邻连杆之间的作用力。

对于转动关节，为了平衡连杆 i 上的力和力矩，需要在关节 i 上施加的力矩 ${}^i\tau_{i-1}^{i}$(向量)为

$$^{i}\boldsymbol{N}_{i-1}^{i}=(^{i}\tau_{i-1}^{i}\cdot Z_i)Z_i \tag{3-23}$$

对于移动关节，关节 i 上的驱动力 $^{i}F_{i-1}^{i}$ 为

$$^{i}\boldsymbol{F}_{i-1}^{i}=(^{i}f_{i-1}^{i}\cdot Z_i)Z_i \tag{3-24}$$

说明：式(3-21)是计算机器人各相邻连杆之间作用力和力矩的递推关系式，但计算次序应该从机器人末端连杆(末端执行器)开始，先利用末端执行器受到的工作阻力，求出末端连杆 n 的关节驱动力，再利用式(3-21)依次计算出连杆 n 与连杆 $n-1$、连杆 $n-1$ 与连杆 $n-2$、…、连杆 2 与连杆 1 之间的作用力和力矩。

[例 3-1] 试求图 3-12 所示平面 $2R$ 机器人的力和力矩传递关系。

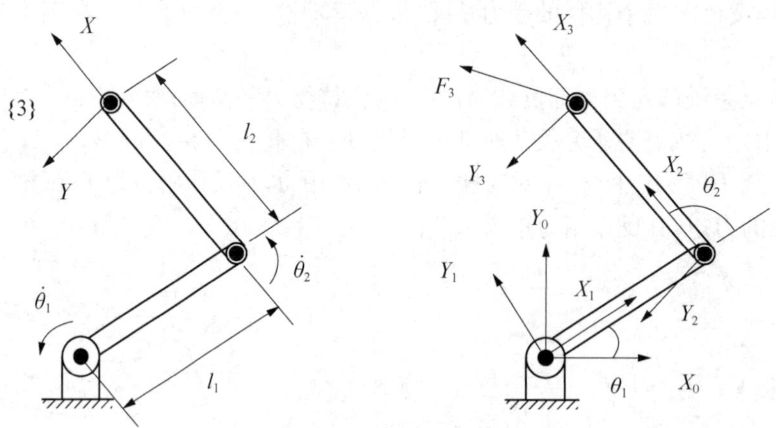

图 3-12 平面 2R 机器人

设末端执行器受到的工作阻力在坐标系{3}中的坐标为 $^{3}F_2^G={}^{3}F=[^{3}F_{3x}\quad {}^{3}F_{3y}\quad 0]^T$，在基坐标系{0}中的坐标为 $^{0}F_2^G=[^{0}F_{3x}\quad {}^{0}F_{3y}\quad 0]^T$。

由图 3-12 可知：$_{3}^{0}T=\begin{bmatrix}\cos(\theta_1+\theta_2) & -\sin(\theta_1+\theta_2) & 0 & L_2\cos(\theta_1+\theta_2)+L_1\cos\theta_1\\ \sin(\theta_1+\theta_2) & \cos(\theta_1+\theta_2) & 0 & L_2\sin(\theta_1+\theta_2)+L_1\sin\theta_1\\ 0 & 0 & 1 & 0\\ 0 & 0 & 0 & 1\end{bmatrix}$，

则坐标系{3}相对于坐标系{0}的姿态矩阵为 $_{3}^{0}R=\begin{bmatrix}\cos(\theta_1+\theta_2) & -\sin(\theta_1+\theta_2) & 0\\ \sin(\theta_1+\theta_2) & \cos(\theta_1+\theta_2) & 0\\ 0 & 0 & 1\end{bmatrix}$。

根据向量在两个坐标系之间的转换关系可得

$$^{0}F_2^G=\begin{bmatrix}^{0}F_{3x}\\ ^{0}F_{3y}\\ 0\end{bmatrix}={}_{3}^{0}R\,{}^{3}F_2^G=\begin{bmatrix}\cos(\theta_1+\theta_2) & -\sin(\theta_1+\theta_2) & 0\\ \sin(\theta_1+\theta_2) & \cos(\theta_1+\theta_2) & 0\\ 0 & 0 & 1\end{bmatrix}\begin{bmatrix}^{3}F_{3x}\\ ^{3}F_{3y}\\ 0\end{bmatrix}$$

即工作阻力在坐标系{3}中的坐标与其在基坐标系{0}中的坐标关系为

$$\begin{bmatrix} {}^3F_{3x} \\ {}^3F_{3y} \\ 0 \end{bmatrix} = \begin{bmatrix} \cos(\theta_1+\theta_2) & \sin(\theta_1+\theta_2) & 0 \\ -\sin(\theta_1+\theta_2) & \cos(\theta_1+\theta_2) & 0 \\ 0 & 0 & 1 \end{bmatrix} \begin{bmatrix} {}^0F_{3x} \\ {}^0F_{3y} \\ 0 \end{bmatrix} \tag{a}$$

末端执行器对外工作对象输出的作用力在坐标系{3}中为 ${}^3f_2^G = [-{}^3F_{3x} \quad -{}^3F_{3y} \quad 0]^T$。

由图 3-12 可知：${}_3^2T = \begin{bmatrix} 1 & 0 & 0 & L_2 \\ 0 & 1 & 0 & 0 \\ 0 & 0 & 1 & 0 \\ 0 & 0 & 0 & 1 \end{bmatrix}$，即坐标系{3}相对于坐标系{2}的姿态矩阵为 ${}_3^2R = \begin{bmatrix} 1 & 0 & 0 \\ 0 & 1 & 0 \\ 0 & 0 & 1 \end{bmatrix}$。故根据向量在两个坐标系之间的转换关系，可求得连杆 2(末端执行器)对外工作对象输出的作用力和作用力矩在坐标系{2}中分别为 ${}^2f_1^2 = {}_3^2R\,{}^3f_2^G = \begin{bmatrix} 1 & 0 & 0 \\ 0 & 1 & 0 \\ 0 & 0 & 1 \end{bmatrix} \begin{bmatrix} -{}^3F_{3x} \\ -{}^3F_{3y} \\ 0 \end{bmatrix} = \begin{bmatrix} -{}^3F_{3x} \\ -{}^3F_{3y} \\ 0 \end{bmatrix}$ 和 ${}^2\tau_1^2 = L_2\hat{X}_2 \times \begin{bmatrix} -{}^3F_{3x} \\ -{}^3F_{3y} \\ 0 \end{bmatrix} = \begin{bmatrix} 0 \\ 0 \\ -L_2{}^3F_{3y} \end{bmatrix}$。

由图 3-12 可知：${}_2^1T = \begin{bmatrix} \cos\theta_2 & -\sin\theta_2 & 0 & L_1 \\ \sin\theta_2 & \cos\theta_2 & 0 & 0 \\ 0 & 0 & 1 & 0 \\ 0 & 0 & 0 & 1 \end{bmatrix}$，即坐标系{2}相对于坐标系{1}的姿态矩阵为 ${}_2^1R = \begin{bmatrix} \cos\theta_2 & -\sin\theta_2 & 0 \\ \sin\theta_2 & \cos\theta_2 & 0 \\ 0 & 0 & 1 \end{bmatrix}$。故由式(3-24)可得连杆 1 对连杆 2 的作用力在坐标系{1}中分别为

$$ {}^1f_0^1 = {}_2^1R\,{}^2f_1^2 = \begin{bmatrix} \cos\theta_2 & -\sin\theta_2 & 0 \\ \sin\theta_2 & \cos\theta_2 & 0 \\ 0 & 0 & 1 \end{bmatrix} \begin{bmatrix} -{}^3F_{3x} \\ -{}^3F_{3y} \\ 0 \end{bmatrix} = \begin{bmatrix} -\cos\theta_2{}^3F_{3x} + \sin\theta_2{}^3F_{3y} \\ -\sin\theta_2{}^3F_{3x} - \cos\theta_2{}^3F_{3y} \\ 0 \end{bmatrix}; $$

$$ {}^1\boldsymbol{\tau}_0^1 = {}_2^1R\,{}^2\boldsymbol{\tau}_1^2 + {}^1P_2 \times {}^1f_0^1 = \begin{bmatrix} \cos\theta_2 & -\sin\theta_2 & 0 \\ \sin\theta_2 & \cos\theta_2 & 0 \\ 0 & 0 & 1 \end{bmatrix} \begin{bmatrix} 0 \\ 0 \\ -L_2{}^3F_{3y} \end{bmatrix} + \begin{bmatrix} L_1 \\ 0 \\ 0 \end{bmatrix} \times \begin{bmatrix} -\cos\theta_2F_{3x} + \sin\theta_2{}^3F_{3y} \\ -\sin\theta_2F_{3x} - \cos\theta_2{}^3F_{3y} \\ 0 \end{bmatrix} $$

$$ = \begin{bmatrix} 0 \\ 0 \\ -L_2{}^3F_{3y} \end{bmatrix} + \begin{bmatrix} 0 \\ 0 \\ -L_1\sin\theta_2{}^3F_{3x} - L_1\cos\theta_2{}^3F_{3y} \end{bmatrix} = \begin{bmatrix} 0 \\ 0 \\ -L_1\sin\theta_2{}^3F_{3x} - L_1\cos\theta_2{}^3F_{3y} - L_2{}^3F_{3y} \end{bmatrix} $$

由式(3-22)可以求出两个关节的驱动力矩分别为

$$ {}^2\mathbf{N}_1^2 = ({}^2\tau_1^2 \cdot Z_2)Z_2 = \begin{bmatrix} 0 \\ 0 \\ -L_2{}^3F_{3y} \end{bmatrix} $$

$$ {}^{1}\mathbf{N}_0^1 = ({}^{1}\tau_0^1 \cdot Z_1) Z_1 = \begin{bmatrix} 0 \\ 0 \\ -L_1 \sin\theta_2 {}^{3}F_{3x} - L_1 \cos\theta_2 {}^{3}F_{3y} - L_2 {}^{3}F_{3y} \end{bmatrix} $$

故

$$ {}^{2}N_1^2 = ({}^{2}\tau_1^2 \cdot Z_2) = -L_2 {}^{3}F_{3y} $$

$$ {}^{1}N_0^1 = ({}^{1}\tau_0^1 \cdot Z_1) = -L_1 \sin\theta_2 {}^{3}F_{3x} - L_1 \cos\theta_2 {}^{3}F_{3y} - L_2 {}^{3}F_{3y} $$

即

$$ N = \begin{bmatrix} {}^{1}N_0^1 \\ {}^{2}N_1^2 \end{bmatrix} = \begin{bmatrix} L_1 \sin\theta_2 & L_1 \cos\theta_2 + L_2 \\ 0 & L_2 \end{bmatrix} \begin{bmatrix} -{}^{3}F_{3x} \\ -{}^{3}F_{3y} \end{bmatrix} \tag{b} $$

把式(a)代入式(b)可得

$$ \begin{aligned} N = \begin{bmatrix} {}^{1}N_0^1 \\ {}^{2}N_1^2 \end{bmatrix} &= \begin{bmatrix} L_1 \sin\theta_2 & L_1 \cos\theta_2 + L_2 \\ 0 & L_2 \end{bmatrix} \begin{bmatrix} \cos(\theta_1 + \theta_2) & -\sin(\theta_1 + \theta_2) \\ \sin(\theta_1 + \theta_2) & \cos(\theta_1 + \theta_2) \end{bmatrix} \begin{bmatrix} -{}^{0}F_{3x} \\ -{}^{0}F_{3y} \end{bmatrix} \\ &= \begin{bmatrix} -L_1 \sin\theta_1 - L_2 \sin(\theta_1 + \theta_2) & L_1 \cos\theta_1 - L_2 \cos(\theta_1 + \theta_2) \\ -L_2 \sin(\theta_1 + \theta_2) & -L_2 \cos(\theta_1 + \theta_2) \end{bmatrix} \begin{bmatrix} {}^{0}F_{3x} \\ {}^{0}F_{3y} \end{bmatrix} \end{aligned} $$

即该机器人在基坐标系{0}中的雅克比矩阵 J_F 为

$$ J_F = \begin{bmatrix} -L_1 \sin\theta_1 - L_2 \sin(\theta_1 + \theta_2) & L_1 \cos\theta_1 + L_2 \cos(\theta_1 + \theta_2) \\ -L_2 \sin(\theta_1 + \theta_2) & -L_2 \cos(\theta_1 + \theta_2) \end{bmatrix} $$

确定机构受力状态后，就可以确定每一个构件和零件的应力分布，一般可以采用有限元分析法进行分析。有限元分析可以分析静态或动态物体的应力状态。在分析时，一个物体被分解为由多个相互连接的，简单、独立的点组成的几何模型，这些独立的点的数量是有限的，因此称为有限元。由实际的物理模型推导出来的平衡方程式被使用到每个点上，即产生了一个方程组，该方程组可以用线性代数的方法来求解。对于复杂结构的零件，根据其受力特点和三维结构，用有限元方法可以较为方便地确定其应力状态。常用的有限元分析软件有 ANSYS、ABAQUS、MSC 等。图 3－13

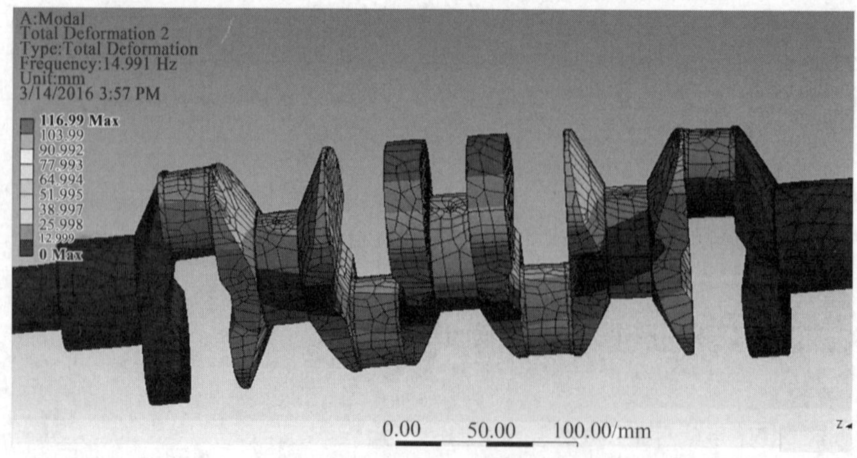

图 3－13 曲轴应力有限元分析

为一曲轴的有限元应力分布图。

3.9 机械零部件结构设计

机械系统中的零部件按照性质可以分为运动副、连接结构、标准部件、基础件(床身),它们的结构设计有所区别。

在机械系统设计中,可以以一个自由度为一个设计单元。实现一个自由度的运动需要有两个构件,它们组成一个运动副,这是因为构件是运动的单元。转动副和移动副是机械系统中最常用的运动副。现实中要实现既定的运动,组合一个运动副的两个构件就要有一定的物理形态,包括轮廓尺寸、连接方式和配合尺寸。这些尺寸主要由构件的受力情况来确定。

执行机构中的每一个自由度定义为一个运动单元。当原动机为电机时,运动单元包括电机、减速器、丝杠副(直线运动)、传感器定位装置和连接件等;当原动件为液压缸时,运动单元包括泵、液压系统;当原动件为气缸时,运动单元包括空压机、气压系统。运动单元设计中最基本的是构件设计。

假定一个机电一体化系统具有 n 个自由度,实现每一个自由度的机构作为一个运动单元。机电一体化系统中最常用的运动是转动和移动,对于转动运动,该运动链为电机→减速器→输出轴;对于移动运动,该运动链为电机→减速器→丝杠→滑块→输出端;运动单元设计要完成从电机直至输出轴(输出端)整个传动机构的结构设计。在这个运动链的结构设计中,构件和零件是结构设计的基础。构件是运动的单元,构件的主要结构尺寸一般可以根据其受力及构件的强度条件来决定。零件是加工制造的单元,一个构件往往由多个零件组成,如汽车的车轮是一个构件,它由轮毂、轴承、轮胎、连接螺栓、螺母等零件组成,各个零件之间没有相对运动。

利用机构的静力学分析可以确定运动单元中每一运动副中的两个构件的受力,并可以依据零部件的失效情况、工作特性、环境条件等合理选择设计准则,见表3-10。

表3-10 零件设计基本准则

准则类型	具体要求
功能性准则	零件设计时必须首先满足其功能和使用要求。机械的功能要求,如运动范围和形式要求、速度大小和载荷传递都是由具体的零件来实现的。除传动要求外,机械零件还需要有承载、固定、链接等功能;零件结构设计应满足强度、刚度、精度、耐磨性及防腐等使用要求。零件的结构设计应实现支撑、运动传递、连接等功能
强度准则	强度是指零件抵抗破坏的能力。根据零件的失效形式,选择最大拉应力理论、最大伸长线应变理论、最大切应力理论、形状改变比能理论确定零件的主要尺寸。零件结构设计应尽量满足等强度要求,减小应力集中
刚度准则	刚度指零件在载荷作用下抵抗弹性变形的能力,刚度不足则机械零件便会发生较大的弹性变形,影响机械的正常工作。应根据零件受力特点,通过选取合适的尺寸和截面形状,使零件的拉(压)、弯曲、扭转变形不超过许用值
振动稳定性准则	当作用在零件上的周期性外力的变化频率与零件的自激振动频率(固有频率)接近或相等时,会发生共振,导致零件破坏和功能失效。零件设计时,应使零件的自激振动频率远离外载荷的频率

（续表）

准则类型	具体要求
耐磨性准则	合理设计机械零件的结构形状和尺寸，以减少相对运动表面之间的压力和运动速度；选择适当的材料和热处理；采用合适的润滑剂、添加剂及其供给方法；提高加工及装配精度避免局部磨损等
结构工艺性准则	零件结构设计工艺性指在机械结构设计中要综合考虑制造、装配、维修和热处理等各种工艺、技术问题。在保证功能使用要求的前提下，采用较经济的工艺方法制造零件。机械零件结构的工艺性要求包括加工工艺性要求和装配工艺性要求
经济学准则	经济性要求主要取决于选材和零件结构设计工艺环节。合理地确定零件尺寸和结构，尽量简化结构形状，注意减少零件的机械加工量，合理规定制造精度等级和技术条件，尽可能采用标准件和通用件
装配和维护性准则	零件结构应便于装配、拆卸、维修和维护
工业设计准则	零件的设计应考虑人因工程要求

3.9.1 强度准则

3.9.1.1 零件破坏基本形式

强度是指零件抵抗破坏的能力，满足强度准则是机械零部件设计的最低要求。机械零部件因强度不足引起破坏的基本形式有拉伸断裂、弯曲断裂、剪切断裂和扭转断裂四种，如图 3－14 所示。

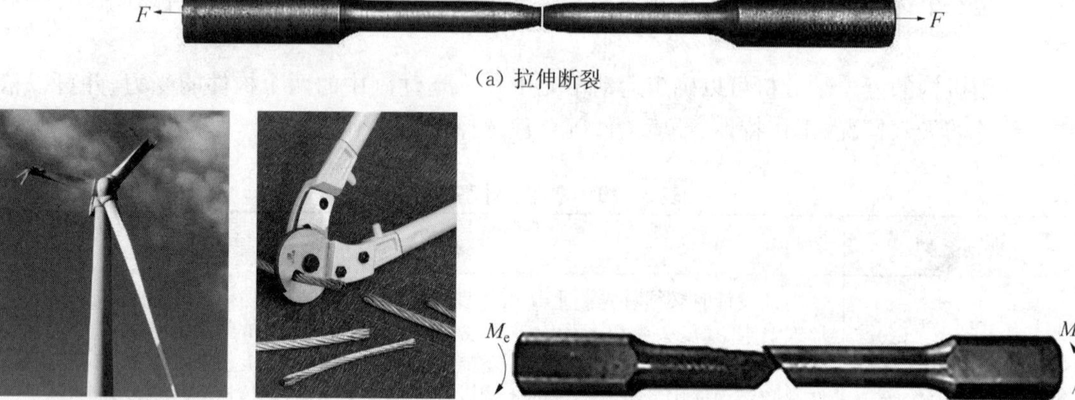

图 3－14 材料四种常见的破坏形式

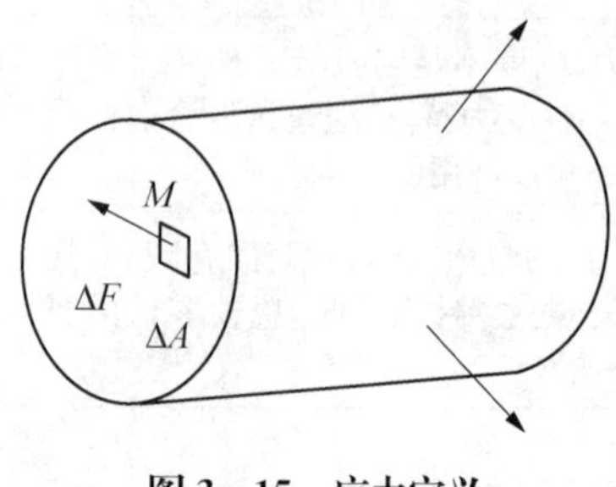

图 3－15 应力定义

为了从力学上解释上述四种破坏形式，需要引入“应力”的概念。当材料在外力作用下，它的几何形状和尺寸将发生变化，这种形变称为应变。材料发生形变时内部产生了大小相等但方向相反的反作用力抵抗外力，定义单位面积上的这种反作用力为应力，材料内部每一点处都有应力。

如图 3－15 所示，在杆件任一界面上的 M 点选取一个微小面积 ΔA，ΔA 上的作用力为 ΔF，M 点处的应力定义为：

$p=\lim\limits_{\Delta A\to 0}\dfrac{\Delta F}{\Delta A}=\dfrac{\mathrm{d}F}{\mathrm{d}A}$，单位为牛顿/平方米（$\mathrm{N/m^2}$ 或 Pa）。

假定图 3-16 所示杆件两端受到拉力 F 的作用下保持平衡，杆的横截面只沿杆轴线平行移动；同时，横截面之间所有纵向纤维的伸长量相等。

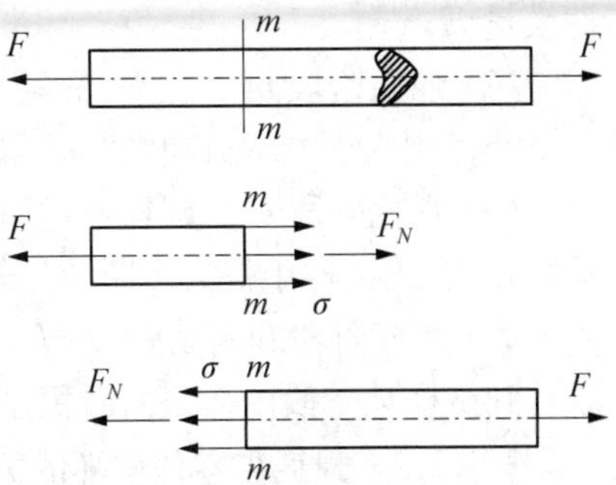

图 3-16　杆件受拉应力分析

假定杆件受力平衡，在杆的任一位置用截面 $m-m$ 将杆件“截断”，由于杆的横截面只沿杆轴线平行移动，且横截面之间所有纵向纤维的伸长量相等，故截面上每一点的应力均相同，均为 σ。由于截面左端或右端的杆受力仍然平衡，则 $F_N=F=\int_A \sigma\,\mathrm{d}A=\sigma A$，故 $\sigma=F/A$。在截面积 A 一定的情况下，随着拉力 F 的增大，应力 σ 也随之增大。σ 增大一定值时，“纤维”被拉断，宏观的表现是杆件被拉断。杆刚好被拉断时的应力 σ 称为强度极限，力学上用 $[\sigma]$ 表示。对于图 3-16 所示杆件受拉力 F 的作用，只要满足实际应力 $\sigma=F/A<[\sigma]$，杆件就不会拉断，也就不会产生破坏。每一种材料都有特定的抗拉强度极限 $[\sigma]$，具体值可以从材料性能手册里查到。

对于图 3-17 所示低碳钢材料试件，其拉伸时的应力 $\sigma=F/A$ 和应变 $\varepsilon=\Delta l/l$ 特性如图 3-18 所示。图 3-18 中，低碳钢（含碳量 0.10%～0.25%）拉伸时的应力-应变曲线主要分四个阶段：弹性阶段、屈服阶段、强化阶段、局部变形阶段，在局部变形阶段有明显的屈服和颈缩现象。

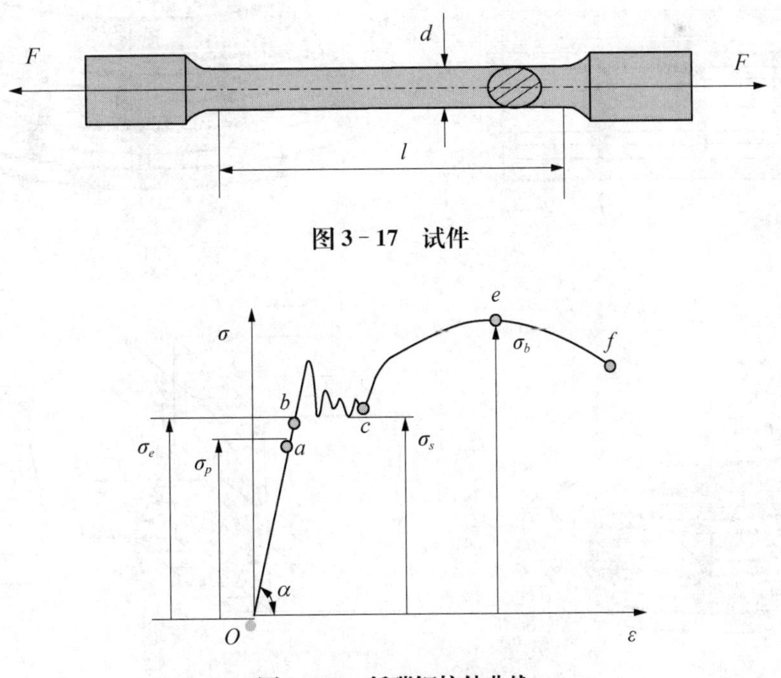

图 3-17　试件

图 3-18　低碳钢拉伸曲线

（1）弹性阶段 Ob。这一阶段，材料变形完全遵守胡克定律，即应力和应变成比例：$\sigma=E\varepsilon$；应力沿直线上升，比例极限 σ_p 以后变形加快，但无明显屈服阶段，σ_e 为弹性极限。这一阶段试样的变形完全是弹性的，全部卸除载荷后，试样将恢复其原长。此阶段内可以测定材料的弹

性模量 E。

(2) 屈服阶段 bc。在 bc 阶段，材料失去抵抗变形的能力。试样的伸长量急剧增加，应力在很小范围内(图中锯齿状线 bc)波动，σ_s 为屈服极限。

(3) 强化阶段 ce。试样经过屈服阶段后，若要使其继续伸长，由于材料在塑性变形过程中不断强化，故试样中抗力不断增长，恢复抵抗变形的能力，σ_b 为强度极限。

(4) 颈缩阶段和断裂阶段 ef。试样伸长到一定程度后，载荷读数反而逐渐降低。此时可以看到试样某一段内横截面面积显著收缩，出现"颈缩"的现象，一直到试样被拉断。

3.9.1.2 强度与零件破坏的关系

1) 拉压破坏

图 3-14a 所示试件拉断就是因为该试件受到的实际应力 σ 超过了其强度极限 σ_b 所致。按照材料拉断时的延伸率，材料可以分为塑性材料和脆性材料两类。塑性材料是延伸率和断面收缩率很大的材料，断裂时延伸率 $\delta=(l_1-l/l)\geqslant 5$ 的材料。低碳钢延伸率为 20%～30%，属于塑性材料，中碳钢和高碳钢也为塑性材料。脆性材料是延伸率 $\delta<5$ 的材料，拉伸时没有明显的屈服阶段，铸铁和玻璃属于脆性材料。

材料在外力作用下有两种不同的破坏形式：一是在不发生显著塑性变形时的突然断裂，称为脆性破坏；二是发生显著塑性变形而不能继续承载的破坏，称为塑性破坏。

2) 弯曲破坏

图 3-14b 所示风力发电机桨叶折断可以用图 3-19 所示梁的弯曲应力分析解释。

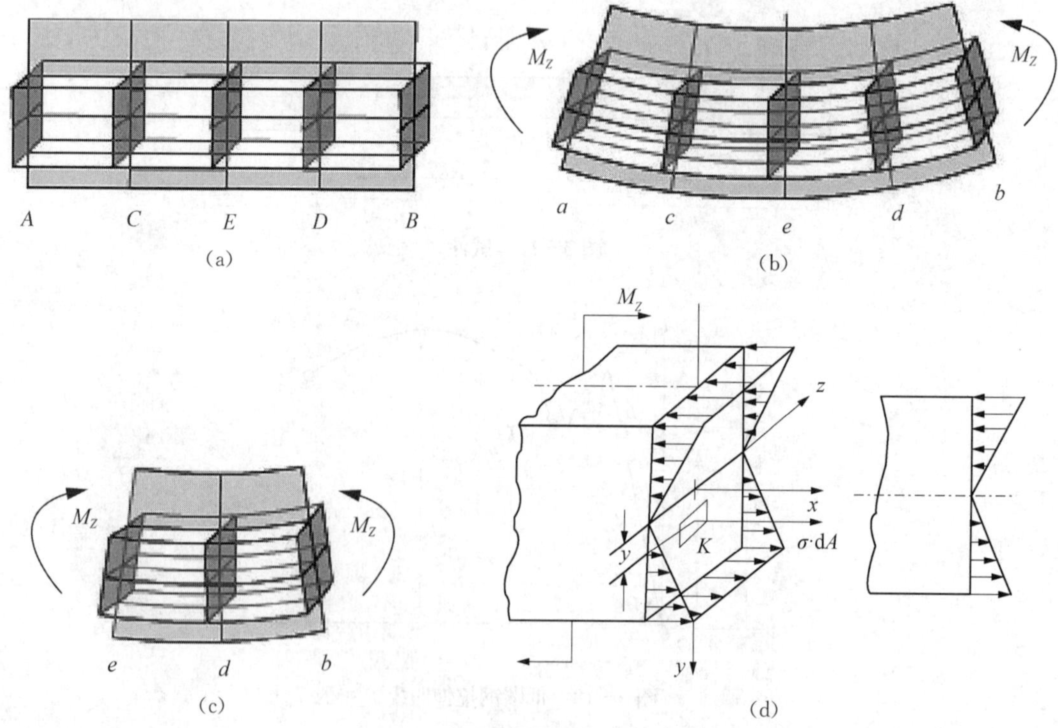

图 3-19 弯曲应力分析

该梁在图 3-19 所示弯矩 M_z 的作用下，上层的纤维受到压缩，下层的纤维受到拉伸，中间一层的纤维长度保持不变，称为中性层，即图中通过 z 轴的纤维层。图中，中性层以上的纤

维受到压应力，中性层以下的纤维受到拉应力。为了分析方便，假定界面沿中性层对称，由材料力学可得截面的拉应力为

$$\sigma = My/I_z \tag{3-25}$$

式中，y 为欲求应力点到中性轴的距离；$I_z = \int_A y^2 \mathrm{d}_A$ 为界面对 Z 轴惯性矩。

在截面一定的情况下，I_z 为定值，距离中性层越远，即 y 越大，拉应力（压应力）σ 越大；弯曲 M_z 越大，σ 越大。梁的材料确定时，强抗拉强度极限 σ_b 也随之确定，当 $\sigma = My_{max}/I_z > \sigma_b$ 时，梁被拉断。

3）剪切破坏

图 3－14c 中钢丝被剪断现象可以用剪应力理论解释。钢丝（杆件）受到剪应力作用时，实际上是受到一对垂直于杆轴、大小相等、方向相反、作用线相距很近的力 F 的作用。力 F 作用线之间的各横截面都将发生相对错动，即剪切变形，如图 3－20 所示。

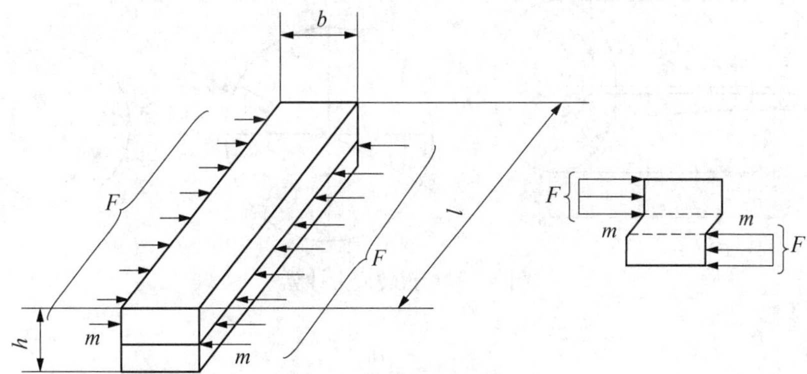

图 3－20　剪应力分析

假定图 3－20 所示剪切面 $m-m$ 上的切应力 τ 是均匀分布的，设其面积为 A，则根据受力平衡条件：$F = \int_A \tau \mathrm{d}A = \tau A$，故 $\tau = F/A$。当 F 增大时，剪应力 τ 也随之增大；当增大到一定值时，剪切面 $m-m$ 上下两部分开始出现滑移，材料确定时，其剪切强度极限 τ_b 也随之确定。当 $\tau > \tau_b$ 时，纤维被拉断，钢丝被剪断。

4）扭转破坏

图 3－14d 中的试件被扭断现象可以剪应力理论解释。图中试件在力矩 M_e 的作用下产生扭转变形，界面 $p-p$ 和 $q-q$ 之间的部分受力前后的变化如图 3－21 所示。

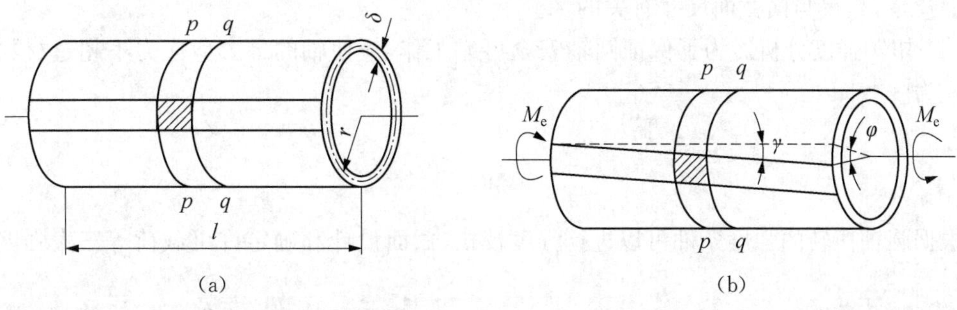

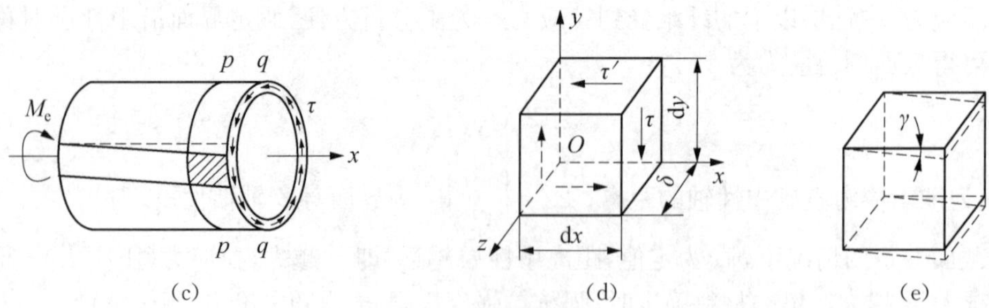

图 3-21 扭转应力分析

(1) 变形几何关系-圆轴扭转的平面假设。圆轴扭转的平面假设,是指圆轴扭转变形前的横截面变形后仍保持为平面,形状和大小不变,半径保持为直线;且相邻两截面间距离不变,如图 3-22 所示。

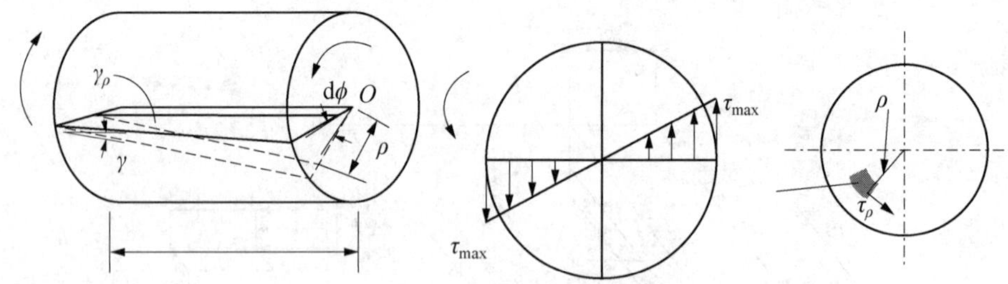

图 3-22 扭转应力计算

$$\gamma_\rho=\rho\,\frac{\mathrm{d}\varphi}{\mathrm{d}x} \tag{3-26}$$

(2) 物理关系(胡克定律)分析。可表示为

$$\tau_\rho=G\gamma_\rho=G\rho\,\frac{\mathrm{d}\varphi}{\mathrm{d}x} \tag{3-27}$$

(3) 力学关系分析。可表示为

$$T=\int_A\rho\tau_\rho\,\mathrm{d}A=\int_A\rho^2G\,\frac{\mathrm{d}\varphi}{\mathrm{d}x}=G\,\frac{\mathrm{d}\varphi}{\mathrm{d}x}\int_A\rho^2\,\mathrm{d}A \tag{3-28}$$

式中,$\tau_\rho=\dfrac{T}{I_p}\rho$;$I_p=\int_A\rho^2\,\mathrm{d}A=2\pi\int_0^R\rho^2\,\mathrm{d}\rho=\dfrac{\pi R^4}{2}=\dfrac{\pi D^4}{32}$;$\tau_{\max}=\dfrac{T}{I_p}R=\dfrac{T}{W_t}$,其中$W_t=\dfrac{I_p}{R}$,为抗扭截面模量,是仅与横截面尺寸有关的量。

(4) 扭转强度分析。为了保证圆轴安全可靠工作,应使轴的最大剪应力不超过材料的许用剪应力$[\tau]$,即

$$\tau_{\max}=\frac{T}{W_t}\leqslant[\tau] \tag{3-29}$$

根据圆轴扭转的强度条件可以进行强度校核、截面设计和确定许可载荷等三大强度计算问题。

(5) 扭转刚度分析。有时轴的扭转变形不能超过允许的值，为此需要研究圆轴扭转时的刚度。为了消除长度的影响，用 $d\varphi/dx$ 表示扭转变形的程度，令

$$\varphi=\frac{d\phi}{dx}=\frac{T}{GI_p},\ \varphi_{max}=\frac{T_{max}}{GI_p}\leqslant[\varphi]$$

距离为 l 的两个横截面之间的相对扭转角为

$$\varphi=\int_l\frac{T}{GI_p}dx=\int_l\frac{T}{GI_p}dx \tag{3-30}$$

3.9.1.3 基本强度理论及其应用

尽管可以用“应力”的概念解释图 3-14 中材料 4 种常见的破坏形式产生的原因，但实际的零件受力可能是拉伸(压缩)、弯曲、剪切、扭转之间的组合变形，称为复杂应力状态。判断材料在复杂应力状态下是否破坏的理论有 4 个，分别为第一强度理论、第二强度理论、第三强度理论和第四强度理论。

(1) 第一强度理论——最大拉应力理论。引起材料脆性断裂破坏的因素是最大拉应力，无论什么应力状态，只要构件内一点处的最大拉应力 σ_1 达到单向应力状态下的极限应力 σ_b，材料就要发生脆性断裂。因此，危险点处于复杂应力状态的构件发生脆性断裂破坏的条件是：$\sigma_1=\sigma_b$、$\sigma_b/s=[\sigma]$。按第一强度理论建立的强度条件为

$$\sigma_1\leqslant[\sigma] \tag{3-31}$$

(2) 第二强度理论——最大伸长线应变理论。该理论认为最大伸长线应变是引起断裂的主要因素，无论什么应力状态，只要最大伸长线应变 ε_1 达到单向应力状态下的极限值 ε_u，材料就要发生脆性断裂破坏。$\varepsilon_u=\sigma_b/E$、$\varepsilon_1=\sigma_b/E$。由广义胡克定律得：$\varepsilon_1=[\sigma_1-u(\sigma_2+\sigma_3)]/E$，故 $\sigma_1-u(\sigma_2+\sigma_3)=\sigma_b$。按第二强度理论建立的强度条件为

$$\sigma_1-\mu(\sigma_2+\sigma_3)\leqslant[\sigma] \tag{3-32}$$

(3) 第三强度理论——最大切应力理论。最大切应力是引起屈服的主要因素，无论什么应力状态，只要最大切应力 τ_{max} 达到单向应力状态下的极限切应力 τ_0，材料就要发生屈服破坏。$\tau_{max}=\tau_0$。依轴向拉伸斜截面上的应力公式可知 $\tau_0=\sigma_s/2$(σ_s 为横截面上的正应力)，由公式得：$\tau_{max}=\tau_{1s}=(\sigma_1-\sigma_3)/2$。所以破坏条件改写为 $\sigma_1-\sigma_3=\sigma_s$。按第三强度理论建立的强度条件为

$$\sigma_1-\sigma_3\leqslant[\sigma] \tag{3-33}$$

(4) 第四强度理论——形状改变比能理论。形状改变比能是引起材料屈服破坏的主要因素，无论什么应力状态，只要构件内一点处的形状改变比能达到单向应力状态下的极限值，材料就要发生屈服破坏。按第四强度理论建立的强度条件为

$$\sqrt{\frac{1}{2}[(\sigma_1-\sigma_2)^2+(\sigma_2-\sigma_3)^2+(\sigma_2-\sigma_3)^2]}<[\sigma] \tag{3-34}$$

上述 4 个定理中 3 个应力 σ_1、σ_2、σ_3 称为主应力，规定 $\sigma_1>\sigma_2>\sigma_3$。物体内任何一点的主应力可以由该点的应力状态决定。物体中一点在所有可能方向上的应力称为该点的应力状态。只需用过该点任意一组相互垂直的 3 个平面上的应力就可代表点的应力状态，其他截面

上的应力都可用这组应力及其与需考察的截面的方位关系来表示，即坐标变换来确定。实际使用时，一般取零件或构件上最危险剖面处的点。

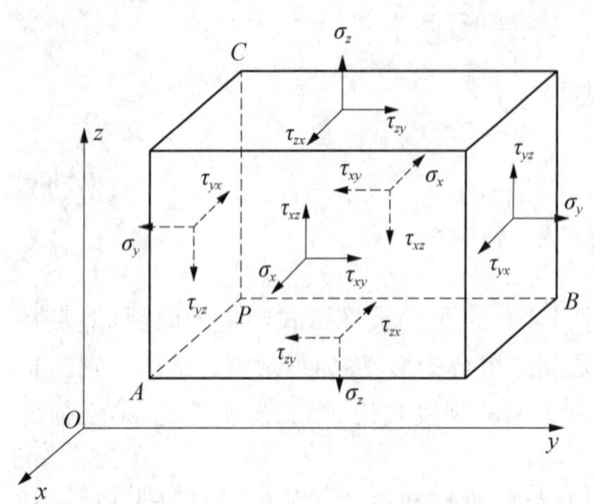

图 3-23 空间一点处的应力状态

如图 3-23 所示，P 为直角坐标系 $O-XYZ$ 中一变形体内的任意点，在此点附近切取一个各平面都平行于坐标平面的六面体。此六面体上 3 个互相垂直的 3 个平面上的应力分量即可表示该点的应力状态。应力是矢量，沿截面法向的分量称为正应力，沿切向的分量称为剪应力或切应力。在所考察的截面某一点单位面积上的内力称为应力。同截面垂直的称为正应力或法向应力，同截面相切的称为剪应力或切应力。

为规定应力分量的正负号，首先假设：法向与坐标轴正向一致的面为正面，与坐标轴负向一致的面为负面，正面上指向坐标轴正向的应力为正，反之为负；负面上指向坐标轴负向的应力为正，反之为负。图 3-23 中，3 个正面上共有 9 个应力分量、3 个正应力和 6 个切应力，即 2 个 σ_x、2 个 σ_y、2 个(σ_z、τ_{xy}、τ_{yz}、τ_{zx}、τ_{yx}、τ_{zy}、τ_{xz})。由切应力互等定理可知，$\tau_{xy}=\tau_{yx}$，$\tau_{yz}=\tau_{zy}$，$\tau_{zx}=\tau_{xz}$。

如果作用在某一截面上的全应力和这一截面垂直，即该截面上只有正应力，切应力为 0，则这一截面称为主平面，其法线方向称为应力主方向或应力主轴，其上的应力称为主应力。如果 3 个坐标轴方向都是主方向，则称这一坐标系为主坐标系。主应力指的是物体内某一点以法向量为 $n=(n_1, n_2, n_3)$ 的微面积元上剪应力为 0 时的法向应力。这时，n 的方向称为这一点的应力主方向。主应力即为一点在某一微面积元上的法向应力。

根据受力物体内任意一点的应力状态，都可取一个直角坐标系(x, y, z)，使 3 个坐标轴分别与互相垂直的 3 个主应力方向重合，这 3 个轴就称为主应力轴。按主应力的大小，即 $\sigma_1>\sigma_2>\sigma_3$ 的顺序，分别称为最大主应力轴、中间主应力轴和最小主应力轴。利用主应力公式求解主应力：

$$\sigma^3-I_1\sigma^2+I_2\sigma-I_3=0 \tag{3-35}$$

式中，$I_1=\sigma_x+\sigma_y+\sigma_z$；$I_2=\sigma_x\sigma_y+\sigma_y\sigma_z+\sigma_z\sigma_x-\tau_{xy}^2-\tau_{yz}^2-\tau_{zx}^2$；$I_3=\sigma_x\sigma_y\sigma_z+2\tau_{xy}\tau_{yz}\tau_{xz}-\sigma_x\tau_{yz}^2-\sigma_y\tau_{zx}^2-\sigma_z\tau_{xy}^2$。

上述方程有解析解，令

$$\left.\begin{aligned} p&=\frac{3I_2-I_1^2}{3} \\ q&=\frac{9I_1I_2-2I_1^3-27I_3}{27} \\ \theta&=\arccos\left[-\frac{q}{2}\left(-\frac{p^3}{27}\right)^{-\frac{1}{2}}\right](0<\theta<\pi) \end{aligned}\right\} \tag{3-36}$$

式(3-35)的解析解(主应力的计算公式)为

$$\left.\begin{aligned}\sigma_1&=\frac{I_1}{3}+2\sqrt{-\frac{p}{3}}\cos\frac{\theta}{3}\\\sigma_2&=\frac{I_1}{3}-\sqrt{-\frac{p}{3}}\left(\cos\frac{\theta}{3}-\sqrt{3}\sin\frac{\theta}{3}\right)\\\sigma_3&=\frac{I_1}{3}-\sqrt{-\frac{p}{3}}\left(\cos\frac{\theta}{3}+\sqrt{3}\sin\frac{\theta}{3}\right)\end{aligned}\right\}\tag{3-37}$$

实际应用时,可以根据六面体单元上应力 σ_x、σ_y、σ_z、τ_{xy}、τ_{yz}、τ_{zx} 与应变 ε_x、ε_y、ε_z、γ_{xy}、γ_{yz}、γ_{zx} 的关系,求出应力 σ_x、σ_y、σ_z、τ_{xy}、τ_{yz}、τ_{zx},再根据式(3-37)确定主应力 σ_1、σ_2、σ_3,然后根据材料类型及受力状态选择合适的强度理论校核零件受力是否满足强度条件。

$$\left.\begin{aligned}\varepsilon_x&=\frac{1}{E}[\sigma_x-\nu(\sigma_y+\sigma_z)]\\\varepsilon_y&=\frac{1}{E}[\sigma_y-\nu(\sigma_z+\sigma_x)]\\\varepsilon_z&=\frac{1}{E}[\sigma_z-\nu(\sigma_x+\sigma_y)]\end{aligned}\right\}\tag{3-38}$$

$$\left.\begin{aligned}\gamma_{xy}&=\frac{\tau_{xy}}{G}\\\gamma_{yz}&=\frac{\tau_{yz}}{G}\\\gamma_{zx}&=\frac{\tau_{zx}}{G}\end{aligned}\right\}\tag{3-39}$$

σ_1、σ_2、σ_3 中如果有一个主应力为0,则称为平面应力状态,它包括单轴应力状态和双轴应力状态。其中,简单拉伸、纯弯曲都为单轴应力状态;纯扭转、拉伸与扭转组合、拉伸与弯曲组合都属于平面应力状态;平面应力状态下斜截面上的应力、最大切应力、强度理论及其典型实例见表3-11。σ_1、σ_2、σ_3 都不为0时称为空间应力状态。单轴、两轴应力和3种应力状态下的强度条件见表3-11。

在零件设计的初始阶段,由于零件的结构尺寸和受力情况不能完全确定,一般可以按照载荷的特点,从单拉伸(压缩)、弯曲、剪切或扭转中选择单一形变强度理论,初步确定零件的基本尺寸。在零件的结构尺寸和受力情况完全确定后,再基于零件材料类型(塑性材料、脆性材料)及载荷特点,从上述4个强度理论中选择合适的一种进行强度校核。

以轴设计为例,当轴同时受到弯矩和扭矩的作用时,在设计的初始阶段,先按扭转强度确定轴的最小直径。待轴的结构和受力支撑点确定后,再按照弯扭组合变形校核强度。4种强度理论的应用条件见表3-12。

3.9.2 刚度准则

一些零部件工作时不允许有较大的变形,所以设计时有刚度的要求。在相同的外载荷作用下,刚度越大,变形越小。

表 3-11　平面应力状态下斜截面上的应力、最大切应力及强度理论

<table>
<tr><th>应力状态</th><th>斜截面上的应力
(σ_α、τ_α)</th><th>主应力(σ_1、σ_2、σ_3)
及主方向角(α_0)</th><th>最大切应力(τ_{max})
及其位置(β)</th><th>说　明</th></tr>
<tr><td rowspan="2">双轴应力状态(一般情况)
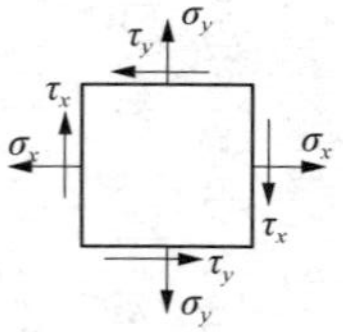</td>
<td>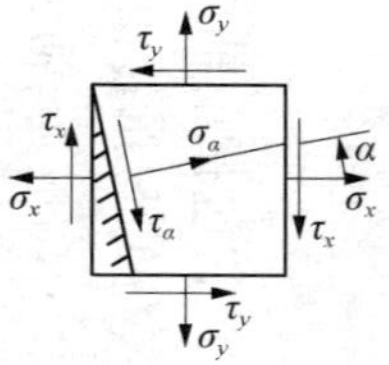</td>
<td>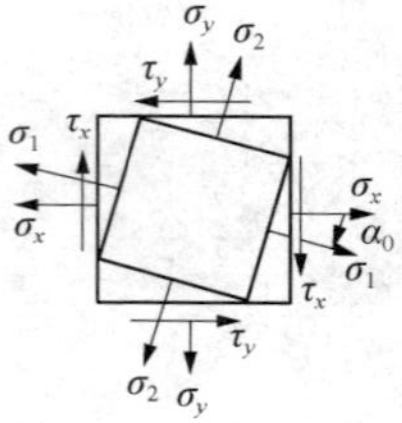</td>
<td>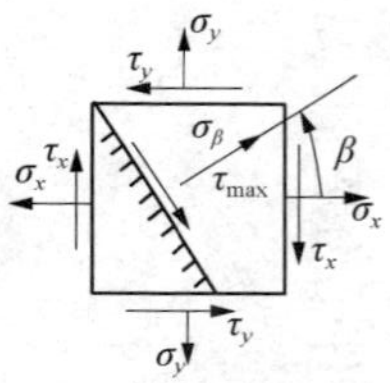</td>
<td rowspan="3">(1) 主平面—单元体上切应力为 0 的平面
(2) 主方向角—主平面的法线方向角
(3) 主应力—主平面上的正应力，分别用 σ_1、σ_2、σ_3 表示，其大小按代数值顺序排列为 $\sigma_1 > \sigma_2 > \sigma_3$
(4) 作用于受力构件某点单元体上的受力情况如下
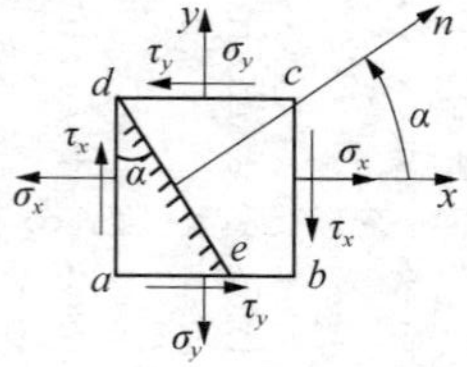
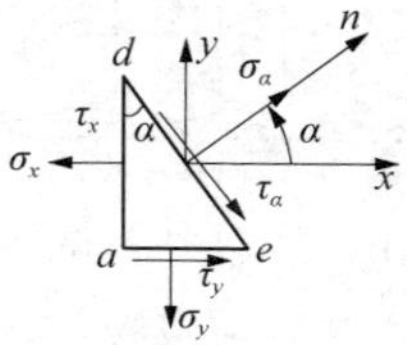
σ_x，σ_y—单元体上的正应力
τ_x—单元体上的切应力
α—斜截面 de 与截面 ad 间的夹角，其转向由 x 轴确定，逆时针转为正，反之为负
σ_α、τ_α—斜截面上的应力
α_0—主应力 σ_1 与 x 轴的夹角
β—最大切应力 τ_{max} 作用面法线与 x 轴的夹角，即 τ_{max} 作用面的位置，与主平面相差 $\pm 45°$</td></tr>
<tr><td>$\sigma_\alpha = \dfrac{\sigma_x + \sigma_y}{2} + \dfrac{\sigma_x - \sigma_y}{2}\cos 2\alpha - \tau_x \sin 2\alpha$
$\tau_\alpha = \dfrac{\sigma_x - \sigma_y}{2}\sin 2\alpha + \tau_x \cos 2\alpha$</td>
<td>$\left.\begin{matrix}\sigma_1\\ \sigma_2\end{matrix}\right\} = \dfrac{\sigma_x + \sigma_y}{2} \pm \sqrt{\left(\dfrac{\sigma_x - \sigma_y}{2}\right)^2 + \tau_x^2}$
$\alpha_0 = -\dfrac{1}{2}\arctan\dfrac{2\tau_x}{\sigma_x - \sigma_y}$</td>
<td>$\left.\begin{matrix}\tau_{max}\\ \tau_{min}\end{matrix}\right\} = \pm\sqrt{\left(\dfrac{\sigma_x - \sigma_y}{2}\right)^2 + \tau_x^2}$
$\beta = \dfrac{1}{2}\arctan\dfrac{\sigma_x - \sigma_y}{2\tau_x}$</td></tr>
<tr><td>单轴应力状态
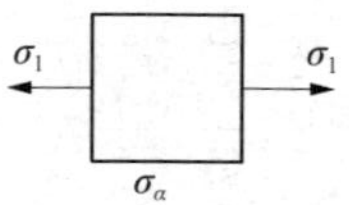</td>
<td>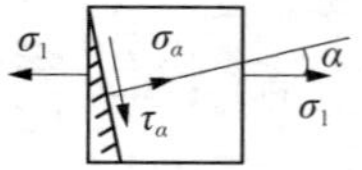</td>
<td>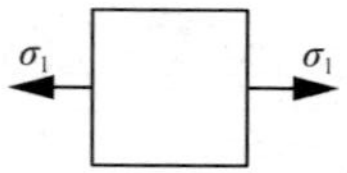</td>
<td>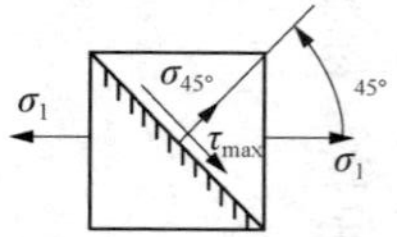</td></tr>
</table>

（续表）

<table>
<tr><th>应力状态</th><th>斜截面上的应力
(σ_α、τ_α)</th><th>主应力(σ_1、σ_2、σ_3)
及主方向角(α_0)</th><th>最大切应力(τ_{max})
及其位置(β)</th><th>说　明</th></tr>
<tr><td>实例
拉杆　应力状态
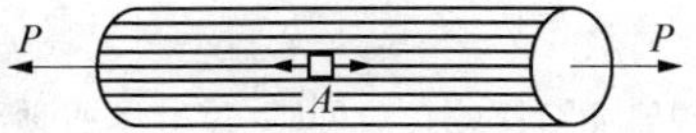
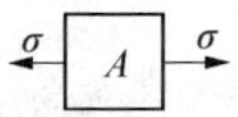
纯弯梁
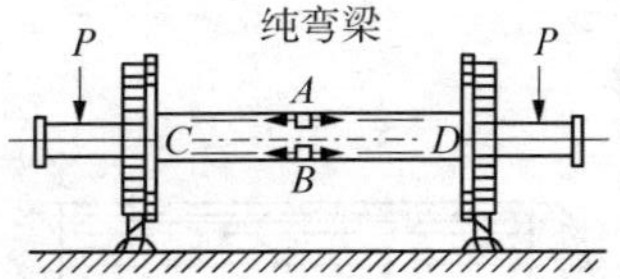
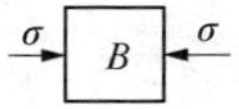</td><td>$\sigma_\alpha=\sigma_1\cos^2\alpha$
$=\frac{1}{2}\sigma_1(1+\cos2\alpha)$
$\tau_\alpha=\frac{1}{2}\sigma_1\sin2\alpha$</td><td>$\sigma_1=\sigma_{max}$、$\sigma_2=\sigma_3=0$
$\alpha_0=0$</td><td>$\left.\begin{matrix}\tau_{max}\\\tau_{min}\end{matrix}\right\}=\pm\frac{1}{2}\sigma_1$
$\beta=45°$</td><td></td></tr>
<tr><td rowspan="2">双轴应力状态(纯剪)
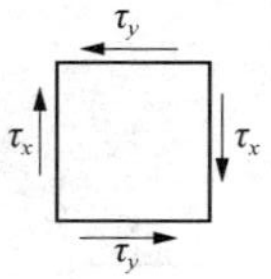
实例
受扭杆　应力状态

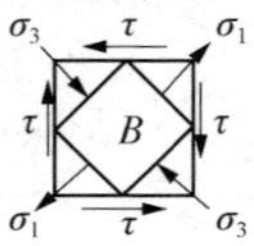</td><td>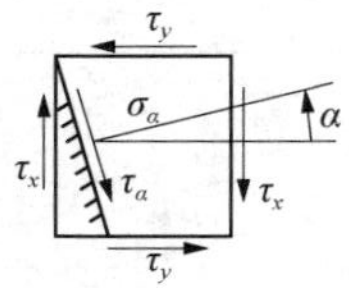</td><td>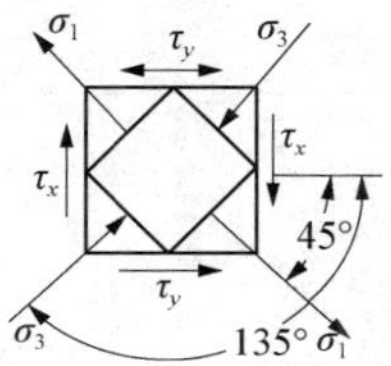</td><td>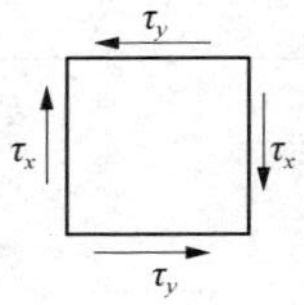</td><td rowspan="2">同上</td></tr>
<tr><td>$\sigma_\alpha=-\tau_x\sin2\alpha$
$\tau_\alpha=\tau_x\cos2\alpha$</td><td>$\sigma_1=\sigma_{max}=\tau_x$
$\sigma_2=0$
$\sigma_3=\alpha_{min}=-\tau_x$
$\alpha_0=-45°$</td><td>$\left.\begin{matrix}\tau_{max}\\\tau_{min}\end{matrix}\right\}=\pm\tau_x$
$\beta=0°$</td></tr>
</table>

（续表）

应力状态	斜截面上的应力 $(\sigma_\alpha、\tau_\alpha)$	主应力 $(\sigma_1、\sigma_2、\sigma_3)$ 及主方向角 (α_0)	最大切应力 (τ_{max}) 及其位置 (β)	说　明
双轴应力状态（已知主平面上的应力），设 $\sigma_1 > \sigma_2$ 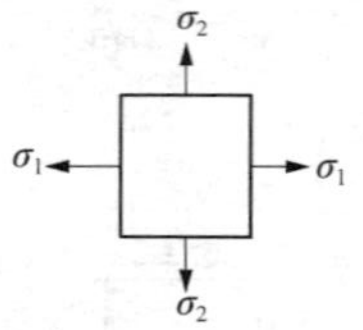	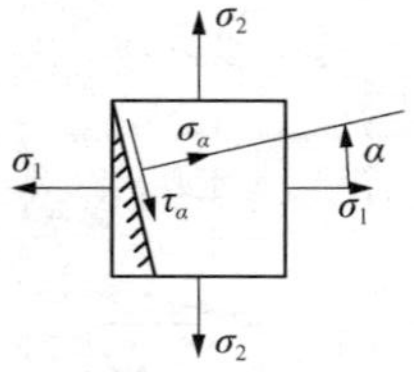	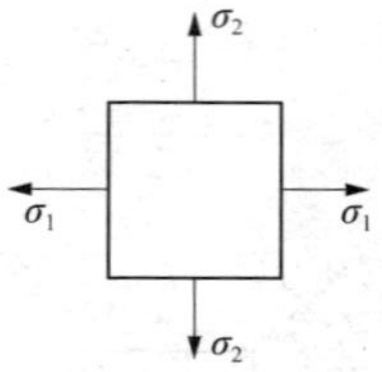	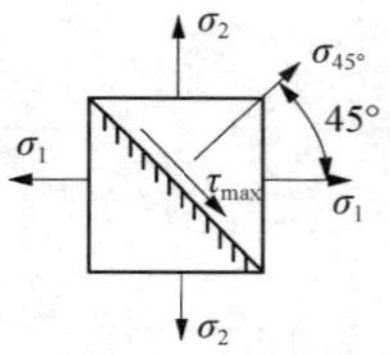	
实例 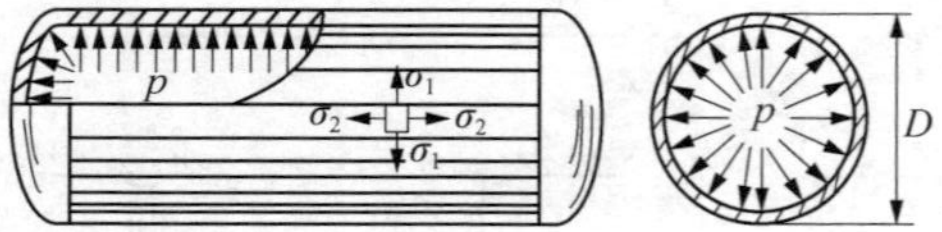 高压锅炉	$\sigma_\alpha = \frac{\sigma_1+\sigma_2}{2} + \frac{\sigma_1-\sigma_2}{2}\cos 2\alpha$ $\tau_\alpha = \frac{\sigma_1-\sigma_2}{2}\sin 2\alpha$	$\sigma_1 = \sigma_{max}$ $\sigma_2 \neq 0°$ $\sigma_3 = 0°$ $\alpha_0 = 0°$	$\left.\begin{matrix}\tau_{max}\\ \tau_{min}\end{matrix}\right\} = \pm\frac{\sigma_1-\sigma_2}{2}$ $\beta = 45°$	同上
双轴应力状态［轴向拉（压）与纯剪切的合成］ 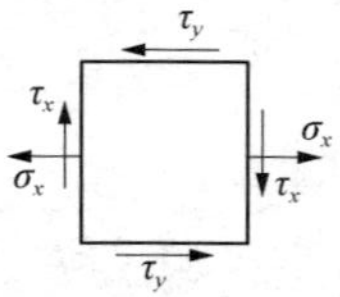	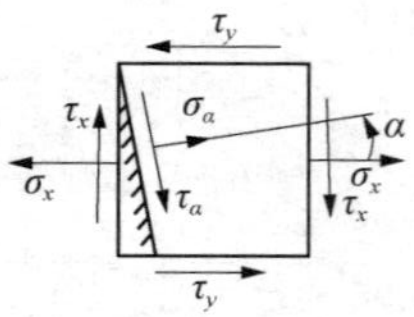	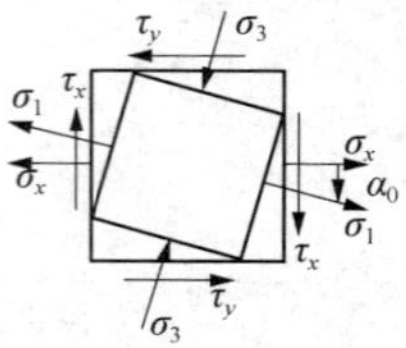	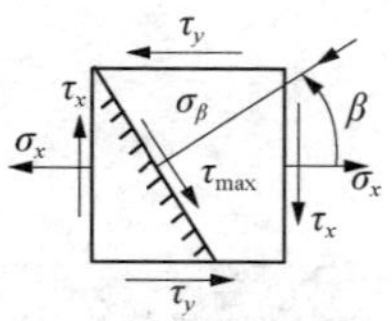	

表 3-12 强度理论应用范围

材料		塑性材料(低碳钢、非淬硬中碳钢、退火球墨铸铁、铜、铅等)	极脆材料(淬硬工具钢、陶瓷等)	拉伸与压缩强度极限不等的脆性材料(如铸铁、石料、混凝土)或低塑性材料(如淬硬高强度钢)		说明及符号意义
				精确计算	简化计算	
单轴应力状态	简单拉伸	第三强度理论(最大切应力理论):最大切应力是造成材料屈服破坏的原因 破坏条件:$\tau_{max}=\dfrac{\sigma_1-\sigma_3}{2}=\dfrac{\sigma_s}{2}$ 强度条件:$\sigma_{Ⅲ}=\sigma_1-\sigma_3\leqslant\sigma_P=\dfrac{\sigma_s}{S}$ (σ_s 为屈服点,下同) 或 第四强度理论(形状改变比能[①]理论),形状改变比能是引起材料屈服破坏的原因 破坏条件: $\sqrt{\dfrac{1}{2}[(\sigma_1-\sigma_2)^2+(\sigma_2-\sigma_1)^2+(\sigma_3-\sigma_1)^2]}=\sigma_s$ 强度条件: $\sigma_{Ⅳ}=\sqrt{\dfrac{1}{2}[(\sigma_1-\sigma_2)^2-(\sigma_2-\sigma_3)^2+(\sigma_3-\sigma_1)^2]}\leqslant\sigma_p=\dfrac{\sigma_s}{S}$	第一强度理论(最大拉应力理论),最大拉应力引起材料正断破坏的原因 破坏条件: $\sigma_1=\sigma_b$ 强度条件: $\sigma_1=\sigma_1\leqslant\sigma_p=\dfrac{\sigma_b}{S}$ (σ_b 为抗拉强度,下同)	莫尔强度理论(修正后的第三强度理论) 破坏条件: $\sigma_1-v\sigma_3=\sigma_b$ 强度条件: $\sigma_M=\sigma_1-v\sigma_3\leqslant\sigma_p=\dfrac{\sigma_b}{S}$	第一强度理论,用于脆性材料的正断破坏(即压应力的绝对值小于拉应力)	(1) 各强度理论仅限于讨论常温和静载荷时的情况 (2) 各强度理论仅适用于各向同性的材料 (3) σ_1、σ_2、σ_3 为3个互相垂直的主平面内的3向主应力,按其代数值规定 $\sigma_1>\sigma_2>\sigma_3$ (4) μ 为材料的泊松比 (5) $v=\dfrac{\sigma_b}{\sigma_p}$,即 $\dfrac{\text{拉伸强度极限}}{\text{压缩强度极限}}$ (6) $\sigma_{Ⅰ}$、$\sigma_{Ⅱ}$、$\sigma_{Ⅲ}$、$\sigma_{Ⅳ}$ 及 σ_M 分别为相应强度理论时的相当应力 (7) σ_p 为许用应力,S 为安全系数
双轴应力状态	两轴拉伸应力(如薄壁压力容器)				近似用第二强度理论(最大伸长线应变理论) 最大伸长线变形 ε_{max} 是引起材料正断破坏的原因 $\varepsilon_1=\dfrac{1}{E}[\sigma_1-\mu(\sigma_2+\sigma_3)]=\dfrac{\sigma_b}{E}$ $\sigma_{Ⅱ}=\sigma_1-\mu(\sigma_2+\sigma_3)\leqslant\sigma_p=\dfrac{\sigma_b}{S}$	
	一轴向拉伸、一轴向压缩,其中拉应力较大(如拉伸和扭转或弯曲和扭转等联合作用)					
	拉伸、压缩应力相等(如圆轴扭转)					
	一轴向拉伸、一轴向压缩,其中压应力较大(如压缩和扭转等联合作用)					
	双轴压缩应力(如压配合的被包容件的受力情况)	第三强度理论或第四强度理论				
三轴应力状态	三轴拉伸应力(如拉伸具有能产生应力集中的尖锐沟槽的杆件)	第一强度理论				
	三轴压缩应力(点接触或线接触的接触应力)	第三强度理论或第四强度理论				

① 比能指单位体积的弹性变形能。

1）刚度对结构（或系统）的影响

刚度也反映结构（或系统）的工作能力，主要表现在：

(1) 过大的变形会破坏结构或系统的正常工作，从而可能导致产生过大的应力。

(2) 过大的变形也可能破坏载荷的均衡分布，产生大大超过正常数值的局部应力。

(3) 壳体的刚度不够大，影响安装在里面的零件的相互作用，增加运动副的摩擦与磨损。

(4) 受动载荷作用的固定连接的刚度不够，会导致表面的摩擦腐蚀、硬化和焊连。

(5) 金属切削机床的床身及工作机构的刚度影响机床的加工精度。

结构刚度决定材料的弹性模量、变形体断面的几何特征数、变形体的线性尺寸长度 l、载荷及支撑形式。

2）提高刚度的结构设计准则

(1) 用拉、压代替弯曲。杆件受弯矩作用时，在距中性面远的材料“纤维”中产生大的弯曲应力，在中性面处弯曲应力为 0。大部分负荷由靠边界附近的材料承受，而中性面附近相当大部分的材料得不到充分利用。杆件受拉伸则与弯曲不同，若无应力集中的影响，应力基本上均匀分布，材料能够得到较好的利用。用拉、压代替弯曲可获得较高的刚度。

(2) 合理布置支撑。支撑条件对零件或系统的刚度有明显的影响，且常与对弯曲强度的影响同时存在。

(3) 合理设计断面形状准则。在零件截面积一定的情况下，采用工字梁、箱型和 T 形截面可以增大抗弯惯性矩，这样不但提高了梁的刚度，也提高了梁的强度。

(4)用肋或隔板增强刚度准则。平置矩形断面梁受弯曲，因断面的抗弯惯性矩小，所以刚度很低。若必须采用这种，可用肋板加强刚度。

机械设计中，轴及床身、基座需要考虑刚度问题。如数控机床主轴刚度不足，则加工零件主轴变形大，导致加工精度降低；机器人的连杆如果刚度不足，则会产生过大的变形，使机器人末端执行器的位姿精度降低。

3.9.3 振动稳定性

当机械系统处于高速运转时，需要考虑其振动稳定性。其中高速旋转的零部件需要进行动平衡，也即使得其惯性力和惯性力矩都能够平衡。

3.9.4 其他要求

运动零部件的表面需要考虑其耐磨性，还要综合考虑零部件表面质量、形位公差、热处理和润滑条件等因素。其他方面的准则，如经济学准则、装配和维护性准则、工业设计准则主要通过良好的零件结构工艺来保证。

3.9.5 零件结构设计方法

3.9.5.1 利用功能面的零件结构设计

实现零件功能的结构方案一般有多种，其中功能面分析法是机械零部件结构设计中常用的方法。机械零件的结构设计就是将原理设计方案具体化，即构造一个能够满足功能要求的三维实体零件。构造零件三维实体需先根据原理方案规定各功能面，由功能面构造零件。功能面是机械中相邻零件的作用表面，如齿轮间的啮合面、轮毂与轴的配合表面、V 形带传动的 V 形带与轮槽的作用表面、键连接的工作表面等。零件的基本形状或其功能面要素是与其功能要求相对应的。

功能面可用形状、尺寸、数量、位置、排列顺序和不同功能面的连接等参数来描述，改变功能面的参数即可获得多种零件结构和组合变化。

3.9.5.2 **利用自由度分析法的零件结构设计**

运动副零件结构设计还常采用自由度分析法。按机械系统的总体要求，每个零件都应具有一定的位置或运动规律，设计时应保证各零件的自由度。

运用机械原理、机械设计、理论力学、材料力学、材料及热处理等机械工程学科的相关知识，根据转动自由度和移动自由度，参照《机械设计手册》，使用 SolidWorks、UG、Pro/E 等三维设计软件，完成其转动副和移动副的零件设计、部件装配图设计。具体设计方法和设计步骤如图 3-24 所示。

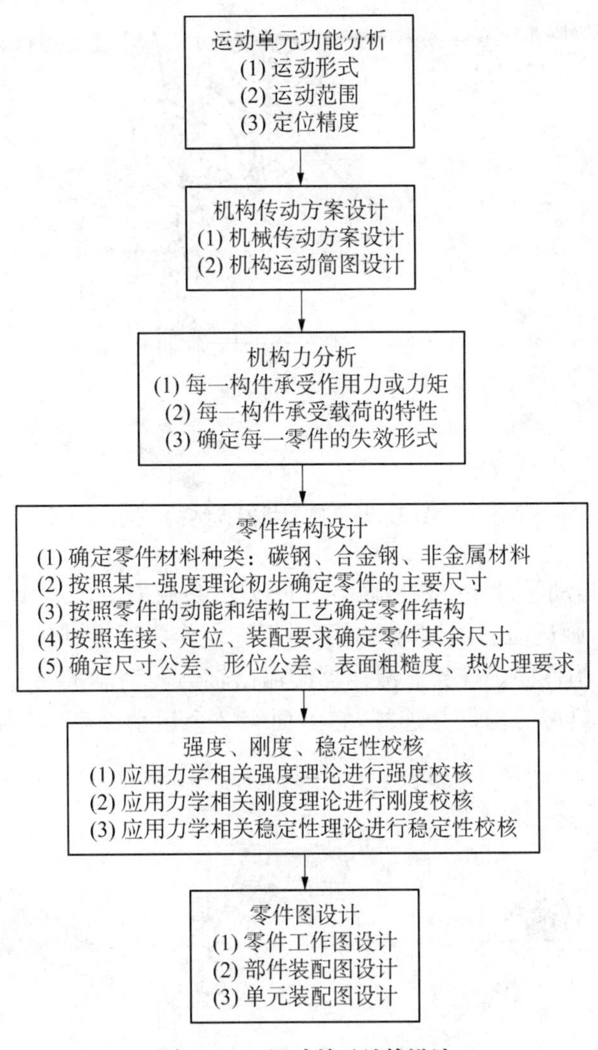

图 3-24 运动单元结构设计

1）转动运动单元结构设计

机电一体化系统中的旋转运动是最常见的运动方式之一，一般由驱动机构、回转轴和轴承组成。图 3-25 所示为 6 自由度机器人的结构，所有的关节都是旋转关节。

图 3-25 中机器人的旋转关节，其运动链包括电机、减速器、输出轴。其中，电机和减速器

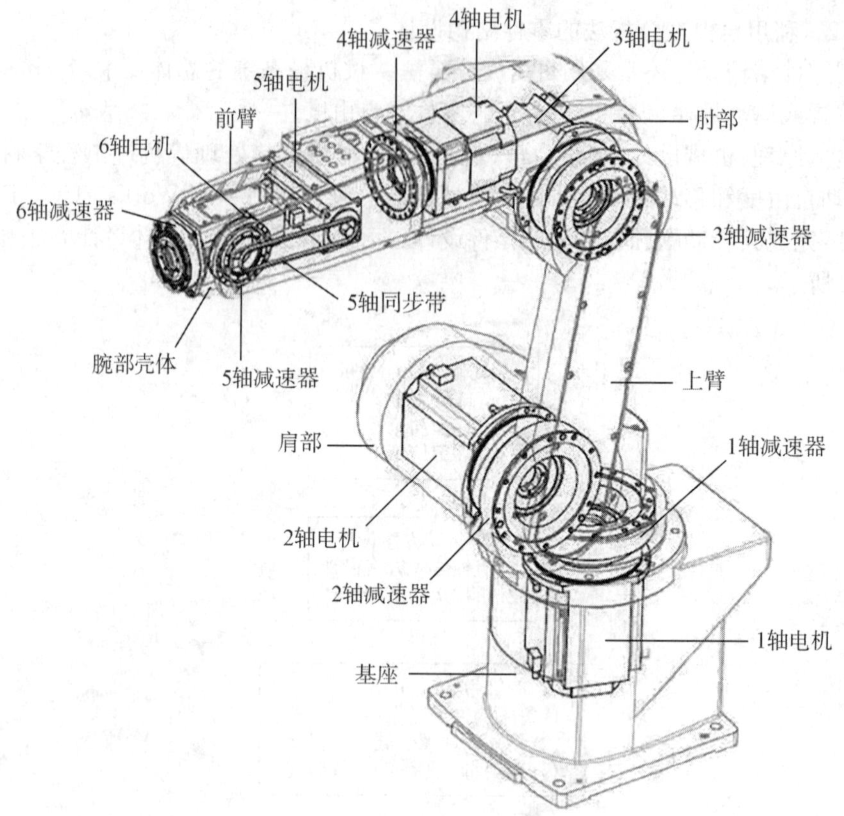

图 3-25　典型机器人结构

的类型和型号在机构运动学设计中根据输出轴的转速、负载力矩、传动比来确定。由于电机和减速器都有标准系列，画运动单元装配图时可以把它们作为标准部件处理。电机、减速器的外壳与转动副的一个构件固定连接。减速器的输出轴与转动副的另外一个构件固定连接。机电一体化系统中最典型的构件是连杆，它上面有 2 个运动副，一般为转动副，如图 3-26 所示。

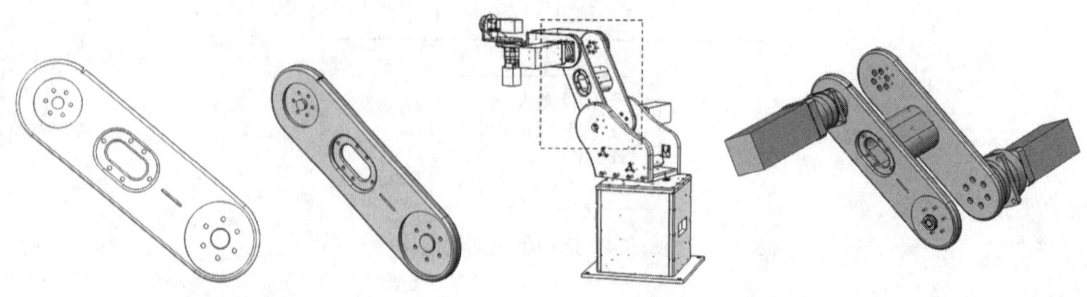

图 3-26　连杆部件图　　　图 3-27　转动运动单元装配图

某个 6 自由度关节机器人的一个运动单元的装配情况如图 3-27 所示。

(1) 常用传动方式设计。运动单元中圆柱齿轮传动、圆锥齿轮传动、蜗杆传动、链传动、带传动都是常用的传动方式，它们设计都有标准、规范的设计方法。首先可以依据机械系统静力分析确定其传递的力/力矩、功率、转速；之后根据失效形式选择合适的强度准则，确定这些传动的零部件的主要尺寸。

运动单元结构设计也会涉及轴的结构设计和轴承结构设计。这些传动中，传动零件承受的作用力/力矩可以根据机构静力学分析确定，再结合其失效形式和强度设计理论确定其主要尺寸，如齿轮分度圆直径、齿宽，同步带轮节圆直径、带轮宽度等，其余尺寸要根据相邻零部件的连接关系、定位要求、装配要求来确定。

以直齿轮传动为例，主动齿轮受力如图 3-28 所示，其受到的法向力 F_n 可由机构静力学分析得到。如图 3-29 所示，可以依据参考文献[7]中的“齿根弯曲疲劳强度设计准则”计算出

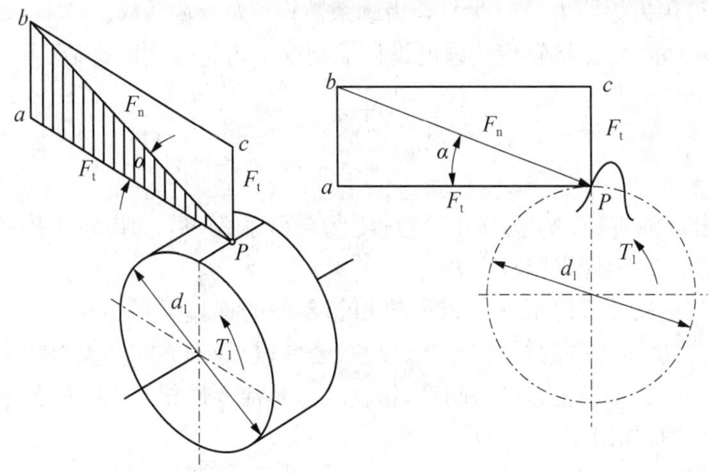

图 3-28　直齿轮传动受力分析

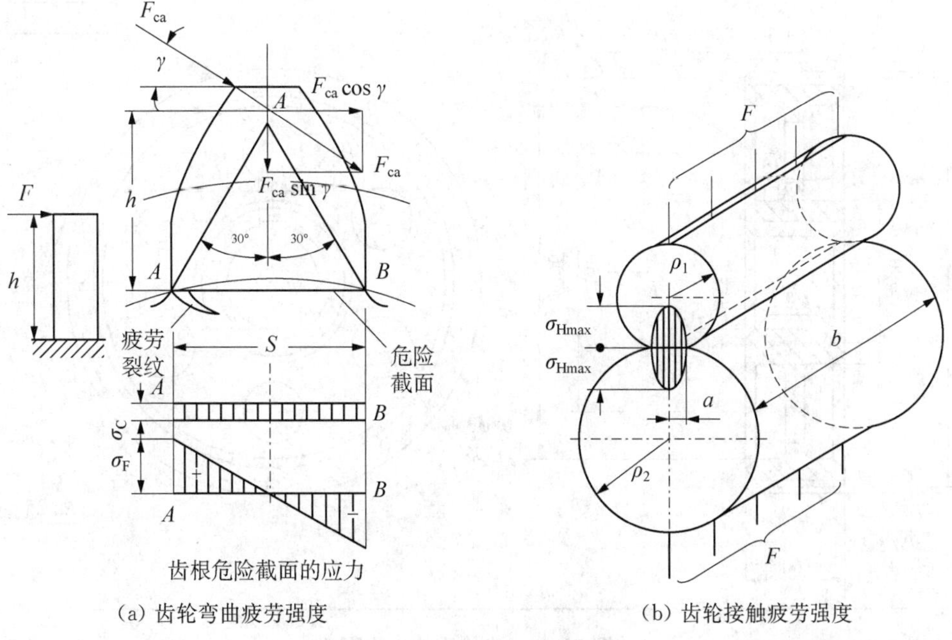

图 3-29　齿轮两种强度设计

齿轮的模数，也可以依据“齿面接触疲劳强度设计准则”确定齿轮的分度圆直径，齿轮的其他参数也可以根据这些参数与模数或分度圆直径的关系来确定；再依据两个齿轮传动比、模数等参数的关系来确定齿轮 2 的主要参数，如齿轮 2 的模数、分度圆直径、齿宽等。两个齿轮的其他尺寸，如齿顶圆直径、齿根圆直径、齿高可以根据它们与分度圆的关系来确定。

如图 3-29a 所示，按照齿根弯曲疲劳强度设计准则确定法面模数：

$$m_n > A_m \sqrt[3]{\frac{2KT_1}{\phi_d Z_1^2} \cdot \frac{Y_{Fa}}{\sigma_{FP}}} \tag{3-40}$$

式中，m_n 为齿轮法面模数；A_m为螺旋角系数；K 为载荷系数；T_1 为齿轮 1 传递扭矩；Z_1 为齿轮 1 齿数；σ_{FP} 为许用齿根应力；Y_{Fa} 为复合齿廓系数；ϕ_d 为齿宽系数。

如图 3-29b 所示，依据接触疲劳强度设计准则确定齿轮分度圆直径：

$$d_1 > A_d \sqrt[3]{\frac{KT_1}{\phi_d \sigma_{HP}^2} \cdot \frac{u \pm 1}{u}} \tag{3-41}$$

式中，d_1 为齿轮分度圆直径；A_d 为修正系数；K 为载荷系数；T_1 为齿轮 1 传递扭矩；u 为齿数比；ϕ_d 为齿宽系数；σ_{HP} 为许用接触应力。

两个齿轮的其他尺寸可以根据与该齿轮相邻零件的连接关系、定位要求、装配要求来确定，零件图设计需要确定零件的材料、形状、尺寸、公差、热处理方式和表面状况的同时，设计过程中还须考虑零件的加工工艺、强度、刚度、精度及与其他零件相互之间的关系等问题，最终确定齿轮的零件工作图，如图 3-30 所示。

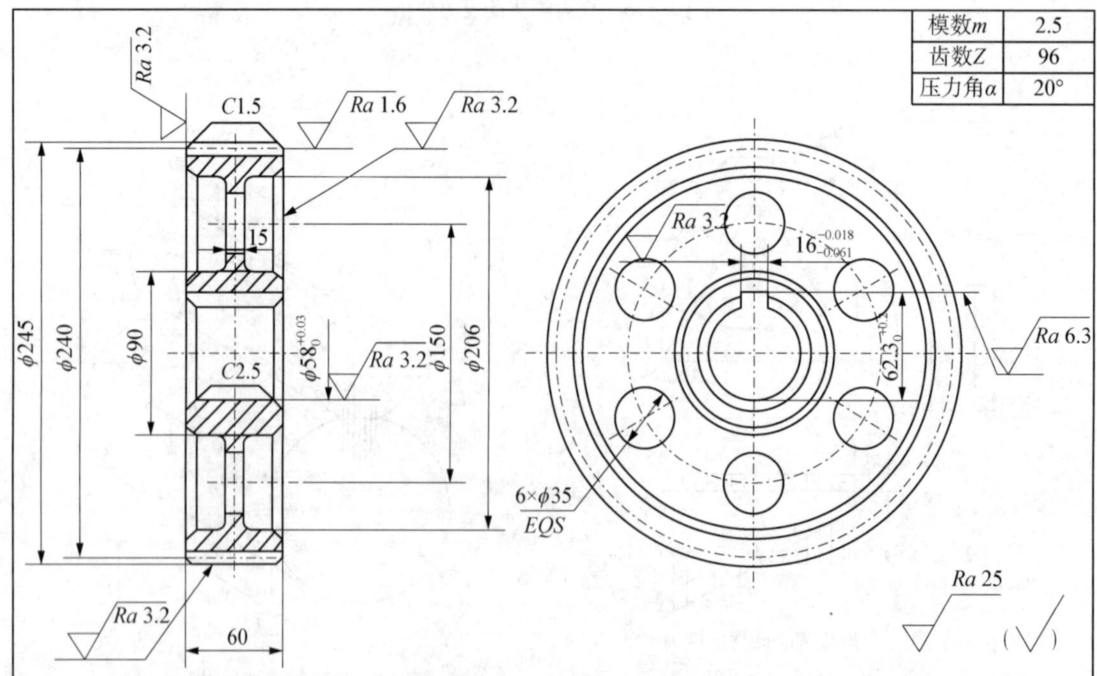

图 3-30 齿轮零件工作图

在齿轮传动中应尽可能选择标准减速器，如齿轮减速器、圆锥-圆柱齿轮减速器、蜗杆减速器、行星齿轮减速器、RV减速器和谐波减速器。工业机器人常用的减速器包括RV减速器和谐波减速器，其实物分别如图3-4e、f所示，它们最突出的优点是传动比大、体积(重量)小。

其他类型的齿轮传动，如斜齿圆柱齿轮传动、圆锥齿轮传动、蜗杆传动链传动、带传动链传动的设计可以参考《机械设计手册》。

(2) 轴的设计。轴在运动副中起到支撑作用，在材料力学中其力学模型为梁或杆。轴的最小直径尺寸可以按照扭转强度设计准则或弯曲强度设计准则确定，轴的其他尺寸根据与轴配合的零件的直径、宽度、定位要求和装配要求来确定。轴的设计需要确定零件的材料、形状、尺寸、公差、热处理方式和表面状况的同时，还需考虑零件的加工工艺。图3-31所示为某一轴的零件工作情况。

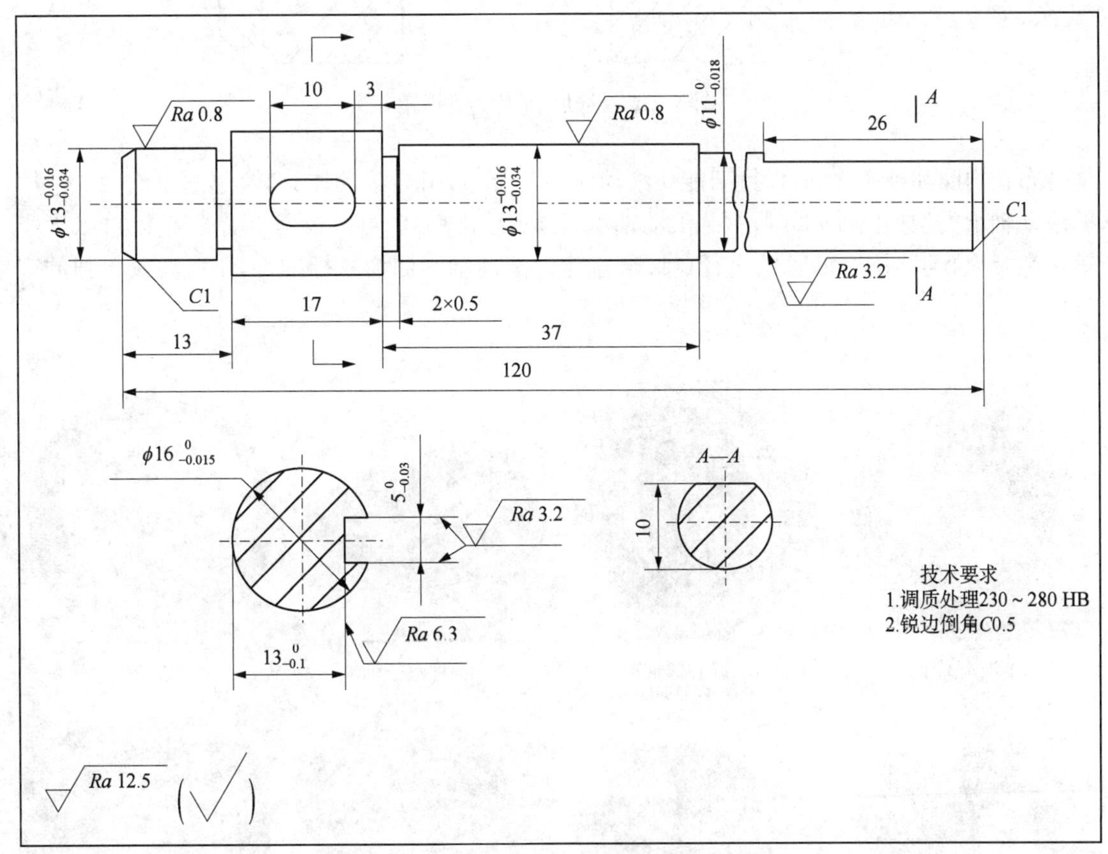

图3-31 轴类零件工作图

(3) 轴承组合设计。轴承是运动副设计中必不可少的部件，它的功能是支撑轴，如图3-32所示。滚动轴承是将运转的轴与轴座之间的滑动摩擦变为滚动摩擦，从而减少摩擦损失的一种精密的机械元件。

滚动轴承一般由内圈、外圈、滚动体和保持架四部分组成。其中，内圈的作用是与轴配合，并与轴一起旋转；外圈作用是与轴承座配合，起支撑作用；滚动体是借助保持架均匀地将滚动

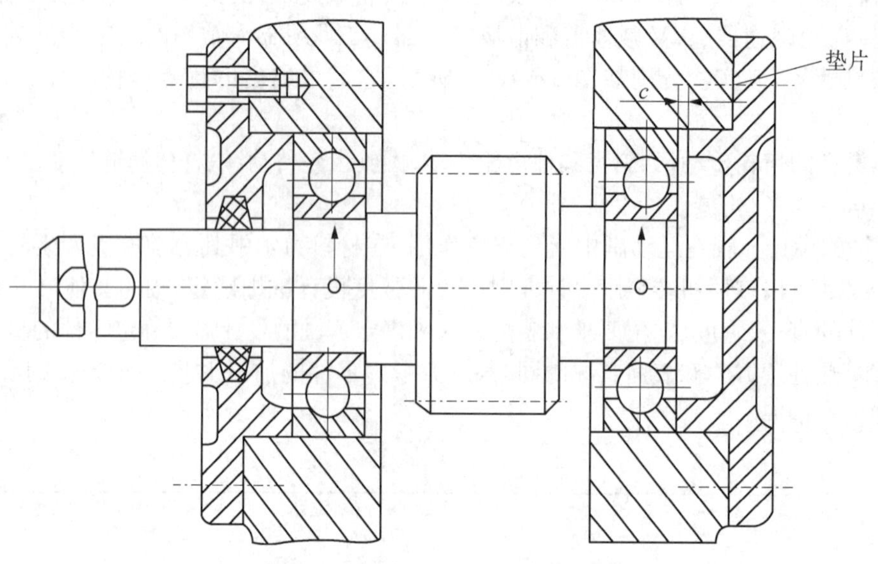

图 3 - 32　滚动轴承作为支撑轴

体分布在内圈和外圈之间，保持架能使滚动体均匀分布，引导滚动体旋转，起润滑作用。常用的滚动轴承类型如图 3 - 33 所示。滚动轴承有国家标准系列，可以根据承受的载荷方向、大小等参数，结合与之配合的轴的直径(轴颈)选定。滚动轴承因为是标准件，不需要画单独的零件图。

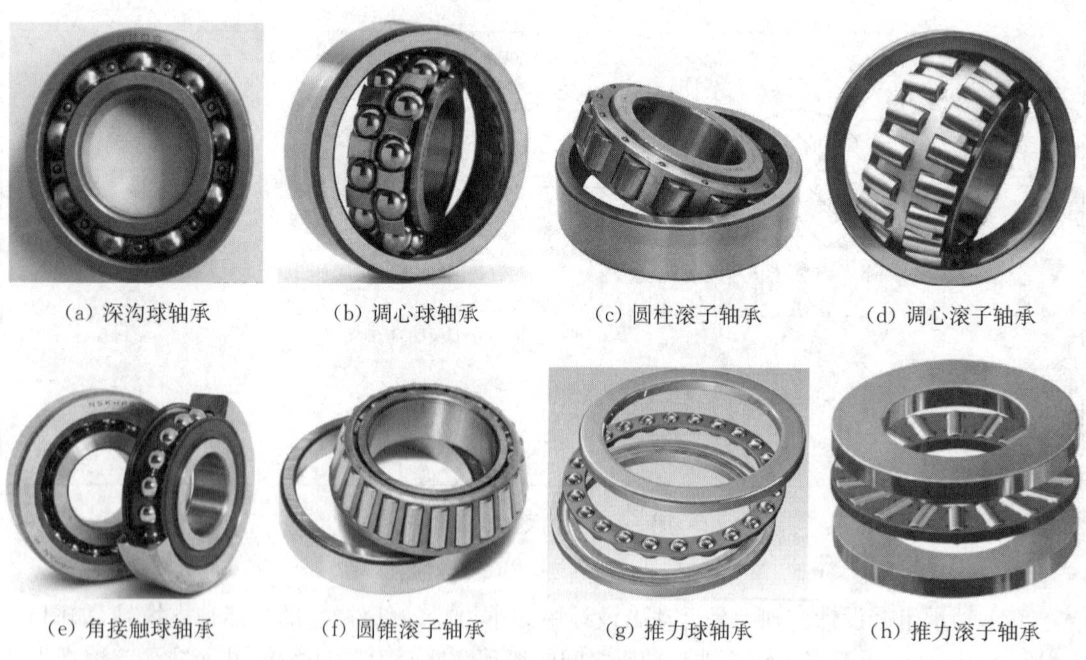

(a) 深沟球轴承　(b) 调心球轴承　(c) 圆柱滚子轴承　(d) 调心滚子轴承

(e) 角接触球轴承　(f) 圆锥滚子轴承　(g) 推力球轴承　(h) 推力滚子轴承

图 3 - 33　常用滚动轴承类型

滑动轴承应用场合一般为低速、重载工况条件下，或者是维护保养及加注润滑油困难的运转部位，如图 3 - 34 所示。

在滑动轴承表面若能形成润滑膜将运动副表面分开,则滑动摩擦力可大大降低,由于运动副表面不直接接触,而避免了磨损。滑动轴承的承载能力大、回转精度高,润滑膜具有抗冲击作用,在工程上获得广泛的应用。

滑动轴承按承受载荷的方向可分为径向(向心)滑动轴承和轴向(推力)滑动轴承两类;按润滑剂种类可分为油润滑轴承、脂润滑轴承、水润滑轴承、气体轴承、固体润滑轴承、磁流体轴承和电磁轴承七类。

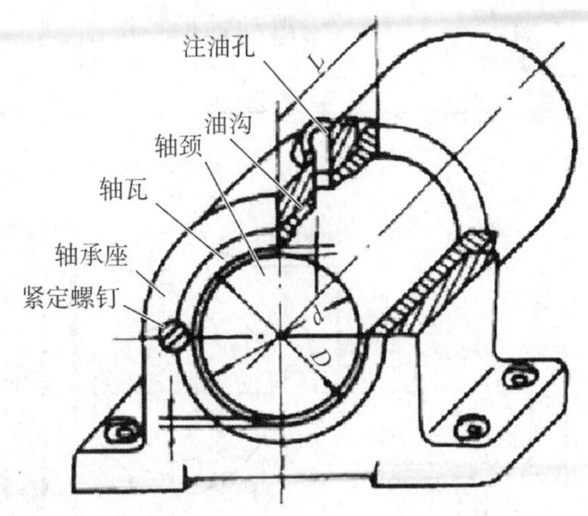

图3-34　滑动轴承作为支撑轴

向心滑动轴承是指在滑动摩擦下工作的轴承,在液体润滑条件下,滑动表面被润滑油分开而不发生直接接触,还可以大大减小摩擦损失和表面磨损,油膜还具有一定的吸振能力,但启动摩擦阻力较大。轴被轴承支撑的部分称为轴颈,与轴颈相配的零件称为轴瓦。为了改善轴瓦表面的摩擦性质而在其内表面上浇铸的减摩材料层称为轴承衬。轴瓦和轴承衬的材料统称为滑动轴承材料。向心轴承一般应用在高速、轻载场合。

向心滑动轴承的结构如图3-35所示,它主要承受径向载荷。

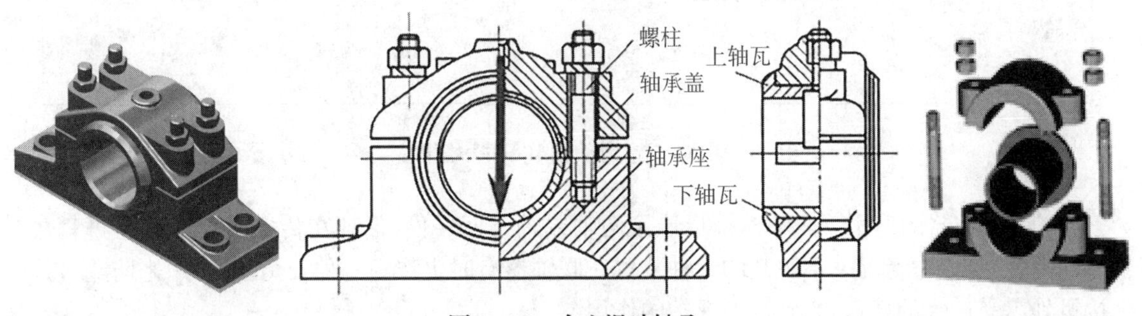

图3-35　向心滑动轴承

推力滑动轴承由推力轴颈、推力轴瓦和轴承座三部分组成。在非液体摩擦滑动轴承中有时将推力滑动轴承的轴瓦和轴承座制成一体,常用的结构形式有单环式和多环式,如图3-36所示。

(a) 推力轴承实物图

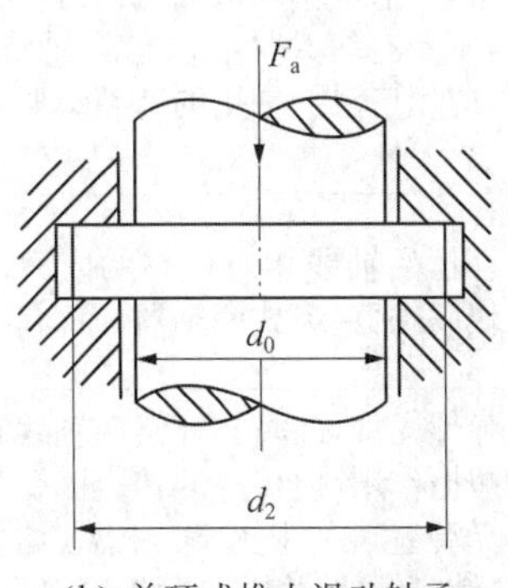

(b) 单环式推力滑动轴承

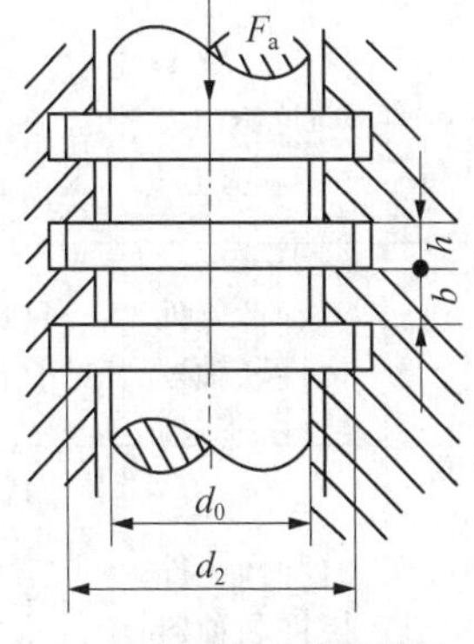

(c) 多环式推力滑动轴承

图3-36　推力滑动轴承

图 3 - 37 所示为滑动轴承零件图。

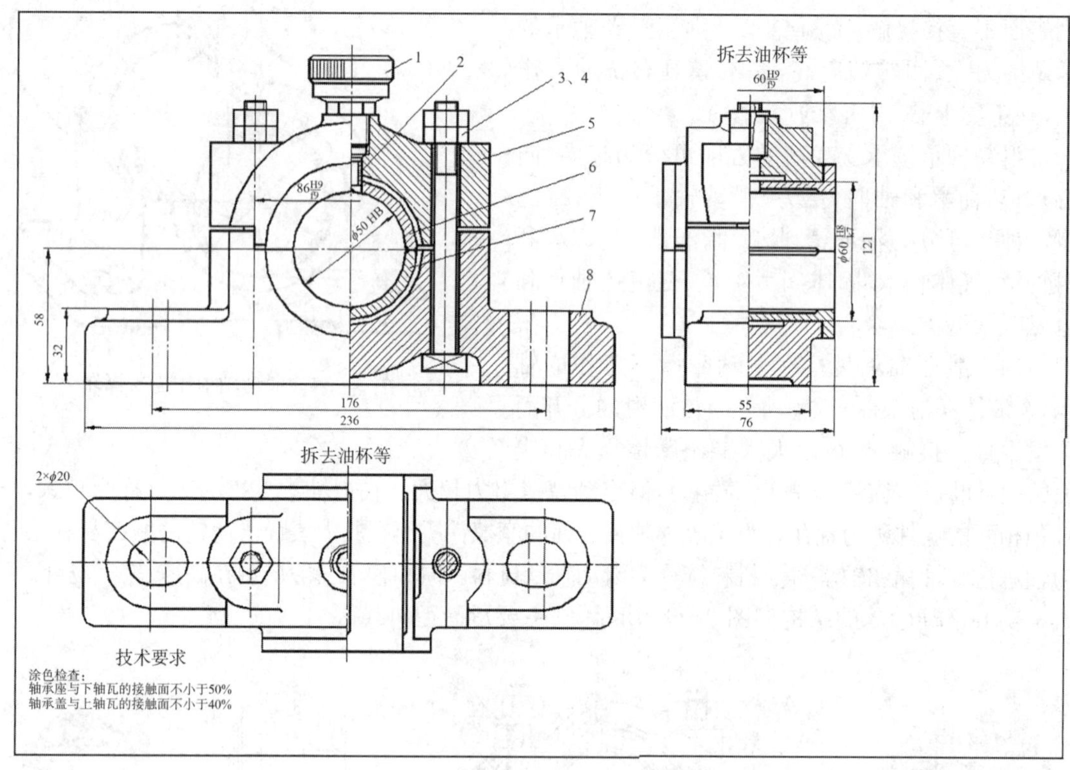

图 3 - 37　滑动轴承零件示意图

(4) 联轴器的选用。联轴器是指连接两轴或轴与回转件，保证在传递运动和动力过程中一同回转，在正常情况下不脱开的一种装置。联轴器有时也作为一种安全装置，用来防止被连接机件承受过大的载荷，起到过载保护的作用。

联轴器可分为刚性联轴器和挠性联轴器两大类，见表 3 - 13。

表 3 - 13　联轴器的类型及特点

<table>
<tr><th colspan="2">类　型</th><th>特　点</th><th>应　用</th></tr>
<tr><td colspan="2">刚性联轴器</td><td>结构简单，制造成本较低，装拆、维护方便，能保证两轴有较高的对中性，不具有缓冲性和补偿两轴线相对位移的能力。传递转矩较大，应用广泛。常用的有凸缘联轴器、套筒联轴器和夹壳联轴器等</td><td>低速场合</td></tr>
<tr><td rowspan="2">挠性联轴器</td><td>无弹性元件挠性联轴器</td><td>只具有补偿两轴线相对位移的能力，但不能缓冲和减振。常见的有滑块联轴器、齿式联轴器、万向联轴器和链条联轴器等</td><td>高速场合</td></tr>
<tr><td>有弹性元件挠性联轴器</td><td>因含有弹性元件，除具有补偿两轴线相对位移的能力外，还具有缓冲和减振作用，但传递的转矩因受到弹性元件强度的限制，一般不及无弹性元件挠性联轴器。常见的有弹性套柱销联轴器、弹性柱销联轴器、梅花形联轴器、轮胎式联轴器、蛇形弹簧联轴器和簧片联轴器等</td><td>高速场合</td></tr>
</table>

常用联轴器的类型如图 3-38 所示。

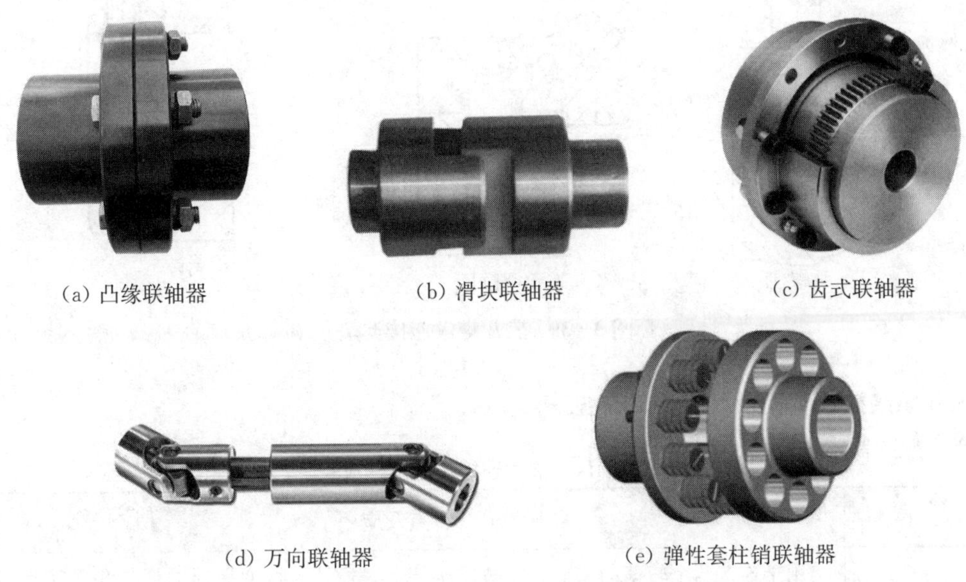

(a) 凸缘联轴器　(b) 滑块联轴器　(c) 齿式联轴器

(d) 万向联轴器　(e) 弹性套柱销联轴器

图 3-38　常用联轴器类型

选择联轴器类型时应该考虑以下情况：

① 所需传递转矩的大小和性质，对缓冲、减振功能的要求及是否可能发生共振等。

② 由制造和装配误差、轴受载和热膨胀变形及部件之间的相对运动等引起两轴轴线的相对位移程度。

③ 许用的外形尺寸和安装方法，为了便于装配、调整和维修所必需的操作空间。对于大型的联轴器，应能在轴不需要做轴向移动的条件下实现拆装。

④ 还应考虑工作环境、使用寿命、润滑、密封和经济性等条件，再参考各类联轴器特性，选择一种合适的联轴器类型。

(5) 其他连接方法的选用。机械设计中最常用的连接方式有螺纹连接、焊接、铆接、键连接、销连接和花键连接 6 种。

① 螺纹连接。螺纹连接是一种广泛使用的可拆卸的固定连接，具有结构简单、连接可靠、装拆方便等优点。常用的螺纹连接方式有螺栓连接、螺柱连接和螺钉连接，如图 3-39 所示。

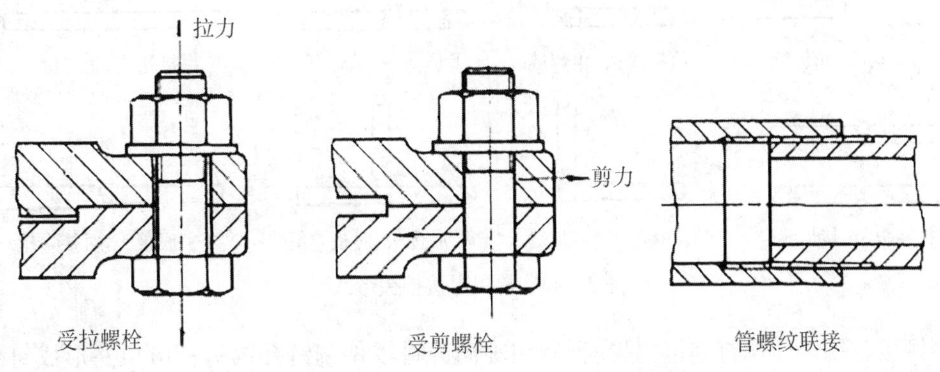

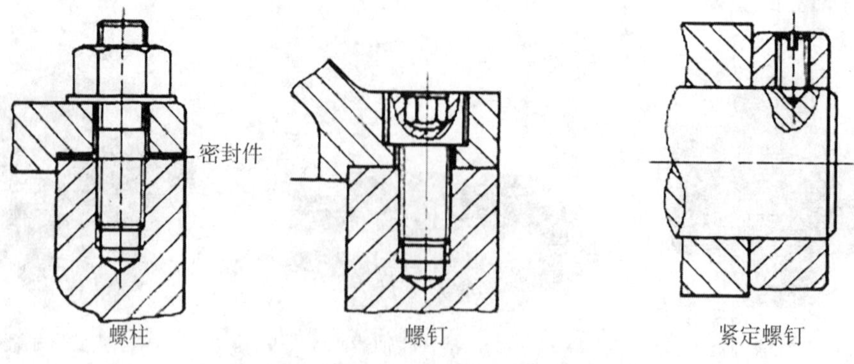

图 3-39 常用螺纹连接类型

常用螺纹连接类型及其应用场合见表 3-14。

表 3-14 螺纹连接类型及其应用

类　型	特点及应用
螺栓连接	用于连接两个较薄的零件。在被连接件上开通孔。普通螺栓的杆与孔之间有间隙,通孔的加工要求低、结构简单、装拆方便、应用广泛。铰制孔螺栓的孔与螺杆常采用过渡配合,如 H7/m6、H7/n6。这种连接能精确固定被连接件的相对位置。适于承受横向载荷,但孔的加工精度要求较高,常采用配钻和铰孔
螺柱连接	用于被连接件之一较厚,不宜用螺栓连接,较厚的被连接件强度较差,又需经常拆卸的场合。在厚零件上加工出螺纹孔,薄零件上加工光孔,螺栓拧入螺纹孔中,用螺母压紧薄零件。拆卸时,只需旋下螺母,而不必拆下双头螺栓
螺钉连接	螺栓(或螺钉)直接拧入被连接件的螺纹孔中,不用螺母。结构比双头螺栓简单、紧凑,用于两个被连接件中一个较厚但不需经常拆卸的场合,以免螺纹孔损坏

② 焊接。焊接也称为熔接,也是常用的连接方式之一。它是一种以加热、高温或高压的方式接合金属或其他热塑性材料的制造工艺及技术。常用的焊接接头形式如图 3-40 所示,可以根据被焊接材料类型、结合面形状、尺寸选择合适的焊接方法和工艺。

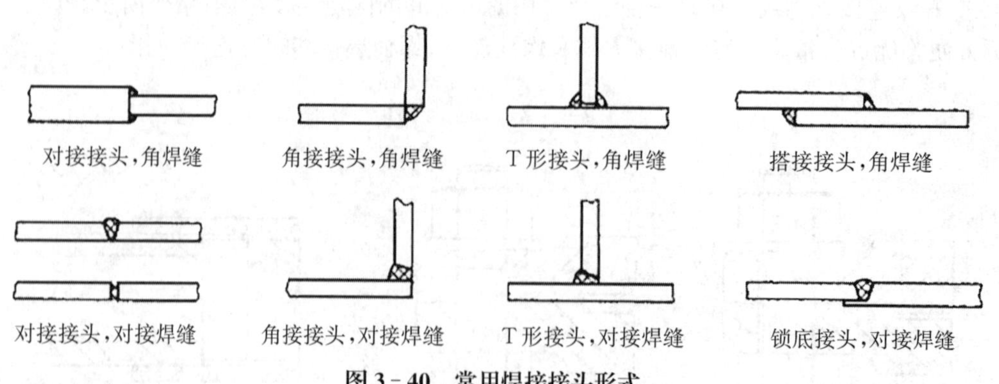

图 3-40 常用焊接接头形式

③ 铆接。铆接即铆钉连接,是一种利用轴向力将零件铆钉孔内钉杆墩粗并形成钉头,从而使多个零件相连接的方法,如图 3-41 所示。

铆接有 3 种方式:活动铆接,即结合件可以相互转动,不是刚性连接的,如剪刀、钳子等;固定铆接,即结合件不能相互活动,如角尺、三环锁上的铭牌、桥梁建筑等;密封铆接,铆缝严密,不漏气体、液体。

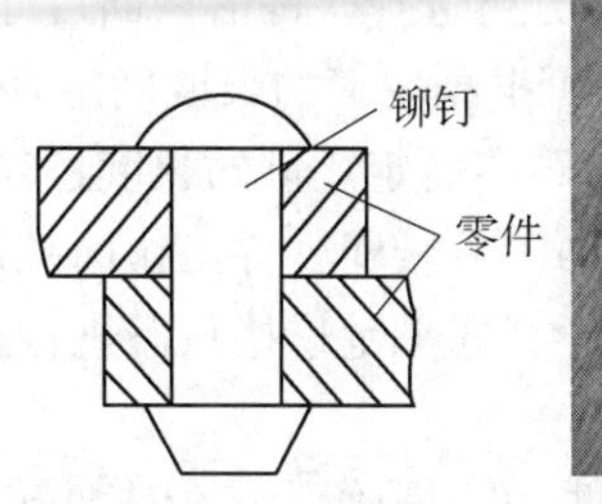

图 3-41 铆接

④ 键连接。键连接是通过键实现轴和轴上零件间的轴向固定,以传递运动和转矩。其中,有些类型可以实现轴向固定和传递轴向力,有些类型能实现轴向动连接。键连接可分为平键连接、半圆键连接、楔键连接和切向键连接,如图 3-42 所示。

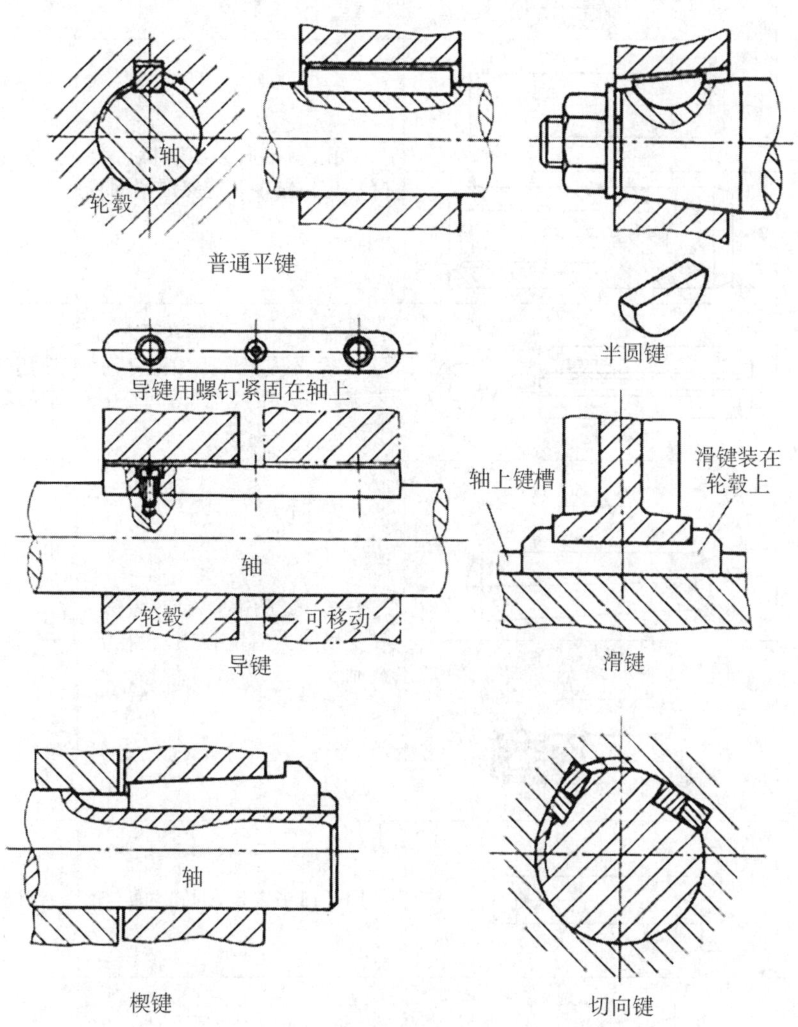

图 3-42 键连接类型

键的选择包括类型选择和尺寸选择两个方面。选择键连接类型时,一般需考虑传递转矩大小,轴上零件沿轴向是否有移动及移动距离大小,对中性要求和键在轴上的位置等因素,并结合各种键连接的特点加以分析选择。键的截面尺寸(键宽 b 和键高 h)按轴的直径 d 由键的标准系列选定;键的长度 L 可根据轮毂的长度确定,可取键长等于或略短于轮毂的宽度;导向平键应按轮毂的长度及滑动距离而定。键的长度还须符合标准规定的长度系列。

平键连接的可能失效形式有:较弱零件工作面被压溃(静连接)、磨损(动连接)、键的剪断(一般极少出现)。因此,对于普通平键连接只需进行挤压强度计算,而对于导向平键或滑键连接需进行耐磨性的条件计算。

⑤ 销连接。销是标准件,可用来作为定位零件确定零件间的相互位置;也可起连接作用,以传递横向力或转矩;或者作为安全装置中的过载切断零件。销可以分为圆柱销、圆锥销和异形销等,见表 3-15,其作用如图 3-43 所示。

表 3-15 销的类型及其应用

<table>
<tr><th colspan="2">类型</th><th>图形</th><th>特点</th><th>应用</th></tr>
<tr><td rowspan="3">圆柱销</td><td>普通圆柱销</td><td></td><td rowspan="2">销孔需铰制,多次装拆后会降低定位精度和连接的紧固</td><td>主要用于定位,也可用于连接</td></tr>
<tr><td>内螺纹圆柱销</td><td></td><td>用于盲孔</td></tr>
<tr><td>弹性圆柱销</td><td></td><td>具有弹性,装入销孔后与孔壁压紧,不易松脱。销孔精度要求较低,互换性好,可多次装拆</td><td>用于有冲击、振动的场合</td></tr>
<tr><td rowspan="2">圆锥销</td><td>普通圆锥销</td><td>1:50</td><td rowspan="2">有 1∶50 的锥度,便于安装。在受横向力时能自锁,销孔需铰制</td><td>主要用于定位,也可用于固定零件,传递动力</td></tr>
<tr><td>内螺纹圆锥销</td><td>1:50</td><td>用于盲孔</td></tr>
<tr><td rowspan="2">异形销</td><td>销轴</td><td></td><td>用开口销锁定,拆卸方便</td><td>用于铰接处</td></tr>
<tr><td>开口销</td><td></td><td>工作可靠,拆卸方便</td><td>用于锁定其他紧固件,与槽型螺母合用</td></tr>
</table>

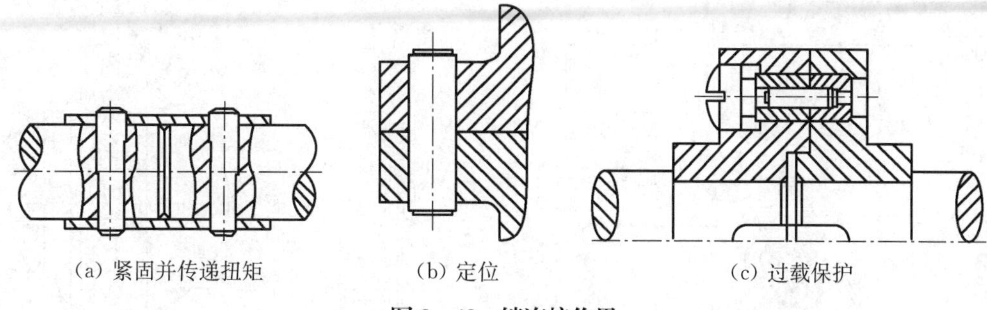
(a) 紧固并传递扭矩　(b) 定位　(c) 过载保护

图3-43　销连接作用

⑥ 花键连接。花键连接也是常用的连接方式。由于花键连接传动具有接触面积大、承载能力高、定心性能和导向性能好、键槽浅、应力集中小、对轴和毂的强度削弱小、结构紧凑等优点，因此，常应用于传递较大的转矩和定心精度要求高的静连接和动连接。

按花键齿的形状可分为矩形花键、渐开线花键和三角形花键三大类，如图3-44所示。

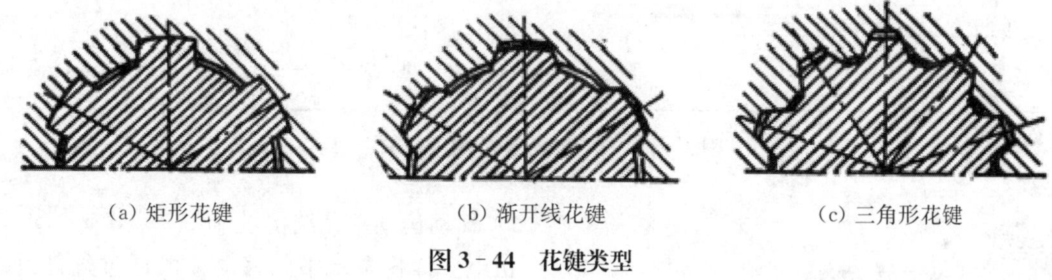
(a) 矩形花键　(b) 渐开线花键　(c) 三角形花键

图3-44　花键类型

花键的结构如图3-45所示，沿圆周均匀分布的多个键齿分别构成内、外花键。由轴上加工的外花键和孔壁上加工的内花键所构成的连接，称为花键连接。

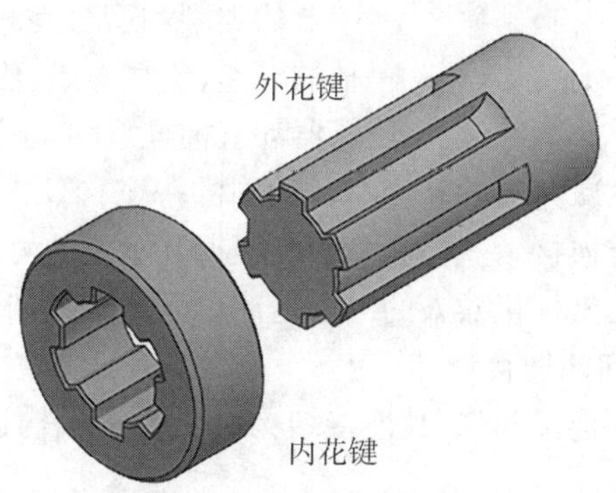

图3-45　内花键和外花键

花键连接由内花键和外花键组成。在内圆柱表面上的花键为内花键，在外圆柱表面上的花键为外花键，内、外花键均为多齿零件。显然，花键连接是平键连接在数目上的发展。

运动单元中，除了标准件和标准部件外，其余所有的零件都要画零件图。

机电一体化系统中转动单元应用较为普遍，其装配图设计如图3-46所示。

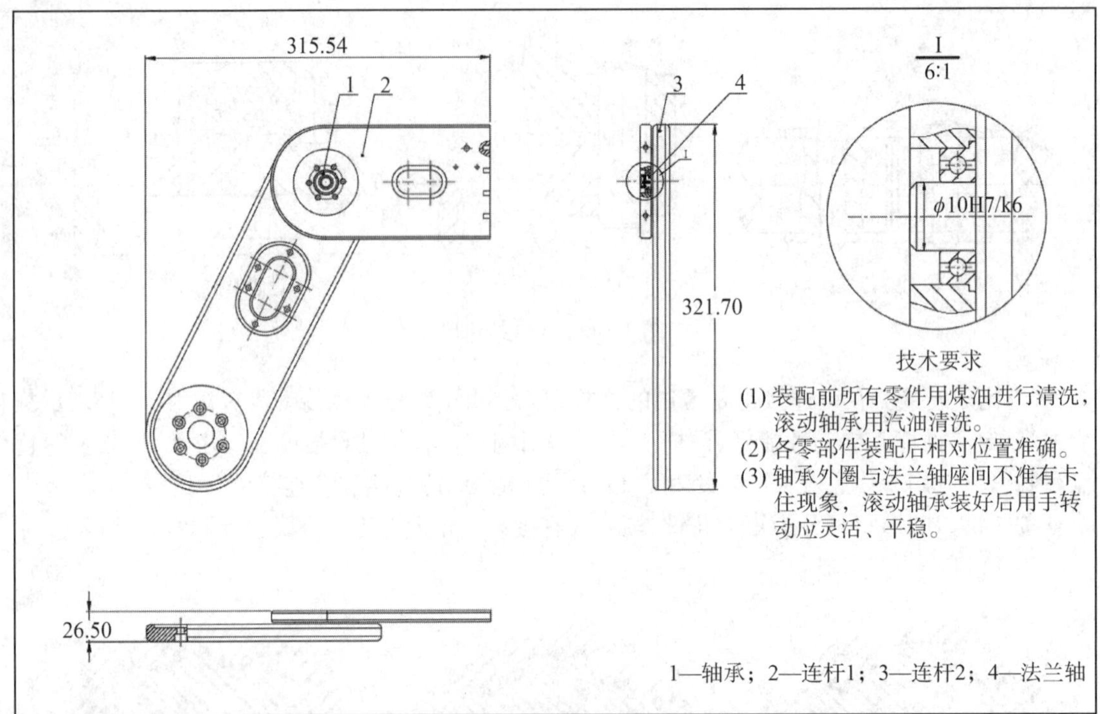

图 3-46　转动单元装配图设计示意图

图 3-47　丝杠滑块机构

2）移动运动单元结构设计

机电一体化系统中的移动一般通过丝杠滑块机构实现，如图 3-47 所示。

机电一体化系统中的移动运动，其运动链包括电机、减速器、丝杠、滑块、输出端。其中，电机和减速器的类型和型号在机构运动学设计中根据输出轴的转速、负载力矩、传动比来确定；由于电机和减速器都有标准系列，画运动单元装配图时可以把它们作为标准部件处理；电机、减速器的外壳与转动副的一个构件固定连接；减速器的输出轴与转动副的另外一个构件固定连接。丝杠和滑块应根据其承受的力/力矩、末端运动速度来选择或设计。一个 3 自由度直角坐标机器人的一个运动单元装配图如图 3-48 所示。

3.9.5.3　运动单元之间的连接设计

相邻运动单元之间需要连接起来，其连接结构需要根据机构运动简图来确定相关运动副之间的位置和运动副类型。

3.9.5.4　壳体、箱体结构设计

壳体和箱体（床身、基座）是包容内部组成的部件，一般厚度较薄，相对封闭，具有包容功能、定位支撑功能、防护功能等。

箱体（床身、基座）支撑和包容内部组成部件。设备的基础件即与地基相连接的零件，也称为支撑部件或基座，它是为各个运动单元起支撑作用的零件。基础件可以根据各个运动单元的空间大小、空间布局、仪器安全和防护要求来确定。

按照运动链的顺序，相邻的两个构件通过运动副组成运动链。机器一般固定在地面，运动

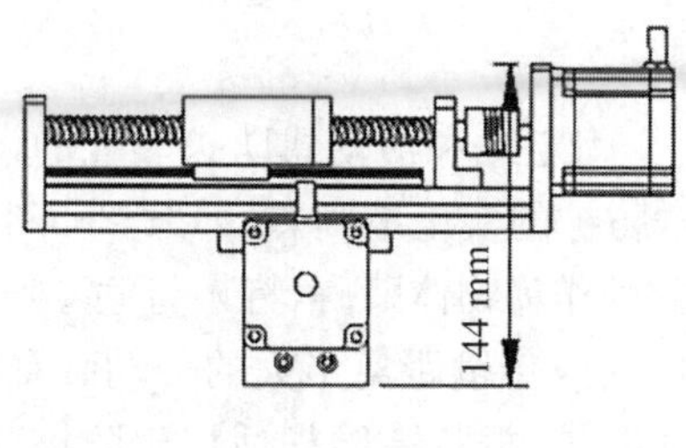

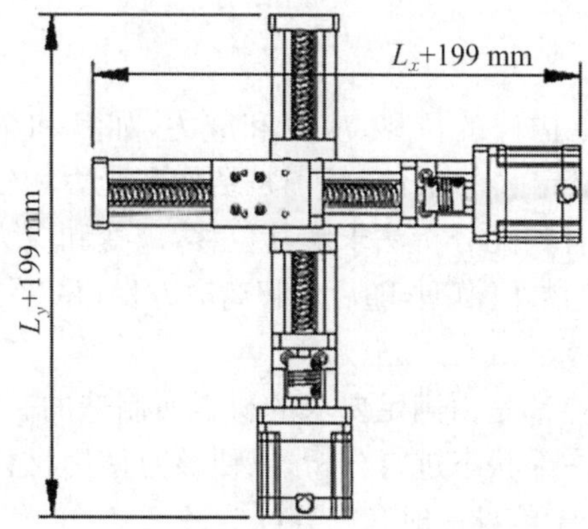

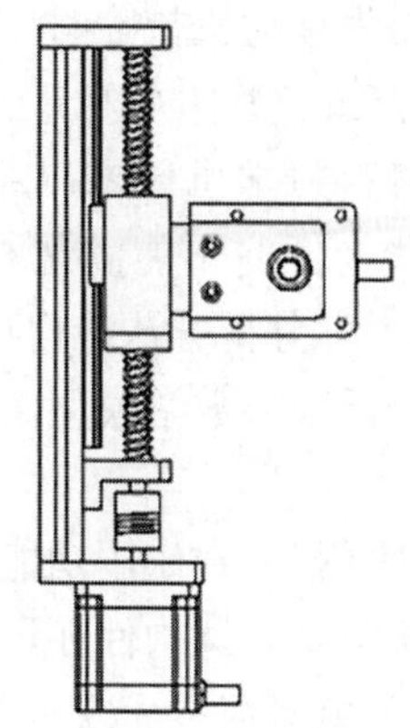

图 3-48 移动运动单元装配图设计

链和大地之间的连接件称为基础件、机架或床身。

壳体和箱体(床身、基座)设计准则见表 3-16。

表 3-16 壳体、箱体设计准则

制造方法	材料类型	特点	
铸造	铸铁、铸钢、铝合金	优点	(1)强度高;(2)适应性强;(3)封闭性好;(4)工艺灵活,成本低
		缺点	(1)铸造组织晶粒粗大,铸件内常有缩孔、砂眼缺陷;(2)力学性能一般不如锻件;(3)铸造过程中劳动强度大;(4)表面粗糙、尺寸精度低
焊接	低碳钢、低合金杆、钼钢、铁素体钢、马氏体钢、奥氏体钢、奥氏体与铁素体双相钢等	优点	(1)适用范围广;(2)使用灵活;(3)生产周期短;(4)强度高
		缺点	(1)造型较差;(2)加工密度低;(3)局部质量差;(4)造型成品变形
冲压	冷间压延钢板、冷间压延拉伸钢板、冷间压延深拉钢板、热轧镀锌钢板及钢带、热轧镀锌深拉钢板及钢带等	优点	(1)生产率高,操作简单;(2)产品质量好;(3)材料利用率高;(4)造型能力强
		缺点	(1)制模复杂;(2)成本高;(3)一个模型一个模;(4)适合大批量生产
注塑	ABS、PA6、PA12、.PA66、PBT、.PC、PC/ABS、.PC/PBT、PE - HD、PE - LD、.PET、.PETG、PMMA、POM、PP 等	优点	(1)生产周期短、效率高;(2)可使用材料丰富,实用性强;(3)产品质量好、一致性好、互换性好、成本低;(4)造型能力强,可以生产结构复杂的产品;(5)功能和造型结合得较好;(6)适用于批量生产
		缺点	强度和表面硬度低,耐磨性差

3.9.5.5 安全防护装置设计

安全装置设计要满足《机械安全　防护装置　固定式和活动式防护装置的设计与制造一般要求》(GB/T 8196—2018)和《机械安全　安全防护的实施准则》(GB/T 30574—2021)的要求。通常采用壳、罩、屏、门、盖、栅栏、封闭式装置等作为物体障碍，将人与危险隔离。例如，金属铸造或金属板焊接的防护箱罩一般用于齿轮传动或传输距离不大的传动装置的防护，金属骨架和金属网制成防护网常用于皮带传动装置的防护，栅栏式防护适用于防护范围比较大的场合或作为移动机械临时作业的现场防护。

3.9.5.6 零件有限元分析

用材料力学可以求出结构和载荷较为简单构件的位移、应变和应力，如杆和梁等。工程中有些构件并不能满足材料力学中的杆和梁定义的条件，特别是结构和受力均较为复杂时，材料力学分析方法难以应用。此时，可以用有限元分析法求解其位移、应变和应力。使用有限元分析法将数学模型离散化可以得到相应的数值模型，随后求解离散方程，并对结果进行分析。

任何具有一定使用功能的构件(称为变形体)都是由满足要求的材料所制造的。因此，设计阶段就需要对该构件在可能的外力作用下的内部状态进行分析，以便核对使用材料是否安全可靠，避免造成重大安全事故。描述构件的力学信息一般有三类：

(1) 构件中因承载在任意位置上所引起的移动，称为位移。

(2) 构件中因承载在任意位置上所引起的变形状态，称为应变。

(3) 构件中因承载在任意位置上所引起的受力状态，称为应力。

若该构件形状简单，且外力分布也比较单一，如杆、梁、柱、板等，就可以采用材料力学的方法，一般都可以给出解析公式。但对于几何形状较为复杂的构件，用材料力学的方法很难得到准确的结果，甚至根本得不到结果。

1) 有限元分析的目的

有限元分析可以针对具有任意复杂几何形状的变形体，完整获取在复杂外力作用下其内部的准确力学信息，即求取该变形体的三类力学信息(位移、应变、应力)。在准确进行力学分析的基础上，设计人员可以对所设计对象进行强度、刚度等方面的评判，以便对不合理的设计参数进行修改，得到较优的设计方案。

图 3-49 所示为叶轮结构及其有限元分析结果，通过结果可以快速便捷地确定叶轮结构的薄弱环节，从而便于进行强度分析和结构优化。

(a) 叶轮结构

(b) 有限元分析结果

图 3-49　叶轮结构有限元分析

2) 有限元分析法的思想

将一个受到外载荷(称为边界条件)作用的复杂的工程结构划分成有限个简单的物理结构单元，就称为有限元，相邻的单元之间建立起一定的位移和应力关系，把所有的单元组合起来建立其与外载荷的关系，再利用数值方法求得每一个单元的位移和受力情况。

3) 有限元分析法计算的做法

(1) 单元划分。将某个工程结构离散为由各种单元组成的计算模型,这一步称为单元划分。离散后单元与单元之间利用单元的节点相互连接起来;单元节点的设置、性质、数目等应视问题的性质、描述变形形态的需要和计算精度而定(一般情况下,单元划分越细,则描述变形情况越精确,即越接近实际变形,计算量越大),所以有限元中分析的结构已不是原有的物体或结构物,而是同新材料的由众多单元以一定方式连接成的离散物体。这样,用有限元分析计算所获得的结果只是近似的。如果划分单元数目非常多而又合理,则所获得的结果就与实际情况相符合。

(2) 选择位移模式。在有限元分析法中,选择节点位移作为基本未知量时,称为位移法;选择节点力作为基本未知量时,称为力法;取一部分节点力和一部分节点位移作为基本未知量时,称为混合法。位移法易于实现计算自动化,因此在有限元分析法中位移法应用范围最广。

当采用位移法时,物体或结构物离散化之后,就可把单元总的一些物理量(如位移、应变和应力等)由节点位移来表示。这时可以对单元中位移的分布采用一些能逼近原函数的近似函数来描述。通常,有限元分析法将位移表示为坐标变量的简单函数,这种函数称为位移模式或位移函数。

(3) 力学性质分析。根据单元的材料性质、形状、尺寸、节点数目、位置及其含义等,找出单元节点力和节点位移的关系式,这是单元分析中的关键一步。此时需要应用弹性力学中的几何方程和物理方程来建立力和位移的方程式,从而导出单元刚度矩阵,这是有限元分析法的基本步骤之一。

(4) 等效节点力。物体离散化后,假定力是通过节点从一个单元传递到另一个单元的。但是,对于实际的连续体,力是从单元的公共边传递到另一个单元中去的。因而,这种作用在单元边界上的表面力、体积力和集中力都需要等效地移到节点上去,也就是用等效的节点力来代替所有作用在单元上的力。

(5) 单元组集。利用结构力学的平衡条件和边界条件,把各个单元按原来的结构重新连接起来,形成整体的有限元方程:

$$KQ=F \tag{a}$$

式中,K 为整体结构的刚度矩阵;Q 为节点位移列阵;F 为载荷列阵。

(6) 求解。解有限元方程式得出位移,可以根据方程组的具体特点来选择合适的计算方法。

有限元分析法能求解杆、梁、板、壳、块体等各类单元构成的弹性(线性和非线性)、弹塑性或塑性问题(包括静力和动力问题),也能求解各类场分布问题(流体场、温度场、电磁场等的稳态和瞬态问题),以及水流管路、电路、润滑、噪声及固体、流体、温度相互作用的问题。一旦零件承受的外载荷和结构尺寸确定,就可以利用有限元软件进行应力分析,ABAQUS、ANSYS、MSC 等。

利用有限元分析可以确定零件任何一点的应力状态,特别是确定危险部位的应力状态,从而可以依据有限元分析结果优化零件结构。图 3-50 所示为圆柱齿轮的有限元分析结果,可以由它确定齿轮上任意一点的应力状态。

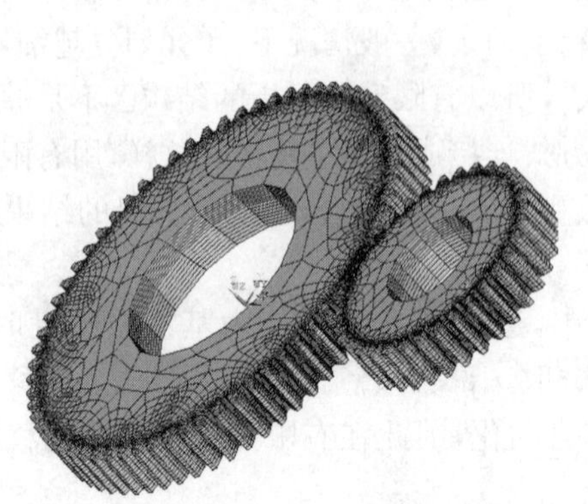

(a) 直齿轮有限元分析模型

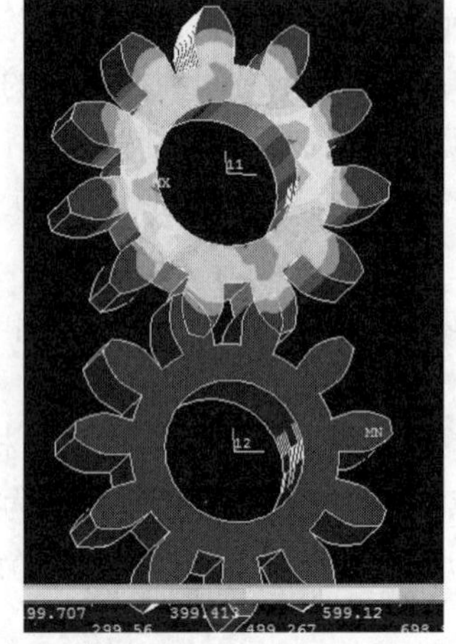

(b) 有限元分析结果

图 3-50 直齿圆柱齿轮有限元分析

3.10 机械系统装配图设计

机械系统装配图设计是指对部件装配图及总装配图的设计。

1) 装配图设计步骤

装配图设计第一步是拟定视图表达方案，具体包括：①选择主视图。画装配图时，部件大多按工作位置放置。主视图方向应选择反映部件主要装配关系及工作原理的方位，主视图的表达方法多采用剖视法。②选择其他视图。以进一步准确、完整、简便地表达各零件间的结构形状及装配关系为原则，多采用局部剖、拆去某些零件后的视图、断面图等表达方法。

装配图画图步骤为：①选比例、定图幅、画出作图基准线；②在基本视图中画出各零件的主要结构部分；③绘制部件中的连接、密封等装置的投影；④标注必要的尺寸、编序号、填写明细表和标题栏，写技术要求。

2) 装配图需要标注的五种必要尺寸

(1) 特征尺寸。表示装配体的性能或规格的尺寸，这类尺寸是在装配体设计前就已确定的。

(2) 装配尺寸。指与装配体质量有关的尺寸，主要有：①配合尺寸，是表示两个零件之间配合性质的尺寸，一般用配合代号注出；②相对位置尺寸，是表示相关联的零件或部件之间较重要的相对位置尺寸。

(3) 安装尺寸。指将装配体安装到其他部件或地基上时，与安装有关的尺寸。

(4) 外形尺寸。表示装配体的总长、总宽和总高的尺寸。

(5) 其他重要尺寸。指对实现装配体的功能有重要意义的零件结构尺寸或运动件运动范围的极限尺寸。

3) 装配图的其他规定

(1) 装配图中所有的零部件都必须编写序号。

(2) 装配图中一个部件可以只编写一个序号，同一装配图中相同的零部件只编写一次。

(3) 装配图中零部件序号要与明细栏中的序号一致。

(4) 装配图中编写零部件序号的常用方法有三种。

(5) 装配图中编写零部件序号的形式应一致。

(6) 指引线应自所指部分的可见轮廓引出，并在末端画一圆点。如所指部分轮廓内不便画圆点时，可在指引线末端画一箭头，并指向该部分的轮廓。

(7) 指引线可画成折线，但只可曲折一次。

(8) 一组紧固件及装配关系清楚的零件组，可以采用公共指引线。

(9) 零件的序号应沿水平或垂直方向按顺时针或逆时针方向排列，序号间隔应尽可能相等。标题栏及明细栏的规定包括：标题栏符合 GB/T 10609.1—2008 规定；标题栏格式与零件图中相同；明细栏符合 GB/T 10609.2—2009 规定。

4) 装配图的技术要求

(1) 装配要求。装配后必须保证的精度及装配时的要求。

(2) 检验要求。装配过程中及装配后必须保证其精度的各种检验方法。

(3) 使用要求。对装配体的基本性能维护、保养、使用时的要求。

(4) 主要结构设计。根据已定出的主要零部件的基本尺寸，设计出部件装配草图及总装配草图。草图上需对所有零件的外形及尺寸进行结构化设计。在此步骤中，需要很好地协调各零件的结构及尺寸，全面考虑所设计零部件的结构工艺，使全部零件有最合理的构型。

(5) 主要零件的校核。有一些零件在上述第(4)步中由于具体的结构未完全确定，难以进行详细的工作能力计算，所以只能做初步计算及设计。在绘出部件装配草图及总装配草图以后，所有零件的结构及尺寸均为已知，相互邻接的零件之间的关系也为已知。只有在这时才可以较为精确地定出作用在零件上的载荷，决定影响零件工作能力的各个细节因素。只有在此条件下，才有可能并且必须对一些重要的或外形及受力情况复杂的零件进行精确的校核计算。根据校核的结果，反复地修改零件的结构及尺寸，直到满意为止。

草图设计完成以后，即可根据草图已确定的零件基本尺寸，设计零件的工作图。设计工作图时，要充分考虑到零件的加工和装配工艺、零件在加工过程中和加工完成后的检验要求和实施方法等。有些细节安排如果对零件的工作能力有值得考虑的影响时，还须返回重新校核工作能力。最后绘制出除标准件以外的全部零件的工作图。

根据运动单元装配图、基座零件图就可以确定仪器机械系统的总装配图，如图 3-51 所示。

图 3-52 所示为某一工业机器人的装配情况。

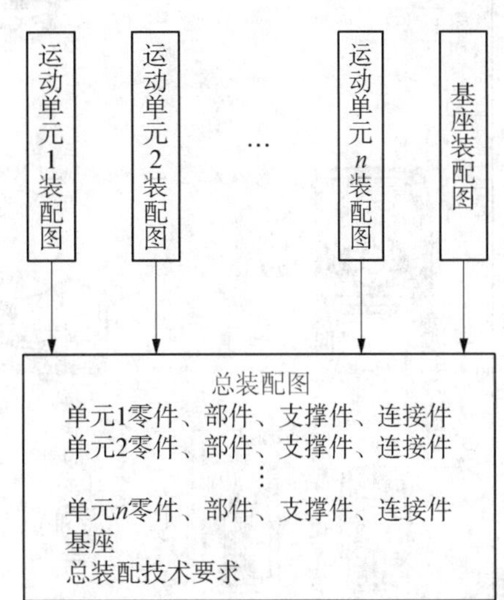

图 3-51 机械系统总装配图设计

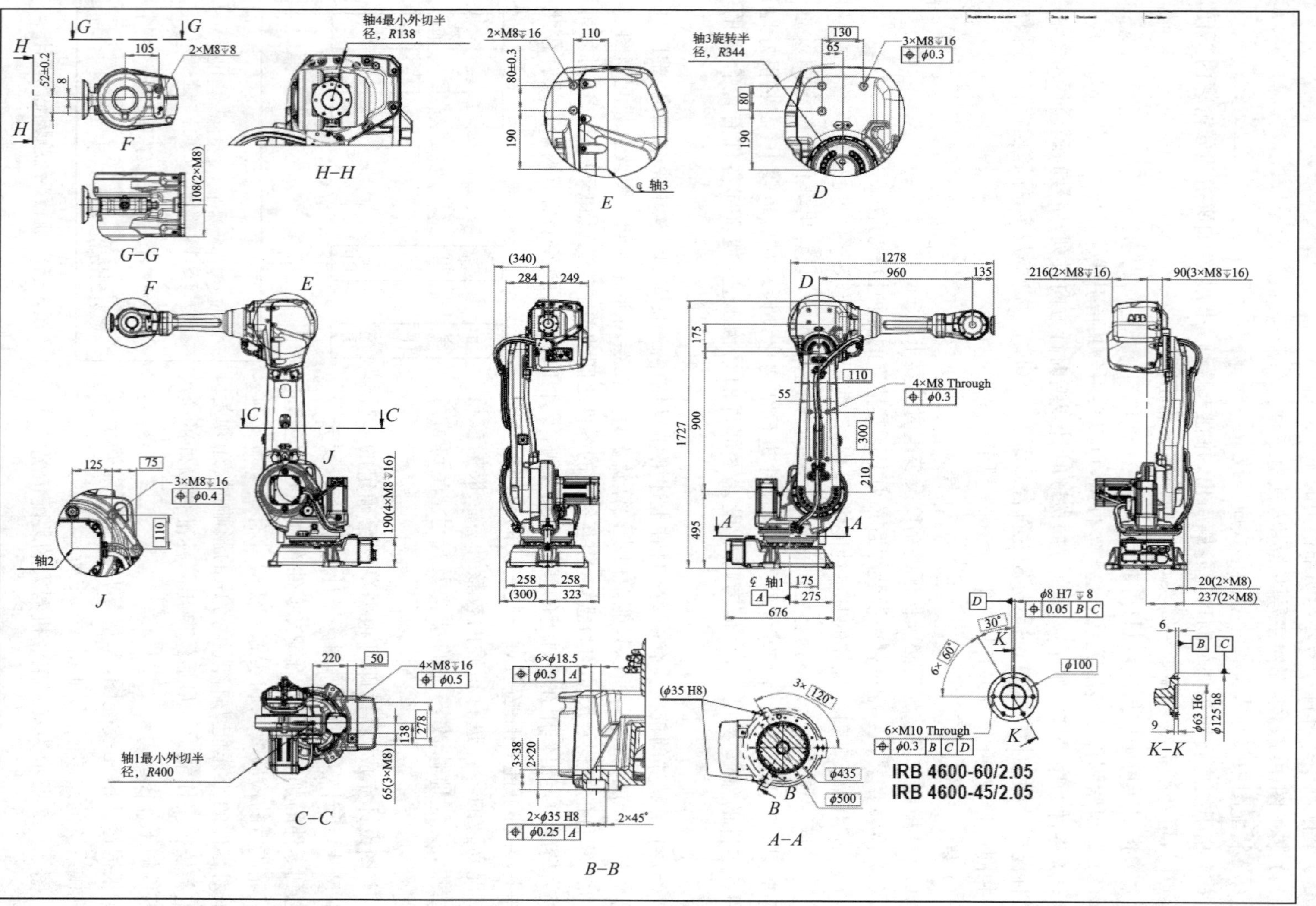

图 3-52 6自由度关节机器人装配图

3.11 机构动力学分析

1) 动力学方程建立方法

机构动力学研究作用于物体的力与物体运动的关系。机电一体化系统在高速运动时，连杆的惯性力和惯性力矩对机器人末端执行器的运动轨迹精度和姿态精度有较大的影响，不能忽略不计。在这种情况下，需要研究机器人中作用力和运动的关系，这就是机器人的动力学。

在已知驱动力的作用下，如何确定机器人各连杆的真实运动，是机器人动力学的根本问题。建立机器人动力学方程的方法有多种，如拉格朗日方程、牛顿运动定律、动量矩定律、哈密尔顿原理、牛顿-欧拉方程、高斯最小约束方程、阿培尔方程和凯恩(Kane)方程等，这些方法对于研究机器人的运动而言是等效的。这些方法中最直接的方法就是拉格朗日方程，它最大的优势是在不必求运动副之间作用力的情况下，就可以直接获得机器人的动力学方程。

对于一个 n 自由度机器人，其关节变量为 $\boldsymbol{\theta}=(\theta_1\quad\theta_2\quad\cdots\quad\theta_n)^{\mathrm{T}}$，关节速度 $\dot{\boldsymbol{\theta}}=(\dot{\theta}_1\quad\dot{\theta}_2\quad\cdots\quad\dot{\theta}_n)^{\mathrm{T}}$ 可以由式(3-42)计算机器人连杆 i 的动能为 K_i。设连杆 i 的势能为 P_i，则机器人的动能 K 和势能 P 分别为

$$K(\boldsymbol{\theta},\dot{\boldsymbol{\theta}})=\sum_{i=1}^{n}K_i \tag{3-42}$$

$$P(\boldsymbol{\theta})=\sum_{i=1}^{n}P_i \tag{3-43}$$

机器人的拉格朗日函数 L 为

$$L(\boldsymbol{\theta},\dot{\boldsymbol{\theta}})=K-P \tag{3-44}$$

则关节 i 的驱动力(转动关节为驱动力矩，移动关节为驱动力) N_i 为

$$N_i=\frac{\mathrm{d}}{\mathrm{d}t}\left(\frac{\partial L}{\partial\dot{\theta}_i}\right)-\frac{\partial L}{\partial\theta_i} \tag{3-45}$$

应该指出，对于 n 自由度机器人，其动能 K 是关节变量 θ_1、θ_2、…、θ_n 和关节速度 $\dot{\theta}_1$、$\dot{\theta}_2$、…、$\dot{\theta}_n$ 共 $2n$ 个变量的函数；而势能 P 仅仅是关节变量 θ_1、θ_2、…、θ_n 的函数。因此，拉格朗日函数 L 对关节速度 $\dot{\theta}_i$ 求偏导数 $(\partial L/\partial\theta_i)$ 是把 n 个关节变量 θ_1、θ_2、…、θ_n 和其余 $n-1$ 个关节速度 $\dot{\theta}_1$、$\dot{\theta}_2$、…、$\dot{\theta}_{i-1}$、$\dot{\theta}_{i+1}$、…、$\dot{\theta}_n$ 当作常量，而只对关节速度 $\dot{\theta}_i$ 求导。

[例 3-2] 试求如图 3-53 所示平面 2R 机器人的动力学方程。

(1) 求连杆质心坐标。由图 3-53 可知，连杆 1 和连杆 2 的质心坐标分别为

$$\begin{bmatrix}x_{c1}\\y_{c1}\end{bmatrix}=\begin{bmatrix}l_1\sin\theta_1\\-l_1\cos\theta_1\end{bmatrix} \tag{a}$$

$$\begin{bmatrix}x_{c2}\\y_{c2}\end{bmatrix}=\begin{bmatrix}l_1\sin\theta_1+l_2\sin(\theta_1+\theta_2)\\-l_1\cos\theta_1-l_2\cos(\theta_1+\theta_2)\end{bmatrix} \tag{b}$$

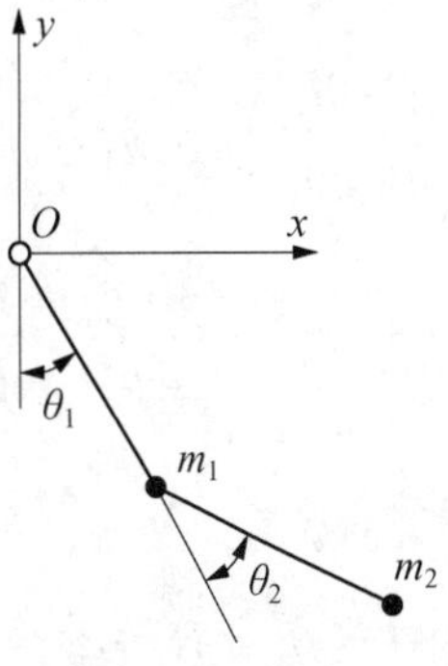

图 3-53 平面 2R 机器人

(2) 求连杆质心速度。由式(a)(b)可得

$$\begin{bmatrix}\dot{x}_{c1}\\ \dot{y}_{c1}\end{bmatrix}=\begin{bmatrix}l_1\dot{\theta}_1\cos\theta_1\\ l_1\dot{\theta}_1\sin\theta_1\end{bmatrix} \tag{c}$$

$$\begin{bmatrix}\dot{x}_{c2}\\ \dot{y}_{c2}\end{bmatrix}=\begin{bmatrix}l_1\dot{\theta}_1\cos\theta_1+l_2(\dot{\theta}_1+\dot{\theta}_2)\cos(\theta_1+\theta_2)\\ l_1\dot{\theta}_1\sin\theta_1+l_2(\dot{\theta}_1+\dot{\theta}_2)\sin(\theta_1+\theta_2)\end{bmatrix} \tag{d}$$

故 $$v_{c1}^2=l_1^2\dot{\theta}_1^2;\ v_{c2}^2=l_1^2\dot{\theta}_1^2+l_2^2(\dot{\theta}_1+\dot{\theta}_2)^2+2l_1l_2\dot{\theta}_1(\dot{\theta}_1+\dot{\theta}_2)\cos\theta_2$$

(3) 求系统动能。连杆 1 和连杆 2 的动能分别为

$$K_1=\frac{1}{2}m_1v_{c1}^2=\frac{1}{2}m_1l_1^2\dot{\theta}_1^2$$

$$\begin{aligned}K_2&=\frac{1}{2}m_1v_{c2}^2=\frac{1}{2}m_2[l_1^2\dot{\theta}_1^2+l_2^2(\dot{\theta}_1+\dot{\theta}_2)^2+2l_1l_2\dot{\theta}_1(\dot{\theta}_1+\dot{\theta}_2)\cos\theta_2]\\&=\frac{1}{2}m_2l_1^2\dot{\theta}_1^2+\frac{1}{2}m_2l_2^2(\dot{\theta}_1+\dot{\theta}_2)^2+m_2l_1l_2(\dot{\theta}_1^2+\dot{\theta}_1\dot{\theta}_2)\cos\theta_2\end{aligned}$$

由式(3-42)可求得系统的总动能为

$$\begin{aligned}K=K_1+K_2&=\frac{1}{2}m_1l_1^2\dot{\theta}_1^2+\frac{1}{2}m_2l_1^2\dot{\theta}_1^2+\frac{1}{2}m_2l_2^2(\dot{\theta}_1+\dot{\theta}_2)^2+m_2l_1l_2(\dot{\theta}_1^2+\dot{\theta}_1\dot{\theta}_2)\cos\theta_2\\&=\frac{1}{2}(m_1+m_2)l_1^2\dot{\theta}_1^2+\frac{1}{2}m_2l_2^2(\dot{\theta}_1+\dot{\theta}_2)^2+m_2l_1l_2(\dot{\theta}_1^2+\dot{\theta}_1\dot{\theta}_2)\cos\theta_2\end{aligned} \tag{e}$$

(4) 求系统势能。由式(3-43)可得系统的总势能为

$$P=P_1+P_2=-m_1l_1g\cos\theta_1-m_2g[l_1\cos\theta_1+l_2\cos(\theta_1+\theta_2)] \tag{f}$$

(5) 求拉格朗日函数。将式(e)和式(f)代入式(3-44),可求得机器人的拉格朗日函数为

$$\begin{aligned}L=K-P=&\frac{1}{2}(m_1+m_2)l_1^2\dot{\theta}_1^2+\frac{1}{2}m_2l_2^2(\dot{\theta}_1+\dot{\theta}_2)^2+\\&m_2l_1l_2(\dot{\theta}_1^2+\dot{\theta}_1\dot{\theta}_2)\cos\theta_2+m_1l_1g\cos\theta_1+m_2g[l_1\cos\theta_1+l_2\cos(\theta_1+\theta_2)]\end{aligned} \tag{g}$$

(6) 求关节驱动力。将式(g)代入式(3-45),可以求得两个关节的驱动力矩:

$$\frac{\partial L}{\partial\dot{\theta}_1}=(m_1+m_2)l_1^2\dot{\theta}_1+m_2l_2^2(\dot{\theta}_1+\dot{\theta}_2)+m_2l_1l_2(2\dot{\theta}_1+\dot{\theta}_2)\cos\theta_2$$

$$\begin{aligned}\frac{\mathrm{d}}{\mathrm{d}t}\left(\frac{\partial L}{\partial\dot{\theta}_1}\right)&=(m_1+m_2)l_1^2\ddot{\theta}_1+m_2l_2^2(\ddot{\theta}_1+\ddot{\theta}_2)+m_2l_1l_2[(2\ddot{\theta}_1+\ddot{\theta}_2)\cos\theta_2-(2\dot{\theta}_1\dot{\theta}_2+\dot{\theta}_2^2)\sin\theta_2]\\&=[(m_1+m_2)l_1^2+m_2l_2^2+2m_2l_1l_2\cos\theta_2]\ddot{\theta}_1+[m_2l_2^2+m_2l_1l_2\cos\theta_2]\ddot{\theta}_2-\\&\quad 2m_2l_1l_2\dot{\theta}_1\dot{\theta}_2\sin\theta_2-m_2l_1l_2\dot{\theta}_2^2\sin\theta_2\end{aligned}$$

$$\frac{\partial L}{\partial\theta_1}=-m_1gl_1\sin\theta_1-m_2gl_1\sin\theta_1-m_2gl_2\sin(\theta_1+\theta_2)$$

$$\begin{aligned}L=K-P=&\frac{1}{2}(m_1+m_2)l_1^2\dot{\theta}_1^2+\frac{1}{2}m_2l_2^2(\dot{\theta}_1+\dot{\theta}_2)^2+m_2l_1l_2(\dot{\theta}_1^2+\dot{\theta}_1\dot{\theta}_2)\cos\theta_2+\\&m_1l_1g\cos\theta_1+m_2g[l_1\cos\theta_1+l_2\cos(\theta_1+\theta_2)]\end{aligned}$$

$$\frac{\partial L}{\partial \dot{\theta}_2}=m_2 l_2^2(\dot{\theta}_1+\dot{\theta}_2)+m_2 l_1 l_2 \dot{\theta}_1 \cos\theta_2$$

$$\frac{\mathrm{d}}{\mathrm{d}t}\left(\frac{\partial L}{\partial \dot{\theta}_2}\right)=m_2 l_2^2(\ddot{\theta}_1+\ddot{\theta}_2)+m_2 l_1 l_2 \ddot{\theta}_1 \cos\theta_2-m_2 l_1 l_2 \dot{\theta}_1 \dot{\theta}_2 \sin\theta_2$$

$$\frac{\partial L}{\partial \theta_2}=-m_2 l_1 l_2(\dot{\theta}_1^2+\dot{\theta}_1\dot{\theta}_2)\sin\theta_2-m_2 g l_2 \sin(\theta_1+\theta_2)$$

关节 1 和关节 2 的驱动力矩为

$$N_1=\frac{\mathrm{d}}{\mathrm{d}t}\left(\frac{\partial L}{\partial \dot{\theta}_1}\right)-\frac{\partial L}{\partial \theta_1}=[(m_1+m_2)l_1^2+m_2 l_2^2+2m_2 l_1 l_2\cos\theta_2]\ddot{\theta}_1+[m_2 l_2^2+m_2 l_1 l_2 \cos\theta_2]\ddot{\theta}_2- \\ 2m_2 l_1 l_2 \dot{\theta}_1\dot{\theta}_2\sin\theta_2-m_2 l_1 l_2\dot{\theta}_2^2\sin\theta_2+(m_1+m_2)g l_1\sin\theta_1+m_2 g l_2\sin(\theta_1+\theta_2)$$

$$N_2=\frac{\mathrm{d}}{\mathrm{d}t}\left(\frac{\partial L}{\partial \dot{\theta}_2}\right)-\frac{\partial L}{\partial \theta_2}=(m_2 l_2^2+m_2 l_1 l_2\cos\theta_2)\ddot{\theta}_1+m_2 l_2^2\ddot{\theta}_2+m_2 l_1 l_2\dot{\theta}_1^2\sin\theta_2+m_2 g l_2\sin(\theta_1+\theta_2)$$

即

$$\begin{bmatrix}N_1\\N_1\end{bmatrix}=\begin{bmatrix}(m_1+m_2)l_1^2+m_2 l_2^2+2m_2 l_1 l_2\cos\theta_2 & m_2 l_2^2+m_2 l_1 l_2\cos\theta_2\\ m_2 l_2^2+m_2 l_1 l_2\cos\theta_2 & m_2 l_2^2\end{bmatrix}\begin{bmatrix}\ddot{\theta}_1\\ \ddot{\theta}_2\end{bmatrix}+ \\ \begin{bmatrix}2m_2 l_1 l_2\dot{\theta}_1\dot{\theta}_2\sin\theta_2-m_2 l_1 l_2\dot{\theta}_2^2\sin\theta_2\\ m_2 l_2^2\ddot{\theta}_2+m_2 l_1 l_2\dot{\theta}_1^2\sin\theta_2\end{bmatrix}+\begin{bmatrix}(m_1+m_2)g l_1\sin\theta_1+m_2 g l_2\sin(\theta_1+\theta_2)\\ m_2 g l_2\sin(\theta_1+\theta_2)\end{bmatrix} \tag{h}$$

或

$$\begin{bmatrix}N_1\\N_1\end{bmatrix}=\begin{bmatrix}(m_1+m_2)l_1^2+m_2 l_2^2+2m_2 l_1 l_2\cos\theta_2 & m_2 l_2^2+m_2 l_1 l_2\cos\theta_2\\ m_2 l_2^2+m_2 l_1 l_2\cos\theta_2 & m_2 l_2^2\end{bmatrix}\begin{bmatrix}\ddot{\theta}_1\\ \ddot{\theta}_2\end{bmatrix}+ \\ \begin{bmatrix}0 & -m_2 l_1 l_2\sin\theta_2\\ m_2 l_1 l_2\sin\theta_2 & 0\end{bmatrix}\begin{bmatrix}\dot{\theta}_1^2\\ \dot{\theta}_2^2\end{bmatrix}+\begin{bmatrix}-m_2 l_1 l_2\sin\theta_2 & -m_2 l_1 l_2\sin\theta_2\\ 0 & 0\end{bmatrix}\begin{bmatrix}\dot{\theta}_1\dot{\theta}_2\\ \dot{\theta}_2\dot{\theta}_1\end{bmatrix}+ \\ \begin{bmatrix}(m_1+m_2)g l_1\sin\theta_1+m_2 g l_2\sin(\theta_1+\theta_2)\\ m_2 g l_2\sin(\theta_1+\theta_2)\end{bmatrix} \tag{i}$$

式中，含 $\dot{\theta}_1^2$ 和 $\dot{\theta}_2^2$ 项为离心惯性力项；含 $\dot{\theta}_1\dot{\theta}_2$ 项为科氏惯性力项；含 $m_i g$ 项为重力项。一般的机器人动力学方程具有时变、多变量、非线性、强耦合的特点。

2) 拉格朗日动力学方程的结构

由式(3-42)可以求得机器人所有连杆的动能之和为

$$K(\boldsymbol{\theta},\dot{\boldsymbol{\theta}})=\sum_{i=1}^{n}K_i=\frac{1}{2}\dot{\boldsymbol{\theta}}^T M(\boldsymbol{\theta})\dot{\boldsymbol{\theta}} \tag{3-46}$$

式(3-46)中，n 阶对称方阵 $M(\boldsymbol{\theta})$ 为机器人的质量矩阵，因为机器人的动能总为正值，故 $M(\boldsymbol{\theta})$ 是正定矩阵；矩阵中的每个元素是 n 个关节变量 θ_1、θ_2、…、θ_n 的函数。对于 n 自由度机器人，由式(3-45)求出的关节驱动力方程有 n 个，由它们组成的方程组为

$$\boldsymbol{N}=M(\boldsymbol{\theta})\ddot{\boldsymbol{\theta}}+H(\boldsymbol{\theta},\dot{\boldsymbol{\theta}})+G(\boldsymbol{\theta}) \tag{3-47}$$

式中，$\ddot{\boldsymbol{\theta}}=[\ddot{\theta}_1 \quad \ddot{\theta}_2 \quad \cdots \quad \ddot{\theta}_n]^T$；$N=[N_1 \quad N_2 \quad \cdots \quad N_n]^T$，为关节驱动力向量；$n\times 1$ 矩阵 $H(\boldsymbol{\theta},\dot{\boldsymbol{\theta}})$ 为惯性力项(包括离心惯性力和科氏惯性力)，它是机器人关节变量、关节速度、机器人位置和速度的函数；位置 $n\times 1$ 矩阵 $G(\boldsymbol{\theta})$ 为重力向量，它是机器人位置的函数。

也可以将式(3-47)中的离心力项和科氏力项分开，改写为

$$\boldsymbol{N}=M(\boldsymbol{\theta})\ddot{\boldsymbol{\theta}}+C(\boldsymbol{\theta})[\boldsymbol{\theta}^2]+V(\boldsymbol{\theta})[\boldsymbol{\theta\theta}]+G(\boldsymbol{\theta}) \tag{3-48}$$

式中，$[\boldsymbol{\theta}^2]=[\theta_1^2 \quad \theta_2^2 \quad \cdots \quad \theta_n^2]^T$，为 $n\times 1$ 阶向量；关节速度积向量 $[\boldsymbol{\theta\theta}]=[\theta_1\theta_2 \quad \theta_1\theta_3 \quad \cdots \quad \theta_{n-1}\theta_n]^T$，为 $n(n-1)/2\times 1$ 阶向量；$n\times n$ 矩阵 $C(\boldsymbol{\theta})$ 为离心力系数矩阵，它仅仅是机器人位置的函数；$n\times n(n-1)/2$ 矩阵 $V(\boldsymbol{\theta})$ 为科氏惯性力系数矩阵；$n\times 1$ 矩阵 $G(\boldsymbol{\theta})$ 为重力向量。

说明：在式(3-47)和式(3-48)中，连杆 i 的驱动力 $N_i=\mathrm{d}(\partial L/\partial\dot{\theta}_i)/\mathrm{d}t-\partial L/\partial\theta_i$，一般是耦合方程，这里的耦合是指某一关节的驱动力或力矩中包含其他关节变量或关节变量导数。由于机器人动力学方程一般包含离心力项 $\dot{\theta}_i^2$ 和科氏力项 $\dot{\theta}_j\dot{\theta}_k$，故求解较为困难。

式(3-47)或式(3-48)仅为实现等式右边机器人连杆的运动，机器人的关节所需要提供的驱动力 $\boldsymbol{N}=(N_1 \quad N_2 \quad \cdots \quad N_n)^T$；它没有涉及连杆运动副受到的摩擦力 $\boldsymbol{\tau}_f(\boldsymbol{\theta},\dot{\boldsymbol{\theta}})=(\tau_{f1} \quad \tau_{f2} \quad \cdots \quad \tau_{fn})^T$ 及连杆受到的其他阻力等效到关节上的当量阻力 $\boldsymbol{\tau}_R(\boldsymbol{\theta})=(\tau_{R1} \quad \tau_{R2} \quad \cdots \quad \tau_{Rn})^T$。如果考虑到这些力的作用，式(3-48)应改写为

$$\boldsymbol{N}=M(\boldsymbol{\theta})\ddot{\boldsymbol{\theta}}+H(\boldsymbol{\theta},\dot{\boldsymbol{\theta}})+G(\boldsymbol{\theta})+\boldsymbol{\tau}_f(\boldsymbol{\theta},\dot{\boldsymbol{\theta}})+\boldsymbol{\tau}_R(\boldsymbol{\theta}) \tag{3-49}$$

3) 拉格朗日方程的应用

拉格朗日方程可以解决两类问题：

(1) 正问题。已知关节变量 $\boldsymbol{\theta}=(\theta_1 \quad \theta_2 \quad \cdots \quad \theta_n)^T$、关节速度 $\dot{\boldsymbol{\theta}}=(\dot{\theta}_1 \quad \dot{\theta}_2 \quad \cdots \quad \dot{\theta}_n)^T$ 和关节加速度 $\ddot{\boldsymbol{\theta}}=(\ddot{\theta}_1 \quad \ddot{\theta}_2 \quad \cdots \quad \ddot{\theta}_n)^T$，求每个关节的驱动力 $\boldsymbol{N}=(N_1 \quad N_2 \quad \cdots \quad N_n)^T$。

(2) 反问题。已知关节的驱动力 $\boldsymbol{N}=(N_1 \quad N_2 \quad \cdots \quad N_n)^T$，求机器人的运动规律，即每个关节的变量 $\boldsymbol{\theta}=(\theta_1 \quad \theta_2 \quad \cdots \quad \theta_n)^T$。

正问题求解较为简单，只需把关节变量 $\boldsymbol{\theta}=(\theta_1 \quad \theta_2 \quad \cdots \quad \theta_n)^T$、关节速度 $\dot{\boldsymbol{\theta}}=(\dot{\theta}_1 \quad \dot{\theta}_2 \quad \cdots \quad \dot{\theta}_n)^T$ 和关节加速度 $\ddot{\boldsymbol{\theta}}=(\ddot{\theta}_1 \quad \ddot{\theta}_2 \quad \cdots \quad \ddot{\theta}_n)^T$ 代入式(3-47)或式(3-48)，经过矩阵运算即可求出驱动力 $\boldsymbol{N}=(N_1 \quad N_2 \quad \cdots \quad N_n)^T$。

反问题，如机器人弧焊中的轨迹跟踪问题就属于此类。此时，$\boldsymbol{N}=(N_1 \quad N_2 \quad \cdots \quad N_n)^T$ 为已知量，需要利用式(3-47)或式(3-48)的方程组求解关节变量 $\boldsymbol{\theta}=(\theta_1 \quad \theta_2 \quad \cdots \quad \theta_n)^T$ 是否与规划的轨迹相符。由于该方程组为耦合的非线性方程组，求解析解较为困难，但一般可以利用数值计算的方法求得数值解。研究机器人的动力学问题可以借助 ADAMS 软件进行。

利用 ADAMS 动力学软件进行机械系统动力学分析的步骤如下：

(1) 将三维模型导出成 parasolid 格式，在 adams 中导入 parasolid 格式模型，并进行保存。

(2) 检查并修改系统的设置，主要检查单位制和重力加速度。

(3) 修改零件名称(能极大地方便后续操作)、材料和颜色。首先在模型界面使用线框图来修改零件名称和材料，然后使用 view part only 来修改零件的颜色。

(4) 添加运动副和驱动。添加运动副时，要留意构件的选择顺序，是第一个构件相对于第

二个构件运动;对于要添加驱动的运动副,当使用垂直于网格的方向来确定运动副的方向时,一定要注意视图定向是否正确,使用右手法则进行判断。对于要添加驱动的运动副,在添加运动副后,应马上添加驱动;使用数据库导航器检查运动副和驱动的名称、类型和数量,使用verify model检查自由度的数目,此时要逐个零件进行自由度的检查和计算;进行初步仿真,再次对之前的工作进行验证。

(5) 添加载荷。添加系统受到的所有外载荷。

(6) 修改驱动函数。一般使用速度进行定义,旋转驱动需要使用相应的驱动函数。

(7) 仿真。先进行静平衡计算,再进行动力学计算。

(8) 后处理。

3.12 基于3D实体模型的虚拟样机分析及改进

虚拟样机技术指在建造第一台原型机之前,工程师利用计算机技术构建系统的数字化模型,进行有限元分析,并输出该系统在实际工况下各种特性的结果,根据结果修改结构得出最优设计方案的技术。虚拟样机是一种数字化设计模型,它可以反映所设计产品的各种特性,包括外形、装配关系及其动力学等相关特性。相比传统的设计方法,使用虚拟样机技术指导产品设计具有以下明显优势:

(1) 研发效率更高。虚拟样机技术利用计算机仿真原理和协同技术,可以完成多个部门协同合作,多套方案并行计算,在产品设计阶段就能够整合多方面的信息,高效率地完成产品的分析和修改工作,缩短研发周期。

(2) 研发成本更低。虚拟样机技术利用了计算机的快速计算功能,大大提高工作效率,明显缩短研发周期。通过应用仿真技术,在计算机上可以完成产品设计过程中的分析、优化、试验等工作,不再需要重复制造成本较高的物理样机,所以极大地降低了研发成本。

从实体模型到虚拟样机。装配模型是虚拟样机系统的基础,虚拟样机系统包含更多的内容。在ADAMS系统中,将相关的数据输入虚拟样机,此时虚拟的样机系统基本完成。这时的虚拟样机是可以对系统数据进行修改的,可以增加样机运行的正确性。

参考文献

[1] 孙桓,陈作模,葛文杰.机械原理[M].8版.北京:高等教育出版社,2013.
[2] 哈尔滨工业大学理论力学教研室.理论力学[M].北京:高等教育出版社,2016.
[3] 刘鸿文.材料力学Ⅰ[M].6版.北京:高等教育出版社,2017.
[4] 濮良贵,陈国定,吴立言.机械设计[M].9版.北京:高等教育出版社,2013.
[5] 孙齐磊.工程材料及其热处理[M].2版.北京:机械工业出版社,2014.
[6] 陈宾.公差配合与技术测量[M].北京:机械工业出版社,2014.
[7] 闻邦椿.机械设计手册[M].6版.北京:机械工业出版社,2018.
[8] 康洪.PUMA-560型机器人传动系统分析[J].机器人,1987,1(5):50-55.
[9] John J Craig.机器人力学控制[M].3版.牟超,等,译.北京:机械工业出版社,2006.
[10] 荆学东.工业机器人技术[M].上海:上海科学技术出版社,2018.
[11] 刘浩,等.ANSYS 15.0有限元分析从入门到精通[M].北京:机械工业出版社,2014.

[12] 石亦平,周玉蓉. ABAQS有限元分析实例详解[M]. 北京:机械工业出版社,2006.
[13] 张永昌. MSC. Nastran有限元分析理论基础与应用[M]. 北京:科学出版社,2004.
[14] 徐芝纶. 弹性力学:上册[M]. 5版. 北京:高等教育出版社,2016.
[15] 王凯. 主应力的计算公式[J]. 力学与实践,2014,36(6):783-785.

思考与练习

1. 试设计一个如图3-54所示直角坐标机器人的机械传动方案和机构运动简图。该机器人的技术要求为:①涂胶速度为150 mm/s,回原点速度为500 mm/s;②最小圆弧半径为6 mm;③涂胶精度为0.1 mm;④涂胶行程700 mm×500 mm×200 mm;⑤胶枪及附属装置重2 kg。

图3-54 涂胶机器人结构

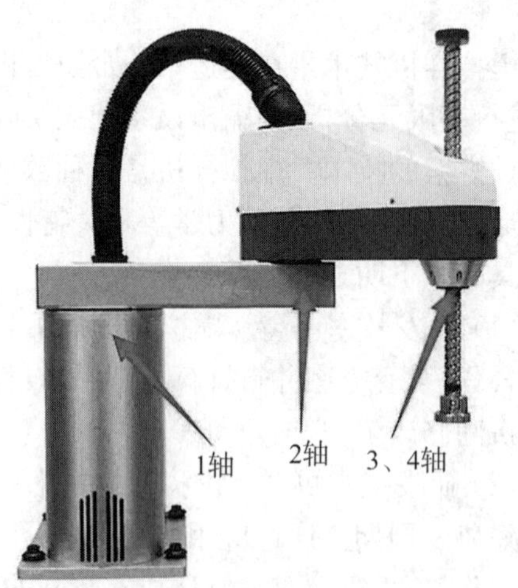

图3-55 SCARA机器人结构

2. 试设计一个四轴SCARA机械臂,如图3-55所示,其功能为分拣、抓取、搬运、封装物件。试确定其机械传动方案和机构运动简图。

该机器人的设计要求见表3-17。

表3-17 SCARA机器人设计要求

技术参数	设计要求	
运动速度	第1、2轴	400 mm/s
	第3轴	800 mm/s
	第4轴	360°/s
运动范围	第1轴	200 mm
	第2轴	150 mm
	第3轴	200 mm
	第4轴	360°

（续表）

技术参数	设计要求
重复定位精度	±0.02 mm
额定负载	2 kg
循环时间	0.5 s
本体重量	<15 kg

3. 试设计如图 3－56 所示 6 自由度关节机器人的机械传动方案和机构运动简图。

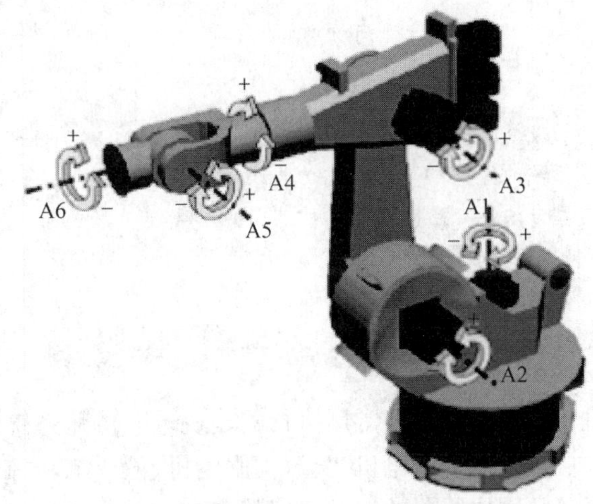

图 3－56　6 自由度关节机器人

该机器人的设计要求见表 3－18。

表 3－18　6 自由度关节机器人设计要求

技术参数	设计要求
额定负载(指第 6 轴最前端负载)	16 kg
手臂/第 1 轴转盘负载	10/20 kg
总负载	≤45 kg
运动轴数	6
法兰盘(第 6 轴上)	DIN ISO 9409－1－A50
安装方式	地面/墙壁/天花板
重复精度	±0.05 mm
自重	≤240 kg

技术参数	设计要求	
作业空间范围	14.5 m^3	
各轴运动参数	运动范围	运动速度
轴 1	+/−185°	156°/s
轴 2	+35°/−155°	156°/s
轴 3	+154°/ −130°	156°/s
轴 4	+/−350°	330°/s
轴 5	+/−130°	330°/s
轴 6	+/−350°	615°/s

第4章

控制电机、液压缸、气缸及常用执行器的选型及控制

◎ 学习成果达成要求

1. 了解控制电机的类型及其特点。
2. 理解控制电机控制系统的组成。
3. 掌握控制电机的选型方法及其控制系统设计方法。
4. 了解液压缸比例/伺服控制系统设计方法。
5. 了解气缸电-气比例/伺服控制系统设计方法。

步进电机、伺服电机、液压缸、气缸及常用执行器是机电一体化系统中常用的控制和驱动元件。本章介绍了步进电机、直流伺服电机、交流伺服电机、液压缸、气缸的控制方式、选型及其控制系统设计方法，以及常用执行器的选型和控制方法。

4.1 步进电机的控制方式、选型及其控制系统设计

步进电机是将电脉冲信号转变为角位移或线位移的开环控制电机，应用较为广泛。步进电机由驱动器驱动，当步进电机驱动器接收到一个脉冲信号，它就驱动步进电机按设定的方向转动一个固定的角度，称为步距角。通过控制脉冲个数来控制角位移量，可以达到准确定位的目的；同时可以通过控制脉冲频率来控制电机转动的速度和加速度，从而达到调速的目的。

4.1.1 步进电机控制系统组成

步进电机由专用的驱动器驱动，如图 4-1 所示。步进电机控制系统一般由控制器、步进电机驱动器、步进电机和传动机构组成。

(a) 步进电机

(b) 步进电机驱动器

图 4-1 步进电机及其驱动器

4.1.2 步进电机控制方式

步进电机一般用于开环控制，可以根据执行机构的负载大小、位置精度和速度控制要求，确定步进电机的数量、类型、转矩、步距角、转速、空载启动频率等指标。例如，设计基于步进电机控制的三坐标测量机时，可以根据机器人末端的最大负载、重复定位精度、最大运行速度、最大运行加速度和工作空间大小，通过机构分析，分别确定每个运动单元（自由度）的最大负

载、重复定位精度、最大运行速度、最大运行加速度等指标。

步进电机由控制器发出控制指令,传送给步进电机驱动器驱动,它们之间的关系如图4-2所示。控制器可能是步进运动控制器(卡),也可能是单片机或PLC等。

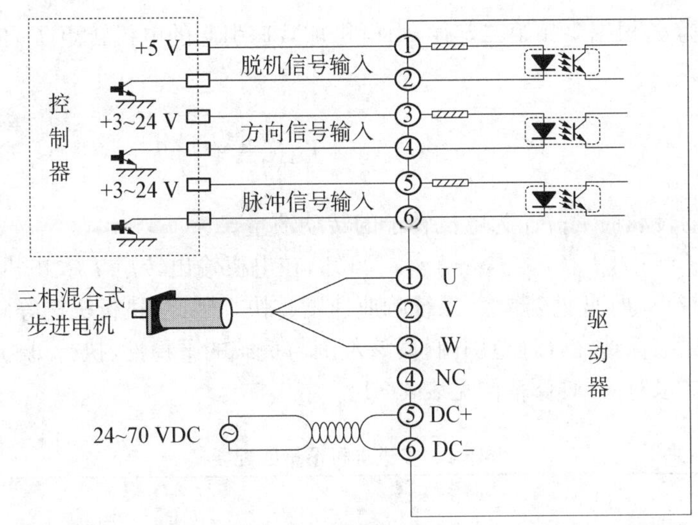

图4-2 步进电机控制系统组成

在图4-2中,控制器一般发出脉冲信号、方向信号和使能信号(脱机信号)给驱动器对应的输入端,从而控制步进电机运动。其中,脉冲信号的数量决定步进电机的角位移大小;脉冲频率决定了步进电机的转速;方向信号有高、低两种电平,分别对应于电机的正转和反转;当驱动器的使能信号端输入高电平时,电机才能运转;当使能信号为低电平时,驱动器输出到电机的电流被切断,电机转子处于自由状态(脱机状态)。在有些自动化设备中,要求在步进驱动器不断电的情况下,能以手动方式转动电机,以便进行调节,此时可以将使能信号置于低电平。手动调节结束后,再将使能信号置于高电平,从而可以继续实现自动控制。

步进电机运动的速度和接受的脉冲频率成正比。当步进电机的工作频率高于启动频率时,在电机启动和停止阶段,为了不失步,一般采用T形或S形速度曲线,如图4-3所示。

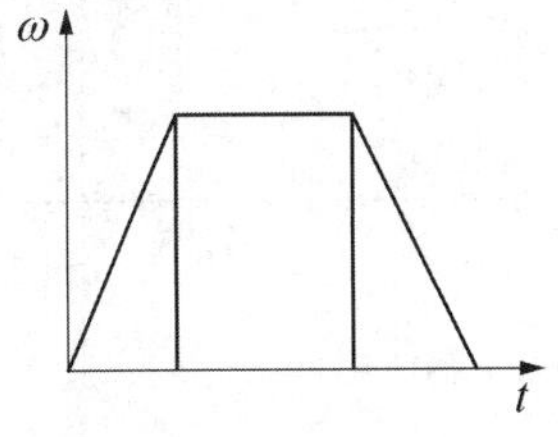

(a) T形速度控制

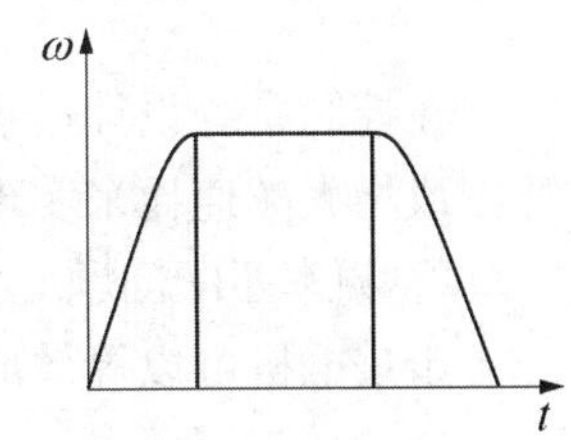

(b) S形速度控制

图4-3 T形和S形速度控制规律

4.1.3 步进电机控制系统设计应注意的问题

对于步进电机控制系统,当执行机构运行速度较高或速度变化较为频繁时,需要考虑速度匹配、惯量匹配、频率匹配、细分驱动和矩频特性曲线应用等问题。

1) 惯量匹配问题

当步进电机目标位置设定后,为了快速、稳定地到达目标位置,步进电机一般有"加速-恒速-减速"三个阶段。此时,负载的转动惯量 J_E 的大小不仅决定了其本身的谐振频率大小,也影响电机的谐振频率和动态特性。为使负载具有较好的快速响应特性,负载控制的过渡过程时间要短;另一方面,为了满足启动要求,过渡过程的前沿要陡,即上升率大。要提高系统的快速响应特性,必须提高机械传动部件的谐振频率,包括增大机械传动部件的刚性和减小机械传动部件的转动惯量。负载等效转动惯量和电机转动惯量的比值 J_E/J_M 要在合理的范围内,称为惯量匹配。

设电机转角为 θ,根据牛顿第二定律,由电机加减速引起的电机转矩 T 和角加速度 $\ddot{\theta}$ 的关系为

$$T=(J_E+J_M)\ddot{\theta}=J_M\left(\frac{J_E}{J_M}+1\right)\ddot{\theta} \tag{4-1}$$

式中,J_E 为负载的转动惯量;J_M 为电机转子的转动惯量。

由上式可得 $\ddot{\theta}=T/[J_M(J_E/J_M+1)]$。可知,在电机输出转矩 T 及电机转动惯量一定的情况下,J_E/J_M 越小,加速度 $\ddot{\theta}$ 越大,系统响应速度越快。因此,执行机构等效转动惯量 J_E 和电机转动惯量之比应保持在合理范围内,而该范围与负载的平稳性、执行机构的响应时间要求及负载的加减速要求有关,具体范围见表 4-1。

表 4-1 步进电机惯量匹配要求

负载特性、加减速等要求	惯量匹配要求	应用
加减速频繁、过渡时间短	$J_E/J_M<3$	(1) 有定位精度要求的场合,如简易数控工作台、包装机、精密仪器等 (2) 有位移、速度、加速度精确控制要求的场合,如机器人、打印机、绘图机、刻字机、简易数控机床等 (3) 要求运行平稳、噪声低、响应快、使用寿命长、输出扭矩高的场合,如金融设备(ATM 机等)、计算机(光驱)及办公自动化设备 (4) 保持转矩不高、频繁启动反应速度快、运转噪声低、运行平稳、控制性能好的其他场合,如工业控制、纺织机械等
载荷稳定	$J_E/J_M<5$	

在控制系统设计过程中,当出现惯量不匹配的情况时,可以考虑在电机和负载之间增加减速器或增大减速比来实现惯量匹配目标。

2) 频率匹配问题

步进电机可以等效成一个“弹簧-质量-阻尼系统”,即

$$J_M\ddot{\theta}+c\dot{\theta}+k\theta=T \tag{4-2}$$

式中,J_M 为电机转动惯量;c 为阻尼系数;k 为电机轴扭转刚度;T 为电机转矩。

式(4-2)可以改写为

$$\ddot{\theta}+2\xi\omega_n\dot{\theta}+\omega_n^2\theta=\frac{T}{J_M} \tag{4-3}$$

式中,$\omega_n=\sqrt{k/J_M}$,为电机固有频率;$\xi=c/2\sqrt{J_Mk}$,为阻尼比;$k=GI_p/l$,为电机轴的扭转刚度;$I_p=wd^4/32$,为电机轴的极惯性矩;G 为轴用材料的剪切弹性模量;d 为电机轴直径;l 为电机轴长度。

步进电机一旦选定,其轴径、长度、材料随即确定,固有频率可以通过 $\omega_n=\sqrt{k/J_M}$ 计算得

到，其对应的频率 $f_n = \frac{1}{2\pi}\sqrt{k/J_M}$。当输入步进电机驱动器的脉冲频率等于电机固有频率 f_n 时，电机的噪声和振动会增大，甚至可能出现“失步”现象，即电机的实际转角小于目标值。因此，输入步进电机驱动器的实际脉冲频率 f 应该避开其谐振频率 f_n。尽管步进电机存在谐振区，但其谐振频率可以通过调整负载转动惯量、阻尼及通过细分减小步距角进行调整。

3）细分驱动的应用

当控制对象的定位精度要求小于步进电机的步距角时，可以采用“细分”来实现定位精度要求。如定位精度为 0.5°，但步进电机的步距角为 0.9°，可以通过“2”细分，使电机的步距角为 0.9°/2 = 0.45°，从而达到目标的控制要求。步进电机驱动器的细分数一般为 2^n；细分数的选择可通过驱动器上“细分驱动”设置来实现。细分驱动技术不仅可以减小步进电机的步距角，提高分辨率，还可以减少或消除低频振动，使控制系统运行更加平稳。

4）矩频特性曲线的应用

步进电机的矩频特性曲线即转速-转矩曲线，表示在驱动程序类型、步距角、电机绕组配置、驱动电压、励磁方式、细分数、模拟负载的转动惯量等一定的条件下，脉冲频率与电机能输出的最大转矩的关系包括牵出转矩曲线、空载牵入转矩曲线、惯性负载牵入转矩曲线、自启动范围、电机运行工作区。典型的步进电机矩频曲线如图 4-4 所示。

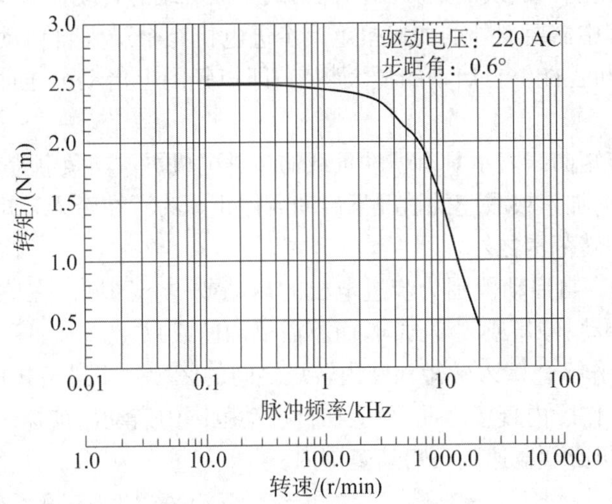

图 4-4 步进电机矩频特性曲线

步进电机的转速 N_m 与驱动器输入的脉冲频率关系为

$$N_m = \frac{f_p A_{st}}{x_{sr}} \times \frac{60}{360} \tag{4-4}$$

式中，N_m 为电机转速；f_p 为脉冲频率；A_{st} 为电机步距角；x_{sr} 为细分倍率。

(1) 牵出转矩曲线。步进电机在不失步的前提下，连续恒速运转时，轴端能够输出的最大力矩，如图 4-5 所示。该曲线表示步进电机在正常工作情况下最大带负载的能力，负载超过这个曲线图对应速度下的力矩，步进电机就会失步，不能够正常工作，所以选型必须保证在对应速度下，负载的扭矩不能大于矩频图上对应的力矩。

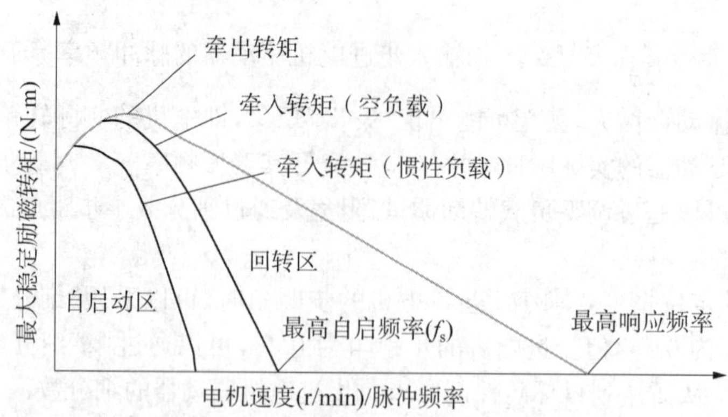

图 4-5 步进电机的矩频特性曲线

(2) 空载牵入转矩曲线。如图 4-5 所示，空载牵入曲线表示步进电机在空载情况下，无须任何加速或减速即可启动或停止的最大转矩和速度组合。由于步进电机的牵引力矩曲线取决于附着在电机上的惯性负载，所以图中显示的速度-力矩曲线中没有显示牵引力矩曲线。为了在牵入转矩曲线上运行，必须将电机加速或减速到回转范围之外。

(3) 惯性负载牵入转矩曲线。如图 4-5 所示，惯性负载牵入转矩曲线表示步进电机在启动时带负载的能力，由这个曲线的矩频图标识测试模拟负载的转动惯量参数，这是因为负载的转动惯量在减速过程中需要额外的加速扭矩。步进电机有个最大自启动频率参数，它表示即使不带负载，步进电机也能够自启动的最大频率，即矩频图上启动力矩曲线和 X 轴交叉点的频率。

惯性负载牵入转矩曲线表示具有惯性负载的步进电机可以向负载提供的最大转矩和速度组合，并且在没有任何加速或减速的情况下启动或停止。为了在牵入转矩曲线上运行，必须将电机加速或减速到回转范围之外。

(4) 自启动范围。自启动范围为步进电机的启动或停止区域。在此区域内，步进电机可以与输入脉冲同步启动、停止或改变方向，而不需要加速或减速。

(5) 电机运行工作区。牵入转矩和牵出转矩之间的区域是步进电机的运行工作区。步进电机不能直接在该工作区内直接启动，而应在自启动范围内启动后加速运行到工作区域之内。在电机停止之前，电机必须减速到自启动范围内。

(6) 最大响应频率。空载时步进电机可以运行的最大速度所对应的脉冲频率称为最大响应频率。步进电机的矩频特性取决于步进电机和驱动器的组合。步进电机生产厂家提供的矩频特性曲线为步进电机的选用提供了依据。为了确保步进电机继续转动，并提供足够的扭矩来移动负载，一般通过估计安全裕度来评估转速-扭矩曲线。

(7) 负载启动频率。步进电机的带负载启动频率随执行机构等效转动惯量的增大而减小，如图 4-6 所示。选用步进电机时，需要确定执行机构的等效转动惯量。

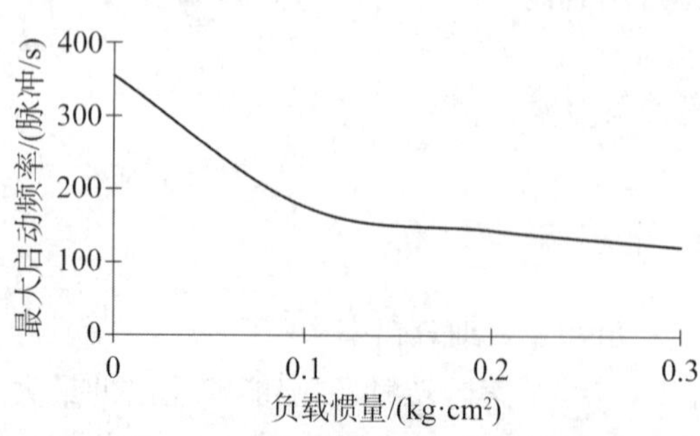

图 4-6 步进电机最大带负载启动频率与执行机构等效转动惯量的关系

负载启动频率的估算值可以用下式计算：

$$f_s = \frac{f_0}{\sqrt{1 + J_E / J_M}} \tag{4-5}$$

式中，f_s 为电机带负载启动频率；f_0 为电机空载启动频率；J_M 为电机转动惯量；J_E 为执行机构等效转动惯量。

5）控制模式选择

步进电机的控制方式即脉冲输入类型，有单端输入和差分输入两种方式。这两种方式的应用条件选择见表 4-2。

表 4-2 步进电机脉冲单端输入及差分输入的应用场合

脉冲输入类型	定　义	应用场合
单端输入	输入信号均以共同的地线为基准	输入信号电压较高（高于 1 V），信号源到模拟输入硬件的导线较短，且所有的输入信号共用一个基准地线，抗干扰性能差
差分输入	对于差分信号，控制信号正端接 pulse+，信号负端接 pulse−；如果是共阳极方式，pulse+接控制器的正电源（如+5 V），pulse−接控制器输出信号；如果是共阴极方式，pulse−接控制器的地，pulse+接控制器输出信号	可以是共阳极信号或共阴极信号；不满足单端输入条件，抗干扰能力强

4.1.4 步进电机及其控制器选型

运动控制系统采用步进电机控制时，其选型步骤如图 4-7 所示。

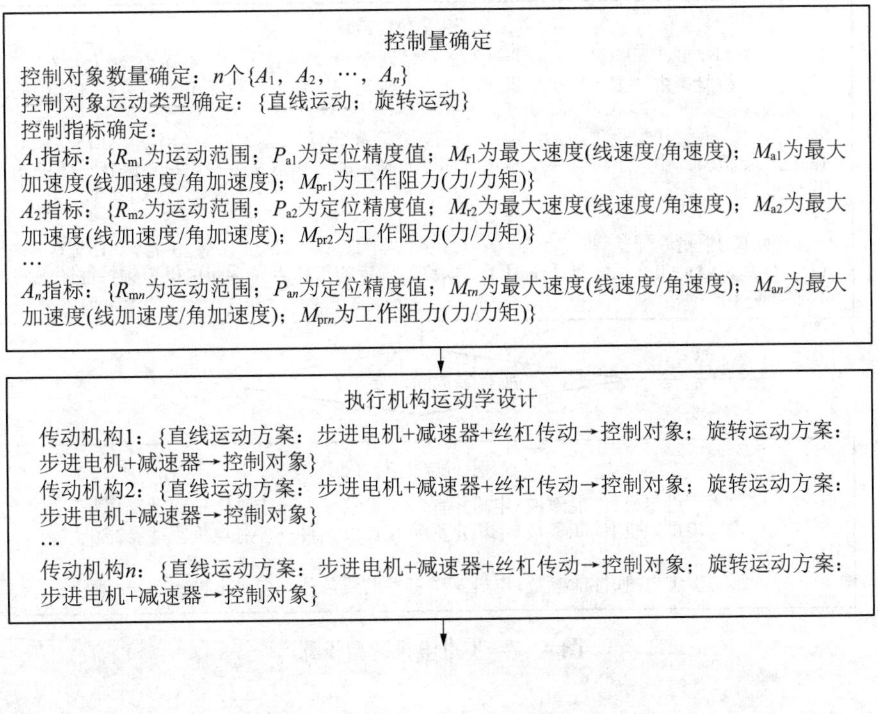

控制量确定

控制对象数量确定：n个$\{A_1, A_2, \cdots, A_n\}$

控制对象运动类型确定：{直线运动；旋转运动}

控制指标确定：

A_1指标：{R_{m1}为运动范围；P_{a1}为定位精度值；M_{r1}为最大速度(线速度/角速度)；M_{a1}为最大加速度(线加速度/角加速度)；M_{pr1}为工作阻力(力/力矩)}

A_2指标：{R_{m2}为运动范围；P_{a2}为定位精度值；M_{r2}为最大速度(线速度/角速度)；M_{a2}为最大加速度(线加速度/角加速度)；M_{pr2}为工作阻力(力/力矩)}

…

A_n指标：{R_{mn}为运动范围；P_{an}为定位精度值；M_{rn}为最大速度(线速度/角速度)；M_{an}为最大加速度(线加速度/角加速度)；M_{prn}为工作阻力(力/力矩)}

↓

执行机构运动学设计

传动机构1：{直线运动方案：步进电机+减速器+丝杠传动→控制对象；旋转运动方案：步进电机+减速器→控制对象}

传动机构2：{直线运动方案：步进电机+减速器+丝杠传动→控制对象；旋转运动方案：步进电机+减速器→控制对象}

…

传动机构n：{直线运动方案：步进电机+减速器+丝杠传动→控制对象；旋转运动方案：步进电机+减速器→控制对象}

↓

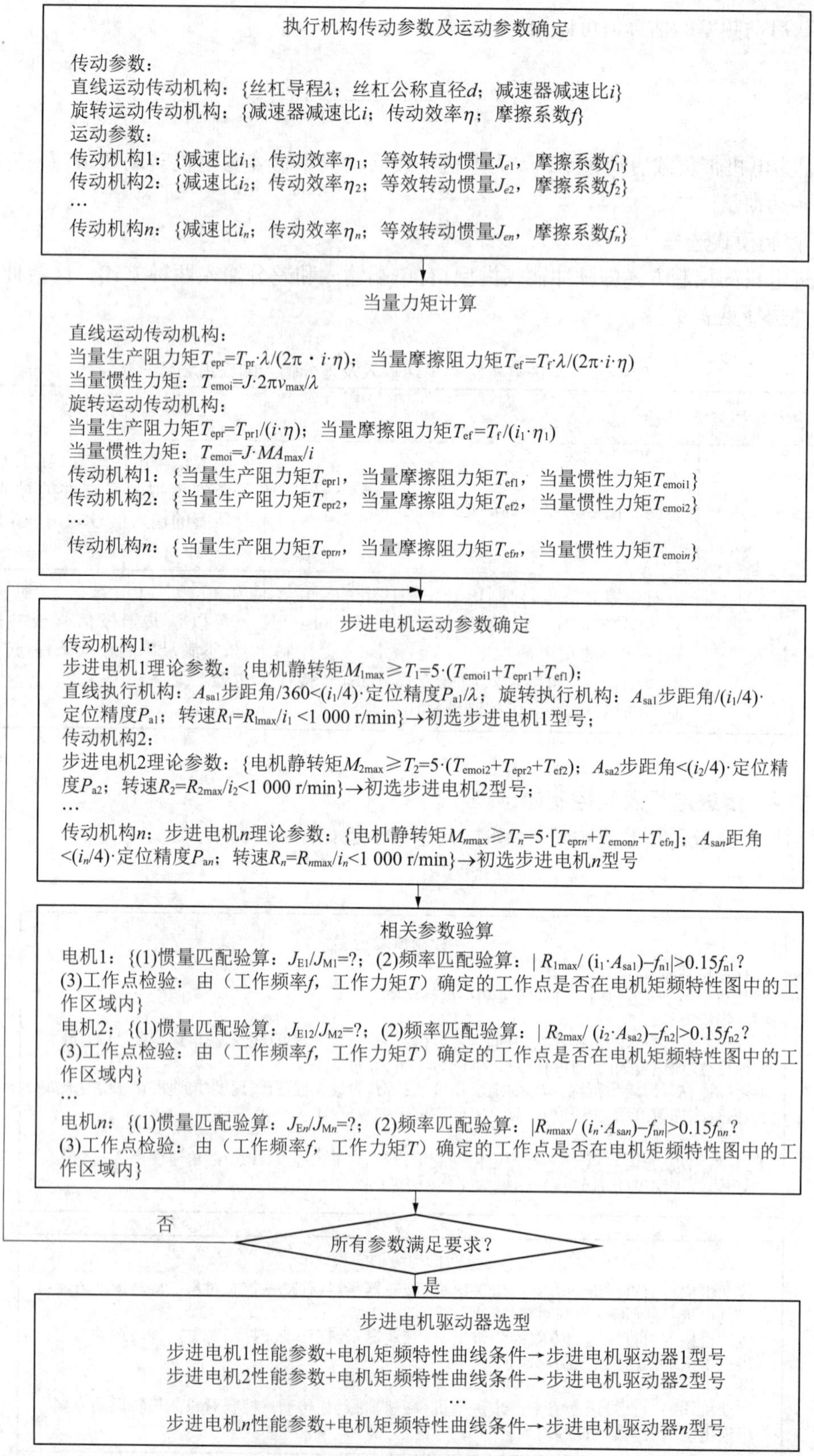

执行机构传动参数及运动参数确定

传动参数：
直线运动传动机构：{丝杠导程λ；丝杠公称直径d；减速器减速比i}
旋转运动传动机构：{减速器减速比i；传动效率η；摩擦系数f}
运动参数：
传动机构1：{减速比i_1；传动效率η_1；等效转动惯量J_{e1}，摩擦系数f_1}
传动机构2：{减速比i_2；传动效率η_2；等效转动惯量J_{e2}，摩擦系数f_2}
…
传动机构n：{减速比i_n；传动效率η_n；等效转动惯量J_{en}，摩擦系数f_n}

↓

当量力矩计算

直线运动传动机构：
当量生产阻力矩$T_{epr}=T_{pr}\cdot\lambda/(2\pi\cdot i\cdot\eta)$；当量摩擦阻力矩$T_{ef}=T_f\cdot\lambda/(2\pi\cdot i\cdot\eta)$
当量惯性力矩：$T_{emoi}=J\cdot 2\pi v_{max}/\lambda$
旋转运动传动机构：
当量生产阻力矩$T_{epr}=T_{pr1}/(i\cdot\eta)$；当量摩擦阻力矩$T_{ef}=T_f/(i_1\cdot\eta_1)$
当量惯性力矩：$T_{emoi}=J\cdot MA_{max}/i$
传动机构1：{当量生产阻力矩T_{epr1}，当量摩擦阻力矩T_{ef1}，当量惯性力矩T_{emoi1}}
传动机构2：{当量生产阻力矩T_{epr2}，当量摩擦阻力矩T_{ef2}，当量惯性力矩T_{emoi2}}
…
传动机构n：{当量生产阻力矩T_{eprn}，当量摩擦阻力矩T_{efn}，当量惯性力矩T_{emoin}}

↓

步进电机运动参数确定

传动机构1：
步进电机1理论参数：{电机静转矩$M_{1max}\geqslant T_1=5\cdot(T_{emoi1}+T_{epr1}+T_{ef1})$；
直线执行机构：A_{sa1}步距角/360<$(i_1/4)$·定位精度P_{a1}/λ；旋转执行机构：A_{sa1}步距角/$(i_1/4)$·定位精度P_{a1}；转速$R_1=R_{1max}/i_1$ <1 000 r/min}→初选步进电机1型号；
传动机构2：
步进电机2理论参数：{电机静转矩$M_{2max}\geqslant T_2=5\cdot(T_{emoi2}+T_{epr2}+T_{ef2})$；$A_{sa2}$步距角<$(i_2/4)$·定位精度$P_{a2}$；转速$R_2=R_{2max}/i_2$<1 000 r/min}→初选步进电机2型号；
…
传动机构n：步进电机n理论参数：{电机静转矩$M_{nmax}\geqslant T_n=5\cdot[T_{eprn}+T_{emonn}+T_{efn}]$；$A_{san}$距角<$(i_n/4)$·定位精度$P_{an}$；转速$R_n=R_{nmax}/i_n$<1 000 r/min}→初选步进电机$n$型号

↓

相关参数验算

电机1：{(1)惯量匹配验算：J_{E1}/J_{M1}=?；(2)频率匹配验算：$|R_{1max}/(i_1\cdot A_{sa1})-f_{n1}|>0.15f_{n1}$？
(3)工作点检验：由（工作频率f，工作力矩T）确定的工作点是否在电机矩频特性图中的工作区域内}
电机2：{(1)惯量匹配验算：J_{E12}/J_{M2}=?；(2)频率匹配验算：$|R_{2max}/(i_2\cdot A_{sa2})-f_{n2}|>0.15f_{n2}$？
(3)工作点检验：由（工作频率f，工作力矩T）确定的工作点是否在电机矩频特性图中的工作区域内}
…
电机n：{(1)惯量匹配验算：J_{En}/J_{Mn}=?；(2)频率匹配验算：$|R_{nmax}/(i_n\cdot A_{san})-f_{nn}|>0.15f_{nn}$？
(3)工作点检验：由（工作频率f，工作力矩T）确定的工作点是否在电机矩频特性图中的工作区域内}

↓

所有参数满足要求？（否 → 返回步进电机运动参数确定；是 ↓）

步进电机驱动器选型

步进电机1性能参数+电机矩频特性曲线条件→步进电机驱动器1型号
步进电机2性能参数+电机矩频特性曲线条件→步进电机驱动器2型号
…
步进电机n性能参数+电机矩频特性曲线条件→步进电机驱动器n型号

图 4-7　步进电机选型步骤

步进电机选型时还应注意以下问题：

(1) 减速比 i 的确定。由于步进电机超过 1000 r/m 后转矩会急剧降低，因此，当已知控制对象的最大速度为 M_R 时，机构减速比 i 应满足：$M_R \times i < 1000\ \text{r/m}$。

(2) 电机步距角 A_{sa} 的确定。对于丝杠传动机构，设控制对象的定位精度为 P_a(mm)，丝杠导程(丝杠轴旋转一圈，丝杠上的滑块移动的距离)为 λ(mm/r)，执行机构减速比为 i，则按照 $\frac{A_{sa}}{i \times 360}\lambda < \frac{P_a}{4}$ 可得

$$A_{sa} < \frac{P_a \times i \times 90}{n} \tag{4-6}$$

对于旋转执行机构，设控制对象的定位精度为 P_a(°)，执行机构减速比为 i，则按照 $\frac{A_{sa}}{i} < \frac{P_a}{4}$ 可得

$$A_{sa} < 4 \times i \times P_a \tag{4-7}$$

(3) 等效转动惯量 J_E 的计算。假定执行机构有 n 个运动构件，其中 k 个做定轴旋转运动，l 个做直线运动，p 个做一般运动(既有转动，也有平动)。设某一时刻电机的转速为 ω_M，则利用动能等效原理，在某一时刻，执行机构所有构件的动能之和等于电机轴上一个假想的转动惯量为 J_E 的转子动能，即

$$\frac{1}{2}J_E\omega_M^2 = \sum_{s=1}^{k}\frac{1}{2}J_s\omega_s^2 + \sum_{q=1}^{l}\frac{1}{2}m_q v_a^2 + \sum_{i=1}^{p}\left(\frac{1}{2}m_i v_{ci}^2 + \frac{1}{2}J_{ci}\omega_{ci}^2\right) \tag{4-8}$$

由式(4-8)可以求得执行机构的等效转动惯量 J_E 为

$$J_E = \sum_{s=1}^{k}\frac{J_s\omega_s^2}{\omega_M^2} + \sum_{q=1}^{l}\frac{m_q v_a^2}{\omega_M^2} + \sum_{i=1}^{p}\left(\frac{m_i v_{ci}^2}{\omega_M^2} + \frac{J_{ci}\omega_{ci}^2}{\omega_M^2}\right) \tag{4-9}$$

等效转动惯量 J_E 可以利用执行机构的速度分析得到，它可能是机构的位置函数。在机构设计的初期阶段，当机构运动简图确定之后，各构件的转动惯量可以估算出来。获得 J_E 后，按照表 4-1 进行惯量匹配验算，并利用式(4-5)确定步进电机的带负载启动频率 f_s。

4.1.5 步进电机的运动控制算法

为准确控制对象的位置，需要给每个运动单元设置零点位置，这可以通过机械式或光电式行程开关、原点位置开关设定，以此作为每个单元运动的基准位置。步进电机的运动控制子系统控制算法如图 4-8 所示。

图 4-8 中的 PID 参数设定可以采用工程整定方法确定，具体方法和步骤如下：

(1) 确定比例增益 T_P。确定比例增益 T_P 时，令 $T_i = 0$、$T_d = 0$；然后输入设定的系统允许最大值的 60%～70%，由 0 逐渐加大比例增益 P，直至系统出现振荡。之后，比例增益 T_P 逐渐减小，直至系统振荡消失，记录此时的比例增益 T_P。

(2) 确定积分时间常数 T_i。比例增益 T_P 确定后，可以先给积分时间常数 T_i 设定一个较

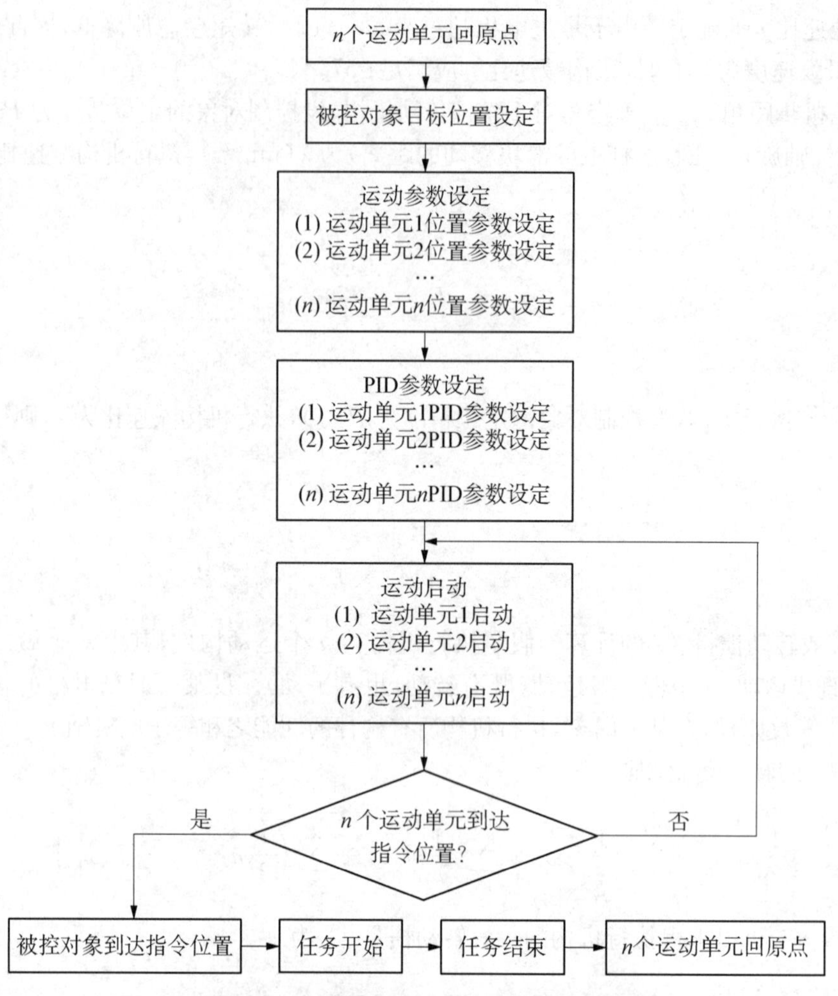

图 4-8　步进电机的运动控制子系统控制算法

大的初值，然后逐渐减小，直至系统出现振荡；之后再逐渐加大 T_i，直至系统振荡消失，记录此时的 T_i 值。设定 PID 的积分时间常数 T_i 为当前值的 150%～180%。

(3) 确定微分时间常数 T_D。微分时间常数 T_D 一般取 0。如需要设定，其设定方法与确定 T_P 和 T_D 的方法相同，一般取不振荡时的 30%。

(4) 系统带负载联调。加上负载后，可以根据运行情况，对 PID 参数进行微调，直至满足控制要求为止。

图 4-8 中的第一步和最后一步都要求"n 个运动单元回原点"。为此，需要先给每个步进电机驱动器的使能端输入高电平信号，也需要为每个运动单元回原点设置合适的方向信号、脉冲频率及到达原点的判断条件。

4.2　直流伺服电机的控制方式、选型及其控制系统设计

直流伺服电机控制系统是指能够精确跟随输入目标的反馈控制系统，其被控制量一般为位移、位移速度和加速度等参量，利用反馈控制使输出量准确地跟踪输入量的变化。在机电

一体化系统中，直流伺服控制系统可以为控制对象提供精确的位置和速度控制。图 4-9 所示为直流伺服电机及驱动器。

4.2.1　直流伺服电机控制系统组成

直流伺服电机实现闭环控制。直流伺服电机控制系统主要包括控制器、驱动器和伺服电机和编码器，如图 4-10 所示。图中的控制器 1 来自上位机，可能是伺服控制器（卡），也可能是单片机或 PLC。

(a) 直流伺服电机　　(b) 直流伺服电机驱动器

图 4-9　直流伺服电机及驱动器

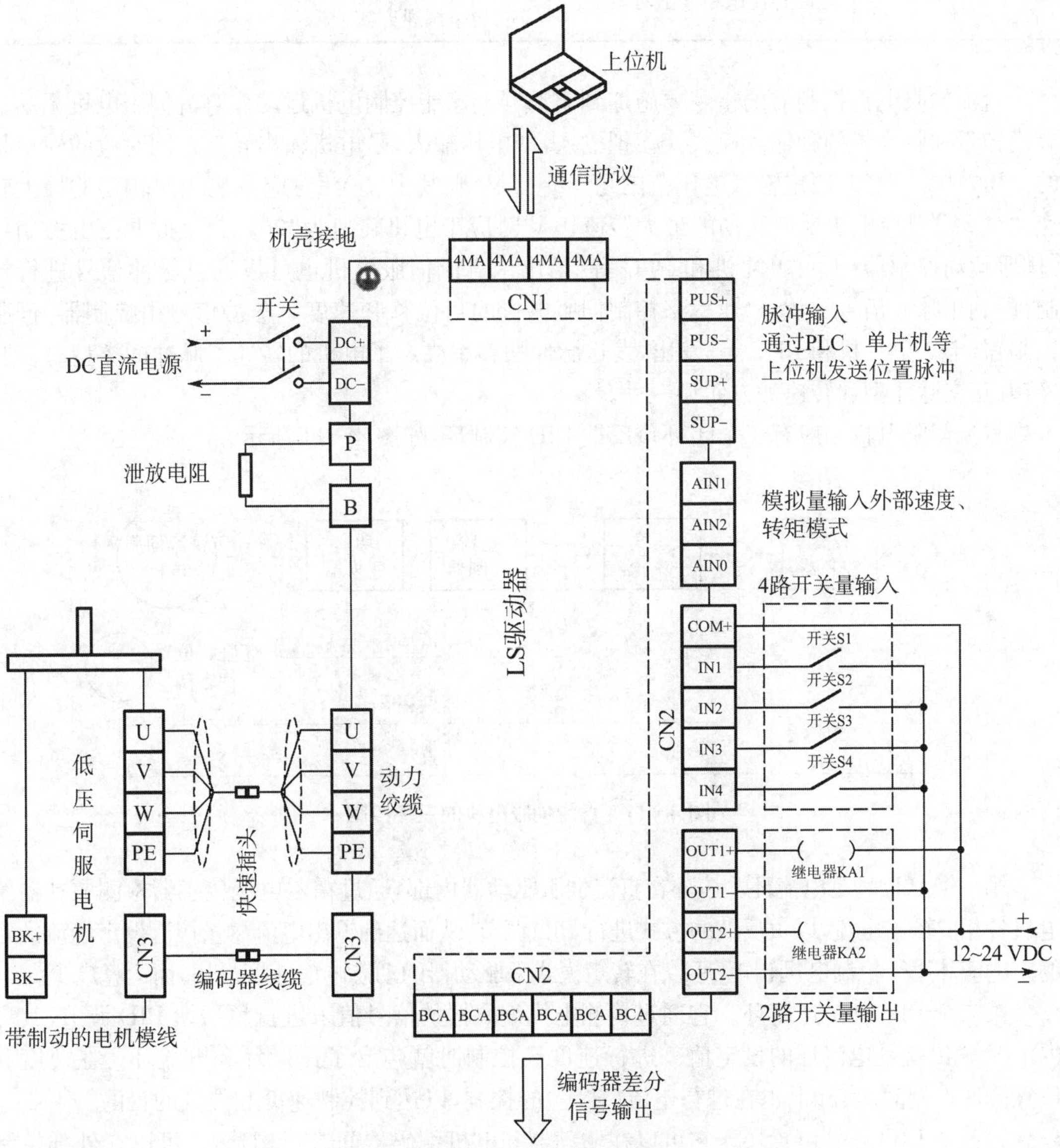

图 4-10　直流伺服电机接线图

4.2.2 直流伺服电机控制方式

直流伺服电机的控制方式主要有电枢电压控制和励磁磁场控制两种，其特点见表4-3。

表4-3 直流伺服电机控制方式及特点

控制方式	定　义	特　点
电枢电压控制	在定子磁场不变的情况下，通过控制施加在电枢绕组两端的电压信号，来控制电动机的转速和输出转矩	采用电枢电压控制方式时，由于定子磁场保持不变，其电枢电流可以达到额定值，相应地输出转矩也可以达到额定值，这种方式又被称为恒转矩调速方式
励磁磁场控制	通过改变励磁电流的大小来改变定子磁场强度，从而控制电动机的转速和输出转矩	采用励磁磁场控制方式时，由于电动机在额定运行条件下磁场已接近饱和，只能通过减弱磁场的方法来改变电动机的转速，这种方式又称为恒功率调速方式

直流伺服电机控制器的指令要施加到驱动器上才能控制电机运动。直流伺服电机驱动器有模拟量和脉冲量两种输入模式。模拟输入，即电压输入，是电机输出转速范围对应的模拟量的电压范围。例如，假定输入电压范围是－5～5 V，则其中“5 V”对应电机正向转动的最大转速，“－5 V”对应电机反向转动的最大转速，0 V对应于电机转速为“0”。该模拟电压由控制器[伺服运动控制器(卡)、单片机和PLC等]给出。直流伺服电机也可以通过脉冲信号进行控制，即利用脉冲信号的数量、速率来控制伺服电机的角位移和速度。脉冲信号由控制器[伺服控制器(卡)、单片机和PLC等]发出，发送脉冲的频率决定了电机的转速。脉冲的类型有双脉冲型、正交脉冲型和转速加方向型三种。

直流伺服电机一般有三个闭环负反馈PID控制环，如图4-11所示。

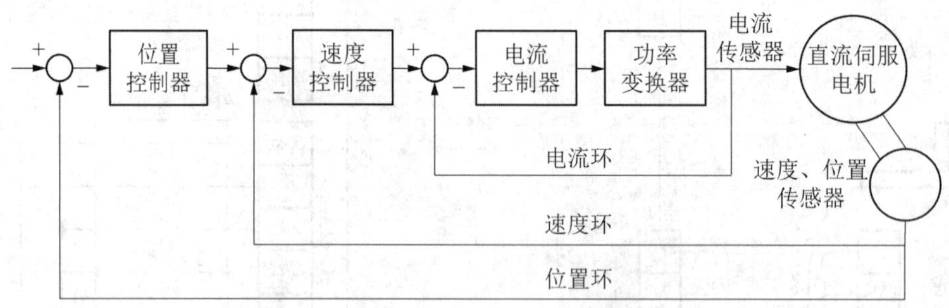

图4-11 直流伺服电机的三环控制

第一个PID环是电流环。该环在直流伺服驱动器内部，通过霍尔电流传感器检测驱动器给电机各相的输出电流，以负反馈的方式进行PID调节，从而达到输出电流尽量接近设定电流的目的。电流环用于控制电机转矩，所以在转矩模式下驱动器的动态响应速度最快，而运算最少。

第二个PID环是速度环。它通过检测电机编码器的信号值来进行负反馈PID调节，其环内PID输出就是电流环的设定值。进行速度环控制时就包含了速度环和电流环。在速度和位置同时控制时，实际上也在进行电流(转矩)的控制，以达到控制速度和位置的目的。

第三个PID环是位置环。它可以在驱动器和电机编码器间进行构建，也可以在外部控制器和电机编码器或最终负载之间进行构建。由于位置控制环内部输出就是速度环的设定，所以在位置控制模式下系统进行了三个环的运算和控制，此时系统的动态响应速度也最慢，而运算量最大。

直流伺服电机有转矩控制、位置控制和速度控制三种模式，其特点如下：

(1) 转矩控制。转矩控制方式是通过外部模拟量的输入或直接地址的赋值来设定电机轴对外输出转矩的大小。每一种直流伺服电机驱动器说明书会给出与电枢转矩对应的模拟电压范围。通过即时改变模拟量的设定值可以改变电机输出转矩。

(2) 位置控制。位置控制模式一般是通过外部输入的脉冲频率来确定转动速度的大小，通过脉冲的个数来确定转动的角度，也有些伺服系统可以通过通信方式直接对速度和位移进行赋值。位置模式也支持直接负载外环检测位置信号，此时电机轴端的编码器只检测电机转速，位置信号就直接由最终负载端的检测装置提供，这种方式的优点是可以减少中间传动过程的误差，提高了整个系统的定位精度。

(3) 速度控制。通过模拟量的输入或脉冲频率都可以进行转动速度的控制，在有上位控制装置的外环 PID 控制时，速度模式也可以进行定位，但必须把电机的位置信号或直接负载的位置信号给上位反馈以做运算用。

4.2.3 直流伺服控制系统设计应注意的问题

对于直流伺服控制系统，当执行机构运行速度较高或速度变化较为频繁时，需要考虑惯量匹配、频率匹配、编码器选型等问题。

(1) 惯量匹配。直流伺服电机的转子的转动惯量 J_M 和负载的执行机构等效转动惯量 J_E 的比值 J_E/J_M 要在合理的范围内，称为惯量匹配。该范围与负载的平稳性、执行机构的响应时间要求及负载的加减速要求有关，具体范围见表 4-4。

表 4-4 直流伺服电机惯量匹配要求

负载特性、加减速等要求	惯量匹配要求	应 用
载荷变换较大，加减速频繁、过渡时间极短的随动系统	$J_E/J_M = 0.8 \sim 1.2$	(1) 有精密定位要求的领域，如精密数控工作台、包装机、精密仪器等 (2) 有位移、速度、加速度精确控制要求的场合，如精密数控机床、加工中心、工业机器人等 (3) 响应时间较短的精密跟踪随动系统，如激光跟踪仪、武器随动系统等 (4) 工业和生产过程的伺服控制
载荷有变化，有一定加减速要求，过渡时间短	$J_E/J_M=0.8\sim5$	
载荷稳定，过渡时间没有严格要求	$J_E/J_M < 10$	

在设计基于直流伺服电机的机电一体化系统中，当出现惯量匹配不满足的情况时，可以考虑在电机和负载之间增加减速器或增大减速比来实现惯量匹配目标。

(2) 频率匹配。直流伺服电机可以等效成一个“弹簧-质量-阻尼系统”，其负载等效转动惯量可以由式(4-9)确定。某一直流伺服电机一旦选定，其轴径、长度、材料随即确定，$k = GI_p/l$ 为电机轴的扭转刚度；$I_p = \pi d^4/32$ 为电机轴的极惯性矩；G 为轴用材料的剪切弹性模量；d 为电机轴直径；l 为电机轴长度；对于固有频率 $\omega_n = \sqrt{k/J_M}$，其对应的频率 $f_n = \dfrac{1}{2\pi}\sqrt{k/J_M}$。当输入直流伺服电机驱动器的脉冲频率等于电机固有频率 f_n 时，电机的噪声和振动会增大。因此，直流伺服电机存在谐振区，但其谐振频率可以通过调整负载转动惯量、阻尼来调整。

(3) 过渡时间估算。直流伺服电机控制系统受到扰动作用后，被控变量从原稳定状态恢

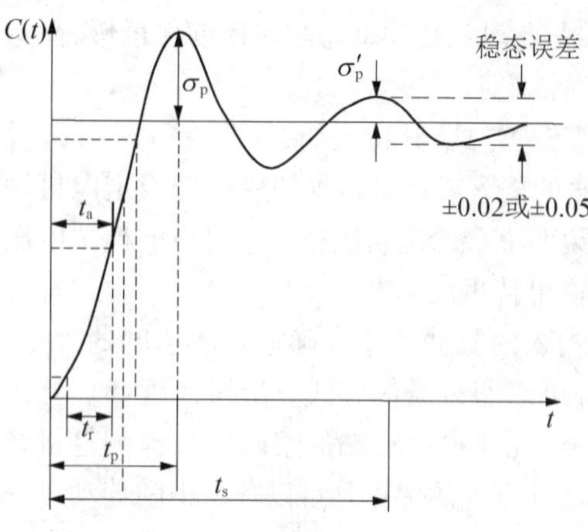

图 4-12 控制系统过渡时间

复到新的平衡状态，所经历的最短时间称为过渡时间。理论上过渡时间为无限长，但为了便于应用，一般规定只要被控变量进入新稳态值的±2%（或±5%）范围，至再越出时为止，所经历的最短时间，如图 4-12 所示。

对于直流伺服电机，其过渡时间为

$$t_s=\begin{cases}\dfrac{3.5}{\xi\omega_n} & e(\infty)=0.02\\[2ex] \dfrac{4.4}{\xi\omega_n} & e(\infty)=0.05\end{cases} \tag{4-10}$$

式中，ξ 为伺服电机控制系统的阻尼比；ω_n 为伺服电机控制系统的固有频率。

（4）编码器选型。编码器有绝对编码器和相对编码器两种类型，其中相对编码器也称增量式编码器。两种编码器的特点见表 4-5。根据掉电后位移是否需要记忆和成本等因素可以确定具体类型。

表 4-5 绝对式编码器和相对式编码器

编码器类型	定义	特点	成本	输出信号类型
绝对编码器	光码盘上有许多道刻线，每道刻线依次以 2 线、4 线、8 线、16 线、…编排，在编码器的每一个位置，通过读取每道刻线的通、暗，可以获得一组从 2 的 0 次方到 2 的 $n-1$ 次方的唯一的二进制编码（格雷码），称为 n 位绝对编码器。输出绝对位移的编码器，位移原点由传感器厂家确定	输出的是绝对位移值，掉电重新上电后，其位移数据不丢失	高	位移值
相对编码器	断电后坐标系不再存在，必须在重新上电后回原点或原点预置。每产生一个输出脉冲信号就对应于一个增量位移，位移原点由用户自行指定	输出的是相对于用户自己指定基准点的相对位置，掉电后位移丢失	低	脉冲数量

4.2.4 直流伺服电机及其控制器选型

直流伺服电机的选型步骤如图 4-13 所示。

控制参量确定

控制对象数量确定：n个$\{A_1, A_2, \cdots, A_n\}$；

控制对象运动类型确定：{直线运动；旋转运动}

控制指标确定：

A_1指标：{R_{m1}为运动范围；P_{a1}为定位精度值；M_{r1}为最大速度(线速度/角速度)；M_{a1}为最大加速度(线加速度/角加速度)；M_{pr1}为工作阻力(力/力矩)；R_{s1}为调速范围；T_{r1}为响应时间}

A_2指标：{R_{m2}为运动范围；P_{a2}为定位精度值；M_{r2}为最大速度(线速度/角速度)；M_{a2}为最大速度(线加速度/角加速度)；M_{pr2}为工作阻力（力/力矩）；R_{s2}为调速范围；T_{r2}为响应时间}

…

A_n指标：{R_{mn}为运动范围；P_{an}为定位精度值；M_{rn}为最大速度(线速度/角速度)；M_{an}为最大加速度(线加速度/角加速度)；M_{prn}为工作阻力(力/力矩)；R_{sn}为调速范围；T_{rn}为响应时间}

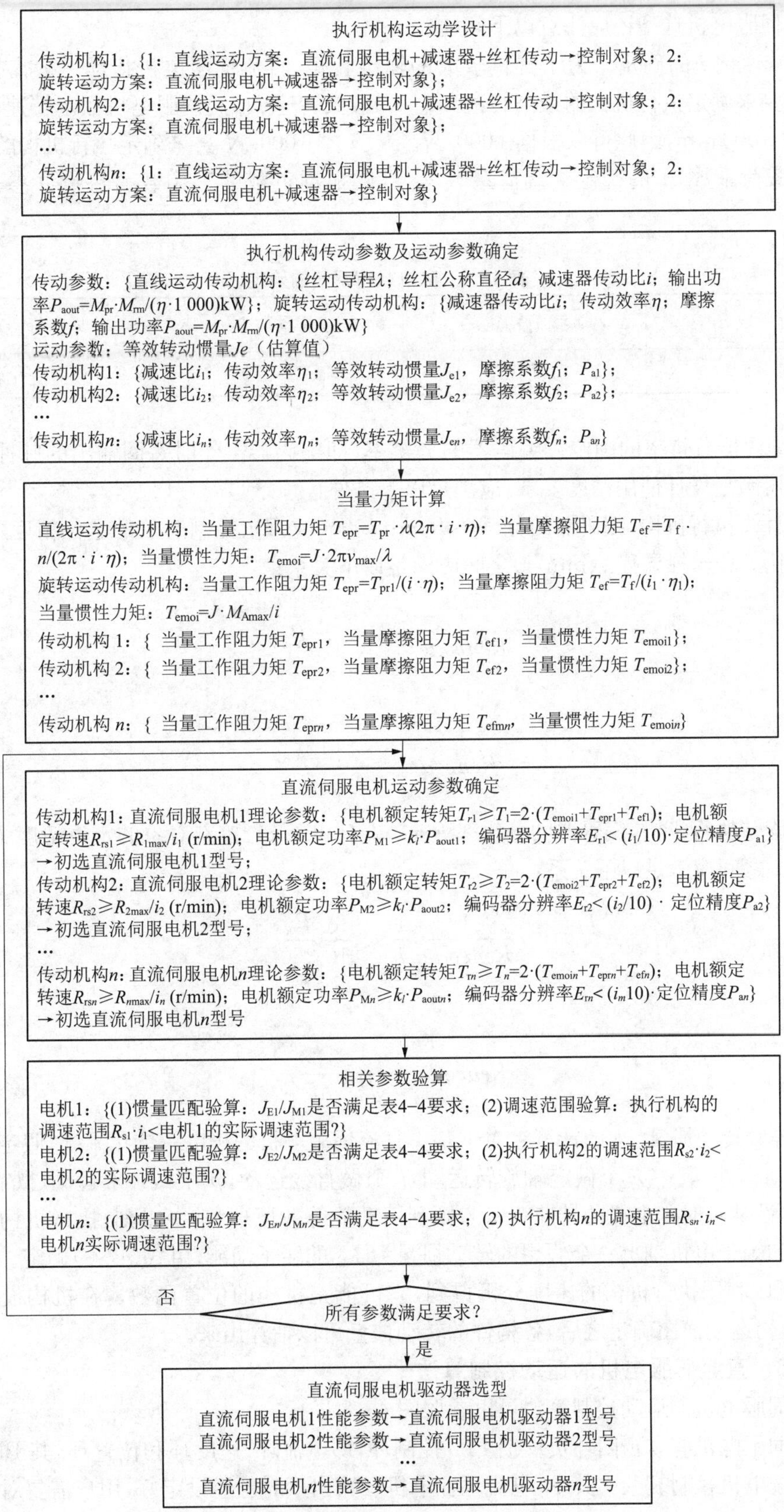

执行机构运动学设计

传动机构1：{1：直线运动方案：直流伺服电机+减速器+丝杠传动→控制对象；2：旋转运动方案：直流伺服电机+减速器→控制对象}；
传动机构2：{1：直线运动方案：直流伺服电机+减速器+丝杠传动→控制对象；2：旋转运动方案：直流伺服电机+减速器→控制对象}；
…
传动机构n：{1：直线运动方案：直流伺服电机+减速器+丝杠传动→控制对象；2：旋转运动方案：直流伺服电机+减速器→控制对象}

↓

执行机构传动参数及运动参数确定

传动参数：{直线运动传动机构：{丝杠导程λ；丝杠公称直径d；减速器传动比i；输出功率$P_{aout}=M_{pr}\cdot M_{rm}/(\eta\cdot 1\,000)$kW}；旋转运动传动机构：{减速器传动比$i$；传动效率$\eta$；摩擦系数$f$；输出功率$P_{aout}=M_{pr}\cdot M_{rm}/(\eta\cdot 1\,000)$kW}
运动参数：等效转动惯量Je（估算值）
传动机构1：{减速比i_1；传动效率η_1；等效转动惯量J_{e1}，摩擦系数f_1；P_{a1}}；
传动机构2：{减速比i_2；传动效率η_2；等效转动惯量J_{e2}，摩擦系数f_2；P_{a2}}；
…
传动机构n：{减速比i_n；传动效率η_n；等效转动惯量J_{en}，摩擦系数f_n；P_{an}}

↓

当量力矩计算

直线运动传动机构：当量工作阻力矩 $T_{epr}=T_{pr}\cdot\lambda(2\pi\cdot i\cdot\eta)$；当量摩擦阻力矩 $T_{ef}=T_f\cdot n/(2\pi\cdot i\cdot\eta)$；当量惯性力矩：$T_{emoi}=J\cdot 2\pi v_{max}/\lambda$
旋转运动传动机构：当量工作阻力矩 $T_{epr}=T_{pr1}/(i\cdot\eta)$；当量摩擦阻力矩 $T_{ef}=T_f/(i_1\cdot\eta_1)$；当量惯性力矩：$T_{emoi}=J\cdot M_{Amax}/i$
传动机构 1：{ 当量工作阻力矩 T_{epr1}，当量摩擦阻力矩 T_{ef1}，当量惯性力矩 T_{emoi1}}；
传动机构 2：{ 当量工作阻力矩 T_{epr2}，当量摩擦阻力矩 T_{ef2}，当量惯性力矩 T_{emoi2}}；
…
传动机构 n：{ 当量工作阻力矩 T_{eprn}，当量摩擦阻力矩 T_{efmn}，当量惯性力矩 T_{emoin}}

↓

直流伺服电机运动参数确定

传动机构1：直流伺服电机1理论参数：{电机额定转矩$T_{r1}\geqslant T_1=2\cdot(T_{emoi1}+T_{epr1}+T_{ef1})$；电机额定转速$R_{rs1}\geqslant R_{1max}/i_1$ (r/min)；电机额定功率$P_{M1}\geqslant k_l\cdot P_{aout1}$；编码器分辨率$E_{r1}<(i_1/10)\cdot$定位精度$P_{a1}$}→初选直流伺服电机1型号；
传动机构2：直流伺服电机2理论参数：{电机额定转矩$T_{r2}\geqslant T_2=2\cdot(T_{emoi2}+T_{epr2}+T_{ef2})$；电机额定转速$R_{rs2}\geqslant R_{2max}/i_2$ (r/min)；电机额定功率$P_{M2}\geqslant k_l\cdot P_{aout2}$；编码器分辨率$E_{r2}<(i_2/10)\cdot$定位精度$P_{a2}$}→初选直流伺服电机2型号；
…
传动机构n：直流伺服电机n理论参数：{电机额定转矩$T_{rn}\geqslant T_n=2\cdot(T_{emoin}+T_{eprn}+T_{efn})$；电机额定转速$R_{rsn}\geqslant R_{nmax}/i_n$ (r/min)；电机额定功率$P_{Mn}\geqslant k_l\cdot P_{aoutn}$；编码器分辨率$E_{rn}<(i_n 10)\cdot$定位精度$P_{an}$}→初选直流伺服电机$n$型号

↓

相关参数验算

电机1：{(1)惯量匹配验算：J_{E1}/J_{M1}是否满足表4-4要求；(2)调速范围验算：执行机构的调速范围$R_{s1}\cdot i_1<$电机1的实际调速范围?}
电机2：{(1)惯量匹配验算：J_{E2}/J_{M2}是否满足表4-4要求；(2)执行机构2的调速范围$R_{s2}\cdot i_2<$电机2的实际调速范围?}
…
电机n：{(1)惯量匹配验算：J_{En}/J_{Mn}是否满足表4-4要求；(2) 执行机构n的调速范围$R_{sn}\cdot i_n<$电机n实际调速范围?}

↓

所有参数满足要求？（否→返回直流伺服电机运动参数确定）

是 ↓

直流伺服电机驱动器选型

直流伺服电机1性能参数→直流伺服电机驱动器1型号
直流伺服电机2性能参数→直流伺服电机驱动器2型号
…
直流伺服电机n性能参数→直流伺服电机驱动器n型号

图 4-13 直流伺服电机选型方法

直流伺服电机选型还应注意以下问题：

(1) 减速比 i 的确定。为了提供较大的输出转矩，直流伺服电机传动一般需要减速器。根据工作要求确定执行机构的最高转速 N_{max} 和最低转速 N_{min}，伺服电机额定转速较高，一般在 1000～3000 r/m，因此可以根据 $1000/N_{max} < i < 3000/N_{max}$ 来确定执行机构的减速比 i。

(2) 载荷系数 k_l 的确定。载荷系数 k_l 可以根据负载的工作载荷特点并参照表 4-6 确定。

表 4-6 电机载荷系数的确定

载荷系数 k_l	载荷特点	载荷系数 k_l	载荷特点
1.1～1.5	载荷稳定	1.5～2.0	载荷变化较大

(3) 编码器分辨率的确定。编码器的分辨率，即编码器工作时每圈输出的脉冲数。为了保证编码器满足设计使用精度要求，应满足以下条件：

对于直线执行机构，编码器的分辨率 *Rencode*(pulse/r)、控制对象的定位精度 P_a(mm)、机构减速比 i 和丝杠导程 λ(mm/r)之间应满足以下关系：

$$\frac{1}{Rencode}\frac{1}{i}\lambda < \frac{1}{10}P_a \tag{4-11}$$

即

$$Rencode > \frac{1}{P_a}\frac{10\lambda}{i} \tag{4-12}$$

对于旋转执行机构，编码器的分辨率 *Rencode*(pulse/r)、控制对象的定位精度 P_a(°)和机构减速比 i 之间应满足以下关系：

$$\frac{1}{Rencode}\frac{1}{i} < \frac{1}{10}\frac{P_a}{360} \tag{4-13}$$

即

$$Rencode > \frac{1}{P_a}\frac{3\,600}{i} \tag{4-14}$$

(4) 等效转动惯量 J_E 的计算。对于基于直流伺服电机的机电一体化系统，假定执行机构有 n 个运动构件，其中 k 个做定轴旋转运动，l 个做直线运动，p 个做一般运动(既有转动，也有平动)。设某一时刻电机的转速为 ω_M，则利用动能等效原理，某一时刻，执行机构所有构件的动能之和等于电机轴上一个假想的转动惯量为 J_E 的转子动能，由式(4-8)确定。等效转动惯量 J_E 可以利用执行机构的速度分析得到，它可能是机构的位置函数。在机构设计的初期阶段，即机构运动简图确定之后，各构件的转动惯量可以估算出来。

4.2.5 直流伺服电机的运动控制算法

直流伺服电机的运动控制算法可以参照图 4-8 进行。

直流伺服电机有 3 个闭环负反馈 PID 控制环，即电流环、速度环和位置环，其 PID 参数整定要比步进电机控制复杂。其中，电流环在电机厂家出厂时已经设定好，用户需要对速度环和位置环进行整定。电流环是响应最快的，目的是迅速处理和跟踪速度环的输出。即便当速度环设定为最高工作带宽,电流环仍然比其快 4 倍,这样是为了保证系统稳定。同样,速度环应该总是比位置环响应快,否则系统只可能变得不稳定。

位置环的输入是外部的脉冲,即位移换算成的脉冲数。它经过平滑滤波处理后作为位置环的设定,设定和来自编码器反馈的脉冲信号经过偏差计数器计算后的数值,再经过位置环的 PID 调节后输出,输出的值和位置给定的前馈信号的合值就构成了速度环的给定。

在位置模式需要调节位置环时,一般先调节速度环,要根据外部负载的机械传动连接方式、负载的运动形式、负载惯量、对速度和加速度的要求及电机本身的转动惯量等条件来决定。调节的方法是根据外部负载的情况,按照经验范围,将增益参数从小往大调,积分时间常数从大往小调,以不出现振动超调的稳态值为最佳值进行设定。

(1) 速度环整定。速度环主要进行 PI(比例和积分)调节,比例就是增益,所以要对速度增益和速度积分时间常数进行合适的调节,才能达到理想效果。

(2) 位置环整定。位置环主要进行 P(比例)调节。对此只设定位置环的比例增益即可。

4.3 交流伺服电机的控制方式、选型及其控制系统设计

交流伺服电机的定子上装有空间互差 90°的励磁绕组和控制绕组。交流伺服电机启动转矩大、调速范围宽。交流伺服电机由驱动器提供交流电源,电机由驱动器驱动,由装在电机轴上的编码器反馈电机角位移,形成闭环控制。

交流伺服电机及驱动器如图 4-14 所示。

(a) 交流伺服电机

(b) 交流伺服电机驱动器

图 4-14 交流伺服电机及驱动器

交流同步电机是指转子由永磁材料制成,转动后,随着定子旋转磁场的变化,转子也做相应频率的速度变化,而且转子速度等于定子速度,称为同步。交流同步电机的转速为

$$N_r = N_s = 60\frac{f}{p} \tag{4-15}$$

式中,N_r 为转子旋转转速;N_s 为同步转速;f 为交流电源频率(定子供电频率);p 为定子和转子的极对数。

交流异步电机的转子由感应线圈和铁心材料构成。转动后,定子产生旋转磁场,磁场切割转子的感应线圈,转子线圈产生感应电流,进而转子产生感应磁场,感应磁场追随定子旋转磁场的变化。交流异步电机的转差率是表示转子与定子速度差的比率。定子三相绕组通三相交流电产生旋转磁场,磁场切割转子中的导体,导体感应电流与定子磁场相互作用产生电磁转矩推动转子转动。转子旋转转速 N_r 为

$$N_r = N_s = 60\frac{f(1-s)}{p} \tag{4-16}$$

式中,N_s 为同步转速;f 为交流电源频率(定子供电频率);p 为定子和转子的极对数;s 为转差率,$s=(N_s-N_r)/N_s$。

从式(4-14)和式(4-15)可以看出,通过改变交流电机电子供电频率 f 来改变电机转速,

这就是交流电机变频调速的原理。

4.3.1 交流伺服电机控制系统组成

交流伺服电机控制系统主要由控制器、驱动器、伺服电机和编码器组成，有 AC380 V 和 AC220 V 两种交流伺服系统。图 4-15 所示为 380 V 交流伺服电机控制系统，图中，控制器来自上位机，可能是伺服控制器（卡），也可能是单片机或 PLC。

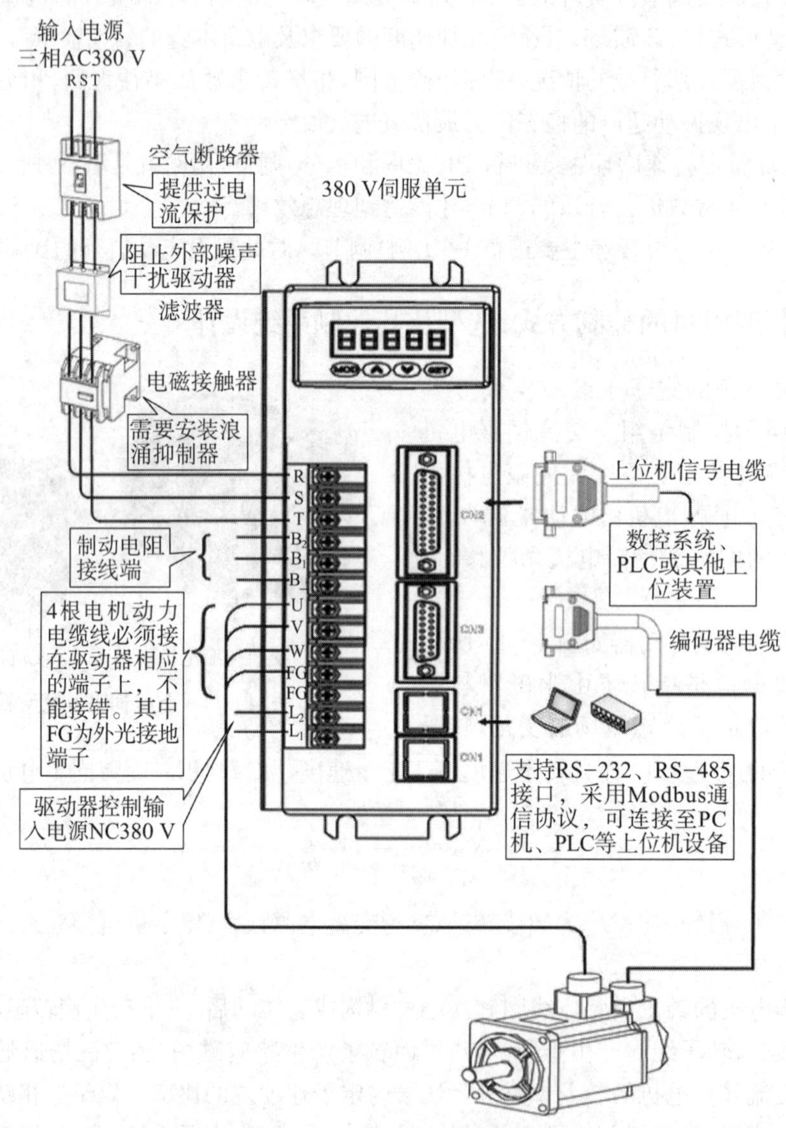

图 4-15 380 V 交流伺服电机控制系统

4.3.2 交流伺服电机控制方式

交流伺服电机有幅相控制、相位控制和幅值控制三种类型，其特点如下：

(1) 幅相控制方式。通过改变控制电压的幅值及控制电压与励磁电压相位差来控制伺服电机的转速。

(2) 相位控制方式。当控制电压和励磁电压均为额定值，可通过改变控制电压和励磁电压相位差，实现对伺服电机的控制，即保持控制电压 U_C 的幅值不变，仅改变其相位。

(3) 幅值控制方式。控制电压和励磁电压保持相位差 90°，只改变控制电压幅值，即保持控制电压 U_C 的相位角不变，仅改变其幅值大小。

上述伺服电机的三种控制方式都有不同的功能，在实际应用过程中，需要根据交流伺服电机的工作需求选择合适的控制方式。

交流伺服电机驱动器有模拟量和脉冲量两种输入模式。模拟量就是电压，即与电机输出转速范围对应模拟量的电压范围，假定输入电压范围是 −5～5 V，则其中"5 V"对应电机正向转动的最大转速，"−5 V"对应电机反向转动的最大转速，0 V 对应电机转速为"0"。该模拟电压由控制器[伺服运动控制器(卡)、单片机和 PLC 等]给出。脉冲信号由控制器[伺服控制器(卡)、单片机和 PLC 等]发出，发送脉冲的频率决定了电机的转速。脉冲的类型有双脉冲、正交脉冲和转速加方向型三种。

交流伺服电机也有三个闭环负反馈，如图 4-16 所示，分别为 PID 电流环、PID 速度环和 PID 位置环。

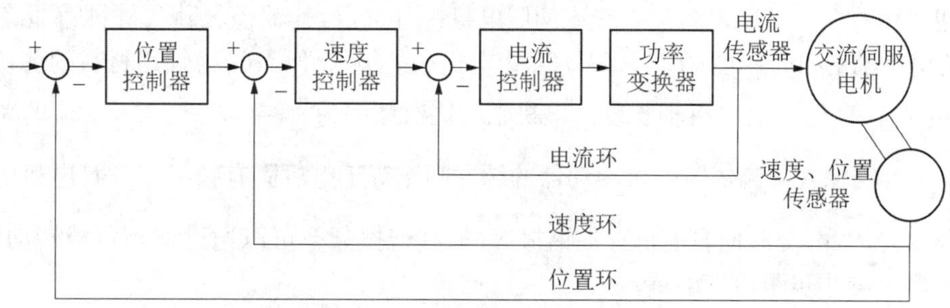

图 4-16 交流伺服电机三环控制

交流伺服电机也有转矩控制、位置控制和速度控制三种模式，其特点如下：

(1) 转矩控制。转矩控制方式是通过外部模拟量的输入或直接地址的赋值来设定电机轴对外输出转矩的大小。每一种交流伺服电机驱动器说明书会给出与电枢转矩对应的模拟电压范围。通过即时改变模拟量的设定值可以改变电机输出转矩。

(2) 位置控制。位置控制模式一般是通过外部输入的脉冲频率来确定转动速度的大小，通过脉冲的个数来确定转动的角度，也有些伺服系统可以通过通信方式直接对速度和位移进行赋值。位置模式也支持直接负载外环检测位置信号，此时电机轴端的编码器只检测电机转速，位置信号就直接由最终负载端的检测装置来提供，这样的优点是可以减少中间传动过程的误差，提高了整个系统的定位精度。

(3) 速度控制。通过模拟量的输入或脉冲频率都可以进行转动速度的控制，在有上位控制装置的外环 PID 控制时，速度模式也可以进行定位，但必须把电机的位置信号或直接负载的位置信号给上位反馈以做运算用。

4.3.3 交流伺服控制系统设计应注意的问题

对于交流伺服控制系统，当执行机构运行速度较高或速度变化较为频繁，需要考虑惯量匹配、频率匹配问题。

(1) 惯量匹配。交流伺服电机的惯量匹配是指电机转子的转动惯量 J_M 和负载的执行机构等效转动惯量 J_E 的比值 J_M/J_E 应保持在合理范围内，而该范围与负载的平稳性、执行机构的响应时间要求及负载的加减速要求有关，具体范围见表 4 - 7。

表 4 - 7 交流伺服电机惯量匹配要求

负载特性、加减速等要求	惯量匹配要求	应用
载荷变换较大，加减速频繁、过渡时间极短的随动系统	$J_E/J_M = 0.8 \sim 1.2$	(1) 有精密定位精度要求的领域，如精密数控工作台、包装机、精密仪器等 (2) 有位移、速度、加速度精确控制要求场合，如精密数控机床、加工中心、工业机器人等 (3) 响应时间较短的精密跟踪随动系统，如激光跟踪仪、武器随动系统等 (4) 工业和生产过程的伺服控制
载荷有变化，有一定加减速要求，过渡时间短	$J_E/J_M = 0.8 \sim 5$	
载荷稳定，过渡时间没有严格要求	$J_E/J_M < 10$	

当惯量匹配不满足时，可以考虑在电机和负载之间增加减速器或增大减速比来实现。

(2) 频率匹配。交流伺服电机也可以等效成一个“弹簧-质量-阻尼系统”，其负载等效转动惯量可以由式(4 - 9)确定。某一交流伺服电机一旦选定，其轴径、长度、材料随即确定，$k = GI_p/l$ 为电机轴的扭转刚度；$I_p = \varpi d^4/32$ 为电机轴的极惯性矩；G 为轴用材料的剪切弹性模量；d 为电机轴直径；l 为电机轴长度。电机轴的固有频率为 $\omega_n = \sqrt{k/J_M}$，其对应的频率 $f_n = \frac{1}{2\pi}\sqrt{k/J_M}$。当输入交流伺服电机驱动器的脉冲频率等于电机固有频率 f_n 时，电机的噪声和振动会增大。因此，交流伺服电机存在谐振区，但其谐振频率可以通过调整负载转动惯量、阻尼及通过细分减小步距角来调整。

(3) 过渡时间估算。交流伺服电机过渡时间估算可以参照直流伺服电机的过渡时间估算[式(4 - 9)]进行。

(4) 编码器选型。交流伺服电机编码器的选型可以参照直流伺服电机进行。

4.3.4 交流伺服电机及其控制器选型

交流伺服电机的选型步骤可以参照图 4 - 13 直流伺服电机的选型方法进行。交流伺服电机选型中减速比、载荷系数 k_l、编码器分辨率的确定及等效转动惯量计算等问题可以参照直流伺服电机的选型进行。

4.3.5 交流伺服电机的运动控制算法

基于交流伺服电机的运动控制算法可以参照图 4 - 8 进行，其中电流环、速度环和位置环的 PID 参数整定，可以参照直流伺服电机的整定方法进行。

4.4 液压缸的控制方式、设计选型及其控制系统设计

在执行机构需要输出较大的力或力矩，且需要精确控制的场合，一般应用液压缸，采用电液液压比例/伺服控制方式。

4.4.1 液压缸的结构及工作原理

液压缸作为执行机构，是将液压能转变为机械能，且做直线往复运动(或摆动运动)的液压执行元件，其典型结构如图 4 - 17 所示。

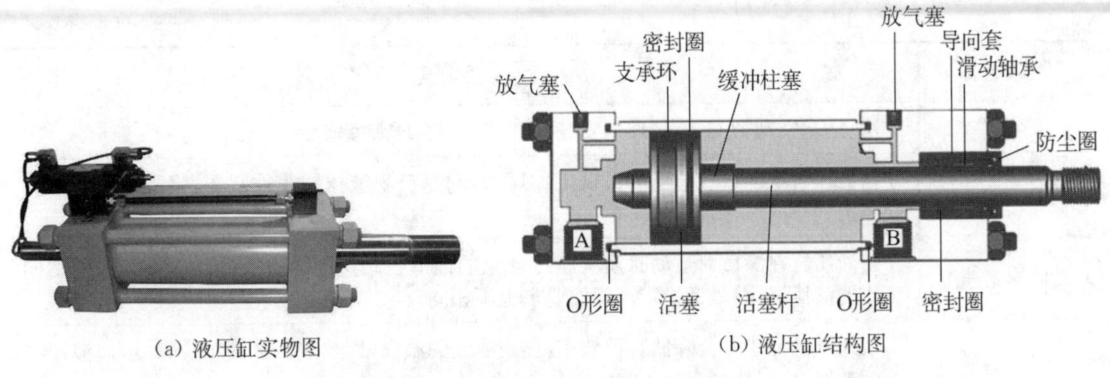

(a) 液压缸实物图　(b) 液压缸结构图

图 4-17　液压缸实物及结构图

液压缸按运动方式可分为直线往复运动式和回转摆动式；按液压力作用可分为单作用式和双作用式；按结构形式可分为活塞式、柱塞式、多级伸缩套筒式、齿轮齿条式等；按安装形式可分为拉杆、耳环、底脚、铰轴等；按压力等级可分为 16 MPa、25 MPa、31.5 MPa 等。

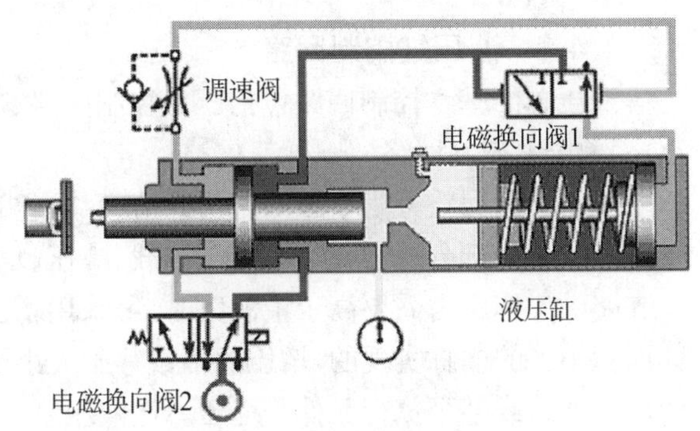

图 4-18　液压缸工作原理

液压缸的工作原理如图 4-18 所示。泵将具有一定压力的液压油输出到缸筒里，并作用到活塞上；液压缸输出的力与活塞有效面积及其两边的压差成正比。

液压缸基本上由缸筒和缸盖、活塞和活塞杆、密封装置、缓冲装置与排气装置组成。缓冲装置与排气装置视具体应用场合而定，其他装置则必不可少。液压缸的结构形式有活塞缸、柱塞缸、摆动缸三大类，活塞缸和柱塞缸实现往复直线运动，输出速度和推力，摆动缸实现往复摆动，输出角速度（转速）和转矩。

4.4.2　液压缸主要参数

液压缸的参数分为技术参数和结构参数，见表 4-8。

表 4-8　液压缸的主要参数

参数名称	参数定义
油缸直径	油缸缸径、内径尺寸
进出口直径及螺纹参数	液压油进出液压缸的管径及螺纹参数
活塞直径	活塞杆的直径
油缸压力	油缸工作压力，计算时一般用试验水压，低于 16 MPa 时乘 1.5；高于 16 MPa 时乘 1.25
油缸行程	活塞杆的动作长度，带有缓冲装置的液压缸，包括缓冲长度
有无缓冲	是否带有缓冲装置取决于工作条件，如果冲击较大，活塞杆会伸出、收缩，通常需要缓冲

（续表）

参数名称	参数定义
安装方式	法兰安装、销轴安装、耳环型安装、底座型安装、球头型安装
最低启动压力	指液压缸在空载状态下的最低工作压力，它是反映液压缸零件制造、装配精度及密封摩擦力大小的综合指标
最低稳定速度	指液压缸在满负荷运动时没有爬行现象的最低运动速度，它没有统一指标，承担不同工作的液压缸，对最低稳定速度的要求也不相同
内部泄漏	液压缸内部泄漏会降低容积效率，加剧油液的温升，影响液压缸的定位精度，使液压缸不能准确、稳定地停在指定的位置

4.4.3 液压缸控制回路

液压缸的基本控制回路包括压力控制回路、速度控制回路、方向控制回路、多缸控制回路。

1) 压力控制回路

压力控制回路分为增压回路与卸荷回路，它利用溢流阀和减压阀等压力控制阀，来控制整个系统或某一部分压力，达到调压、卸载、减压、增压、平衡、保压的目的。在液压系统中，若某一支路的工作压力需要高于主油路时，可采用增压回路。增压回路利用串联在一起的两个工作面积不等的油缸实现的，增压的倍数等于大小油缸面积之比，如图 4－19 所示。它能使系统的局部油路或某个执行元件获得压力比液压泵工作压力高 n 倍(2～7 倍)的高压油。

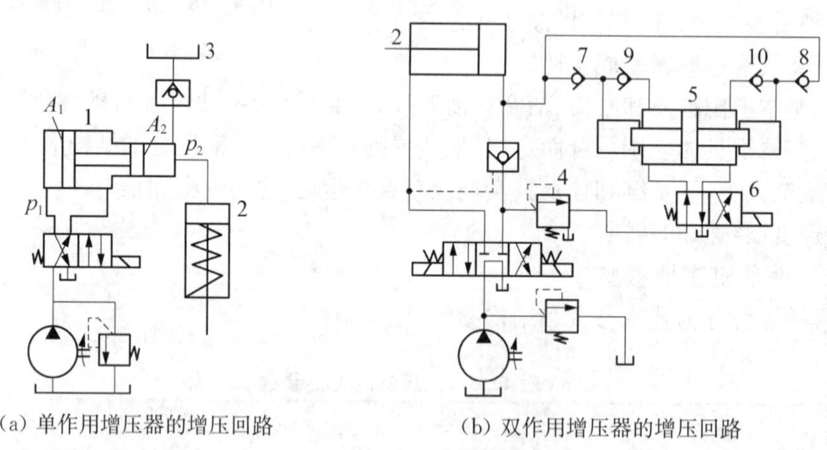

(a) 单作用增压器的增压回路 (b) 双作用增压器的增压回路

1—增压器；2—工作缸；3—补油箱；4—顺序阀；5—双作用增压器；6—换向阀；7～10—单向阀

图 4－19 增压控制回路

(1) 具有单作用增压器的增压回路。图 4－19a 所示为采用单作用增压器的增压回路，其适用于单向作用力大、行程小、作业时间短的场合，如制动器、离合器等。其工作原理为：当换向阀处于右位时，增压器输出压力为 $p_2=p_1A_1/A_2$ 的压力油进入工作缸；当换向阀处于左位时，工作缸靠弹簧力回程，补油箱的油液在大气压力作用下，经油管顶开单向阀向增压器右腔补油。该回路的缺点是不能得到连续的高压油。

(2) 具有双作用增压器的增压回路。图 4－19b 所示为双作用增压器的增压回路，能连续输出高压油，适用于增压行程要求较长的场合。当工作缸向左运动遇到较大负载时，系统压力升高，油液经顺序阀进入双作用增压器。增压器活塞不论往左或往右运动，均能输出高压油，只要换向阀不断切换，增压器就不断往复运动，高压油就连续经单向阀 7 或 8 进入工作缸右腔。此时单向阀 9 或 10 有效地隔开了增压器的高低压油路。工作缸向右运动时增压回路不起作用。

(3) 卸荷回路。系统中部分停止工作时，泵不停止，但泵出的油液经过电磁换向阀直接回油缸，形成低压循环，从而节省动力消耗、减少发热，如图 4－20 所示。

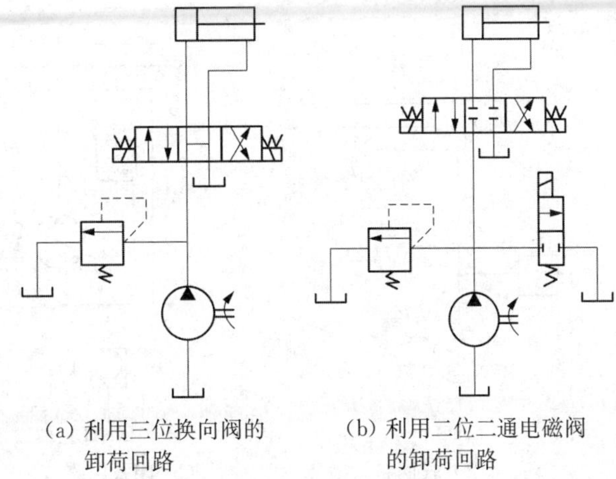

(a) 利用三位换向阀的卸荷回路　(b) 利用二位二通电磁阀的卸荷回路

图 4－20　卸荷回路

2) 速度控制回路

液压系统速度控制基本要求包括四个方面：能在规定的调速范围内调节执行元件的速度；在负荷变化时，速度变化尽可能小，系统具有足够的刚性；具有驱动执行元件所需要的力或力矩；功率损失小、效率高、发热小。

(1) 节流调速。采用定量泵供油，依靠流量控制阀调节流量来改变速度，包括进油节流调速、回油节流调速和旁路节流调速回路三种。

① 进油节流调速回路。如图 4－21a 所示，液压缸动作后，活塞杆缓慢动作，逐渐调大通流面积可以观察到活塞杆运动速度增大；在运行过程中，活塞杆动作时快时慢，这是由于进油口有节流阀限制流量，而在回油口又没有背压阀的原因，运动平稳性差，适用于轻载及速度不高的场合。

② 回油节流调速回路。如图 4－21b 所示，节流阀在回油路中，故这种回路多用在功率不大，但载荷变化较大，运动平稳性要求较高的液压系统中，如磨削和精镗的组合机床等。

③ 旁路节流调速回路。如图 4－21c 所示，与前两种回路的调速方法不同，它的节流阀和执行元件是并联关系，节流阀开得越大，活塞杆运行越慢。

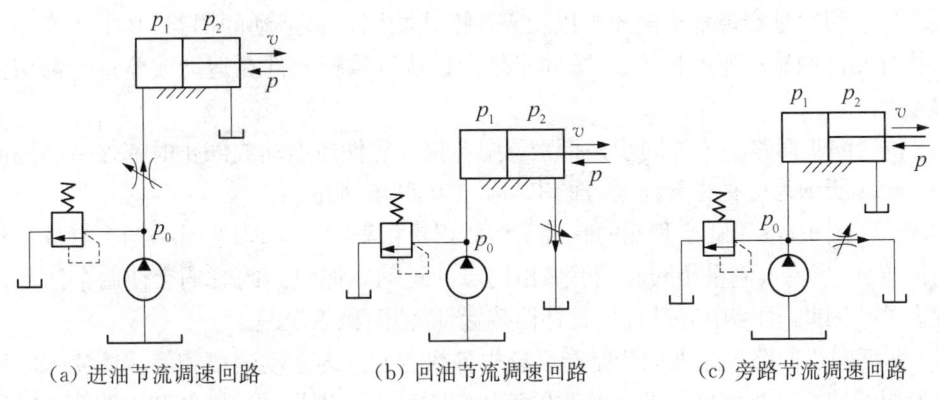

(a) 进油节流调速回路　(b) 回油节流调速回路　(c) 旁路节流调速回路

图 4－21　定量泵-节流阀调速回路

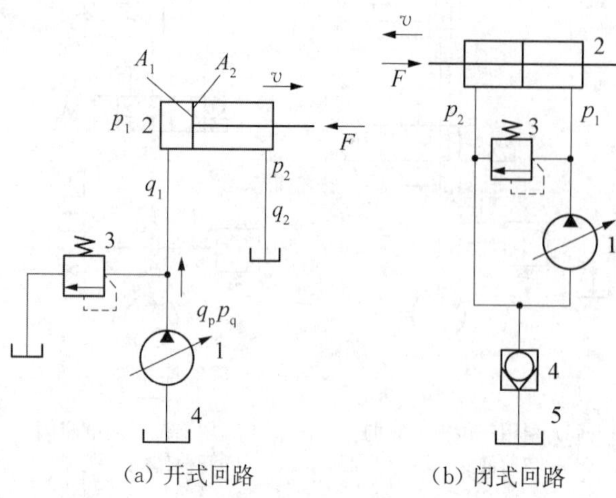

(a) 开式回路　　(b) 闭式回路

1—变量泵；2—液压缸；3—安全阀；4—单向阀；5—补油油箱

图 4-22　变量泵-缸式容积调速回路

(2) 容积调速。如图 4-22 所示，容积调速回路的工作原理是，通过改变回路中变量泵或变量马达的排量，来调节执行元件的运动速度。其一般采用变量泵和节流阀联合调速，适用于系统要求效率高，同时具有良好低速稳定性的场合。

3) 方向控制回路

通过控制进入液压执行元件工作介质的通、断或变向来实现液压传动系统执行元件的启动、停止或改变运动方向的回路，称为方向控制回路。常用的方向控制回路有换向回路、浮动回路和锁紧回路。

如图 4-23 所示，采用二位四通、二位五通、三位四通或三位五通换向阀都可使执行元件换向。二位阀可以使执行元件正反两个方向运动，但不能在任意位置停止。三位阀有中位，可以使执行元件在其行程中的任意位置停止，利用滑阀不同的中位机能又可使系统获得不同的性能。五通阀有两个回油口，执行元件正反向运动时，两回油路上设置不同的背压可获得不同的速度。如果执行元件是单作用液压缸或差动缸，可用二位三通换向阀来换向，如图 4-23 所示。换向阀的操作方式可根据工作需要来选择，如手动、机动、电磁或电液动等。

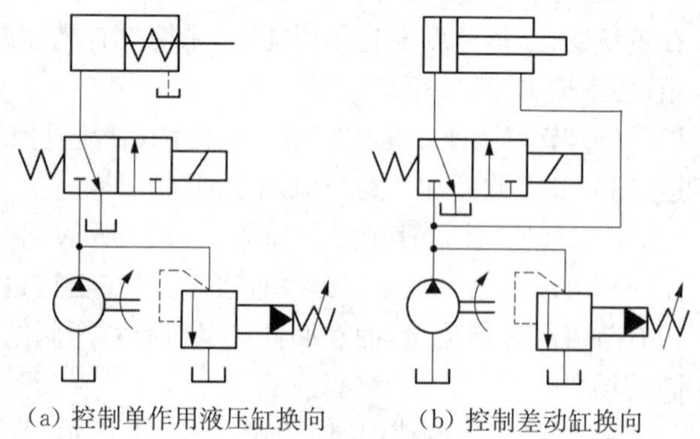

(a) 控制单作用液压缸换向　　(b) 控制差动缸换向

图 4-23　带换向阀的换向回路

4) 同步动作回路

同步运动回路是实现多个液压缸以相等速度或相同位移运动的回路，其中速度同步是指各液压执行元件的运动速度相等；位置同步是指各液压执行元件在运动或停止时都保持相同的位移量。

(1) 位置同步回路。位置同步是指系统中各执行元件在运动或停止时都保持相同的位移量。图 4-24 所示为一种带补偿装置的串联缸位置同步回路。

图 4-24 图中，液压缸 5 和 6 的有效工作面积是相等的。从理论上讲，两个有效工作面积相等的液压缸，当输入流量相同时能够做出同步的运动。但泄漏的影响会使两个活塞产生同步位置误差。因此，回路中应设置位置补偿装置，以消除积累误差。

(2) 速度同步回路。速度同步是指系统中各执行元件的运动速度相等。图 4-25 所示为采用调速阀的速度同步回路。两个并联的液压缸 5 和 6 分别用调速阀 3 和 4 调节两缸活塞的运动速度，使之同速。

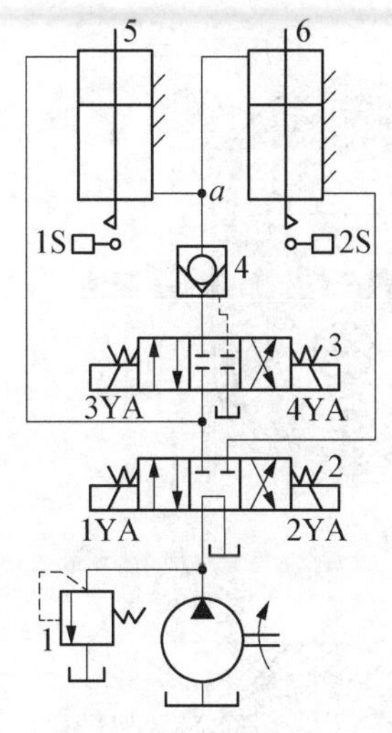

1—溢流阀；2、3—换向阀；4—液控单向阀；5、6—液压缸

图 4-24　带补偿装置的串联液压缸位置同步回路

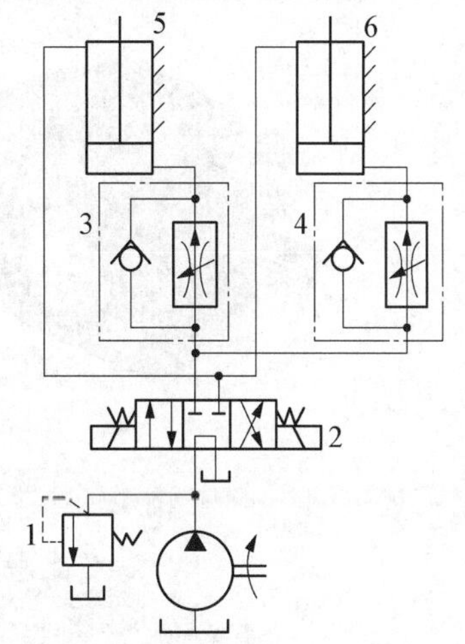

1—溢流阀；2—换向阀；3、4—单向调速阀；5、6—液压缸

图 4-25　用调速阀实现速度同步回路

4.4.4　液压缸电-液比例/伺服控制系统组成

液压伺服控制的基本原理是基于液压流体动力的反馈控制。在这个系统中，以输入与反馈信号之差确定偏差信号，通过液压伺服元件的功率放大作用来控制进入系统的液压能的大小，使系统的输出能够自动、快速而精确地复现输入量的变化规律。图 4-26 所示为一个基于电液伺服阀控制的液压动力滑台，其电液比例/伺服系统组成如图 4-27 所示。

图 4-26　基于电液伺服阀控制的液压动力滑台

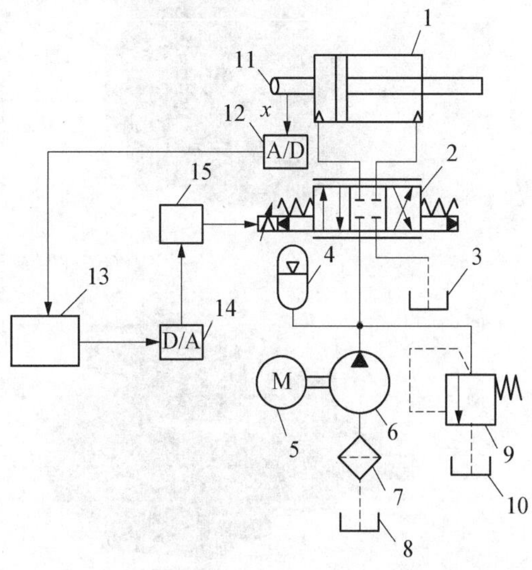

1—液压伺服滑台；2—比例/伺服阀；3、8、10—油箱；4—蓄能器；5—电机；6—叶片泵；7—过滤器；9—溢流阀；11—活塞杆；12—A/D 转换器；13—计算机；14—D/A 转换器；15—放大器

图 4-27　液压缸比例/伺服控制系统组成

(1) 动力元件。动力元件的作用是将原动机的机械能转换成液体的压力能，如液压系统中的油泵向整个液压系统提供动力。液压泵按结构形式可分为齿轮泵、叶片泵、柱塞泵和螺杆泵，如图 4-28 所示。

做直线往复运动或回转运动。

(a) 齿轮泵及其工作原理示意图

(b) 叶片泵及其工作原理示意图

(c) 柱塞泵及其工作原理示意图

(d) 螺杆泵及其工作原理示意图

图 4-28 液压泵形式

(2) 执行元件。执行元件(如液压缸)的作用是将液体的压力能转换为机械能，驱动负载做直线往复运动或回转运动。

(3) 控制元件。控制元件(即各种液压阀)在液压系统中控制和调节液体的压力、流量和方向。根据控制功能的不同，液压阀可分为压力控制阀、流量控制阀和方向控制阀。压力控制阀包括溢流阀(安全阀)、减压阀、顺序阀、压力继电器等；流量控制阀包括节流阀、调整阀、分流集流阀等;方向控制阀包括单向阀、液控单向阀、梭阀、换向阀等。根据控制方式不同,液压阀可分为开关式控制阀、定值控制阀、比例控制阀和伺服控制阀,如图 4-29 所示。

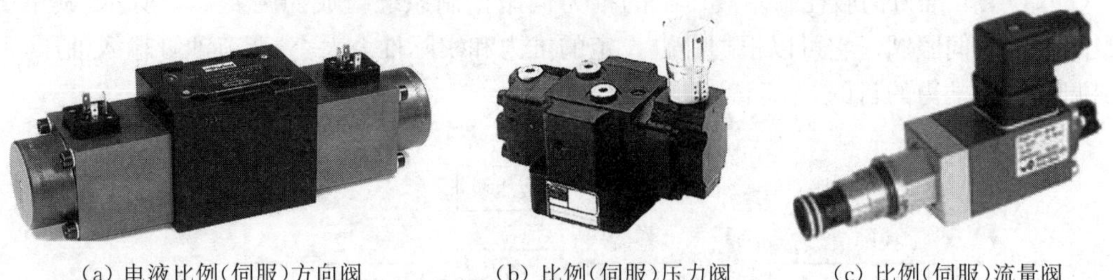

(a) 电液比例(伺服)方向阀　(b) 比例(伺服)压力阀　(c) 比例(伺服)流量阀

图 4-29　电液比例伺服阀

(4) 辅助元件。辅助元件包括油箱、滤油器、冷却器、加热器、蓄能器、油管及管接头、密封圈、快换接头、高压球阀、胶管总成、测压接头、压力表、油位计、油温计等。

(5) 液压油。液压油是液压系统中传递能量的工作介质,有各种矿物油、乳化液和合成型液压油等几大类。

4.4.5　液压缸的主要控制方式

液压伺服系统是使系统的输出量,如位移、速度或力等,通过电液比例伺服阀实现控制的,如图 4-30 所示。电液比例伺服阀一般接受标准控制信号,如 0～5 V、0～10 V、4～20 mA 等,这些阀接收到来自控制器(PLC 或模拟输出装置)的电压或电流信号,按相应的比例决定压力和流量的大小或方向变化。

(1) 位置伺服控制。液压缸的位置伺服控制系统组成如图 4-30 所示,其中电液伺服阀为流量伺服阀。它可以根据油缸设定的位置、速度及位移传感器的测量值,实时调节液压缸的流量,从而达到液压缸位置伺服控制目的。

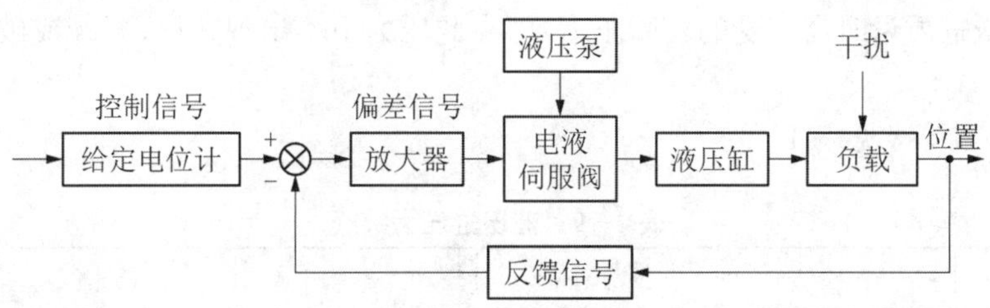

图 4-30　液压缸的位置伺服控制

(2) 速度伺服控制。液压缸的速度伺服控制系统组成如图 4-31 所示,其中电液伺服阀

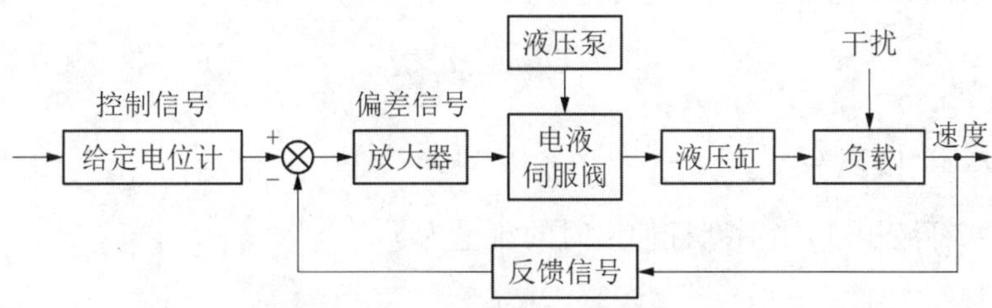

图 4-31　液压缸的速度伺服控制

为流量伺服阀。它可以根据油缸设定的速度及速度传感器的测量值，实时调节液压缸的流量，从而达到液压缸速度伺服控制目的。

(3) 液压缸推力伺服控制。液压缸的推力伺服控制系统组成如图 4 - 32 所示，其中电液伺服阀为压力伺服阀。它可以根据油缸设定的推力和实际推力大小，调节油缸输入油压，从而达到调节油缸推力的目的。

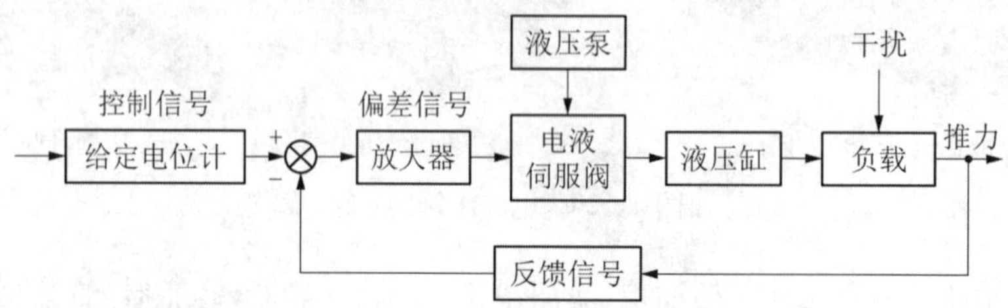

图 4 - 32　液压缸的推力伺服控制

4.4.6　液压缸伺服系统的设计

液压缸电液比例/伺服系统设计主要包括液压缸设计和液压系统设计。

4.4.6.1　液压缸设计计算及选型

1) 压力计算

油液作用在单位面积上的压强为

$$P = F/A \tag{4-17}$$

式中，F 为作用在活塞上的载荷(N)；A 为活塞的有效工作面积(m^2)。

液压系统中，额定压力(公称压力)P_N 为液压缸能用以长期工作的压力，最高允许压力 P_{max} 为液压缸在瞬间所能承受的极限压力，通常规定为：$P_{max} \leqslant 1.5P$ MPa。耐压实验压力 P_r 是检验液压缸质量时需承受的实验压力，即在此压力下不出现变形、裂缝或破裂，通常规定 $P_r \leqslant 1.5P_N$。

液压缸压力等级见表 4 - 9。

表 4 - 9　液压缸压力等级

压力范围/MPa	0～2.5	>2.5～8	>8～16	>16～32	>32
级别	低压	中压	中高压	高压	超高压

2) 流量计算

单位时间内油液通过缸筒有效截面的体积为

$$Q = V/t \tag{4-18}$$

由于 $V = vAt \times 10^3$ L，故 $Q = vA = \frac{\pi}{4}D^2 v \times 10^3$ (L/min)。

对于单活塞杆液压缸，当活塞杆伸出时的流量为

$$Q = \frac{\pi}{4}D^2 v \times 10^3 \tag{4-19}$$

活塞杆缩回时的流量为

$$Q=\frac{\pi}{4}(D^2-d^2)v\times10^3 \tag{4-20}$$

式中，V 为液压缸活塞一次行程中所消耗的油液体积(L)；t 为液压缸活塞一次行程所需的时间(min)；D 为液压缸缸径(m)；d 为活塞杆直径(m)；v 为活塞运动速度(m/min)。

3）速比计算

液压缸活塞往复运动时的速度之比为

$$\phi=\frac{v_2}{v_1}=\frac{D^2}{D^2-d^2} \tag{4-21}$$

式中，v_1 为活塞杆的伸出速度(m/min)；v_2 为活塞杆的缩回速度(m/min)；D 为液压缸缸径(m)；d 为活塞杆直径(m)。

计算速比主要是为了确定活塞杆的直径和是否需要设置缓冲装置。速比不宜过大或过小，以免产生过大的背压或造成活塞杆太细，导致稳定性不好。

4）液压缸的理论推力和拉力计算

活塞杆伸出时的理论推力 F_1 为

$$F_1=A_1 p\times10^6=\frac{\pi}{4}D^2 p\times10^6 \tag{4-22}$$

活塞杆缩回时的理论拉力 F_2 为

$$F_2=F_2 p\times10^6=\frac{\pi}{4}(D^2-d^2)p\times10^6 \tag{4-23}$$

式中，A_1 为活塞无杆腔有效面积(m^2)；A_2 为活塞有杆腔有效面积(m^2)；P 为工作压力(MPa)；D 为液压缸缸径(m)；d 为活塞杆直径(m)。

5）液压缸的最大允许行程计算

活塞行程 S 在初步确定时，主要是按实际工作需要的长度来考虑，但这一工作行程并不一定是油缸稳定性所允许的行程。为了计算行程，应首先计算出活塞的最大允许计算长度。因为活塞杆一般为细长杆，由欧拉公式推导出为

$$L_k=\sqrt{\frac{\pi^2 EI}{F_k}} \tag{4-24}$$

式中，F_k 为活塞杆弯曲时临界压缩力(N)；E 为材料的弹性模量，对于钢材，$E=2.1\times10^5$ MPa；I 为活塞杆横截面惯性矩(mm^4)，对于圆截面，$I=\frac{\pi d^4}{64}=0.049d^4$。

将式(4-24)简化后可得

$$L_k\approx320\frac{d^2}{\sqrt{F_k}} \tag{4-25}$$

油缸的最大伸出长度与液压缸的安装形式有关。如液压缸采用一端耳环、一端缸底安装，则油缸的最大计算长度(安全系数取 3)为

$$L_k = 208.4\frac{d^2}{D\sqrt{P}} \tag{4-26}$$

式中，p 为油缸的工作压力。

油缸安装形式如图 4－33 所示。

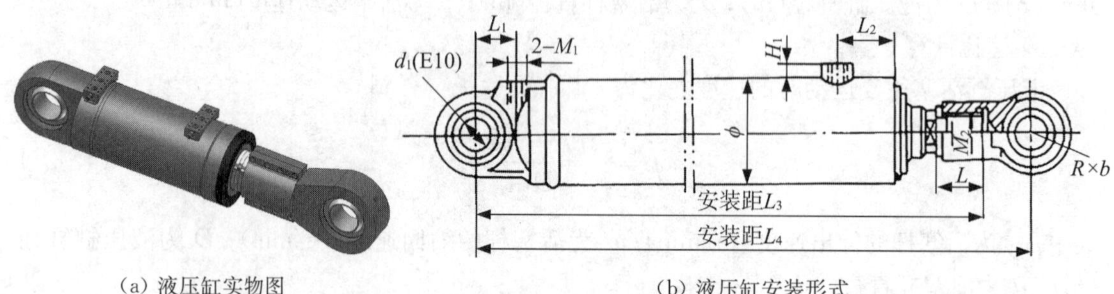

(a) 液压缸实物图　　(b) 液压缸安装形式

图 4－33　液压缸实物及安装形式

$$L = L_{\mathrm{k}} = 208.4\frac{d^2}{D\sqrt{P}} \tag{4-27}$$

行程 S 为

$$S = \frac{1}{2}(L - l_1 - l_l) \tag{4-28}$$

6) 液压缸主要参数计算

(1) 液压缸启动压力。液压缸启动时的最低压力一般小于 0.6 MPa。

(2) 内泄漏。输入额定压力 1.3～1.5 倍的压力，保压 5 min，测定经活塞泄至未加压腔的泄漏量。

(3) 外泄漏。全程往复运行多次，焊接各处、活塞杆密封处及各结合面处是否有漏油、挂油、带油等现象。

(4) 耐压。输入额定压力 1.3～1.5 倍的压力，保压 5 min，所有零件均无松动、异常磨损、破坏或永久变形等异常现象。

(5) 缓冲。调整溢流阀，使其试验压力为公称压力的 50%，使液压缸做全行程动作，同时观看缓冲效果和缓冲长度。

7) 缸筒设计计算

(1) 缸筒结构确定。液压缸缸头一般采用法兰连接和焊接 2 种方式，其中法兰连接的 2 种缸筒结构特点见表 4－10。

表 4－10　缸筒结构

连接方式	缸头法兰连接	缸头内螺纹连接
示意图		

(续表)

优点	结构简单,易加工,易拆装	重量轻,外径较小
缺点	重量比螺纹连接的大	装卸时要用专用的工具,拧端部时,有可能把 O 形圈拧扭曲
备注	缸筒跟缸底采用焊接连接	

(2) 缸筒材料确定。缸筒材料要求有足够的强度和冲击韧性,对焊接缸筒还要求有良好的焊接性能。缸筒主要材料有 45 钢、27SiMn。缸筒毛坯采用退火的冷拔或热扎无缝钢管。缸筒材料无缝钢管的机械性能见表 4-11。

表 4-11　缸筒材料无缝钢管的机械性能

材料	$\sigma_b \geqslant$/MPa	$\sigma_s \geqslant$/MPa	$\delta \geqslant$/%
45 钢	610	360	14
27SiMn	1000	850	12

(3) 缸筒参数计算。缸筒要求有足够的强度,能长期承受最高工作压力及短期动态实验压力,而不致产生永久变形;同时也要有足够的刚度,能承受侧向力和安装的反作用力,而不致产生弯曲;缸筒内表面与活塞密封件及导向环的摩擦力作用下,能长期工作而磨损少。

① 缸筒内径。当油缸的作用力 F(F_1 推力、F_2 拉力)及工作压力 p 为已知时,无杆腔的缸筒内径 D 为

$$D=\sqrt{\frac{4F_1}{p\pi}}\times 10^{-3} \tag{4-29}$$

有杆腔的缸筒内径 D 为

$$D=\sqrt{\frac{4F_2}{p\pi\times 10^6}+d^2} \tag{4-30}$$

选择以上两式求出的 D 值较大者,并圆整到标准值。

② 缸筒壁厚 δ_0。在不考虑缸筒外径公差余量和腐蚀余量的情况下,缸筒壁厚可按下式计算:

$$\delta_0 \geqslant \frac{p_{\max}D}{2.3\sigma_p - 3p_{\max}} \tag{4-31}$$

式中,$p_{\max}$ 为缸筒内最高工作压力(MPa);σ_p 为缸筒材料的许用应力(MPa)。

将上式求出的 δ_0 值圆整到标准值。

缸筒壁厚一般应做额定工作压力、塑性变形和缸筒径向变形量三方面的验算。

a. 额定工作压力验算。额定工作压力 p_n 应低于一定的极限值,以保证工作安全:

$$p_n \leqslant 0.35\frac{\sigma_s(D_1^2-D^2)}{D_1^2} \tag{4-32}$$

式中，D_1 为缸筒外径。

b. 塑性变形验算。额定工作压力也应与完全塑性变形压力有一定的比例范围，以避免塑性变形的发生，其满足条件为

$$\left.\begin{aligned} p_n &\leqslant (0.35 \sim 0.42) p_{rL} \\ p_{rL} &\leqslant 2.3\sigma_s \lg \frac{D_1}{D} \end{aligned}\right\} \tag{4-33}$$

式中，p_{rL} 为缸筒完全发生塑性变形的压力(MPa)。

c. 缸筒径向变形量验算。需要对缸筒径向变形量 ΔD 进行验算，如果径向变形量 ΔD 超过密封件允许范围，液压缸就会发生内泄，其满足条件为

$$\Delta D = \frac{P_r D}{E}\left(\frac{D_1^2 + D^2}{D_1^2 - D^2} + v\right) \tag{4-34}$$

式中，v 为缸筒材料泊松比，$v = 0.3$。

③ 缸筒螺纹。缸筒与缸头部分采用螺纹连接，螺纹连接一般进行拉应力和剪应力验算。

螺纹处的拉应力为

$$\sigma = \frac{4KF}{\pi(D^2 - d_1^2)} \times 10^{-6} \tag{4-35}$$

螺纹处的剪应力为

$$\tau = \frac{K_1 KF d_0}{0.2(D^3 - d_1^3)} \times 10^{-6} \tag{4-36}$$

拉应力与剪应力的合成应力为

$$\sigma_{合} = \sqrt{\sigma^2 + 3\tau^2} \leqslant \frac{\sigma_b}{n_0} \tag{4-37}$$

式中，F 为缸筒端部承受的最大推力(N)；D 为缸筒外径(m)；d_1 为螺纹大径(m)；K 为螺纹连接的拧紧系数，不变载荷取 1.25～1.5，变载荷取 2.5～4；K_1 为螺纹连接的摩擦系数，一般取 0.07～0.2，平均取 0.12；σ_b 为材料的抗拉强度(MPa)；n_0 为安全系数，取 3～5。

④ 缸筒技术要求见表 4-12。

表 4-12　缸筒技术要求

技术参数	技术要求
缸筒内孔公差等级	H8
缸筒内孔表面粗糙度	0.2 μm 左右
缸筒内径的锥度、圆柱度	不大于内径公差的 1/3
缸筒直线度公差	在长度 1000 mm 上不大于 0.1 mm
缸筒端面对内径的垂直度	在直径 100 mm 上不大于 0.04 mm

设计液压缸缸筒时，应正确确定各部分的尺寸，保证液压缸有足够的输出力、运动速度和有效行程，同时还必须有一定的强度，足以承受液压力、负载力和意外的冲击力；缸筒的内表面应具有合适的配合公差等级、表面粗糙度和形位公差，以保证液压缸的密封性、运动平稳性和耐用性。

8) 活塞杆设计

(1) 活塞杆结构。活塞杆一般采用实心结构，它与杆头耳环采用焊接或螺纹连接。

(2) 活塞杆材料。活塞一般用中碳钢进行调质处理。液压缸大多数采用 45 钢，在受力较大时可采用高强度合金钢。活塞杆材料的机械性能见表 4-13。

表 4 13　活塞杆材料的机械性能

材料	$\sigma_b \geqslant$/MPa	$\sigma_s \geqslant$/MPa	$\delta \geqslant$/%	热处理
45 钢	600	340	13	调质
40Cr	900	700	9	调质
42CrMo	1 000	900	12	调质

(3) 活塞杆的计算。活塞杆是液压缸传递力的重要零件，它承受拉力、压力、弯曲力和振动冲击等多种力，必须有足够的强度和刚度。

① 活塞杆杆径计算。如果采用差动缸，则活塞杆直径 d 可根据往复运动速比来确定：

$$d = D\sqrt{(\phi - 1)/\phi} \tag{4-38}$$

式中，D 为液压缸缸径(m)；ϕ 为液压缸活塞往复运动时的速度之比。

计算出活塞杆直径后，应将尺寸圆整到标准值，并校核其稳定性。

② 活塞杆强度计算。液压缸工作时，活塞杆承受的弯曲力矩较大时，应按下式计算活塞杆的应力。

$$\sigma = \left(\frac{F}{A} + \frac{M}{W}\right) \times 10^{-6} \leqslant \sigma_{\mathrm{p}} \tag{4-39}$$

式中，F 为活塞杆的作用力(N)；A 为活塞杆横断面积(m^2)；M 为活塞杆承受的弯曲力矩(N·m)；W 为活塞杆断面模数(m^3)。

活塞杆与活塞一般采用螺纹连接，所以都设有螺纹、退刀槽等结构。这些部位往往是活塞上的危险截面，也要进行计算。当活塞各参数确定好后，可以对活塞杆进行三维建模，利用有限元分析软件对活塞杆进行应力分析。

③ 活塞杆技术要求见表 4-14。

表 4-14　活塞杆技术要求

技术参数	技术要求
活塞杆与导向套配合	H8/f7
圆度和圆柱度公差	不大于直径公差的 1/3
外圆直线度公差	在长度 1 000 mm 上不大于 0.02 mm

（续表）

技术参数	技术要求
安装活塞的轴颈与外圆的同轴度公差	不大于0.02 mm
轴肩端面与活塞杆轴线的垂直度公差	不大于0.04 mm/100 mm，以保证活塞安装后不产生歪斜
活塞杆外圆粗糙度	一般在0.2 μm左右，表面太光滑，难以形成油膜，反而不利于润滑
活塞杆热处理	活塞杆表面需进行镀铬处理，镀层厚为0.04～0.05 mm，镀铬前活塞杆表面需要高频淬火处理
活塞杆端的螺纹和缓冲柱塞也要保证与轴线的同轴度	
倒角	便于装配和不损坏密封件，活塞杆安装缸头的一端倒20°角，宽度根据内径选取，过渡处需抛光

液压缸设计，可以根据上述计算出的工作压力、流量、速比、理论推力和拉力、工作行程、缸筒内径、缸筒壁厚、活塞杆直径等参数，优先选择市场上成熟的液压缸产品。只有当市场上的产品不能满足设计要求时，才需要自行设计。

4.4.6.2 液压系统设计

液压系统的设计要同主机的总体设计同时进行，应结合其他传动形式，充分发挥液压传动的优点，力求设计出结构简单、工作可靠、成本低、效率高、操作简单、维修方便的液压传动系统。液压系统的设计流程如图4-34所示。

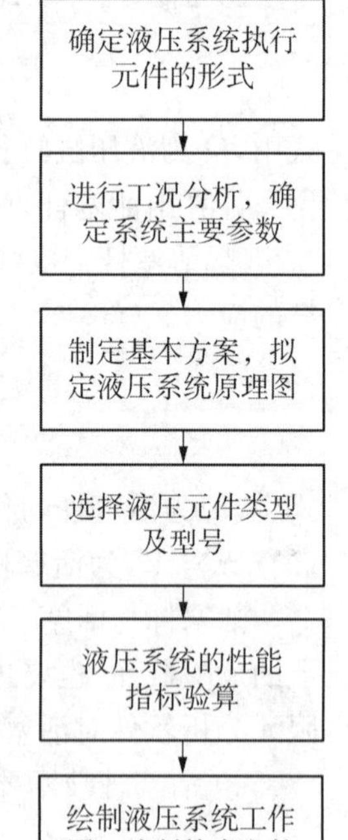

图4-34 液压系统设计流程

1) 确定设计要求

设计要求是进行每项工程设计的依据。在制定基本方案并进一步着手液压系统各部分设计之前，需要明确以下设计要求：

(1) 主机概况：主要包括用途、性能、工艺流程、作业环境、总体布局等。

(2) 液压系统要完成的运动要求：要确定液压系统完成动作顺序及彼此联锁关系。

(3) 液压驱动机构的技术要求：包括液压驱动机构的运动形式、速度等。

(4) 工作载荷：确定液压执行机构的所承受的载荷大小及其性质。

(5) 主要技术要求：确定液压系统工作机构的调速范围、运动平稳性、转换精度等性能方面的要求。

(6) 液压系统控制要求：确定液压系统自动化程度、操作控制方式的要求。

(7) 环境和可靠性要求：确定液压系统工作环境对防尘、防爆、防寒、噪声、安全可靠性的要求。

(8) 效率、成本等方面的要求。

2）进行工况分析并确定主要参数

通过工况分析，可以看出液压执行元件在工作过程中速度和载荷的变化情况，为确定系统及各执行元件的参数提供依据。

液压系统的主要参数是压力和流量，它们是设计液压系统和选择液压元件的主要依据。压力取决于外载荷，流量取决于液压执行元件的运动速度和结构尺寸。

（1）载荷的组成和计算。液压缸工作时的载荷主要包括工作载荷、摩擦力和惯性载荷。

图4-35所示为一个以液压缸为执行元件的液压系统计算简图。各有关参数已标注在图上，其中F_W为作用在活塞杆上的外部载荷，F_m为活塞与缸壁以及活塞杆与导向套之间的密封阻力。作用在活塞杆上的外部载荷包括工作载荷F_g、导轨的摩擦力F_f和由于速度变化而产生的惯性力F_a。

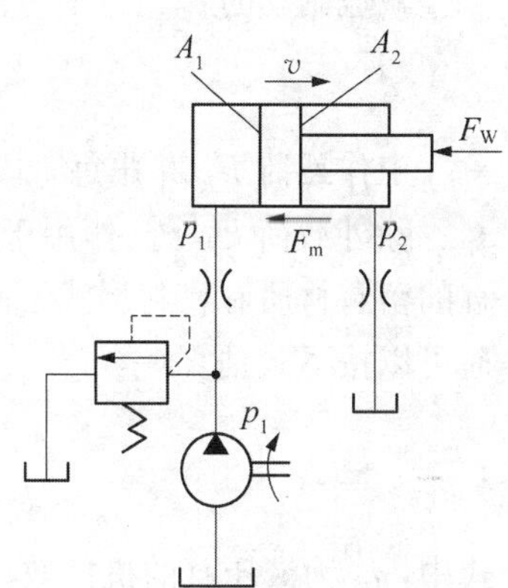

图4-35 液压系统计算简图

① 工作载荷F_g。常见的工作载荷有作用于活塞杆轴线上的重力、切削力、挤压力等。这些作用力的方向如与活塞运动方向相同为负，相反为正。

② 导轨摩擦载荷F_f。

对于平导轨：

$$F_f=\mu(G+F_N) \tag{4-40}$$

对于V形导轨：

$$F_f=\mu(G+F_N)/\sin(\alpha/2) \tag{4-41}$$

式中，G为运动部件所受的重力(N)；F_N为外载荷作用于导轨上的正压力(N)；μ为摩擦系数，见表4-15；α为V形导轨的夹角，一般为90°。

表4-15 摩擦系数μ

导轨类型	导轨材料	运动状态	摩擦系数
滑动导轨	铸铁-铸铁	启动时 低速（$v<0.16$ m/s） 高速（$v>0.16$ m/s）	0.15～0.20 0.10～0.12 0.05～0.08
滚动导轨	铸铁-滚珠(柱) 淬火钢-滚珠(柱)	—	0.005～0.020 0.003～0.006
静压导轨	铸铁	—	0.005

③ 惯性载荷F_a。液压缸加减速运动时，其惯性力可以按下式估算：

$$F_a=\frac{G}{g}\frac{\Delta v}{\Delta t} \tag{4-42}$$

式中，g为重力加速度，$g=9.81\ \mathrm{m/s^2}$；Δv为速度变化量(m/s)。Δt为启动或制动时间(s)，一般机械0.1～0.5 s，对轻载低速运动部件取小值，对重载高速部件取大值。对行走机械，$\Delta v/\Delta t$一般取0.5～1.5 $\mathrm{m/s^2}$。

以上三种载荷之和称为液压缸的外载荷F_W，其计算方法如下：

启动加速时：

$$F_W = F_g + F_f + F_a \tag{4-43}$$

稳态运动时：

$$F_W = F_g + F_f \tag{4-44}$$

减速制动时：

$$F_W = F_g + F_f - F_a \tag{4-45}$$

工作载荷 F_g 并非每阶段都存在，如该阶段没有工作，则 $F_g = 0$。

除外载荷 F_W 外，作用于活塞上的载荷 F 还包括液压缸密封处的摩擦阻力 F_m。由于各种缸的密封材质和密封形式不同，密封阻力难以精确计算。考虑到阻力的影响，液压缸工作外载荷可以按下式估算：

$$F = \frac{F_W}{\eta_m} \tag{4-46}$$

式中，η_m 为液压缸的机械效率，一般取 0.90～0.95。

根据液压缸各阶段的载荷，绘制执行元件的载荷循环图，以便进一步选择系统工作压力并确定其他有关参数。

(2) 初选系统工作压力。压力的选择要根据载荷大小和设备类型而定，还要考虑执行元件的装配空间、经济条件及元件供应情况等的限制。一般来说，对于固定的、尺寸不太受限的设备，压力可以选低一些，行走机械、重载设备压力要选得高一些。具体选择可参考表 4-16 和表 4-17。

表 4-16　按照载荷选择液压系统工作压力

载荷/kN	<5	5～10	10～20	20～30	30～50	>50
工作压力/MPa	<0.8～1.0	1.5～2.0	2.5～3.0	3.0～4.0	4.0～5.0	≥5.0

表 4-17　各种机械常用的系统工作压力

设备类型	机床				农业机械 小型工程机械 建筑机械 液压凿岩机	液压机 大中型挖掘机 重型机械 起重运输机械
	磨床	组合机床	龙门刨床	拉床		
工作压力/MPa	0.8～2.0	3.0～5.0	2.0～8.0	8.0～10.0	10.0～18.0	20.0～32.0

(3) 计算液压缸的主要结构尺寸。液压缸主要设计参数如图 4-36 所示。

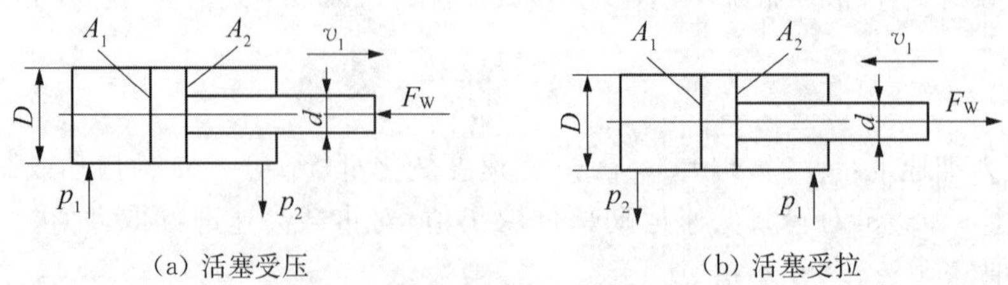

图 4-36　液压缸的主要尺寸计算

活塞杆受压时，其压力为

$$F = p_1 A_1 - p_2 A_2 \tag{4-47}$$

活塞杆受拉时，其拉力为

$$F = p_1 A_2 - p_2 A_1 \tag{4-48}$$

式中，A_1 为无杆腔活塞有效作用面积(m^2)；A_2 为有杆腔活塞有效作用面积(m^2)；P_1 为液压缸工作腔压力(Pa)；P_2 为液压缸回油腔压力(Pa)，即背压力，其值根据回路的具体情况而定，初算时可参照表 4-18 确定；D 为活塞直径(m)；d 为活塞杆直径(m)。

表 4-18　执行元件背压力选择

系统类型	背压/MPa	系统类型	背压/MPa
简单系统或轻载节流调速系统	0.2～0.5	使用补油泵的闭式回路	0.8～1.5
回油路带调速阀的系统	0.4～0.6	回油路较复杂的工程机械	1.2～3
回油路设置有背压阀的系统	0.5～1.5	回油路短且直接回油箱	可以忽略不计

一般情况下，液压缸在受压状态下工作，其活塞面积为

$$A_1 = \frac{F + p_2 A_2}{p_1} \tag{4-49}$$

应用式(4-49)时需要先确定 A_1 与 A_2 的关系或活塞杆径 d 与活塞直径 D 的关系，令杆径比 $\varphi = d/D$，其比值可按表 4-19 和表 4-20 选取。

表 4-19　按工作压力选择 *d/D*

工作压力/MPa	≤5.0	5.0～7.0	≥7.0
d/D	0.50～0.55	0.62～0.70	0.7

表 4-20　按速比选择 *d/D*

v_2/v_1	1.15	1.25	1.33	1.46	1.61	2
d/D	0.30	0.40	0.50	0.55	0.62	0.71

注：v_1 为无杆腔进油时活塞的速度；v_2 为有杆腔进油时活塞的速度。

表 4-19、表 4-20 中，

$$D = \sqrt{\frac{4F}{\pi[p_1 - p_2(1 - \phi^2)]}} \tag{4-50}$$

采用差动连接时，$v_1/v_2 = (D^2 - d^2)/d^2$。如要求往返速度相同时，应取 $d = 0.71D$。对行程与活塞杆直径比 $l/d > 10$ 的受压柱塞或活塞杆，还要做压杆稳定性验算。

当工作速度较低时，还须按最低速度要求验算液压缸尺寸，即液压缸有效工作面积应满足：

$$A \geqslant q_{\min}/v_{\min} \tag{4-51}$$

式中,A 为液压缸有效工作面积(m^2);$q_{\min}$ 为系统最小稳定流量(m^3/s),在节流调速时取决于回路中所设调速阀或节流阀的最小稳定流量,容积调速时取决于变量泵的最小稳定流量;$v_{\min}$ 为运动机构要求的最小工作速度(m/s)。

如果液压缸的有效工作面积 A 不能满足最低稳定速度的要求,则应按最低稳定速度确定液压缸的结构尺寸。

另外,如果执行元件安装尺寸受到限制,液压缸的缸径及活塞杆的直径须事先确定,可按载荷的要求和液压缸的结构尺寸来确定系统的工作压力。

液压缸直径 D 和活塞杆直径 d 的计算值要按国标规定的液压缸有关标准进行圆整。如与标准液压缸参数相近,最好选用国产标准液压缸,免于自行设计加工。常用液压缸内径及活塞杆直径见表 4-21 和表 4-22。

表 4-21 常用液压缸内径 D

活塞直径 d/mm	40	50	63	80	90	100	110
缸筒内径 D/mm	125	140	160	180	200	220	250

表 4-22 活塞杆直径 d

速比	液压缸内径 D/mm						
	40	50	63	80	90	100	110
1.46	22	28	35	45	50	55	63
3			45	50	60	70	80
速比	液压缸内径 D/mm						
	125	140	160	180	200	220	250
1.46	70	80	90	100	110	125	140
2	90	100	110	125	140		

(4) 计算液压缸所需流量。液压缸工作时所需流量为

$$q = Av \tag{4-52}$$

式中,A 为液压缸有效作用面积(m^2);v 为活塞与缸体的相对速度(m/s)。

(5) 绘制液压系统工况图。液压系统工况图包括压力循环图、流量循环图和功率循环图。它们是调整系统参数,选择液压泵、阀等元件的依据。

① 压力循环图,即 $p-t$ 图。通过最后确定的液压执行元件的结构尺寸,根据实际载荷的大小,倒求出液压执行元件在其动作循环各阶段的工作压力,然后把它们绘制成 $p-t$ 图。

② 流量循环图,即 $q-t$ 图。根据已确定的液压缸有效工作面积,结合其运动速度算出它在工作循环中每一阶段的实际流量,把它绘制成 $q-t$ 图。若系统中有多个液压执行元件同时工作,要把各自的流量图叠加起来绘出总的流量循环图。

③ 功率循环图,即 $P-t$ 图。绘出压力循环图和总流量循环图后,根据 $P=pq$,即可绘出系统的功率循环图。

3）制定基本方案和绘制液压系统图

（1）制定基本方案。

① 制定调速方案。液压执行元件确定之后，其运动方向和运动速度的控制是拟定液压回路的核心问题。方向控制用换向阀或逻辑控制单元来实现。对于一般中小流量的液压系统，大多通过换向阀的有机组合实现所要求的动作。对高压大流量的液压系统，现多采用插装阀与先导控制阀的逻辑组合来实现。

速度控制通过改变液压执行元件输入或输出的流量，以及利用密封空间的容积变化来实现；相应的调速方式有节流调速、容积调速，以及二者的结合，即容积节流调速。

节流调速一般采用定量泵供油，配以溢流阀，用流量控制阀改变输入或输出液压执行元件的流量来调节速度。此种调速方式结构简单。由于这种系统必须用溢流阀溢流恒压，有节流损失和溢流损失，故效率低、发热量大，用于功率不大的场合。节流调速又分别有进油节流、回油节流和旁路节流三种形式。进油节流启动冲击较小，回油节流常用于有负值负载的场合，旁路节流多用于高速。

容积调速是靠改变变量泵或变量马达的排量来达到调速的目的，其优点是没有溢流损失和节流损失，效率较高。但为了散热和补充泄漏，需要有辅助泵。此种调速方式适用于功率大、运动速度高的液压系统。容积调速大多采用闭式循环形式。闭式系统中，液压泵的吸油口直接与执行元件的排油口相通，形成一个封闭的循环回路。其结构紧凑，但散热条件差。

② 制定压力控制方案。液压执行元件工作时，要求系统保持一定的工作压力或在一定压力范围内工作，也有的需要多级或无级连续调节压力。一般在节流调速系统中，由定量泵供油，用溢流阀调节所需压力，并保持恒定。在容积调速系统中采用变量泵供油，安全阀起安全保护作用；需要无级连续调节压力时，可采用比例溢流阀。

在液压系统中，有时需要流量不大的高压油，可考虑用增压回路得到高压，而不用单设高压泵。液压执行元件在工作循环中，某段时间不需要供油，而又不便停泵，此时需考虑选择卸荷回路。

在系统局部，工作压力需低于主油源压力时，要考虑采用减压回路来获得所需的工作压力。

③ 制定顺序动作方案。根据设备类型不同，主机各执行机构的顺序动作有的按固定程序运行，有的是随机的或人为的。加工机械的各执行机构的顺序动作多采用行程控制，当工作部件移动到一定位置时，通过电气行程开关发出电信号给电磁铁，推动电磁阀或直接压下行程阀来控制接续的动作。行程开关安装比较方便，而用行程阀需连接相应的油路，因此只适用于管路连接比较方便的场合。

另外还有时间控制、压力控制等。例如，液压泵无载启动，经过一段时间，泵正常运转后，延时继电器发出电信号使卸荷阀关闭，建立起正常的工作压力。压力控制多用在带有液压夹具的机床、挤压机、压力机等场合。当某一执行元件完成预定动作时，回路中的压力达到一定的值，通过压力继电器发出电信号或打开顺序阀使压力油通过，来启动下一个动作。

④ 选择液压动力源。液压系统的工作介质完全由液压源来提供，液压源的核心是液压泵。节流调速系统一般用定量泵供油，在无其他辅助油源的情况下，液压泵的供油量要大于系统的需油量，多余的油经溢流阀流回油箱，溢流阀同时起到控制，并稳定油源压力的作用。

容积调速系统多数是用变量泵供油，用安全阀限定系统的最高压力。为节省能源、提高效率，液压泵的供油量要尽量与系统所需流量相匹配。对在工作循环各阶段中，系统所需油量相差较大的情况，一般采用多泵供油或变量泵供油；对长时间所需流量较小的情况，可增设蓄能器做辅助油源。

(2) 绘制液压系统原理图。整机的液压系统原理图由拟定好的控制回路及液压源组合而成。各回路相互组合时要去掉重复多余的元件，力求系统结构简单。注意各元件间的联锁关系，避免误动作发生；尽量减少能量损失环节，提高系统的工作效率。

绘制液压系统原理图时应注意以下几点：

① 为便于液压系统的维护和监测，需要在系统中的主要路段装设必要的检测元件(如压力表、温度计等)。

② 大型设备的关键部位要附备用件，以便意外事件发生时能迅速更换，保证主机连续工作。各液压元件应尽量采用国产标准件，在图中要按国家标准规定的液压元件功能符号的常态位置绘制。对于自行设计的非标准元件可绘制结构原理图。

③ 系统图中应注明各液压执行元件的名称和动作，注明各液压元件的序号及各电磁铁的代号，并附有电磁铁、行程阀及其他控制元件的动作表。

典型动力滑台电液伺服控制系统原理如图 4-37 所示。

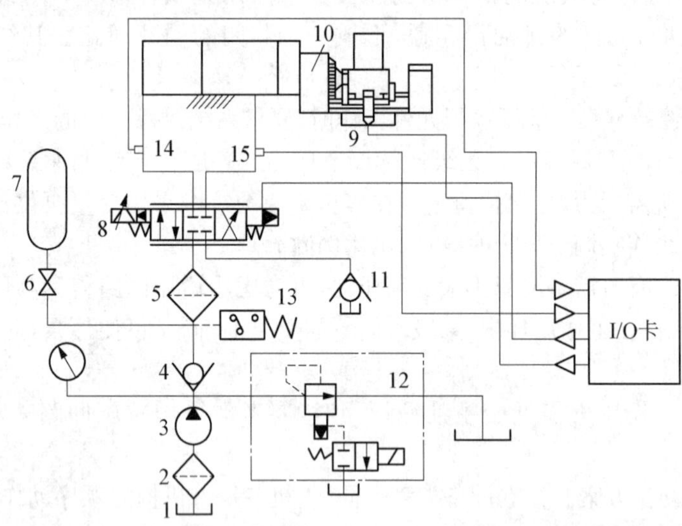

1—油箱；2—过滤器；3—定量齿轮泵；4、11—单向阀；5—过滤器；6—截止阀；
7—蓄能器；8—伺服阀；9—光栅尺；10—液压缸(伺服滑台)；
12—电磁溢流阀；13—压力继电器；14、15—压力传感器

图 4-37 典型动力滑台电液伺服控制系统原理图

4) 液压元件的选择与专用件设计

(1) 液压泵的选择。

① 确定液压泵的最大工作压力 p_P。液压系统最大工作压力按下式估算：

$$p_P \geqslant p_1 + \sum \Delta p \tag{4-53}$$

式中，p_1 为液压缸最大工作压力；$\sum \Delta p$ 为从液压泵出口到液压缸入口之间总的管路损失；$\sum \Delta p$ 的准确计算要待元件选定，并绘出管路图时才能进行，初算时可按经验数据选取：管路

简单、流速不大时，$\sum \Delta p = 0.2 \sim 0.5\,\text{MPa}$；管路复杂，进口有调速阀的，$\sum \Delta p = 0.5 \sim 1.5\,\text{MPa}$。回油背压应折算到进油路。

② 确定液压泵的流量 q_P。若有多个液压缸或同时工作时，液压泵的输出流量应为

$$q_P \geqslant K \sum q_{max} \tag{4-54}$$

式中，K 为系统泄漏系数，一般取 $1.1 \sim 1.3$；$\sum q_{max}$ 为同时动作的液压缸的最大总流量。对于在工作过程中用节流调速的系统，还须加上溢流阀的最小溢流量，一般取 $0.5 \times 10^{-4}\,\text{m}^3/\text{s}$。

系统使用蓄能器作辅助动力源时，液压泵流量为

$$q_P \geqslant \sum_{i=1}^{z} \frac{V_i K}{T_t} \tag{4-55}$$

式中，K 为系统泄漏系数，一般取 1.2；T_t 为液压设备工作周期(s)；V_i 为每一个液压缸在工作周期中的总耗油量(m^3)；Z 为液压缸的个数。

③ 选择液压泵的规格。根据以上求得的 p_P 和 q_P 值，按系统中拟定的液压泵形式，从产品样本或手册中选择相应的液压泵。为使液压泵有一定的压力储备，所选泵的额定压力一般要比最大工作压力大 25%～60%。

④ 确定液压泵的驱动功率。在工作循环中，如果液压泵的压力和流量比较恒定，即 $p-t$ 图、$q-t$ 图变化较平缓，则液压泵的驱动功率为

$$P = \frac{p_P q_P}{\eta_P} \tag{4-56}$$

式中，p_P 为液压泵的最大工作压力(Pa)；q_P 为液压泵的流量(m^3/s)；η_P 为液压泵的总效率，参考表 4-23 选择。

表 4-23　液压泵的总效率

液压泵类型	齿轮泵	螺杆泵	叶片泵	柱塞泵
总效率	0.60～0.70	0.65～0.80	0.60～0.75	0.80～0.85

限压式变量叶片泵的驱动功率，可按流量特性曲线拐点处的流量、压力值计算。一般情况下，可取 $p_P = 0.8 p_{Pmax}$、$q_P = q_n$，则

$$P = \frac{0.8 p_{Pmax} q_n}{\eta_P} \tag{4-57}$$

式中，p_{Pmax} 为液压泵的最大工作压力(Pa)；q_n 为液压泵的额定流量(m^3/s)。

在工作循环中，如果液压泵的流量和压力变化较大，即 $p-t$ 图和 $q-t$ 图曲线起伏变化较大，则须分别计算出各个动作阶段内所需功率。驱动功率取其平均功率为

$$P_{PC} = \sqrt{\frac{P_1^2 t_1 + P_2^2 t_2 + \cdots + P_n^2 t_n}{t_1 + t_2 + \cdots + t_n}} \tag{4-58}$$

式中，t_1、t_2、…、t_n 为一个循环中每一动作阶段内所需的时间(s)；P_1、P_2、…、P_n 为一个循环中每一动作阶段内所需的功率(W)。

按平均功率选出电动机功率后，还要验算一下每一阶段内电动机超载量是否都在允许范围内。电动机允许的短时间超载量一般为25%。

(2) 液压阀的选择。

① 液压阀规格选择。可以根据系统的工作压力和实际通过该阀的最大流量，选择有定型产品的阀件。溢流阀按液压泵的最大流量选取；选择节流阀和调速阀时，要考虑其最小稳定流量应满足执行机构最低稳定速度的要求。压力控制阀、流量控制阀和方向控制阀的流量一般要选得比实际通过的流量大一些，必要时也允许有20%以内的短时间过流量。

② 液压阀形式选择。液压阀形式应按照设计要求、液压阀结构机构类型及操作方式选择。

(3) 蓄能器的选择。根据蓄能器在液压系统中的功用，确定其类型和主要参数。

① 液压执行元件短时间快速运动，由蓄能器来补充供油，其有效工作容积为

$$\Delta V = \sum A_i l_i K - q_P t \tag{4-59}$$

式中，A 为液压缸有效作用面积(m^2)；l 为液压缸行程(m)；K 为油液损失系数，一般取1.2；q_P 为液压泵流量(m^3/s)；t 为动作时间(s)。

② 作应急能源，其有效工作容积为

$$\Delta V = \sum A_i l_i K \tag{4-60}$$

式中，$\sum A_i l_i$ 为要求应急动作液压缸总的工作容积(m^3)。

有效工作容积获得后，根据有关蓄能器的相应计算公式，求出蓄能器的容积，再根据其他性能要求，即可确定所需蓄能器。

(4) 管道尺寸的确定。

① 管道内径计算。管道内径可以按下式计算：

$$d = \sqrt{\frac{4q}{\pi v}} \tag{4-61}$$

式中，q 为通过管道内的流量(m^3/s)；v 为管内允许流速(m/s)，参照表4-24选择。

表4-24 允许流速推荐值

管　道	推荐流速/(m/s)
液压泵吸油管	0.5～1.5，一般取1以下
液压系统压油管道	3～6(压力高、管道短、黏度小时，取大值)
液压系统回油管道	1.5～2.6

计算出内径 d 后，按标准系列选取相应型号的管道。

② 管道壁厚 δ 的计算。管道壁厚可以按下式计算：

$$\delta = \frac{pd}{2[\sigma]} \tag{4-62}$$

式中，p 为管道内最高工作压力(Pa)。d 为管道内径(m)。$[\sigma]$为管道材料的许用应力(Pa)，$[\sigma]=\sigma_b/n$，其中 σ_b 为管道材料的抗拉强度(Pa)，n 为安全系数，对钢管来说，$p < 7\,\text{MPa}$ 时，

n 取 8；$p < 17.5\,\text{MPa}$，n 取 6；$p > 17.5\,\text{MPa}$ 时，n 取 4。

(5) 油箱容量的确定。初步设计时，先按下式确定油箱的容量，待系统确定后，再按散热的要求进行校核。油箱容量的经验公式为

$$V = aq_V \tag{4-63}$$

式中，q_V 为液压泵每分钟排出压力油的容积(m^3)；a 为经验系数，见表 4-25。

表 4-25 经验系数 α

系统类型	行走机械	低压系统	中压系统	锻压机械	冶金机械
α	1～2	2～4	5～7	6～12	10

确定油箱尺寸时，一方面要满足系统供油的要求，还要保证执行元件全部排油时，油箱不能溢出及系统中最大可能充满油时，油箱的油位不低于最低限度。

5) 液压系统性能验算

液压系统初步设计是在某些估计参数情况下进行的，当各回路形式、液压元件及连接管路等完全确定后，针对实际情况，对所设计的系统进行各项性能分析。对一般液压传动系统来说，主要是进一步确定计算液压回路各段压力损失、容积损失及系统效率、压力冲击和发热温升等。根据分析计算发现问题，对某些不合理的设计要进行重新调整或采取其他必要的措施。

(1) 计算液压系统压力损失。压力损失包括管路的沿程损失 Δp_1、管路的局部压力损失 Δp_2 和阀类元件的局部损失 Δp_3。总的压力损失为

$$\left.\begin{aligned} \Delta p &= \Delta p_1 + \Delta p_2 + \Delta p_3 \\ \Delta p_1 &= \frac{\lambda l}{d}\frac{v^2\rho}{2} \\ \Delta p_2 &= \frac{\varsigma v^2\rho}{2} \\ \Delta p_3 &= \Delta p_n\left(\frac{q}{q_n}\right)^2 \end{aligned}\right\} \tag{4-64}$$

式中，l 为管道长度(m)；d 为管道内径(m)；v 为液流平均速度(m/s)；ρ 为油的密度(kg/m^3)；λ 为沿程阻力系数，ζ 为局部阻力系数；λ、ζ 的具体值可参考液压流体力学有关内容；q_n 为阀的额定流量(m^3/s)；q 为通过阀的实际流量(m^3/s)；Δp_n 为阀的额定压力损失(Pa)。

对于泵到执行元件间的压力损失，如果计算出的 Δp 比选泵时估计的管路损失大得多的话，应该重新调整泵及其他有关元件的规格尺寸等参数。

系统的调整压力为

$$p_T \geqslant p_1 + \Delta p \tag{4-65}$$

式中，p_T 为液压泵的工作压力或支路的调整压力。

(2) 计算液压系统的发热温升。

① 计算液压系统的发热功率。液压系统工作时，除执行元件驱动外载荷输出有效功率外，其余功率损失全部转化为热量，使油温升高。液压系统的功率损失主要有以下几种形式：

a. 液压泵的功率损失可以按下式计算：

$$P_{h1}=\frac{1}{T_t}\sum_{i=1}^{z}P_{ri}(1-\eta_{Pi})t_i \tag{4-66}$$

式中，T_t 为工作循环周期(s)；z 为投入工作液压泵的台数；P_{ri} 为液压泵的输入功率(W)；η_{Pi} 为各台液压泵的总效率；t_i 为第 i 台泵工作时间(s)。

b. 液压执行元件的功率损失可以按下式计算：

$$P_{h2}=\frac{1}{T_t}\sum_{j=1}^{M}P_{rj}(1-\eta_j)t_j \tag{4-67}$$

式中，M 为液压执行元件的数量；P_{rj} 为液压执行元件的输入功率(W)；η_j 为液压执行元件的效率；t_j 为第 j 个执行元件工作时间(s)。

c. 溢流阀的功率损失可以按下式计算：

$$P_{h3}=p_y q_y \tag{4-68}$$

式中，p_y 为溢流阀的调整压力(Pa)；q_y 为经溢流阀流回油箱的流量(m^3/s)。

d. 油液流经阀或管路的功率损失可以按下式计算：

$$P_{h4}=\Delta p q \tag{4-69}$$

式中，Δp 为通过阀或管路的压力损失(Pa)；q 为通过阀或管路的流量(m^3/s)。

由以上各种损失构成了整个系统的功率损失，即液压系统的发热功率，可以按下式计算：

$$P_{hr}=P_{h1}+P_{h2}+P_{h3}+P_{h4} \tag{4-70}$$

上式适用于回路比较简单的液压系统，对于复杂系统，由于功率损失的环节太多，逐一计算较为繁琐，通常用下式计算液压系统的发热功率：

$$P_{hr}=P_r-P_c \tag{4-71}$$

式中，P_r 为液压系统的总输入功率；P_c 为输出的有效功率。其可以按式(4-72)和式(4-73)计算：

$$P_r=\frac{1}{T_t}\sum_{i=1}^{z}\frac{p_i q_i t_i}{\eta_{Pi}} \tag{4-72}$$

$$P_c=\frac{1}{T_t}\left(\sum_{i=1}^{n}F_{Wi}s_i+\sum_{j=1}^{m}T_{Wj}\omega_j t_j\right) \tag{4-73}$$

式中，T_t 为工作周期(s)；z、n、m 分别为液压泵、液压缸的数量；p_i、q_i、η_{Pi} 分别为第 i 台泵的实际输出压力、流量、效率；t_i 为第 i 台泵工作时间(s)；F_{Wi}、s_i 分别为液压缸外载荷及驱动此载荷的行程(N、m)。

② 计算液压系统的散热功率。液压系统的散热渠道主要是油箱表面，但如果系统外接管路较长，而且计算发热功率时，也应考虑管路表面散热。液压系统散热功率可以按下式计算：

$$P_{hc}=(K_1A_1+K_2A_2)\Delta T \tag{4-74}$$

式中，K_1 为油箱散热系数，见表 4-26；K_2 为管路散热系数，见表 4-27；A_1、A_2 分别为油箱、管道的散热面积(m^2)；ΔT 为油温与环境温度之差(℃)。

表 4-26 油箱散热系数 K_1

冷却条件	K_1/[W/(m^2 · ℃)]	冷却条件	K_1/[W/(m^2 · ℃)]
通风条件很差	8~9	用风扇冷却	23
通风条件良好	15~17	循环水冷却	110~170

表 4-27 管道散热系数 K_2 [单位:W/(m^2 · ℃)]

风速	管道外径		
	0.01 m	0.05 m	0.10 m
0	8	6	5
1 m/s	25	14	10
5 m/s	69	40	23

若系统达到热平衡,则 $P_{hr}=P_{hc}$,油温不再升高,此时,最大温差为

$$\Delta T=\frac{P_{hr}}{K_1A_1+K_2A_2} \tag{4-75}$$

环境温度为 T_0,则油温 $T=T_0+\Delta T$。如果计算出的油温超过该液压设备允许的最高油温(各种机械允许油温见表 4-28),就要设法增大散热面积,如果由于各种限制使得油箱的散热面积不能加大,或者加一些油箱面积也无法解决散热问题时,需要装设冷却器。冷却器的散热面积为

$$A=\frac{P_{hr}-P_{hc}}{K\Delta t_m} \tag{4-76}$$

式中,K 为冷却器散热系数,见参考文献[2]中有关散热器的散热系数;Δt_m 为平均温升(℃),$\Delta t_m=\frac{T_1+T_2}{2}-\frac{t_1+t_2}{2}$,其中 T_1、T_2 分别为液压油入口和出口温度,t_1、t_2 分别为冷却水或风入口和出口温度。

表 4-28 各种机械允许油温

液压设备类型	正常工作温度/℃	最高允许温度/℃
数控机床	30~50	55~70
一般机床	30~55	55~70
机车车辆	40~60	70~80
船舶	30~60	80~90
冶金机械、液压机	40~70	60~90
工程机械、矿山机械	50~80	70~90

③ 根据散热要求计算油箱容量。最大温差 ΔT 是在初步确定油箱容积的情况下,验算其

散热面积是否满足要求。当系统的发热量求出之后,可根据散热的要求确定油箱的容量。由式(4-75)可得油箱的散热面积为

$$A_1 = \left(\frac{P_{hr}}{\Delta T} - K_2A_2\right)\Big/K_1 \tag{4-77}$$

如不考虑管路的散热,上式可简化为

$$A_1 = \frac{P_{hr}}{\Delta TK_1} \tag{4-78}$$

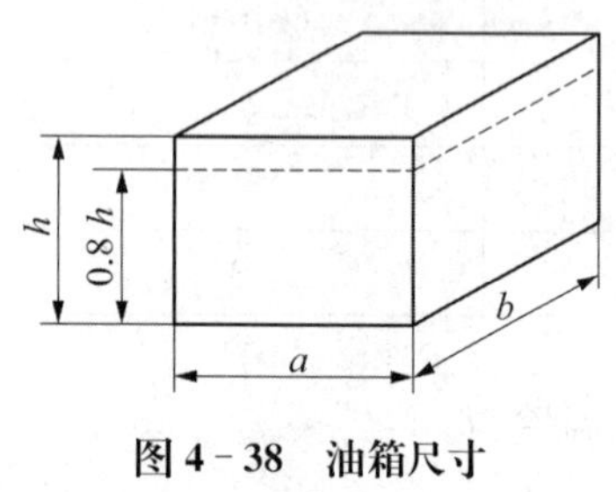

图 4-38 油箱尺寸

油箱主要设计参数如图 4-38 所示。一般油面的高度为油箱高 h 的 0.8 倍,与油直接接触的表面算全散热面,与油不直接接触的表面算半散热面。图示油箱的有效容积和散热面积分别为

$$V = 0.8abh \tag{4-79}$$

$$A_1 = 1.8h(a+b) + 1.5ab \tag{4-80}$$

A_1 求出后,再根据结构要求确定 a、b、h 的比例关系,即可确定油箱的主要结构尺寸。如按散热要求求出的油箱容积过大,远超出用油量的需要,且又受空间尺寸的限制,则应适当缩小油箱尺寸,增设其他散热措施。

(3) 计算液压系统冲击压力。压力冲击是由于管道液流速度急剧改变或管道液流方向急剧改变而形成的。例如,液压执行元件在高速运动中突然停止,换向阀的迅速开启和关闭,都会产生高于静态值的冲击压力。它不仅伴随产生振动和噪声,而且会因过高的冲击压力而使管路、液压元件遭到破坏;对系统影响较大的压力冲击常为以下两种形式。

① 当迅速打开或关闭液流通路时,在系统中产生的冲击压力。

直接冲击(即 $t < \tau$)时,管道内压力增大为

$$\Delta p = a_c\rho\Delta v \tag{4-81}$$

间接冲击(即 $t > \tau$)时,管道内压力增大为

$$\Delta p = a_c\rho\Delta v\frac{\tau}{t} \tag{4-82}$$

式中,ρ 为液体密度(kg/m^3);Δv 为关闭或开启液流通道前后管道内流速之差(m/s);t 为关闭或打开液流通道的时间(s);$\tau = 2l/a_c$ 为管道长度为 l 时冲击波往返所需的时间(s),a_c 为管道内液流中冲击波的传播速度(m/s)。

若不考虑黏性和管径变化的影响,冲击波在管内的传播速度为

$$a_c = \frac{\sqrt{E_0/\rho}}{\sqrt{1 + E_0d/(E\delta)}} \tag{4-83}$$

式中,E_0 为液压油的体积弹性模量(Pa),推荐值为 700 MPa;δ、d 分别为管道的壁厚和内径(m);E 为管道材料的弹性模量(Pa),对于常用管道材料,钢的弹性模量为 2.1×10^{11} Pa,紫铜的弹性模量为 1.18×10^{11} Pa。

② 液压缸运动速度变化较大时，由于液体及运动机构的惯性作用而引起的压力冲击。其压力的增大值为

$$\Delta p=\left(\sum l_i\rho\frac{A}{A_i}+\frac{M}{A}\right)\frac{\Delta v}{t} \tag{4-84}$$

式中，l_i 为第 i 段管道的长度(m)；A_i 为第 i 段管道的截面积(m^2)；A 为液压缸活塞面积(m^2)；M 为与活塞联动的运动部件质量(kg)；Δv 为液压缸的速度变化量(m/s)；t 为液压缸速度变化 Δv 所需时间(s)。

计算出冲击压力后，此压力与管道的静态压力之和即为此时管道的实际压力。实际压力比初始设计压力大得多时，要重新校核一下相应部位管道的强度及阀件的承压能力，如不满足，要重新调整。

6）设计液压装置，编制技术文件

(1) 液压装置总体布局设计。液压系统总体布局有集中式、分散式。集中式结构是将整个设备液压系统的油源、控制阀部分独立设置于主机之外或安装在地下，组成液压站。分散式结构是把液压系统中液压泵、控制调节装置分别安装在设备上适当的地方，机床、工程机械等可移动式设备一般都采用这种结构。

(2) 液压阀的配置。

① 板式配置是把板式液压元件用螺钉固定在平板上，板上钻有与阀口对应的孔，通过管接头连接油管而将各阀按系统图接通。这种配置可根据需要灵活改变回路形式。液压实验台等普遍采用这种配置。

② 集成式配置目前液压系统大多数都采用集成形式。它是将液压阀件安装在集成块上，集成块一方面起安装底板作用，另一方面起内部油路作用。这种配置结构紧凑、安装方便。

(3) 集成块设计。

① 块体结构集成块的材料一般为铸铁或锻钢，低压固定设备可用铸铁，高压强振场合可用锻钢。块体加工成正方体或长方体，相互叠积的集成块上下面一般为叠积接合面，其上钻有公共压力油孔P、公用回油孔T、泄漏油孔L和4个用以叠积紧固的螺栓孔。液压泵输出的压力油经调压后进入公用压力油孔P，作为供给各单元回路压力油的公用油源。各单元回路的回油均通到公用回油孔T，然后流回到油箱。各液压阀的泄漏油统一通过公用泄漏油孔L流回油箱。一般集成块的其余4个表面后面接通液压执行元件的油管，另外3个面用以安装液压阀。

② 集成块结构尺寸以及外形尺寸的确定，要满足阀件的安装、孔道布置及其他工艺要求。为减少工艺孔，缩短孔道长度，阀的安装位置要仔细考虑，使相通油孔尽量在同一水平面或同一竖直面上。各通油孔的内径要满足允许流速的要求，一般来说，与阀直接相通的孔径应等于所装阀的油孔通径。油孔之间的壁厚 δ 不能太小，对于中低压系统，δ 不得小于5 mm，高压系统应更大些。

(4) 绘制正式工作图，编写技术文件。液压系统完全确定后，要正规地绘出液压系统图。除用元件图形符号表示的原理图外，还包括动作循环表和元件规格型号表。液压系统图中各元件一般按系统停止位置表示，如特殊需要，也可以按某时刻运动状态画出，但要加以说明。装配图包括泵站装配图、管路布置图、操纵机构装配图、电气系统图等，技术文件包括设计任务书、设计说明书及设备的使用、维护说明书等。

4.5 气缸的控制方式、设计选型及其控制系统设计

4.5.1 气缸的结构及工作原理

气缸实物及结构如图 4-39 所示，按照运动形式可以分为直线气缸和旋转气缸两大类。

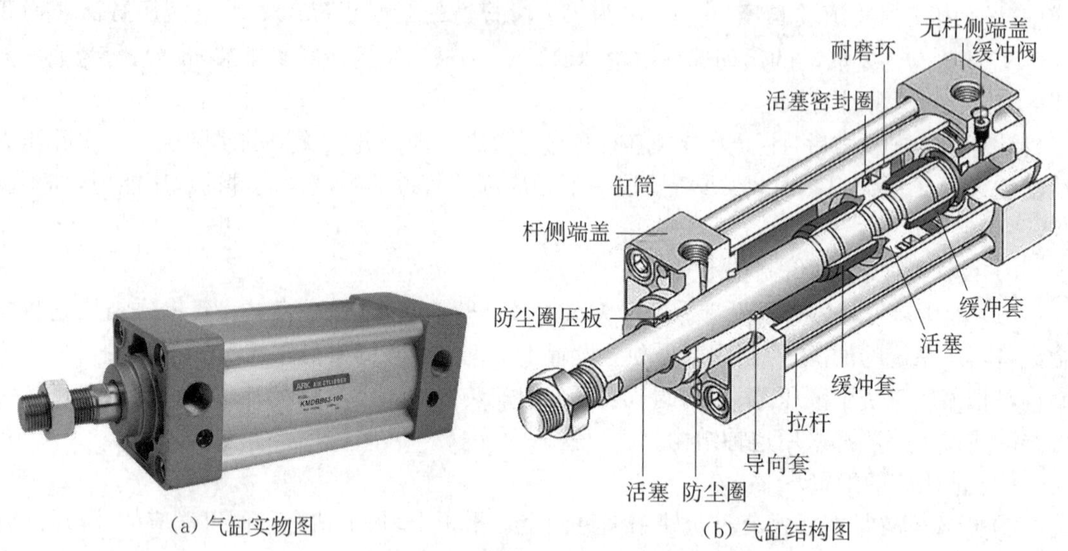

(a) 气缸实物图　(b) 气缸结构图

图 4-39 气缸实物及结构图

如图 4-39 所示，压缩空气作用在活塞上产生作用力，驱动活塞做往复直线运动或旋转运动。具体过程是：无杆腔输入压缩空气，有杆腔排气，气缸两腔的压力差作用在活塞上所形成的力推动活塞运动，使活塞杆伸出；当有杆腔进气、无杆腔排气时，使活塞杆缩回，若有杆腔和无杆腔交替进气和排气，活塞就能做往复直线运动。气缸可以分为单作用气缸、双作用气缸、膜片式气缸、冲击式气缸四种类型，其典型结构及工作原理示意如图 4-40 所示。

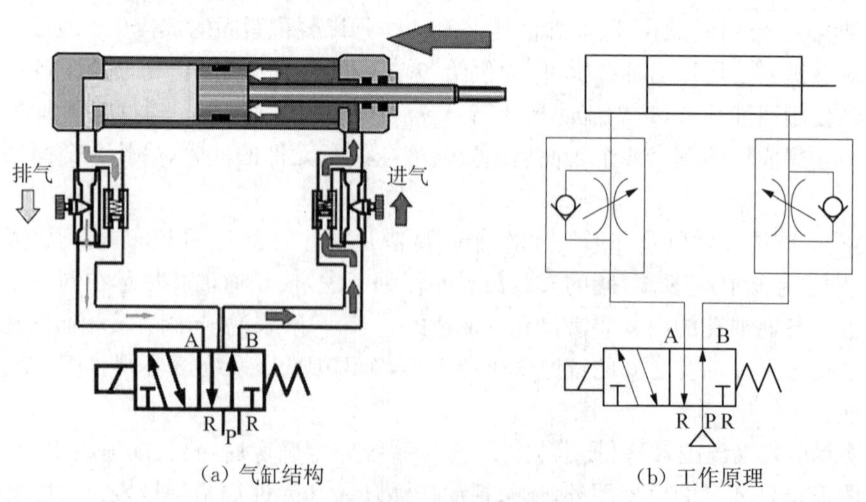

(a) 气缸结构　(b) 工作原理

图 4-40 气缸结构及工作原理示意图

4.5.2 气缸主要参数

气缸的参数包括技术参数和结构参数，主要参数见表 4-29。

表 4-29 气缸的主要参数

参数名称	特 点
气缸类型	若要求气缸到达行程终端无冲击现象和撞击噪声，应选择缓冲气缸；要求重量轻，应选择轻型缸；要求安装空间窄且行程短，可选择薄型缸；有横向负载，可选择带导杆气缸；要求制动精度高，应选择锁紧气缸；不允许活塞杆旋转，可选择具有杆不回转功能的气缸；高温环境下需选择耐热缸；在有腐蚀环境下，需选择耐腐蚀气缸。在有灰尘等恶劣环境下，活塞杆伸出端需要安装防尘罩
气缸直径	气缸缸径、内径尺寸
进出口直径及螺纹参数	气体进出液压缸的管径及螺纹参数
活塞直径	活塞杆的直径
工作压力	正常工作压力为 0.2～0.8 MPa
输出力	根据负载力的大小来确定气缸输出的推力和拉力。一般均按外载荷理论平衡条件确定所需气缸作用力，根据不同速度选择不同的负载率，使气缸输出力稍有余量
活塞运动速度	主要取决于气缸输入压缩空气流量、气缸进排气口大小及导管内径的大小。要求高速运动时应取大值。气缸运动速度一般为 50～800 mm/s。对高速运动气缸，应选择大内径的进气管道；对于负载有变化的情况，为了得到缓慢且平稳的运动速度，可选用带节流装置或气-液阻尼缸，从而实现速度控制。垂直安装的气缸举升负载时，推荐用进气节流调速；要求行程末端运动平稳，避免冲击时，应选用带缓冲装置的气缸
活塞行程	活塞杆的动作长度，带有缓冲装置的液压缸，也包括缓冲长度，与使用的场合和机构的行程有关，但一般不选满行程，防止活塞和缸盖相碰。如用于夹紧机构等，应按计算所需的行程增加 10～20 mm 的余量进行选择
有无缓冲	是否带有缓冲装置取决于工作条件，如果冲击较大，活塞杆伸出收缩，通常需要缓冲
安装方式	安装方式有法兰安装、销轴安装、耳环型安装、底座型安装、球头型安装等，应根据安装位置、使用目的等确定具体方式。在一般情况下采用固定式气缸

4.5.3 电-气比例/伺服常用气动控制回路

1）速度控制回路

速度控制回路见表 4-30。

表 4-30 气动速度控制回路及特点

回路	简图	说明
(1) 单作用缸速度控制回路		
调速回路	(a) (b)	图(a)为采用节流阀的回路 图(b)为采用单向节流阀的回路。两单向节流阀分别控制活塞杆进退速度

（续表）

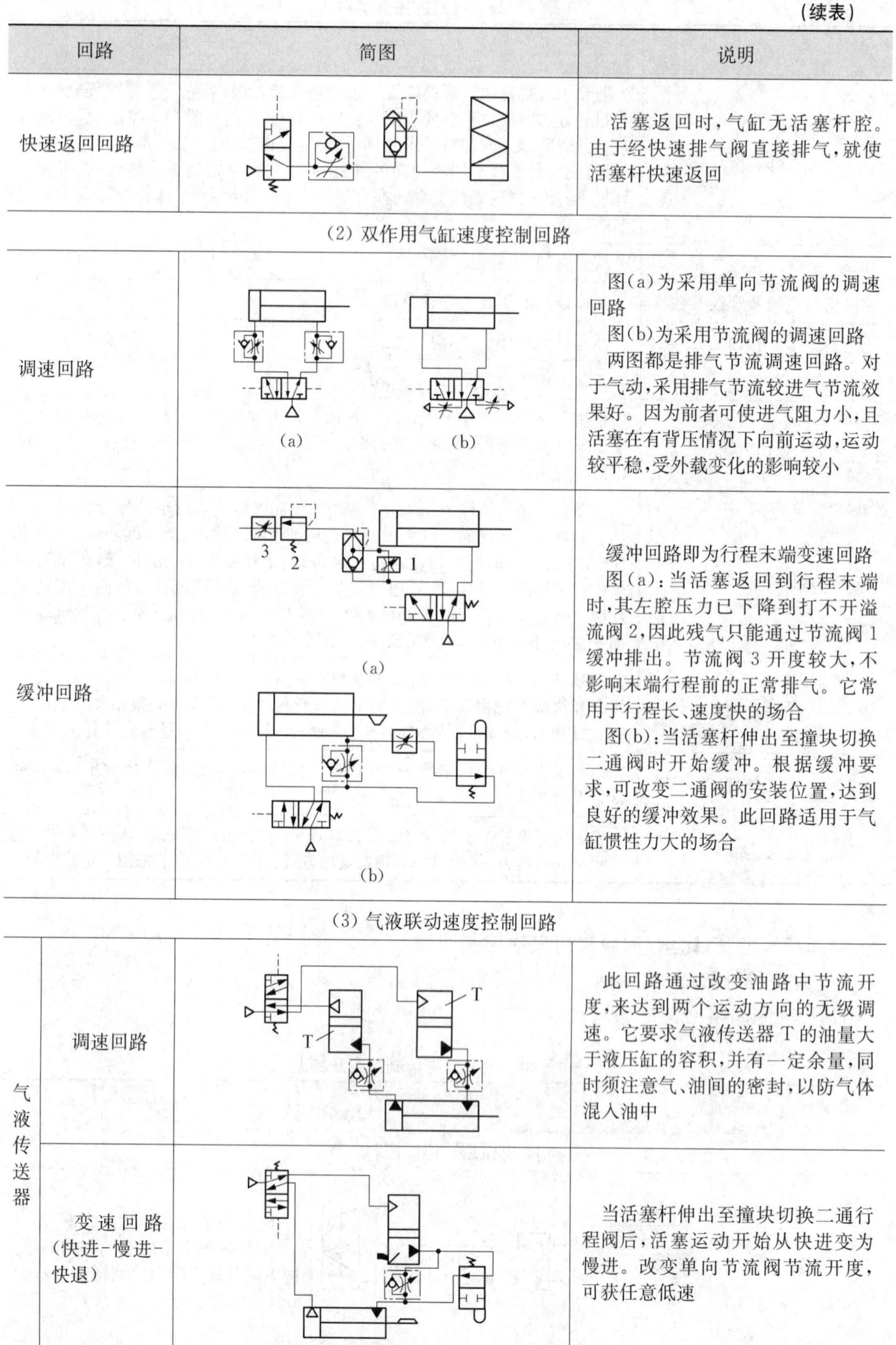

回路	简图	说明
快速返回回路		活塞返回时，气缸无活塞杆腔。由于经快速排气阀直接排气，就使活塞杆快速返回
(2) 双作用气缸速度控制回路		
调速回路	(a) (b)	图(a)为采用单向节流阀的调速回路 图(b)为采用节流阀的调速回路 两图都是排气节流调速回路。对于气动，采用排气节流较进气节流效果好。因为前者可使进气阻力小，且活塞在有背压情况下向前运动，运动较平稳，受外载变化的影响较小
缓冲回路	(a) (b)	缓冲回路即为行程末端变速回路 图(a)：当活塞返回到行程末端时，其左腔压力已下降到打不开溢流阀2，因此残气只能通过节流阀1缓冲排出。节流阀3开度较大，不影响末端行程前的正常排气。它常用于行程长、速度快的场合 图(b)：当活塞杆伸出至撞块切换二通阀时开始缓冲。根据缓冲要求，可改变二通阀的安装位置，达到良好的缓冲效果。此回路适用于气缸惯性力大的场合
(3) 气液联动速度控制回路		
气液传送器 调速回路		此回路通过改变油路中节流开度，来达到两个运动方向的无级调速。它要求气液传送器T的油量大于液压缸的容积，并有一定余量，同时须注意气、油间的密封，以防气体混入油中
气液传送器 变速回路（快进-慢进-快退）		当活塞杆伸出至撞块切换二通行程阀后，活塞运动开始从快进变为慢进。改变单向节流阀节流开度，可获任意低速

（续表）

回路		简图	说明
气液传动缸	调速回路	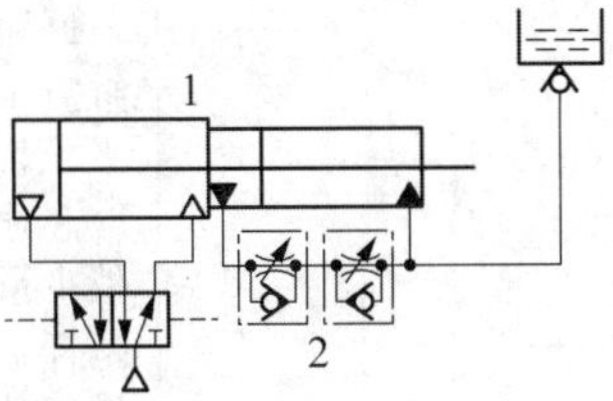 1 2 图中1为气液传动缸	该回路通过调节两只速度控制阀的节流开度来分别获得两个运动方向的无级调速。油杯3起补充漏油的作用
	变速回路之一（快进-慢进-快退）	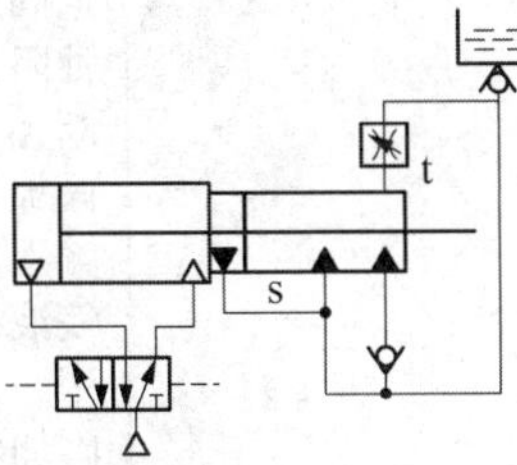 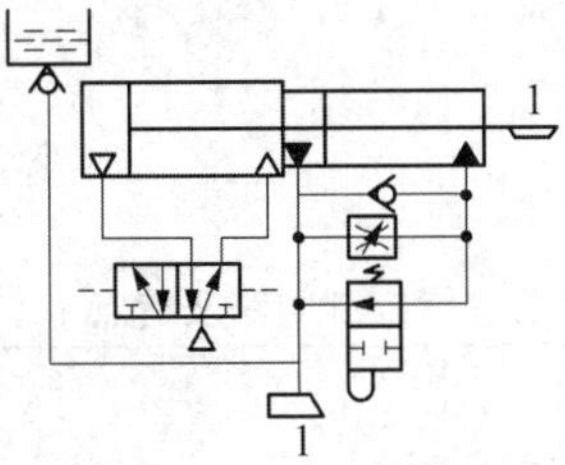 t s (a) 1 1 (b)	图(a)为液压缸结构变速回路：当活塞右行至封住孔s开始，液压缸右腔油液只能被迫从孔t经节流阀至其左腔，这时快进变为慢进。此回路变速位置不能改变 图(b)为用行程阀变速的回路：当活塞右行至撞块1，碰到行程阀后，开始做慢速进给。此回路只要改变撞块安装位置即可改变开始变速的位置
	变速回路之二（快进-慢进-慢退-快退）	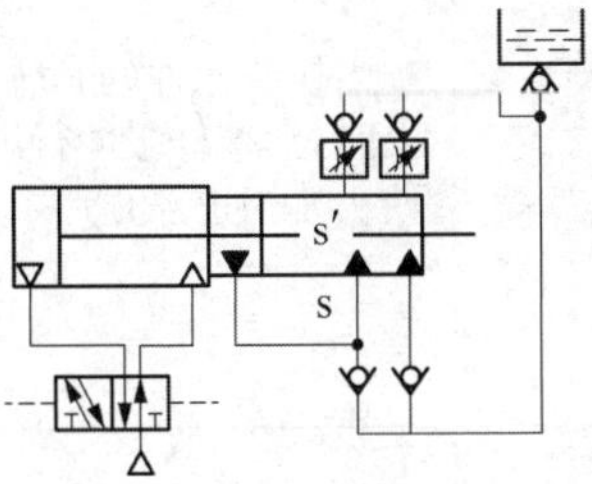 s′ s (a) 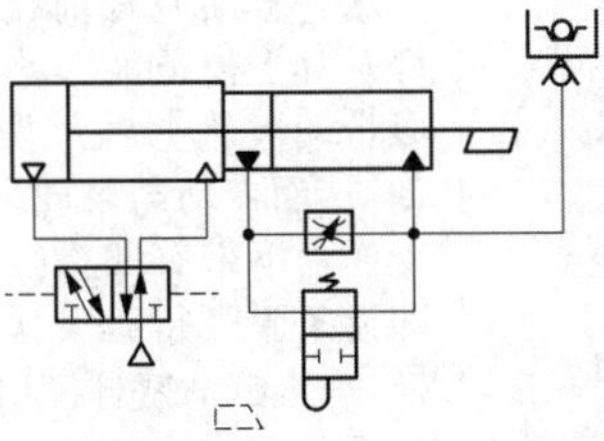 (b)	图(a)为液压缸结构变速回路：当活塞右行至超过孔s时，开始从快进变为慢进。而当活塞左行时，由于其左腔油液只能被迫从孔s′经节流阀至其右腔，故为慢退，直至活塞左行到超过孔s时，才开始从慢退变为快退 图(b)为采用行程阀的回路。慢退的实现是由于它比采用行程阀的快进→慢进→快退回路少了一只单向阀，活塞开始左行时，其左腔的油液只能经节流阀流至其右腔

（续表）

回路		简图	说明
气液传动缸	变速回路之三（中间位置停止）	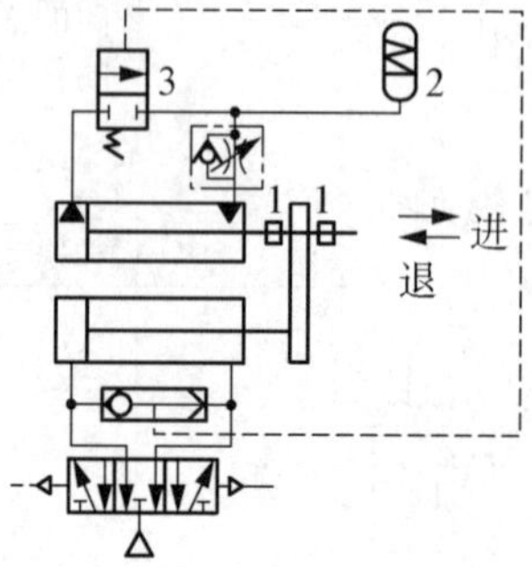	回路中，阻尼缸与气缸并联，液压缸流量由单向节流阀来控制，可得平稳且一定的速度。弹簧式蓄能器2能调节阻尼缸中油量变化，且有补偿少量漏油的作用。借助阻尼缸活塞杆上的调节螺母1，可使气缸开始快速动作，当碰到螺母后，就由阻尼缸来控制，变为慢速前进。同时，由于主控阀采用了中间泄压式三位五通阀，所以当主控阀在中间位置时，油阻尼缸回路被二位二通阀3切断，活塞就停止在该位置上；当主控阀被切换到任何一侧，压缩空气就输入气缸，同时经梭阀使阀3换向，使液压回路接通阻尼缸起调速作用。并联活塞杆工作时，由于产生附加弯矩，故应考虑设导向装置

2）位置控制回路

位置控制回路见表4-31。

表4-31 气动位置控制回路及特点

简图		说明
（1）有限（选定）位置控制回路		
缓冲挡块定位控制	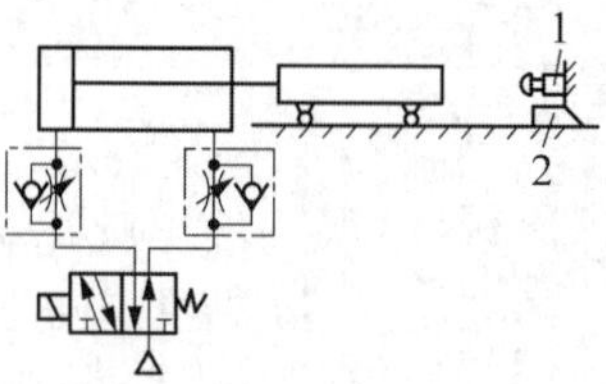	当执行元件（如气缸活塞杆）把工件推到缓冲器1上时，活塞杆缓冲行进一小段后，小车碰到定位块，使小车强迫停止
气控机械定位机构	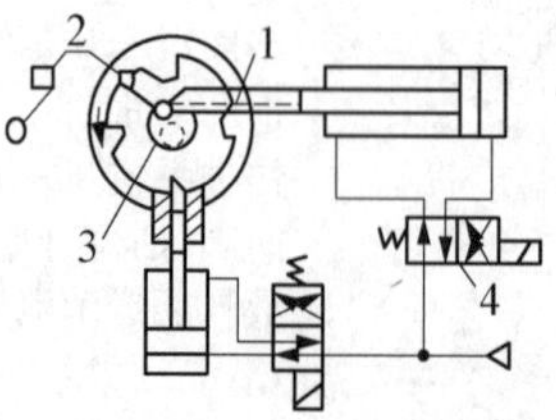	水平缸活塞杆前端连接齿轮齿条机构。当活塞杆及其上齿条1往复动作时，推动齿轮3往复摆动以带动齿轮上棘爪摆动，推动棘轮作单向间歇转动，从而带动与棘轮同轴的工作转台做间歇转动。工作台下带有凹槽缸口，当水平缸活塞杆回程时，即齿条脱开行程开关2时，使垂直缸电磁阀4切换，垂直缸活塞杆伸出，进入该凹槽缺口，使工作转台正确定位

(续表)

简　图		说　明
多位缸位置控制	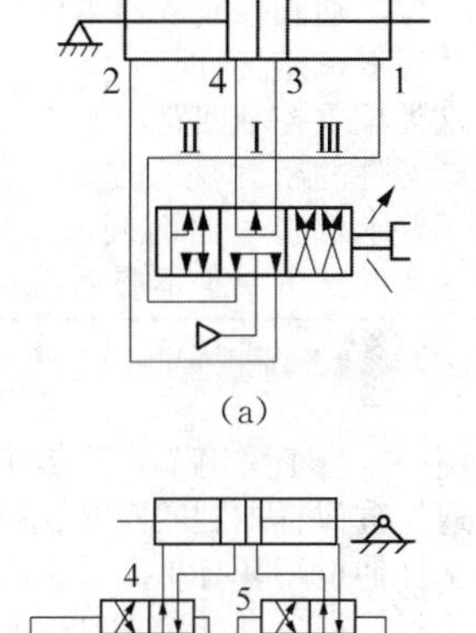 (a) 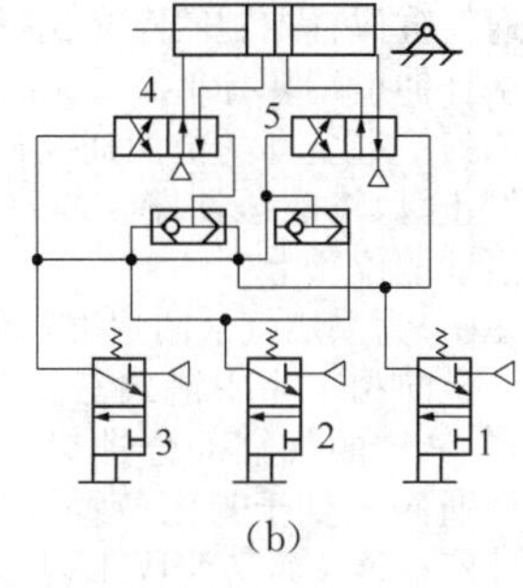 (b) 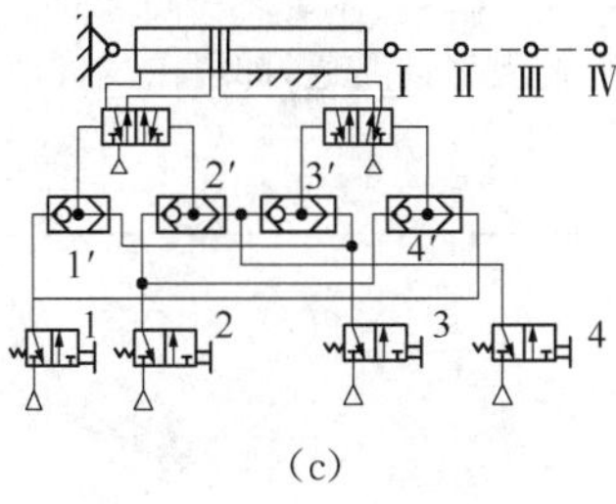 (c) 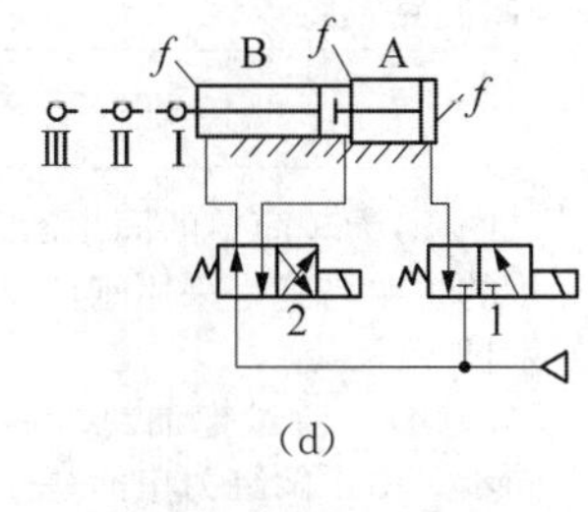 (d) 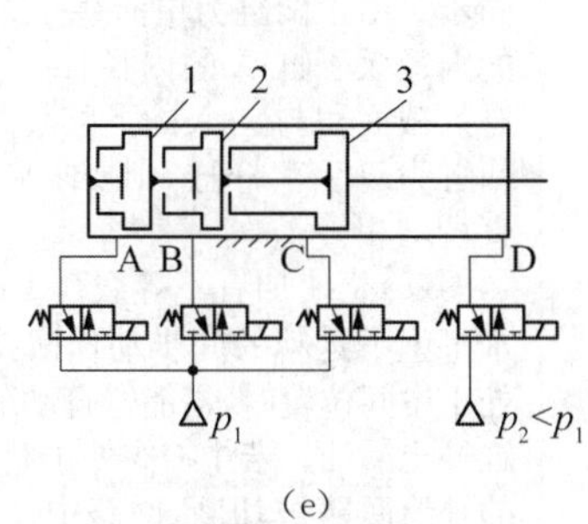 (e)	多位缸位置控制回路的特点是控制多位缸的活塞杆按设计要求，部分或全部伸出或缩回，以获得多个位置 图(a)为利用三位六通阀的回路：当阀处于位置Ⅰ时，气缸处于图示位置(两端活塞杆处于收缩状态)；阀处于位置Ⅱ时，孔 2、3 进气，右活塞杆伸出；阀处于位置Ⅲ时，两端活塞杆全部伸出 图(b)所示回路由二位三通阀 1、2、3 控制两个换向阀 4、5，使气缸两活塞杆处于所要求位置：阀 1 动作时，两活塞杆均收进；阀 2 动作时，两杆一伸一缩；阀 3 动作时，两杆全部伸出 图(c)为四位置定位控制回路。图示位置为按动手控阀 1 时，压缩空气通过手控阀 1 分两路分别由梭阀 1′、4′控制两个二位五通阀，使主气源进入多位缸而得到位置Ⅰ。当推动手控阀 2、3 或 4 时，可相应得到位置Ⅱ、Ⅲ或Ⅳ 图(d)为 A、B 两缸串联实现三位定位控制的回路。图示位置为 A、B 两缸的活塞杆均处于收进状态。当左阀 2 如图示状态，而右阀 1 通电换向时，由于 A 缸活塞面积较 B 缸大，故 A 缸活塞杆向左推动 B 缸活塞杆，其行程长为Ⅰ～Ⅱ。反之，当阀 1 如图示状态而阀 2 通电切换时，缸 B 活塞杆杆端由位置Ⅱ继续前进到Ⅲ(因缸 B 行程长为Ⅰ～Ⅲ) 图(e)为柱塞数字缸位置控制回路。A、B、C、D 为气缸的四个通口：A、B、C 供正常工作压力 p_1，通口 D 供低压，以控制各柱塞复位或停于某个需要位置。1、2、3 为三个柱塞。当控制不同换向阀工作时，可得到包括原始位置在内的活塞杆的八个位置：1、2、3 三个柱塞各自分别伸出时可相应得到三个不同位置；1、2 同时伸出，2、3 同时伸出或 1、3 同时伸出时又可得三个不同位置；1、2、3 全部伸出为此数字缸最大行程位置；1、2、3 均收进为图示原始位置

（续表）

简　图		说　明
（2）任意位置停止控制回路		
三位阀位置控制回路	用三位三通阀或三位五通阀控制普通气缸位置	三位三通阀控制普通单作用气缸，三位五通阀控制普通双作用气缸 这类位置控制回路由于要求气动系统，主要是缸与阀元件的密封性很严，否则不易正确控制位置，对于要求保持一定时间的中停位置更为困难。所以这类回路可用于不严格要求位置精度的场合
气液联动控制位置回路	1 2 3 4 6 5 (a) 3 2 1 (b)	图(a)：由于采用了气液传送器 2、3，所以与上述普通气缸位置控制回路相比，精度要高得多。缸的活塞杆伸出端装有单向节流阀 4，以控制回程速度；缸的另一端装有两位两通换向阀 6，需要在中间位置停止时，将液压回路切断，可迅速使活塞停留在所要求的位置上 图(b)为采用气液阻尼缸的气液联动位置控制回路。换向阀 1 为中泄式三位五通阀。在图示位置时，气液缸的气缸部分排空；而液压缸部分由于两位两通阀 3 处于封闭位置，回路断开，故可保持活塞杆停在该位置。当阀 1 切换时，由于压缩空气除进入气缸外，还可经梭阀 2 而切换阀 3，使气液阻尼缸的阻尼油路通，即可由气缸推动液压缸工作

3）气动同步动作控制回路

气动同步动作控制回路见表 4-32。

表 4-32　气动同步动作控制回路及特点

简　图	说　明
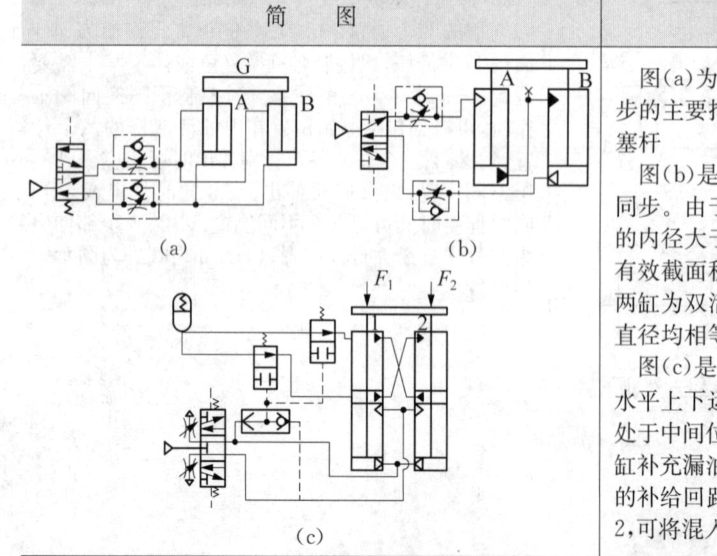 (a)　(b) (c)	图(a)为较简单的同步回路。使 A、B 两缸同步的主要措施是采用刚性零件 G 连接两缸的活塞杆 图(b)是通过把油封入回路中实现两缸正确同步。由于两缸为单活塞杆缸，故要求气液缸 B 的内径大于缸 A 的内径，以使气液缸 B 上腔的有效截面积与缸 A 的下腔截面积完全相等。若两缸为双活塞杆缸，则要求两缸内径与活塞杆直径均相等 图(c)是使加有不等载荷 F_1、F_2 的工作台做水平上下运动的同步动作回路。当三位主控阀处于中间位置时，蓄能器自动地通过补给回路对缸补充漏油。若主控阀处于其他位置，则蓄能器的补给回路被切断，回路中还安装了空气塞 1、2，可将混入油中的空气放掉，并由蓄能器补油

4.5.4 气缸电-气比例/伺服控制系统组成

气缸电-气比例/伺服控制系统的典型结构如图 4 - 41 所示，由以下五部分组成：

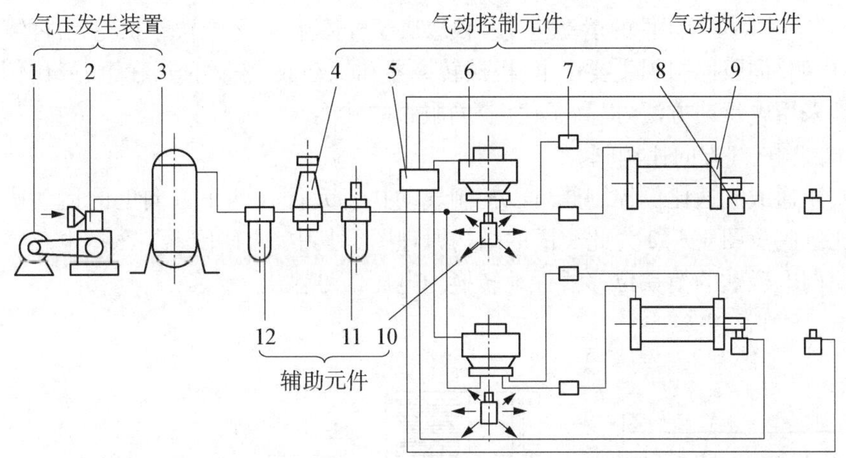

1—电机；2—空气压缩机；3—储气罐；4—压力控制阀；5—逻辑元件；6—方向控制阀；7—流量控制阀；8—机控阀；9—气缸；10—消声器；11—油雾过滤器；12—空气过滤器

图 4 - 41　气缸电-气比例/伺服控制系统的典型结构

(1) 气源。包括空气压缩机、储气罐、空气净化设备和输出管道等。它为气动设备提供洁净、干燥的，具有稳定压力和足够流量的压缩空气，它是气动系统的能源装置。

(2) 气源处理元件。包括后冷却器、过滤器、干燥器和排水器。

(3) 气动执行元件。把气体的压力能转变成机械能，实现气动系统对外做功的机械运动装置。做直线运动的是气缸道，做摆动或回转运动的是气马达、气爪、真空吸盘等。

(4) 气动控制元件。压力控制阀包括增压阀、减压阀、安全阀、顺序阀、压力比例阀、真空发生器，方向控制阀包括电磁换向阀、气控换向阀、人控换向阀、机控换向阀、单向阀、梭阀，流量控制阀包括速度控制阀、缓冲阀、快速排气阀。

(5) 其他辅助元件。为压缩空气的净化、元件的润滑、元件之间的连接、消音等所需要的辅助装置，如油雾器、消音器、管接头、气管等，也包括磁性开关、限位开关、压力开关等。

4.5.5 气缸电-气比例/伺服系统控制方式

在机电一体化系统中，采用电-气比例/伺服技术实现气缸的位置、速度等参数的精确控制。电-气比例阀和电-气伺服阀如图 4 - 42 所示。

(a) 电-气比例(伺服)压力调节阀

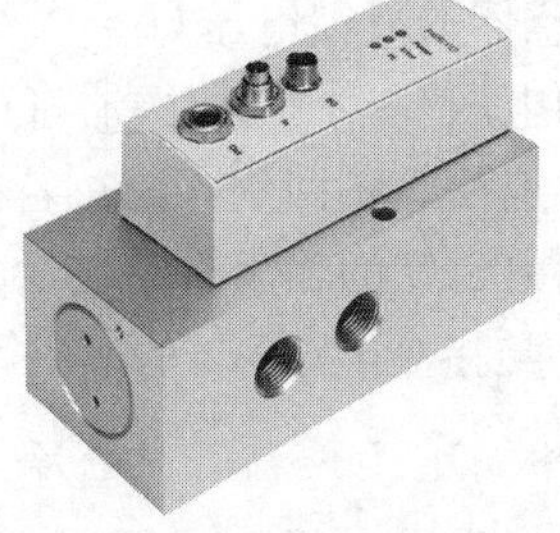

(b) 电-气比例(伺服)方向控制阀

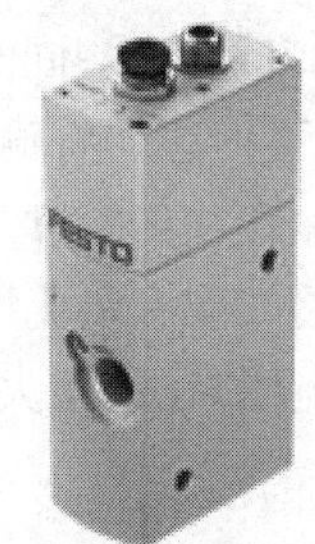

(c) 电-气比例流量控制阀

图 4 - 42　电-气比例/伺服阀

气动控制系统中常用的典型是基于电-气比例阀/伺服阀的控制系统。电-气比例/伺服控制阀按功能可分为压力式和流量式两种。压力式电-气比例/伺服阀将输出的电信号线性地转换为气体压力;流量式电-气比例/伺服阀将输给的电信号转换为气体流量。由于气体的可压缩性,气缸或气马达等执行元件的运动速度不仅取决于气体流量,还取决于执行元件的负载大小。

电-气比例/伺服控制阀主要由电-机械转换器和气动放大器组成,在电-气比例/伺服阀中越来越多地采用电反馈方法,提高了比例/伺服阀的性能。

1) 滑阀式电-气方向比例阀

流量式四通或五通比例控制阀可以控制气动执行元件在两个方向上的运动速度,这类阀也称方向比例阀。图 4-43 为此类阀的结构原理图。其中,位移传感器采用电感式原理,它的作用是将比例电磁铁的衔铁位移线性地转换为电压信号输出。

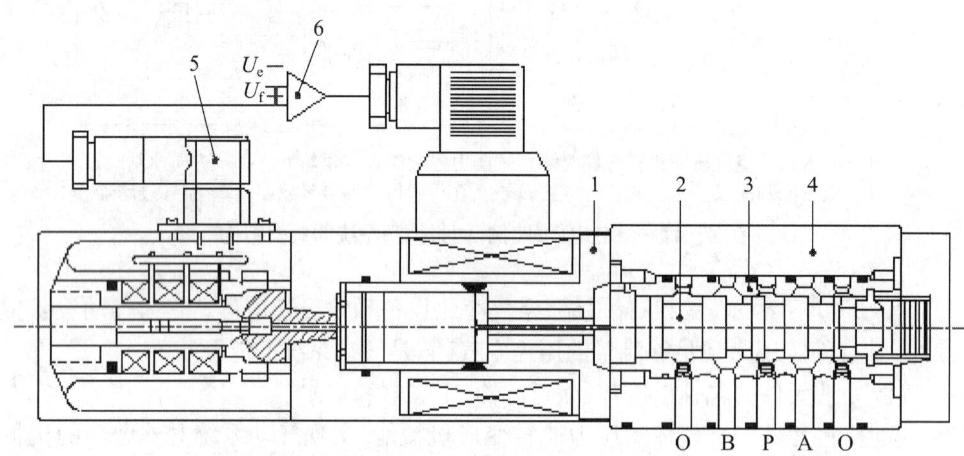

1—电磁铁;2—阀芯;3—阀套;4—阀体;5—位移传感器;6—控制放大器

图 4-43 滑阀式电-气方向比例阀结构

控制放大器的主要作用是:

(1) 将位移传感器的输出信号进行放大。

(2) 比较指令信号 U_e 和位移反馈信号 U_f,得到两者的差值 ΔU。

(3) 将 ΔU 放大,转换为电流信号 I 输出。此外,为了改善比例阀的性能,控制放大器还含有对反馈信号 U_f 和电压差 ΔU 的处理环节,如状态反馈控制和 PID 调节等。

带位置反馈的滑阀式方向比例阀,其工作原理是:在初始状态,控制放大器的指令信号 $U_F=0$,阀芯处于零位,此时气源口 P 与 A、B 两端输出口同时被切断,A、B 两口与排气口也切断,无流量输出;同时位移传感器的反馈电压 $U_f=0$。若阀芯受到某种干扰而偏离调定的零位时,位移传感器将输出一定的电压 U_f,控制放大器将得到的 $\Delta U=-U_f$ 放大后,输出给电流比例电磁铁,电磁铁产生的推力迫使阀芯回到零位。若指令 $U_e>0$,则电压差 ΔU 增大,使控制放大器的输出电流增大,比例电磁铁的输出推力也增大,推动阀芯右移。而阀芯的右移又引起反馈电压 U_f 的增大,直至 U_f 与指令电压 U_e 基本相等,阀芯达到力平衡。此时:

$$U_e=U_f=K_f X \tag{4-85}$$

式中,K_f 为位移传感器增益。

上式表明阀芯位移 X 与输入信号 U_e 成正比。若指令电压信号 $U_e<0$,通过上式类似的

反馈调节过程，使阀芯左移一定距离。阀芯右移时，气源口 P 与 A 口连通，B 口与排气口连通；阀芯左移时，P 与 B 连通，A 与排气口连通。节流口开口量随阀芯位移的增大而增大。上述的工作原理说明带位移反馈的方向比例阀节流口开口量与气流方向均受输入电压 U_e 的线性控制。

2）动圈式压力伺服阀

图 4 - 44 所示为一种压力伺服阀，其功能是将电信号成比例地转换为气体压力输出。

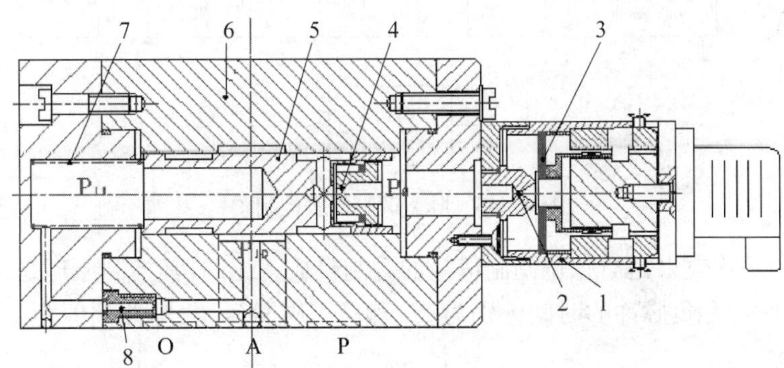

1—动圈式力马达；2—喷嘴；3—挡板；4—固定节流口；5—阀芯；6—阀体；7—复位弹簧；8—阻尼孔

图 4 - 44 动圈式压力伺服阀

初始状态时，力马达无电流输入，喷嘴与挡板处在全开位置，控制腔内的压力与大气压几乎相等。滑阀阀芯在复位弹簧推力的作用下处在右位，这时输出口 A 与排气口通，与气源口 P 断开。当力马达有电流 I 输入时，力马达产生推力 $F_m(=K_iI)$，将挡板推向喷嘴，控制腔内的气压 P_9 升高。P_9 的升高使挡板产生反推力，直至与电磁力 F_m 相平衡时，P_9 稳定。此时：

$$F_m = Ik_i = P_9A_y + Yk_{sy} \tag{4-86}$$

式中，A_y 为喷嘴喷口面积；Y 为挡板位移；k_{sy} 为力马达复位弹簧刚度。

另一方面，P_9 升高使阀芯左移，打开 A 口与 P 口，A 口的输出压力 P_{10} 升高，而 P_{10} 经过阻尼孔 8 被引到阀芯左腔，该腔内的压力 P_{11} 也随之升高。P_{11} 作用于阀芯左端面阻止阀芯移动，直至阀芯受力平衡，此时：

$$(P_9 - P_{11})A_x = (X + X_0)K_{sx} \tag{4-87}$$

式中，A_x 为阀芯断面面积；X 为阀芯位移；X_0 为滑阀复位弹簧的预压缩量；K_{sx} 为滑阀复位弹簧刚度。

由以上两式可得

$$P_{11} = [P_9A_x - (X + X_0)K_{sx}]/A_x = (Ik_i - Yk_{sy})/A_y - (X + X_0)K_{sx}/A_x \tag{4-88}$$

由设计保证，工作时阀芯有效行程 X 与弹簧预压缩量 X_0 相比小得多，可忽略不计，同时挡板位移量 Y 在调节过程中变化很小，可近似为常数，则上式简化为

$$P_{11} = KI + C \tag{4-89}$$

式中，$K = K_i/A_y$，为电-气伺服阀的电流-压力增益；$C = X_0K_{sx}/A_x + Yk_{sy}/A_y$，为常数。

由上式可见，P_{11} 与输入电流呈线性关系。阀芯处于平衡时，$P_{10} = P_{11}$，因此伺服阀的输出压力与输入电流呈线性关系。

3）脉宽调制伺服阀

与模拟式伺服阀不同，脉宽调制气动伺服控制是一种数字式伺服控制，采用的控制阀是开关式气动电磁阀。脉宽调制气动伺服系统如图 4-45 所示。输入的模拟信号经脉宽调制器，调制成具有一定频率和一定幅值的脉冲信号，经数字放大后控制气动电磁阀。

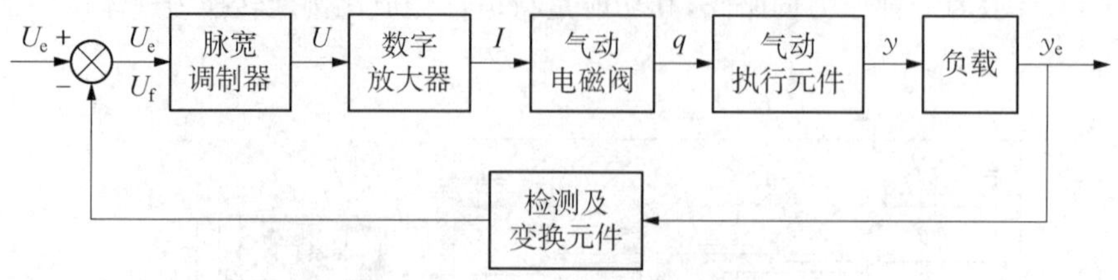

图 4-45 脉宽调制伺服控制图

负载响应的平均效果是与脉宽调制信号的调制量成正比的，其控制原理是：对于一个周期的脉冲波，设正脉冲和负脉冲的时间分别为 T_1 和 T_2、周期为 T、脉冲幅值为 Y_m，则一个周期内的平均输出 Y_a 为

$$Y_a = Y_m(T_1 - T_2)/T = Y_m K_m \tag{4-90}$$

式中，$K_m = (T_1 - T_2)/T$，为调制量或调制系数。

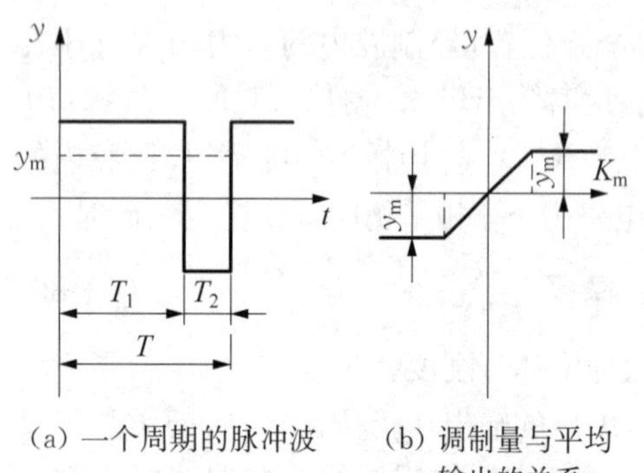

（a）一个周期的脉冲波 （b）调制量与平均输出的关系

图 4-46 脉冲波及调制量与平均输出的关系

一个周期的脉冲波及调制量与平均输出的关系如图 4-46 所示。由于调制量 K_m 与输入的模拟信号 U 成正比（这正是控制系统所要求的），因此平均输出与输入的模拟信号之间存在线性关系。

在脉宽调制气动伺服系统中，脉宽调制伺服阀完成信号的转换与放大作用，其常见的结构有四通滑阀型和三通球阀型。图 4-47 所示为滑阀式脉宽调制伺服阀的结构原理。滑阀两端各有一个电磁铁，脉冲信号电流加在两个电磁铁上，控制阀芯按脉冲信号的频率往复运动。

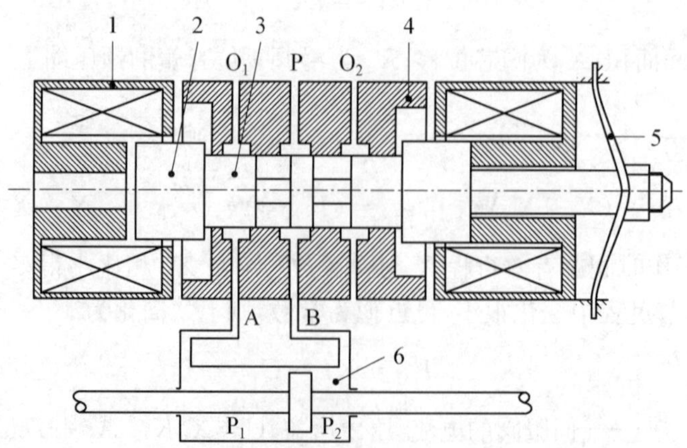

1—电磁铁；2—衔铁；3—阀芯；4—阀体；5—反馈弹簧；6—气缸

图 4-47 滑阀式脉宽调制伺服阀结构原理

脉宽调制控制与模拟控制相比有很多优点：控制阀在高频开关状态下工作，能消除死区、干摩擦等非线性因素；控制阀加工精度要求不高，降低了控制系统成本；控制阀节流口经常处于全开状态，抗污染能力强，工作可靠。

4.5.6 电-气比例/伺服系统设计

4.5.6.1 气缸的设计

1）气缸输出力的计算

设计气缸时，首先需要确定气缸的输出力。普通双作用气缸的理论推力为

$$F_0 = \frac{\pi}{4} D^2 p \tag{4-91}$$

式中，D 为缸径（mm）；p 为气缸的工作压力（MPa）。

普通双作用气缸的理论拉力为

$$F_1 = \frac{\pi}{4} (D^2 - d^2) p \tag{4-92}$$

式中，d 为活塞杆直径（mm），估算时可令 $d = 0.3D$。

2）气缸负载率的计算

气缸的负载率是指气缸的实际负载力 F 与理论输出力 F_0 之比。负载率是选择气缸的重要因素。负载情况不同，作用在活塞轴上的实际负载力也不同。气缸的实际负载是由工况所决定的，若确定了负载率 η 也就能确定了气缸的理论出力，负载率 η 的选取与气缸的负载性能和气缸的运动速度有关，见表 4－33。

表 4－33 气缸负载状态与运动速度的关系

负载的运动状态	静负载	动载荷		
		气缸速度 <100 mm/s	气缸速度 100～500 mm/s	气缸速度 >500 mm/s
负载率 η	≤80%	≤65%	≤50%	≤30%

气缸负载状态与负载力大小的关系见表 4－34。

表 4－34 负载状态与负载力的关系

负载状态	负载力	负载状态	负载力
W 提升	重力	W 水平滚动	$F = \mu W$ 取摩擦系数 $\mu = 0.1 \sim 0.4$
夹紧	夹紧力	W 水平滑动	$F = \mu W$ 取摩擦系数 $\mu = 0.2 \sim 0.8$

3) 气缸的选型

(1) 程序 1:根据操作形式选定气缸类型。根据工作要求和条件,正确选择气缸的类型。要求气缸到达行程终端无冲击现象和撞击噪声,应选择缓冲气缸;要求重量轻,应选轻型缸;要求安装空间窄且行程短,可选择薄型缸;有横向负载,可选择带导杆气缸;要求制动精度高,应选择锁紧气缸;不允许活塞杆旋转,可选择具有杆不回转功能气缸;高温环境下需选择耐热缸;在有腐蚀环境下,需选择耐腐蚀气缸;在有灰尘等恶劣环境下,活塞杆伸出端需要安装防尘罩;要求无污染时需要选择无给油或无油润滑气缸等。气缸操作方式有双动、单动弹簧压入及单动弹簧压出三种方式。

(2) 程序 2:选定其他参数。包括:①气缸缸径大小根据有关负载、使用空气压力及作用方向确定;②选定气缸行程工件移动距离;③选定气缸系列;④选定气缸安装形式,不同系列有不同安装方式,主要有基本型、脚座型、法兰型、U 形钩、轴耳型;⑤选定缓冲器无缓冲、橡胶缓冲、气缓冲、油压吸振器;⑥选定磁感开关,主要用于位置检测,要求气缸内置磁环;⑦选定气缸配件,包括相关接头。

4) 安装形式

安装形式根据安装位置、使用目的等因素决定。在一般情况下,采用固定式气缸。在需要随工作机构连续回转时(如车床、磨床等),应选用回转气缸。在要求活塞杆除直线运动外,还需做圆弧摆动时,则选用轴销式气缸。有特殊要求时,应选择相应的特殊气缸。

4.5.6.2 气动回路设计

气动回路设计可以根据执行元件数目、工作要求和循环动作过程,拟出执行元件的工作程序图。根据工作速度要求确定每一个气缸在 1 min 内的动作次数;再根据元件的工作程序,参考各种气动基本回路,按程序控制回路设计方法设计气动回路。

4.5.6.3 执行元件选择和计算

气动执行元件的类型一般应与主机相协调,即直线往复运动应选择气缸,回转运动应选择气动马达,往复摆动应选择摆动缸。

4.5.6.4 控制元件选择

根据系统或执行元件的工作压力和通过阀的最大流量,选用各生产厂制造的阀和气动元件。选择各种控制阀或逻辑元件时,应考虑的指标有工作压力、额定流量、响应速度、使用温度范围、最低工作压力、最低控制压力、使用寿命、空气泄漏量、尺寸及连接形式、电气特性等。

选择控制阀时除了根据最大流量外,还应考虑最小稳定流量,以保证气缸稳定工作。

(1) 控制元件选择。流量控制阀、方向控制阀、压力控制阀及电-气比例/伺服控制阀等,要根据位置、压力、流量控制要求选择市场上成熟的产品。

(2) 气动辅件选择。根据气缸装置的用气量进行辅件选择:

① 过滤器。不同的执行元件和控制元件对过滤器的要求不同:一般为气缸、截止阀等选择滤芯孔径为 50～75 u(μm),气动马达等 10～25 u(μm),金属硬配滑柱式、射流元件等选择滤芯孔径为 5 u(μm)。

② 减压器。根据压力调整范围和流量确定减压器的型号。

③ 油雾气。根据流量和油雾颗粒大小要求选择,一般 10 m^3 空气中应加润滑油量 1 mL 左右。

④ 消声器。根据工作场合对噪声的要求选择。

4.5.6.5 压缩机选择

由于使用压缩空气单位的负载波动不同,故压缩机容量的确定要充分了解不同对象的用气规律,根据实际情况来确定。压缩机供气量 Q_g 可按下式简单估算:

$$Q_g = (1.2 \sim 1.5)(Q_Z + Q_O) \quad (4-93)$$

式中，Q_Z 为单台机器的用气量；Q_O 为机器和配管的漏气量；N 为工作台数。

根据上式可选择相应的空气压缩机，当样本上的压缩机供气量与计算结果不一致时，一般选偏大的压缩机。

4.5.6.6 管道直径的确定

在管道计算中，常常是先按计算流量及经验流速计算出各区段的管径，然后计算出管径，校核各区段的压力降，以使最远点压力降在允许的范围内。若压力降超过额定值，应重新选择较低流速，再确定新的管径，并在新的管径基础上计算阻力损失，直到使压力降在允许范围内。

4.5.6.7 气动控制系统设计有关事项

(1) 气源处理。供给气动装置的压缩空气，除了保证其压力和流量外，还必须除去其中的含油污水和灰尘等，以减少气动元件的磨损，避免其零件的锈蚀，否则将引起系统工作效率降低，并常产生误动作而发生事故。故在气动装置前，除直接安装减压→过滤→油雾三联件外，压缩机之后一般应设有冷却器、过滤器和气罐等，以保证气动系统正常运行。在要求更高的情况下，应加干燥器或特殊过滤器。

(2) 管路安装。进行管路设计时，应注意管内的水分。在这前面虽然经过一些处理，但其中还是含有些未除掉的水分，致使管道、机件生锈而工作失常。因此，必须采取措施除掉残余的水分。

(3) 控制箱。为满足一定操作要求，常将各种控制元件集中在控制箱内，控制箱设计时的注意事项有：保证线路正常工作，阻力损失小，布置合理；面板及结构安排要考虑操作方便；便于维修，易于检查。

(4) 特殊情况处理。在设计时，应考虑系统在停电、发生事故需要紧急停车及重新开车而必须联锁保护元件等。

(5) 环境保护。气动系统工作时，由于压缩空气从换向阀排到大气中时产生排气噪声和油雾，会污染空气等，故应注意环境保护问题。

4.6 常用执行器的选型及控制

4.6.1 执行器的类型及应用

执行器是一种能提供直线或旋转运动的驱动装置，它利用某种驱动能源，并在某种控制信号作用下实现位置的精确控制。执行器使用液体、气体、电力或其他能源，并通过电机、气缸或其他装置将其转化成驱动作用。执行器按其能源形式可分为电动、液动、气动三大类，如图4-48所示。

(a) 电动阀门定位器

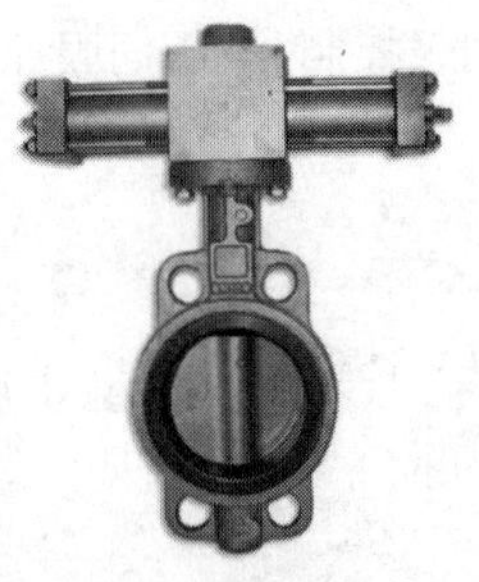
(b) 液压阀门定位器

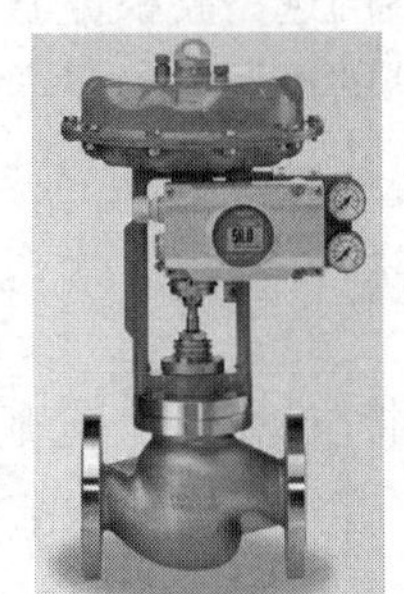
(c) 气动阀门定位器

图4-48 执行器的类型

电动阀门定位器、液压阀门定位器和气动阀门定位器的特点见表 4-35。

表 4-35 执行器类型及特点

执行器类型	特　点
电动执行器	优点： (1) 电动执行器的能源取用方便，信号传递迅速 (2) 高度的稳定和用户可应用的恒定推力，电动执行器的抗偏离能力好，输出的推力或力矩基本上是恒定的，可以克服介质的不平衡力，达到对工艺参数的准确控制，所以控制精度比气动执行器要高 (3) 如果配用伺服放大器，易于实现正反作用的互换，也可以轻松设定断信号阀位状态(保持/全开/全关)，而故障时，一定停留在原位 缺点： (1) 结构复杂、防爆性能差 (2) 电机运行要产生热，如果调节太频繁，容易造成电机过热，产生热保护，同时也会加大对减速齿轮的磨损 (3) 运行较慢，从调节器输出一个信号，到调节阀响应而运动到相应的位置，需要较长的时间。这是其不如气动、液动执行器的地方
液动执行器	优点： (1) 因为液体具有不可压缩性，故液动执行器具有较强的抗偏离能力，这对于调节工况是很重要的 (2) 液动执行机构运行起来非常平稳，响应快，所以能实现高精度的控制 缺点： 造价昂贵，体检庞大、笨重，特别复杂和需要专门工程，所以大多数用在电厂、石化等特殊的场合
气动执行器	优点： (1) 结构简单，易于掌握和维护。从维护来看，气动执行机构比其他类型的执行机构易于操作和校定，在现场也可以很容易实现正反左右的互换 (2) 最大的优点是安全。使用定位器时，对于易燃易爆环境是理想的，而电信号如果不是防爆的或本质安全的，会存在因打火而引发火灾的危险隐患 缺点： (1) 响应较慢，控制精度欠佳，抗偏离能力较差，这是因为气体具有可压缩性，尤其是使用大的气动执行机构时，空气填满气缸和排空都需要时间 (2) 输出力小

4.6.2 执行器的选型及控制

执行器的选型要根据驱动力/力矩大小、行程、启停频率、定位精度和应用环境确定。

执行器的控制可参照本章电机伺服控制、液压伺服控制和气动伺服控制的方法确定。

参考文献

[1] 闻邦椿. 机械设计手册[M]. 6 版. 北京：机械工业出版社，2018.
[2] 张利平. 液压气动系统设计手册[M]. 北京：机械工业出版社，1997.

思考与练习

1. 步进电机控制系统设计实例。

以第 3 章“思考与练习”第 1 题直角坐标机器人为例。若采用步进电机驱动，试设计其控制系统，包括步进电机、驱动器，控制器可以采用单片机或 PLC，并画出原理图。

2. 直流伺服电机控制系统设计实例。

以第 3 章“思考与练习”第 2 题 SCARA 机器人为例。若采用直流伺服电机驱动，试设计其控制系统，包括步进电机、驱动器，控制器可以采用单片机或 PLC，并画出原理图。

3. 交流伺服电机控制系统设计实例。

以第 3 章“思考与练习”第 3 题 6 自由度关节机器人为例。若采用交流伺服电机驱动，试设计其控制系统，包括步进电机、驱动器，控制器可以采用单片机或 PLC，并画出原理图。

4. 液压缸电液比例/伺服控制系统设计实例。

试设计一个如图 4 - 49 所示用于自动输送线上下料的液压驱动机械手液压伺服控制系统，并画出原理图。系统主要技术参数如下：①抓重：20 kg；②自由度：4；③坐标形式：圆柱坐标；④最大工作半径：1 500 mm；⑤手臂最大中心高度：700 mm；⑥手臂运动参数：(a)伸缩行程 700 mm；(b)伸缩速度 400 mm/s；(c)升降行程 300 mm；(d)升降速度 50 mm/s；(e)回转范围 0～180°；(f)回转速度 70°/s；⑦手腕运动参数：(a)回转范围 0～180°；(b)回转速度 90°/s；(c)手指夹持范围 $\phi 30 \sim \phi 60$ mm；(d)手指握力 500 N。

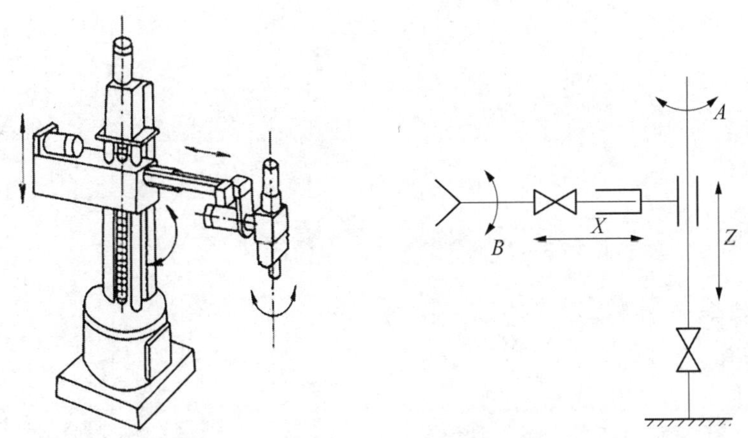

图 4 - 49　液压机械手结构及机构运动简图

5. 气缸电-气比例/伺服控制系统设计实例。

试设计一个如图 4 - 50 所示用于自动输送线上下料的气动驱动机械手气动伺服控制系统。系统主要技术参数如下：①抓重：10 kg(夹持式手部)；②自由度数：3；③坐标形式：直角坐标；④最大工作半径：1 500 mm；⑤手臂最大中心高：1 380 mm；⑥手臂运动参数：(a)伸缩行程 600 mm；(b)伸缩速度 500 mm/s；(c)升降行程 200 mm；(d)升降速度 300 mm/s；(e)回转范围 0～240°；(f)回转速度 900/s；⑦手腕运动参数：(a)回转范围 0～180°；(b)回转速度 180°/s；

⑧手指夹持范围:(a)棒料 ϕ80～ϕ150 mm;(b)片料面积不大于 0.5 m^2;⑨定位精度:±0.5 mm。

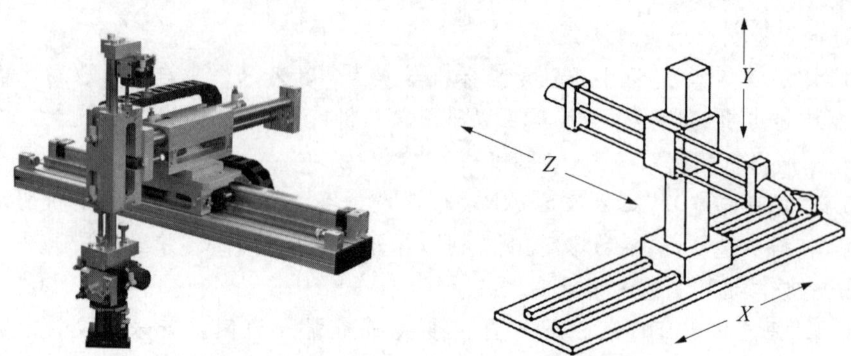

图 4-50 气动机械手结构及机构运动简图

第 5 章

电气控制系统设计

◎ **学习成果达成要求**

1. 了解电气控制系统的组成及功能。
2. 掌握电气控制系统的设计方法。

在机电一体化系统中，电气控制系统完成原动机及工作机构(执行机构)的运动控制、力/力矩控制，以此为基础，完成生产工艺过程控制。本章主要介绍电气控制系统的组成、功能、设计流程，具体内容包括控制系统功能定义和设计指标量化、控制系统类型确定、电气控制系统单元设计、电气控制原理图设计、电气控制系统工艺设计、电气控制系统应用程序开发等。

5.1 电气控制系统设计概述

电气控制系统一般称为电气设备二次控制回路，它要满足机电一体化系统和生产工艺对电气控制系统的要求。其系统设计方案应力求简单、经济、便于操作和维护；电气控制系统设计与机械系统设计及检测系统设计应相互配合，需要从工艺要求、制造成本、结构复杂性、使用维护方便等方面协调处理好机械系统、电气系统及检测系统的关系，确保控制系统能够安全可靠工作。

工业机器人是典型的机电一体化系统之一。图 5-1 所示为 ABB 机器人本体及其控制柜。该机器人电气控制系统中的主要器件在控制柜中，如图 5-2 所示，主要包括计算机、机器人控制器、机器人驱动器、外部轴驱动器、示教器、电源进线开关(空气开关)、接触器、滤波器、模式选择开关、Motor On 按钮、紧急停止按钮、调试接口等。

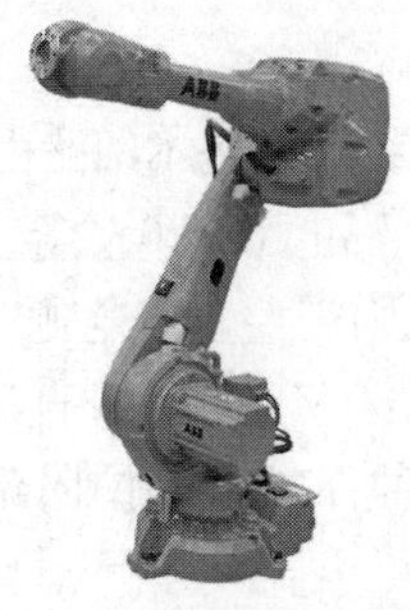

(a) 机器人本体

(b) 控制柜

图 5-1 ABB 机器人

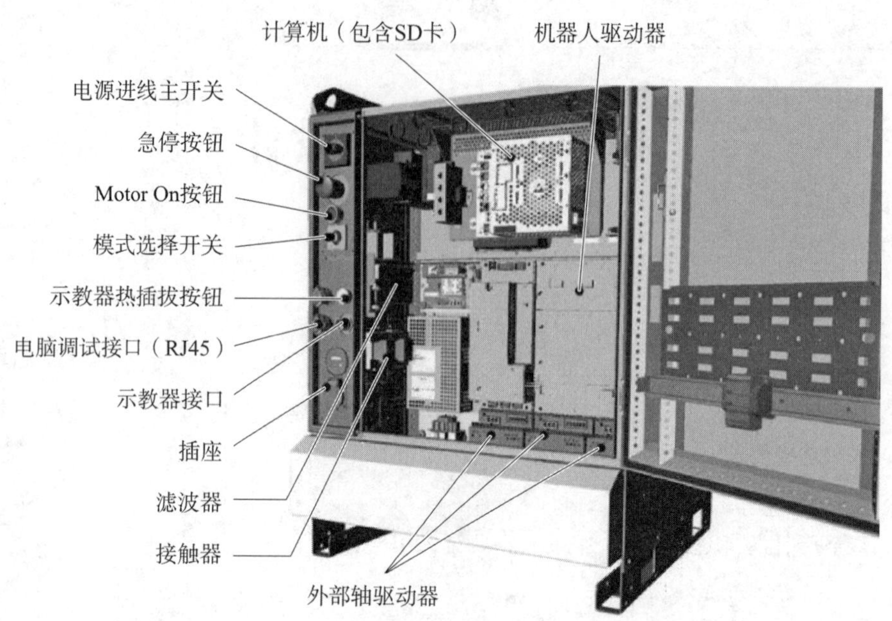

图 5-2 ABB 机器人控制系统

5.1.1 电气控制系统的主要功能

(1) 自动控制功能。高压和大电流开关设备的体积很大，一般都采用操纵系统来控制分、合闸，特别是设备出故障时，需要开关自动切断电路，要有一套自动控制的电气操作设备对供电设备进行自动控制。

(2) 保护功能。电气设备与线路在运行过程中会发生故障，电流(或电压)会超过设备与线路允许工作的范围与限度。这就需要一套检测这些故障信号，并对设备和线路进行自动调整(断开、切换等)的保护设备。

(3) 监视功能。一台设备是否带电或断电从外表看无法分辨，这就需要设置各种视听信号对设备进行电气监视。

(4) 测量功能。灯光和音响信号只能定性地表示设备的工作状态(有电或断电)，如果想定量地知道电气设备的工作情况，还需要有各种仪表测量设备，用于测量线路的各种参数，如电压、电流、频率和功率等。

5.1.2 电气控制系统的组成

1) 常用控制线路基本回路组成

电气控制系统由相关器件组成的回路构成。常用控制线路的基本回路由以下几部分组成：

(1) 电源供电回路。供电回路的供电电源有 AC380 V 和 AC220 V 等多种，可以为三相交流电机和单相交流电机供电；而直流伺服电机和步进电机则需要直流电源。

(2) 保护回路。保护(辅助)回路的工作电源有单相 220 V、36 V 或直流 220 V、24 V 等多种，其可以对电气设备和线路进行短路、过载和失压等各种保护。保护回路由熔断器、热继电器、失压线圈、整流组件和稳压组件等保护组件组成。

(3) 信号回路。信号回路是能及时反映或显示设备及线路正常与非正常工作状态信息的回路，如不同颜色的信号灯和报警设备等。

(4) 自动与手动回路。电气设备为了提高工作效率,一般都设有自动环节,但在安装、调试及紧急事故的处理中,控制线路中还需要设置手动环节,两者之间通过组合开关或转换开关等实现自动与手动方式的转换。

(5) 制动停车回路。制动停车回路是切断电路的供电电源,并采取某些制动措施,使电动机迅速停车的控制环节,如能耗制动、电源反接制动、倒拉反接制动和再生发电制动等。

(6) 自锁及闭锁回路。启动按钮松开后,线路保持通电,电气设备能继续工作的电气环节称为自锁环节,如接触器的动合触点串联在线圈电路中。对于2台及以上的电气装置和组件,为了保证设备运行的安全与可靠,只能一台通电启动、另一台不能通电启动的保护环节称为闭锁环节,如两个接触器的动断触点分别串联在对方线圈电路中,实现闭锁功能。

2) 电气控制中互锁和自锁

电气控制中互锁主要是为保证电器安全运行而设置的,它主要是由两电器件互相控制而形成互锁的。

(1) 电气互锁。电气互锁就是通过继电器、接触器的触点实现互锁。若由于生产工艺要求两个控制对象不能同时动作,可以利用继电器和接触器护实现互锁。电器元件在不通电的时候闭合的触点,称为动断常闭触点,断开的触点称为动合常开触点。主回路的触点可以通过很大的电流,根据电机的大小选择不同的交流接触器,辅助触点是接在控制回路里的,所以电流限制在5A。将控制上述两个对象的一个继电器或接触器的常闭触点接入另一个继电器或接触器的线圈控制回路里,可以使一个继电器或接触器得电动作,另一个继电器或接触器线圈上就不可能形成闭合回路,从而实现互锁。比如,电动机正转时,正转接触器的触点切断反转按钮和反转接触器的电气通路。

(2) 自锁。继电器一般有6个接线柱,其中3个是常开触点、2个是常闭触点、1个是线圈。当线圈通电时,所有常开触点闭合,所有常闭触点断开,如图5-3所示。

接触器一般有6个接线柱,其中3个是常开触点、2个是常闭触点、1个是线圈。当线圈通电时,所有常开触点闭合,所有常闭触点断开,如图5-4所示。

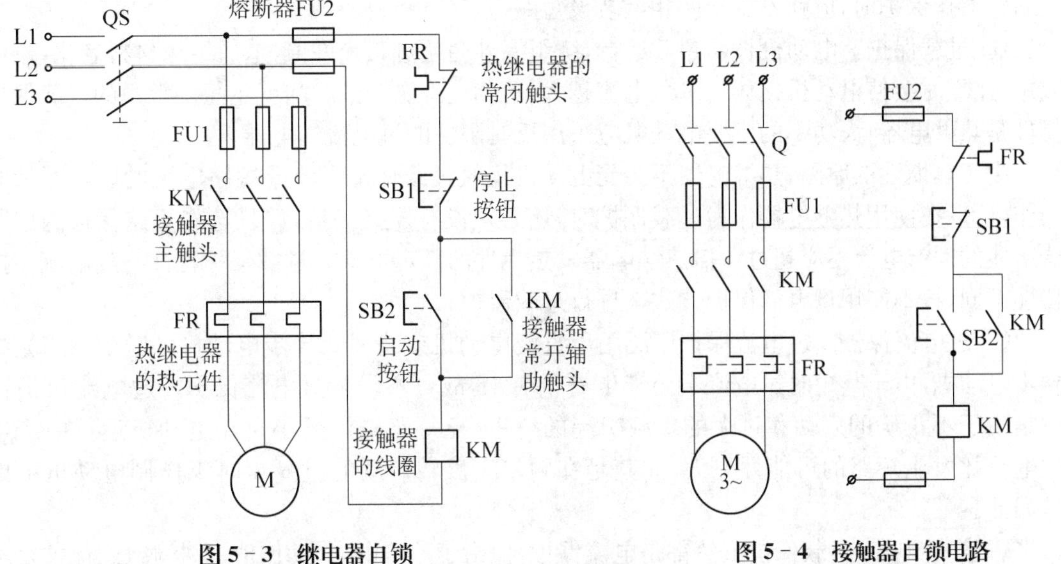

图5-3 继电器自锁　　　　**图5-4 接触器自锁电路**

图 5-4 图中，左侧为主回路，右侧为二次回路。对于二次回路，SB2 为常开按钮，下方 KM 为接触器线圈，上方 KM 为接触器常开触点。

最常见自锁电路常用于启动和停止操作。

① 启动。电机启动时，合上电源开关 QS，接通整个控制电路电源。按下启动按钮 SB2，其常开点闭合，接触器线圈 KM 得电可吸合，并接在 SB2 两端的辅助常开同时闭合。主回路中：主触头闭合，使电动机接入三相交流电源启动旋转。二次回路中：SB2 按下后把电送到 KM 线圈，KM 辅助触点接通后也为 KM 线圈供电。这样就形成了两路供电。松开 SB2 启动按钮时，虽然 SB2 一路已经断开，但 KM 线圈仍通过自身的辅助触点这一通路保持给线圈通电，从而确保电机继续运转。

② 停止。要使电机停止工作，可按下 SB1 按钮，接触器 KM 线圈失电释放，KM 主触头和辅助触头均断开，切断电动机主回路与控制回路电源，电动机停止工作。当松开 SB1 按钮后，SB1 常闭触点在复位弹簧的作用下又闭合，虽又恢复到原来的常闭状态，但原来的 KM 自锁触点早已随着 KM 线圈断电而断开，接触器已不能再依靠自锁触点通电。

③ 电路保护环节。熔断器 FU1、FU2 分别作为主电路、控制电路的短路保护，热继电器 FR 作为电动机的长期过载保护。

电气控制系统除了能满足生产机械加工工艺要求外，还应保证设备长期、安全、可靠、无故障地运行，在系统发生各种故障或不正常工作的情况下，对供电设备和电动机实行保护。因此，保护环节是所有电气控制系统不可缺少的组成部分，利用它来保护电动机、电网、电气设备及人身安全等。

A. 短路保护。电动机、电器及导线的绝缘损坏或线路发生故障时，都可能造成短路事故。很大的短路电流和电动力可能使设备损坏。因此，一旦发生短路故障时，要求控制线路能迅速切除电源。常用的短路保护元件有熔断器和低压断路器。电动机短路保护的元件可按下述要求装设：

a. 在中性点直接接地的系统中，应在每相电路上装设保护元件。

b. 在中性点不接地的系统中，以熔断器作为保护时，应在每相电路上装设保护元件；用低压断路器作保护时，应在不少于两相上装设短路保护。

B. 过载保护。电动机长期超载运行，绕组温升会超过其允许值，造成绝缘材料老化，寿命减短，严重时会使电动机损坏。过载电流越大，达到允许温升的时间就越短。常用的过载保护元件是热继电器，大功率的重要电动机应采用反时限性的过电流继电器。

由于热惯性的原因，热继电器不会受电动机短时过载冲击电流或短路电流的影响而瞬时动作，所以在使用热继电器作为过载保护时，还必须设有短路保护，并且选作短路保护的熔断器熔体的额定电流不应超过 4 倍热继电器发热元件的额定电流。过载保护特性与过电流保护特性不同，故不能用过电流保护方式来进行过载保护。

C. 过电流保护。过电流保护广泛用于直流电动机或绕线式异步电动机。对于三相笼型异步电动机，由于其短时过电流不会产生严重后果，故可不设置过电流保护。过电流保护往往是由于不正确的启动和过大的负载引起的，一般比短路电流要小。在电动机运行中产生过电流比发生短路的可能性更大，尤其是在频繁正反转启动的重复短时工作制电动机中更是如此。

短路、过电流、过载保护虽然都是电流保护，但由于故障电流、动作值、保护特性、保护要求及使用元件的不同，它们之间不能相互取代。

D. 失电压保护。电动机正常工作时，如果电源电压因某种原因消失，那么在电源电压恢复时，电动机自行启动，可能使生产设备损坏。此外，对供电系统的电网，同时有许多电动机及其他用电设备自行启动，也会引起不允许的过电流及瞬间网络电压下降。为防止电压恢复时电动机自行启动或电器元件自行投入工作而设置的保护，称为失电压保护。

采用接触器和按钮控制的启动、停止控制环节就具有失电压保护功能。因为当电源电压消失时，接触器会自动释放而切断电动机电源；电源电压恢复时，由于接触器自锁触点已断开，不会自行启动。如果用不能复位的手动开关、主令控制器来控制接触器，则必须采用专门的零电压继电器。工作过程中一旦失电压，零电压继电器就释放，其自锁电路断开，电源电压恢复时，不会自行启动。

E. 欠电压保护。当电动机正常运行时，电源电压过分地降低会引起一些电器释放，造成控制线路工作不正常，甚至引发事故。当电网电压过低时，如果电动机负载不变，则会造成电动机电流增大，引起电动机发热，严重时甚至烧坏电动机。此外，电源电压过低还会引起电动机转速下降，甚至停转。因此，在电源电压降到允许值以下时，需要采用保护措施，及时切断电源，这就是欠电压保护，通常采用欠电压继电器来实现。

5.2 电气控制系统设计

电气控制系统设计分为电气原理设计和工艺设计。电气原理设计的中心任务是绘制电气原理图和选用电器元件。工艺设计的目的是得到电气设备制造过程中需要的施工图样。图样的类型、数量较多，设计中主要包括电气设备配置图、电器板元件布置图、接线图、控制面板布置图、接线图、电气箱及主要加工零件(电器安装底板、控制面板等)图。原理图及工艺图样均应按要求绘制，元件布置图应标注总体尺寸、安装尺寸和相对位置尺寸。接线图的编号应与原理图一致，要标注组件所有进出线编号、配线规格、进出线的连接方式(采用端子板或接插板)。

具体实施时，电气控制系统设计的基本内容是，根据机械系统的运动要求，提出电气控制本身要求，并设计和编制设备电气控制系统制造、使用和维护中的所有图纸和技术资料。电气图纸主要包括电气原理图、电气安装图、电气接线图等，主要技术资料包括元器件清单、设备操作使用说明书、设备原理及结构、维修说明书等。

5.2.1 电气控制系统设计流程

在机电一体化系统中，控制系统的作用是为保证每一个运动单元(步进电机控制系统单元、直流伺服电机控制系统单元、交流伺服电机控制系统单元、液压缸电-液比例/伺服控制系统单元、气缸电-气比例/伺服控制系统单元等)及整个系统的正常运行，提供控制方式、控制策略及相关的硬件和软件保障。电气控制系统的设计流程如图 5-5 所示。

5.2.2 控制系统功能定义和设计指标量化

根据机械系统及生产工艺的控制要求，确定电气控制系统的主要技术参数、技术指标(指设备或产品的精度、功能等)和总体设计图要求。具体而言，根据机械系统中机构设计来确定原动件的类型和技术参数，即电气控制系统控制对象的类型及参数，见表 5-1。

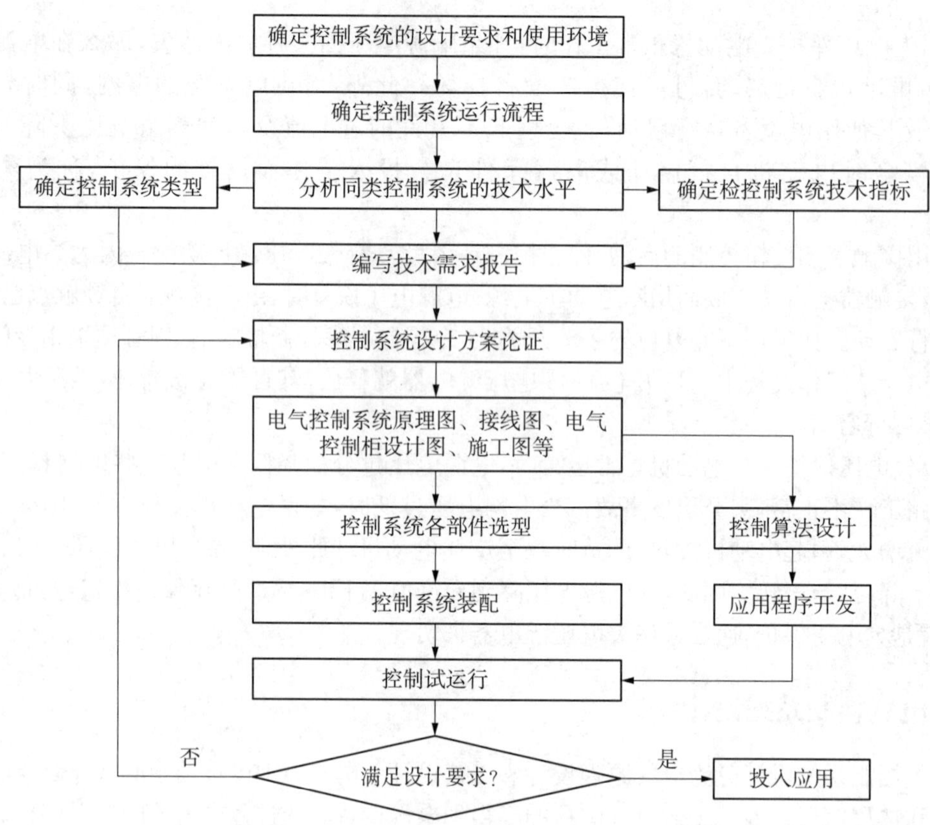

图 5-5 电气控制系统设计流程

表 5-1 电气控制系统控制对象的类型及技术参数

控制对象	数量	控制方式	控制信号及类型
步进电机	i	位置控制	脉冲、方向、使能
	j	速度控制	脉冲、方向、使能
直流伺服电机	k	转矩控制	模拟量
	l	位置控制	脉冲
	m	速度模式	模拟量/脉冲
交流伺服电机	n	转矩控制	模拟量
	p	位置控制	脉冲
	q	速度模式	模拟量/脉冲
液压缸	r	位置控制	模拟量
	s	速度控制	模拟量
	t	力控制	模拟量
气缸	u	位置控制	模拟量
	v	速度控制	模拟量
	w	力控制	模拟量

根据电气控制系统的类型及生产工艺过程的运行状态监测要求，可以确定整个系统的运行状态参数，汇总见表5-2。

表5-2 机电一体化系统状态运行状态参数

信号名称	信号类型	数量	幅值	信号名称	信号类型	数量	幅值
信号1	模拟量/数字量	s_1	S_1	…	模拟量/数字量	…	…
信号2	模拟量/数字量	s_2	S_2	信号k	模拟量/数字量	s_k	S_k

汇总上述所有控制变量，得到模拟量、脉冲量、开关量变量表，见表5-3～表5-5。

表5-3 模拟量变量

模拟量序号	模拟量名称	信号类型	信号幅值
模拟量1	XX	电压信号/电流信号	A_1
模拟量2	XX	电压信号/电流信号	A_2
…		电压信号/电流信号	…
模拟量l	XX	电压信号/电流信号	A_n

表5-4 脉冲量变量

脉冲量序号	脉冲量名称	频率	电平
脉冲量1	YY	f_1	u_1
脉冲量2	YY	f_2	u_1
…	…		…
脉冲量m	YY	f_m	u_m

表5-5 开关量变量

开关量序号	开关量名称	有效	开关量序号	开关量名称	有效
开关量1	ZZ	高电平/低电平	…	…	高电平/低电平
开关量2	ZZ	高电平/低电平	开关量n	ZZ	高电平/低电平

机电一体化系统需要根据运动或工艺要求确定系统控制对象的类型、数量和控制要求，其中控制要求包括行程、控制精度、速度和加速度要求等。如开发三坐标测量机，需要确定每个坐标的行程、定位精度和加减速控制要求等。

机电一体化系统一般有精确的运动控制要求，为此需要精密机械传动机构来实现执行机构和测对象之间的相对运动。相对运动有直线运动和旋转运动两种基本类型，所采用的控制电机有步进电机和伺服电机两种类型。

控制电机及控制器的选型可以根据控制对象要求（开环/闭环）、定位精度和负载大小等指标，结合表3-6，选择采用步进电机还是伺服电机。选用直流伺服和交流伺服控制方式，要综合考虑负载的功率大小、扭矩、转速范围、定位精度、成本、现场工作环境、成本和现场供电方式等因素。其中，负载的功率和扭矩要根据负载的工作阻力（阻力矩）、转速范围来估算。

5.2.3 控制系统类型确定

依据第2章介绍的机电一体化系统的基本结构类型，可以确定控制系统的类型。机电一体化系统有专用控制系统和通用控制系统两种模式，见表5-6。

表 5-6 控制系统类型

控制系统类型		类型	软件开发平台
专用控制系统		数控系统	专用的硬件和软件开发平台
		机器人专用控制系统	KUKA、ABB、FANUC 等有专用的控制系统
通用控制系统	单片机	8051、AVR、PIC、MSP430 等	PROTEL、EWB、PSPICE、ORCAD 等
	嵌入式	ARM、MIPS 等	嵌入式 LINUX、WinCE、μTenux、嵌入式实时操作系统(RTOS)、VxWorks、μClinux、μC/OS-II
	PLC	西门子、施耐德、AB、GE、三菱、欧姆龙、LS、松下等	每一种类型的 PLC 都有自己的开发平台，如西门子 PLC 有 STEP7、TIA Portal 等平台
	工控机	西门子、Cntec、BECKHOFF、ADVANTECH、B&R、AGO、Kontron、欧姆龙等，但需要配置运动控制器(卡)、模拟 I/O 模块、数字 I/O 模块	依赖于控制器件支持的操作系统类型及其 API 类型

5.2.4 电气控制系统单元设计

以每一个控制对象为目标，形成一个控制系统单元。在电气控制系统设计中，控制单元的类型主要有步进电机控制单元、直流伺服电机控制单元、交流伺服电机控制单元、液压缸电-液比例/伺服控制单元、气缸电-气比例/伺服控制单元。

1) 步进电机控制单元

步进电机控制单元包括步进电机、步进电机驱动器、控制器(上位机，如 PLC、单片机或 PC 机)、电机供电电源、驱动器供电电源等，如图 5-6 所示。

可以根据表 3-8 中的最大转矩、转速范围、定位精度等参数，确定步进电机的型号，其驱动器也可根据步进电机的型号确定(每种型号的步进电机有推荐的驱动器型号)。在确定了伺服电机的控制模式后，控制器可能是 PLC，也可能是能满足驱动器控制信号输入要求的、具有模拟量或数字量输出模块的 PC 机、单片机或微控器等。

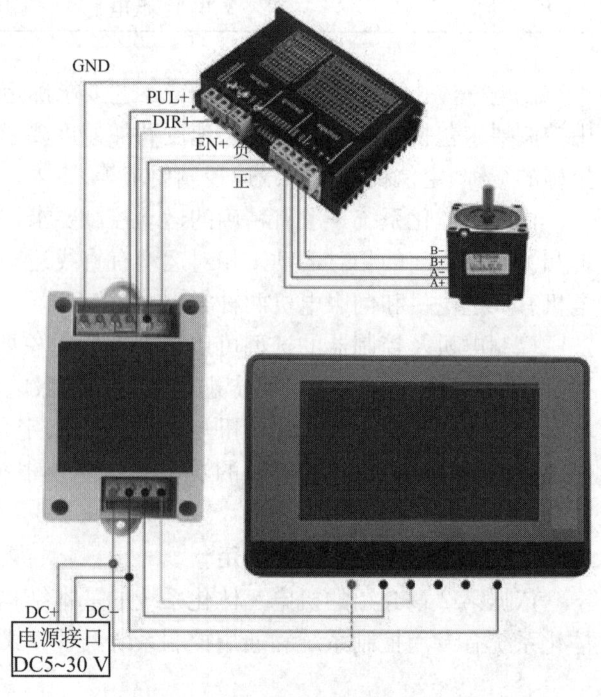

图 5-6 步进电机控制系统单元

步进电机一般用于开环控制，但是考虑到步进电机可能会“丢步”，可以根据需要为该控制单元添加位移传感器，包括角位移传感器或线位移传感器。此外，控制系统单元可能根据生产工艺需要检测其他参数。

将每个步进电机控制的控制参数、检测参数和电源参数汇总，见表5-7。

表5-7 步进电机控制系统技术参数

参数名称	参数类型	参数明细	参数名称	参数类型	参数明细
控制参数	位置/速度	脉冲、方向、使能等	电源参数	直流/交流	DCXX/ACYY
检测参数	控制对象状态	位置、速度等			

2）直流伺服电机控制单元

直流伺服电机控制单元包括直流伺服电机、直流伺服电机驱动器、编码器、控制器（上位机，如PLC或PC机）、电机供电电源、驱动器供电电源及编码器供电电源，如图5-7所示。

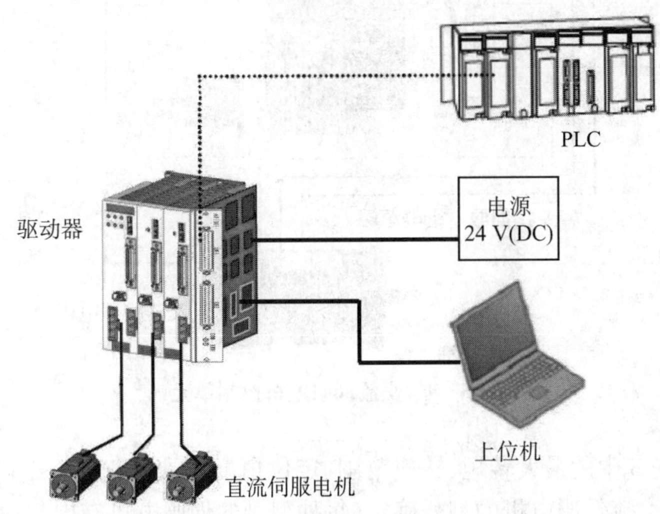

图5-7 直流伺服电机控制单元

可以根据表3-8中的最大转矩、转速范围、定位精度等参数，确定直流伺服电机的型号，其驱动器也可根据直流伺服电机的型号确定（每种型号的伺服电机有推荐的驱动器型号）。在确定了伺服电机的控制模式后，控制器可能是PLC，也可能是能满足驱动器控制信号输入要求的、具有模拟量或数字量输出模块的PC机、单片机等。

直流伺服电机用于闭环控制，它本身带有编码器，用于检测电机的角位移。此外，控制系统单元可能根据生产工艺需要检测其他参数。

将每个直流伺服电机控制的控制参数、检测参数和电源参数汇总，见表5-8。

表5-8 直流伺服电机控制系统技术参数

参数名称	参数类型	参数明细	参数名称	参数类型	参数明细
控制参数	位置/速度/力	脉冲量、模拟量等	电源参数	直流/交流	DCXX/ACYY
检测参数	控制对象状态	位置、速度等			

3）交流伺服电机控制单元

交流伺服电机控制单元包括交流伺服电机、交流伺服电机驱动器、编码器、控制器（上位机，如 PLC 或 PC 机）、电机供电电源、驱动器供电电源及编码器供电电源，如图 5－8 所示。

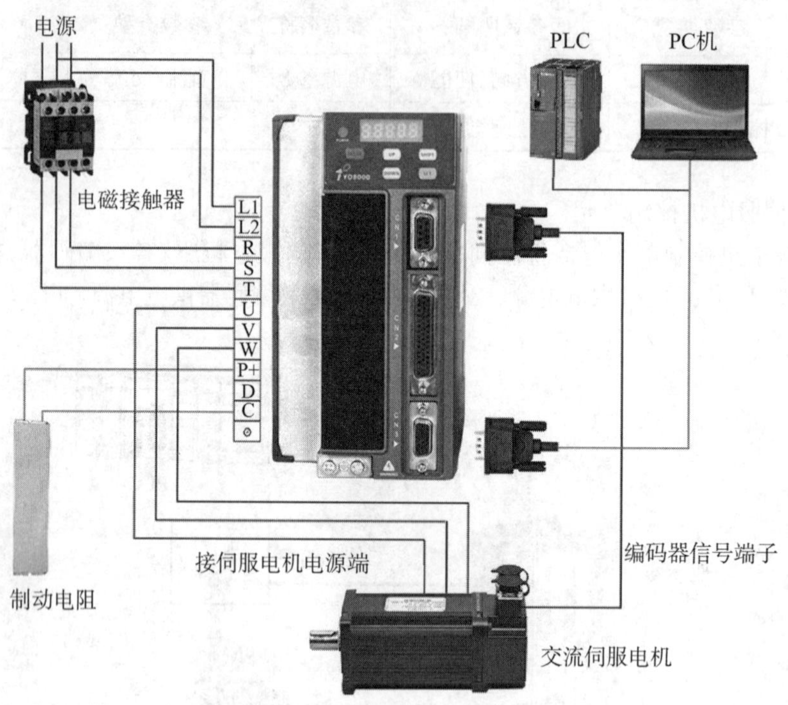

图 5－8 交流伺服电机控制单元

可以根据表 3－8 中的最大转矩、转速范围、定位精度等参数，确定交流伺服电机的型号，其驱动器也可根据交流伺服电机的型号确定（每种型号的伺服电机有推荐的驱动器型号）。在确定了伺服电机的控制模式后，控制器可能是 PLC，也可能是能满足驱动器控制信号输入要求的、具有模拟量或数字量输出模块的 PC 机、单片机或微控器等。

交流伺服电机用于闭环环控制，它本身带有编码器，用于检测电机的角位移。此外，控制系统单元可能根据生产工艺需要检测其他参数。

将每个交流伺服电机控制的控制参数、检测参数和电源参数汇总，见表 5－9。

表 5－9 交流伺服电机控制系统技术参数

参数名称	参数类型	参数明细	参数名称	参数类型	参数明细
控制参数	位置/速度/力	脉冲量/模拟量等	电源参数	交流	ACYYV
检测参数	控制对象状态	位置、速度等			

4）液压缸电-液比例/伺服控制单元

可以根据表 3－8 中的最大转矩、转速范围、定位精度等参数确定液压缸的主要参数，从而选择或设计液压缸比例/伺服控制系统。液压控制单元主要包括液压缸、比例阀/伺服阀、比例/伺服控制器（上位机，如 PLC 或 PC 机）、液压泵、液压管路和油箱，如图 5－9 所示。

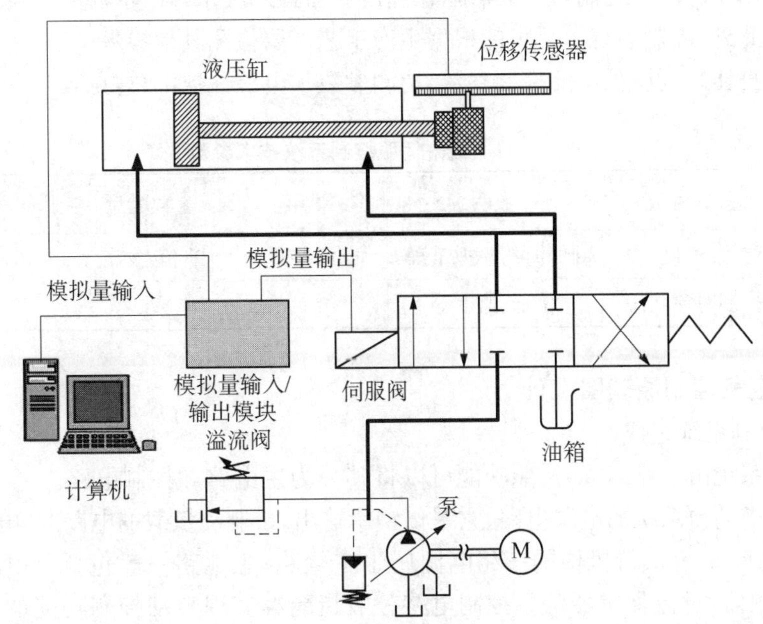

图 5-9 液压缸电液比例/伺服控制单元

伺服液压缸用于闭环环控制，根据其位置、速度和力控制要求，配置位移传感器、速度传感器和力传感器。此外，控制系统单元可能根据生产工艺需要检测其他参数。

将每个液压缸伺服控制的控制参数、检测参数和电源参数汇总，见表 5-10。

表 5-10 液压缸伺服控制系统技术参数

参数名称	参数类型	参数明细	参数名称	参数类型	参数明细
控制参数	位置/速度/力	脉冲量、模拟量等	电源参数	直流/交流	DCXX/ACYY
检测参数	控制对象状态	位置、速度等			

5) 气缸电-气比例伺服控制单元

可以根据表 3-8 中的最大转矩、转速范围、定位精度等参数确定气缸的主要参数，从而选择或设计气缸及气动比例伺服系统。气缸伺服控制单元主要包括气缸、电-气比例阀/伺服阀、传感器、控制器、气动管路、空压机等，如图 5-10 所示。

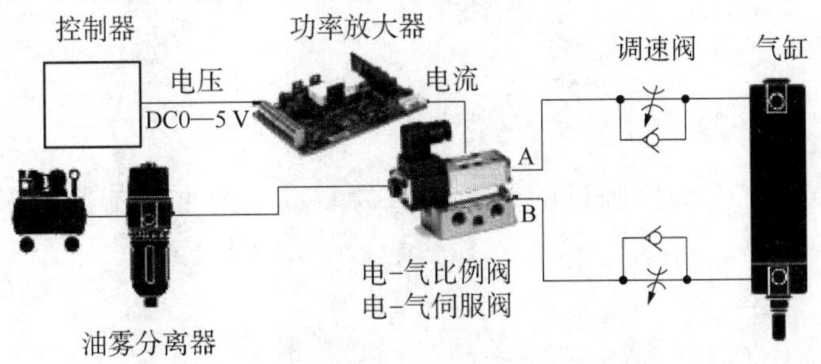

图 5-10 气缸电-气比例/伺服控制单元

伺服气缸用于闭环环控制，根据其位置、速度和力控制要求，配置位移传感器、速度传感器和力传感器。此外，控制系统单元可能根据生产工艺需要检测其他参数。

将每个气缸压缸伺服控制的控制参数、检测参数和电源参数汇总，见表 5 - 11。

表 5 - 11　气缸伺服控制系统技术参数

参数名称	参数类型	参数明细	参数名称	参数类型	参数明细
控制参数	位置/速度/力	脉冲量、模拟量等	电源参数	直流/交流	DCXX/ACYY
检测参数	控制对象状态	位置、速度等			

5.2.5 电气控制原理图设计

1）确定控制系统组成

电气控制系统由电路组成，按照功能可以将其分为主电路和控制电路。电气控制系统中的主电路主要指动力系统的电源电路，它提供功率输出，是驱动负载的电路，其电流、电压等级都比较高，如电动机等执行机构的三相电源属于主电路；主电路一般包括总电源开关、电源保险、交流接触器、过流保护器等。控制电路一般指能够实现自动控制功能的电路；控制电路是控制主电路的控制回路，如主电路中有接触器，接触器的线圈则属于控制回路部分。控制电路是为主线路提供服务的电路部分，如启动电钮、关闭电钮、中间继电器、时间继电器等。控制电路一般包括传感器或信号输入电路、触发电路、纠错电路、信号处理电路、驱动电路等。

2）确定控制系统结构类型

根据所有控制对象的控制要求、类型及数量，按照第 2 章内容确定控制系统的结构类型。

3）控制单元电气控制原理图设计

（1）主电路设计。机电一体化系统中的主电路主要为原动件提供动力，这些原动件主要包括步进电机、直流伺服电机、交流伺服电机、液压缸和气缸。以它们为中心，组成步进电机控制系统、直流伺服电机控制系统、交流伺服电机控制系统、液压缸电液比例/伺服控制系统、气缸电-气比例/伺服控制系统。

（2）控制电路设计。根据控制要求，完成电路设计，其中需要确定启动电钮、关闭电钮、中间继电器、时间继电器等器件，也需要确定主线路使用的 380 V 电压。

① 主控制器选择。根据所有控制单元的模拟控制量总数 M 确定主控器模拟量输出点数，假定这 M 路模拟信号中有 P 路单端信号、Q 路差分信号，则主控制器模拟量输出点数为

$$P_{\mathrm{Aout}} = 1.2(P + 2Q) \tag{5-1}$$

设控制单元中所有模拟控制量的最大幅值为 U_{Amax}，则主控制器模拟量幅值 U_{Con} 应该满足

$$U_{\mathrm{Con}} \geqslant U_{\mathrm{Amax}} \tag{5-2}$$

设控制单元的数字控制量总数为 N，则主控制器数字输出量总数为

$$P_{\text{Dout}} = 1.2N \qquad (5-3)$$

可以根据模拟量数量 P_{Aout}、幅值条件 $U_{\text{Con}} \geqslant U_{\text{Amax}}$ 及数字量数量 P_{Dout} 确定主控制器的具体型号。

② 控制电路设计。将主控制器的 I/O 接口分别与每个控制单元的控制信号相连,完成控制电路设计。首先需要确定各控制系统单元的电气控制原理图,常见的控制系统单元有步进电机控制系统、直流伺服电机控制系统、交流伺服电机控制系统、液压缸电液比例/伺服控制系统和气缸比例/伺服控制系统的电气控制系统,原理如图 5-11~图 5-15 所示。

步进电机控制系统的具体设计方法可参考文献[1]。

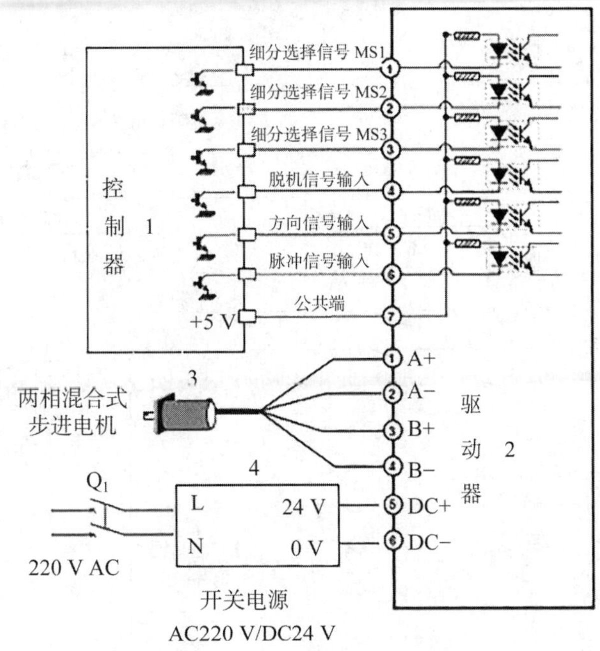

1—控制器;2—步进电机驱动器;3—步进电机;4—电源

图 5-11　步进电机电气控制原理图

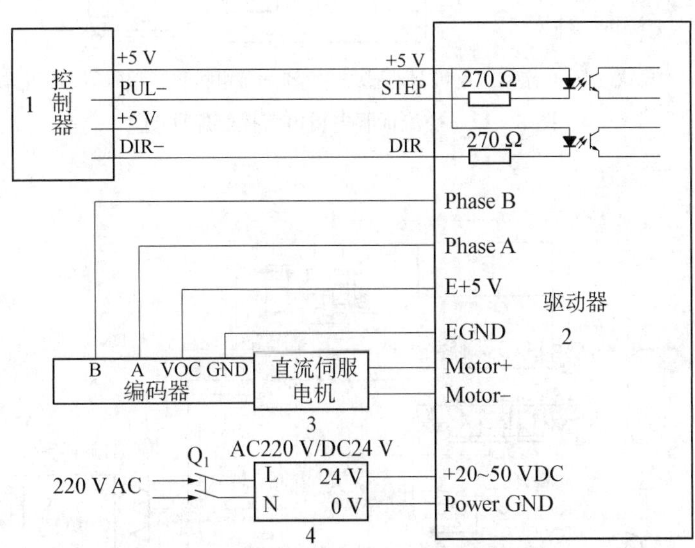

1—控制器;2—直流伺服电机驱动器;3—直流伺服电机;4—编码器;5—直流电源

图 5-12　直流伺服电机电气控制原理图

直流伺服电机控制系统具体设计方法可参考文献[1]。

交流伺服电机控制系统具体设计方法可参考文献[1]。

图 5-15 所示电-液比例/伺服控制系统设计可参考文献[2]。

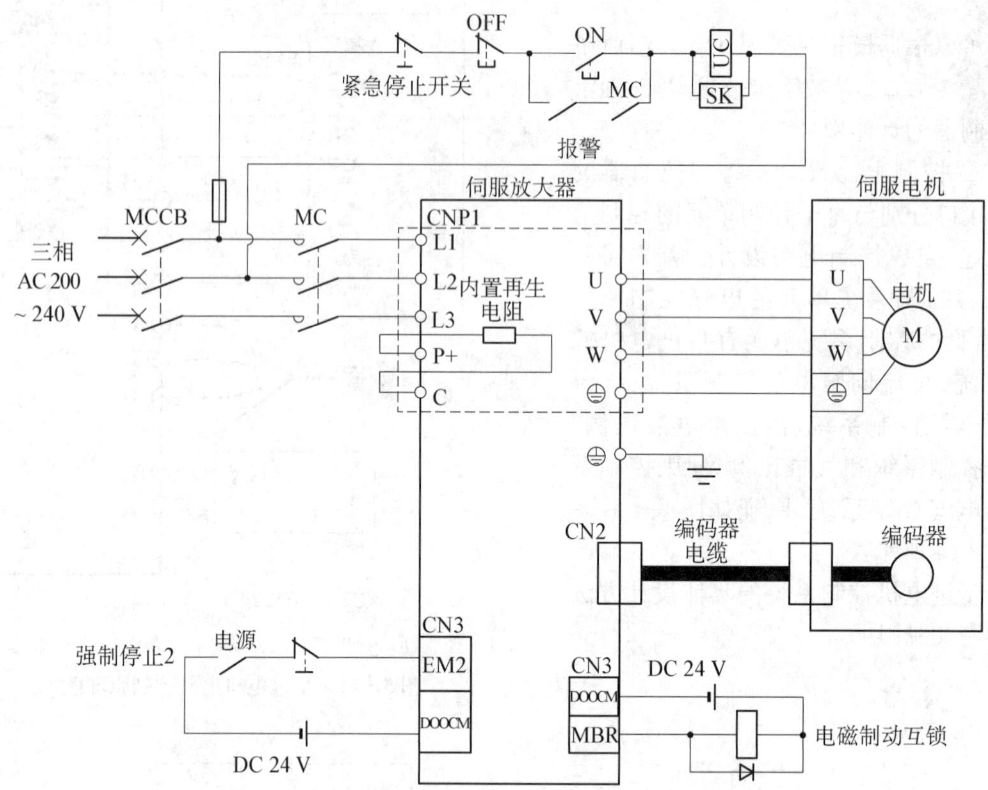

1—控制器；2—交流伺服电机驱动器；3—交流伺服电机；4—编码器；5—电源

图 5-13 交流伺服电机电气控制原理图

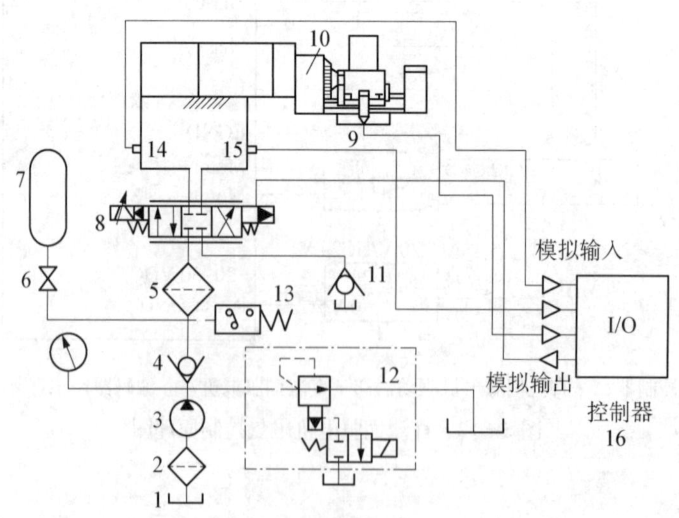

1—油箱；2—过滤器；3—泵；4—单向阀；5—过滤器；6—截止阀；7—蓄能器；
8—电-液比例/伺服阀；9—位移传感器；10—工作台(与活塞连接)；11—单向阀；
12—溢流阀；13—压力继电器；14、15—压力传感器；16—控制器

图 5-14 液压缸电液伺服控制原理图

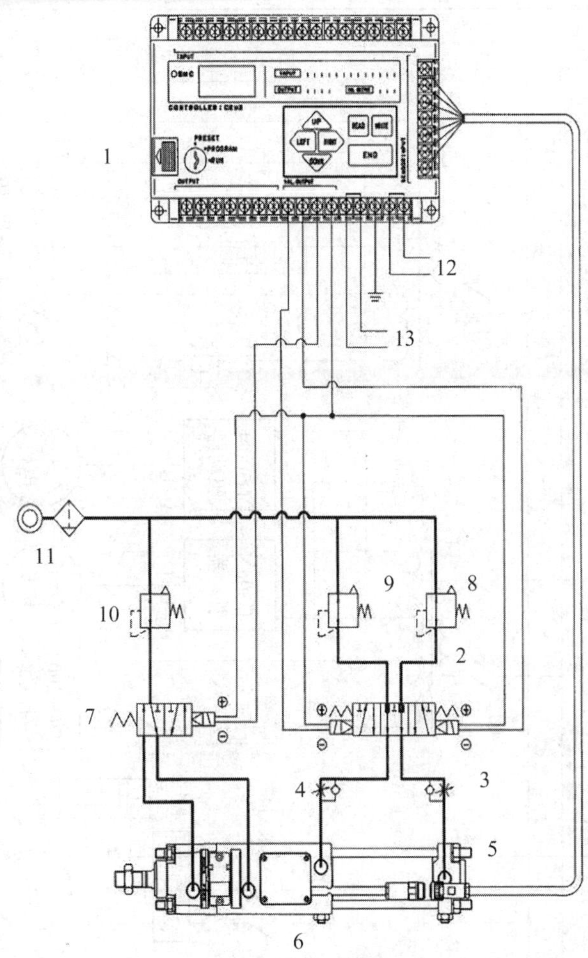

1—控制器；2—伺服阀；3、4—调速阀；5—速度传感器；6—气缸；7—制动阀；
8～10—溢流阀；11—气源；12—交流电源；13—直流电源

图 5－15 气缸电-气伺服控制原理图

4）电气总控制原理图设计

电气控制系统原理图是电气系统图的一种，它是根据控制线图工作原理绘制的，具有结构简单、层次分明等特点。其主要用于研究和分析电路工作原理，并可以用于判断控制系统的控制要求是否能实现，也可以用于分析控制系统设计是否合理。图 5－16 所示为一种数控车床的电气原理总图，它主要控制主轴电机、进给电机、冷却电机等的运动。

步进电机电气控制系统和交流伺服电机控制系统接线图分别如图 5－17 和图 5－18 所示。

5）电气控制系统接线图设计

（1）二次设备的表示方法。所有二次设备都必须按规定标明其项目代号。这里的项目是指接线图上用图形符号所表示的元件、部件、组件、功能单元、设备、系统等。

（2）接线端子的表示方法。所有设备上都有接线端子，其端子代号应与设备上端子标识一致。如果设备的端子没有标识时，应在接线图上标注端子代号。

（3）连接导线的表示方法。用连续线表示的连接导线应尽可能全部画出，在不引起误解的情况下，也可将导线组、电缆等用加粗的线条来表示。在配电装置二次回路接线图上也可以

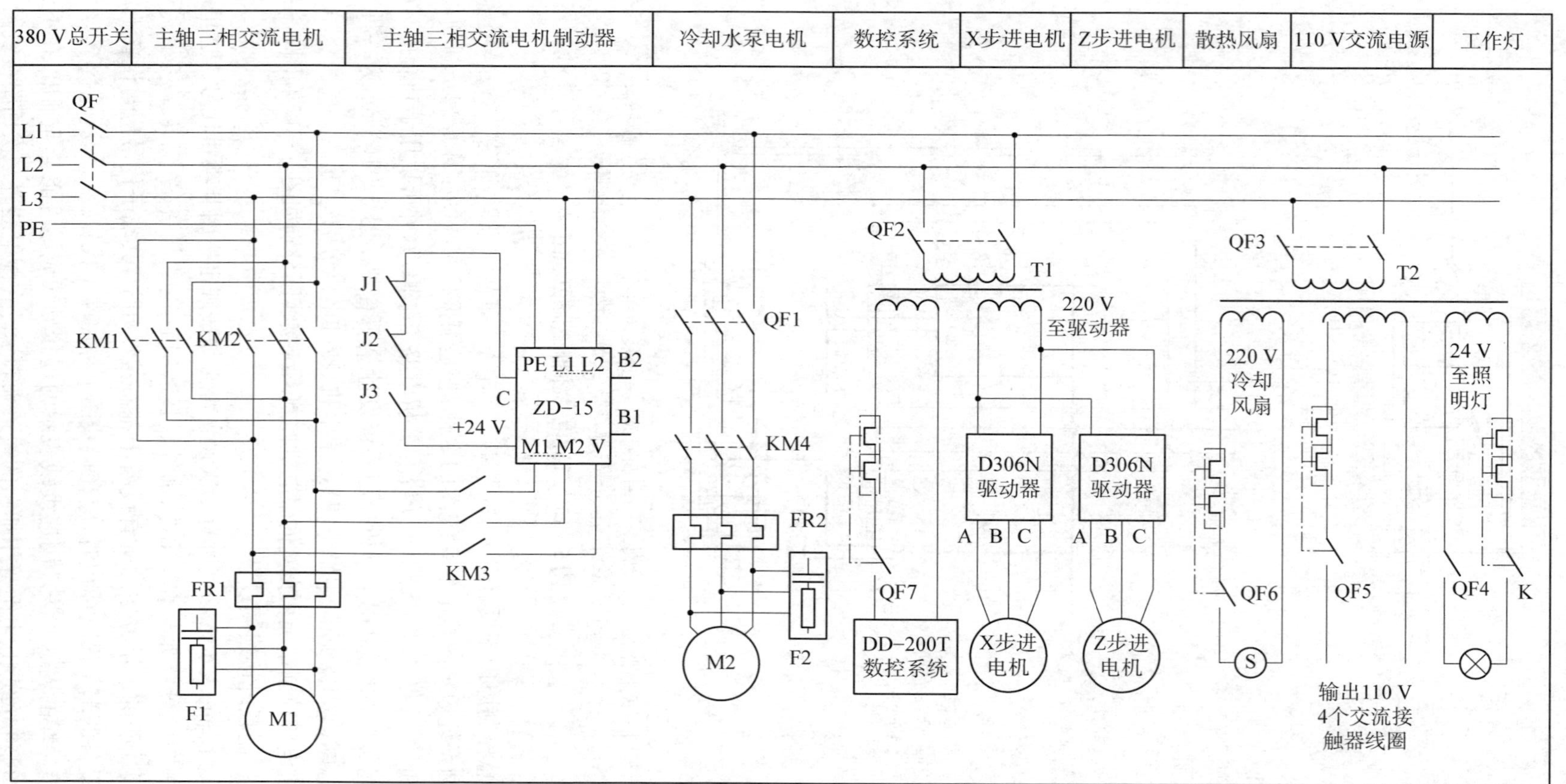

图 5-16 一种数控车床的电气原理总图

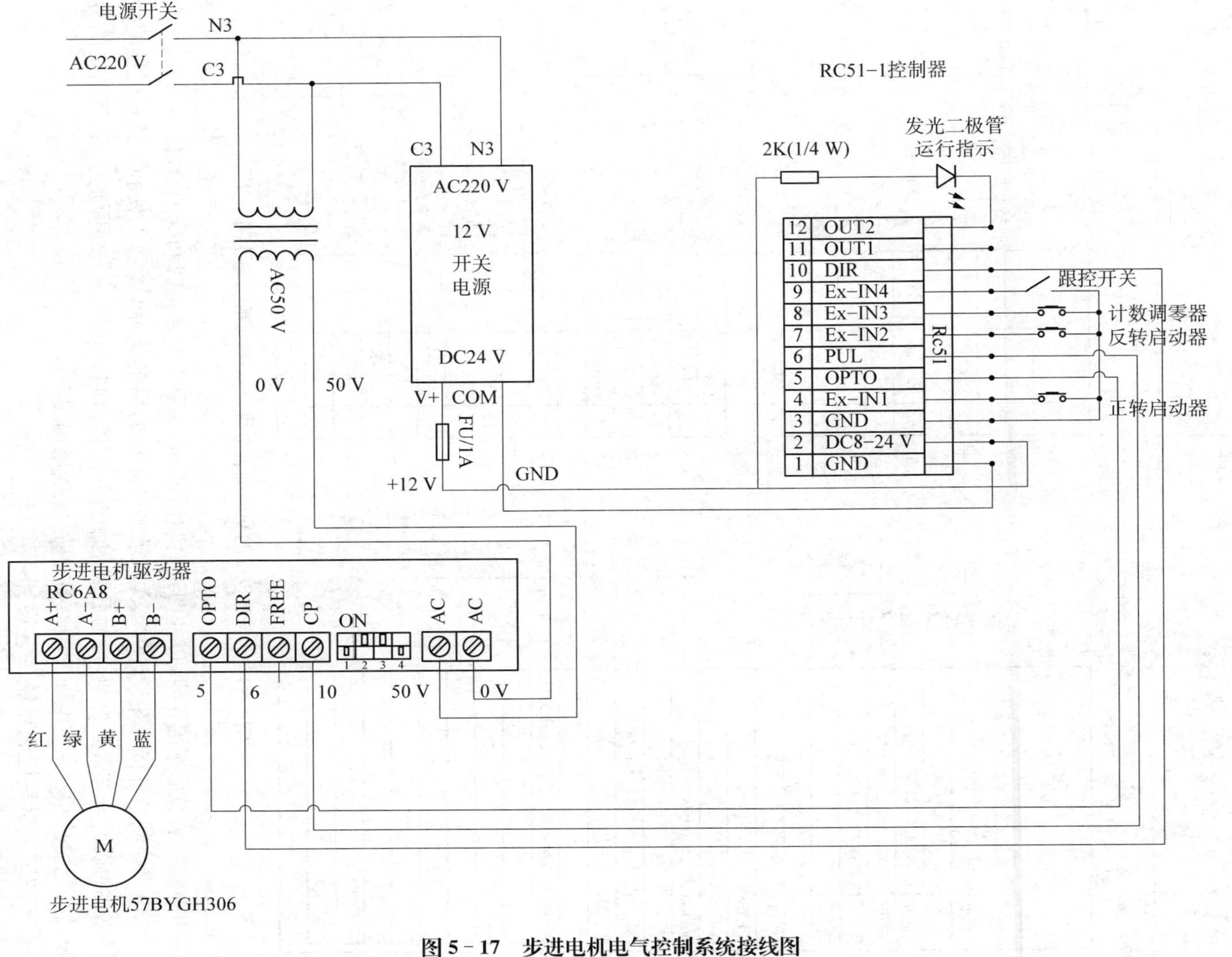

图 5-17　步进电机电气控制系统接线图

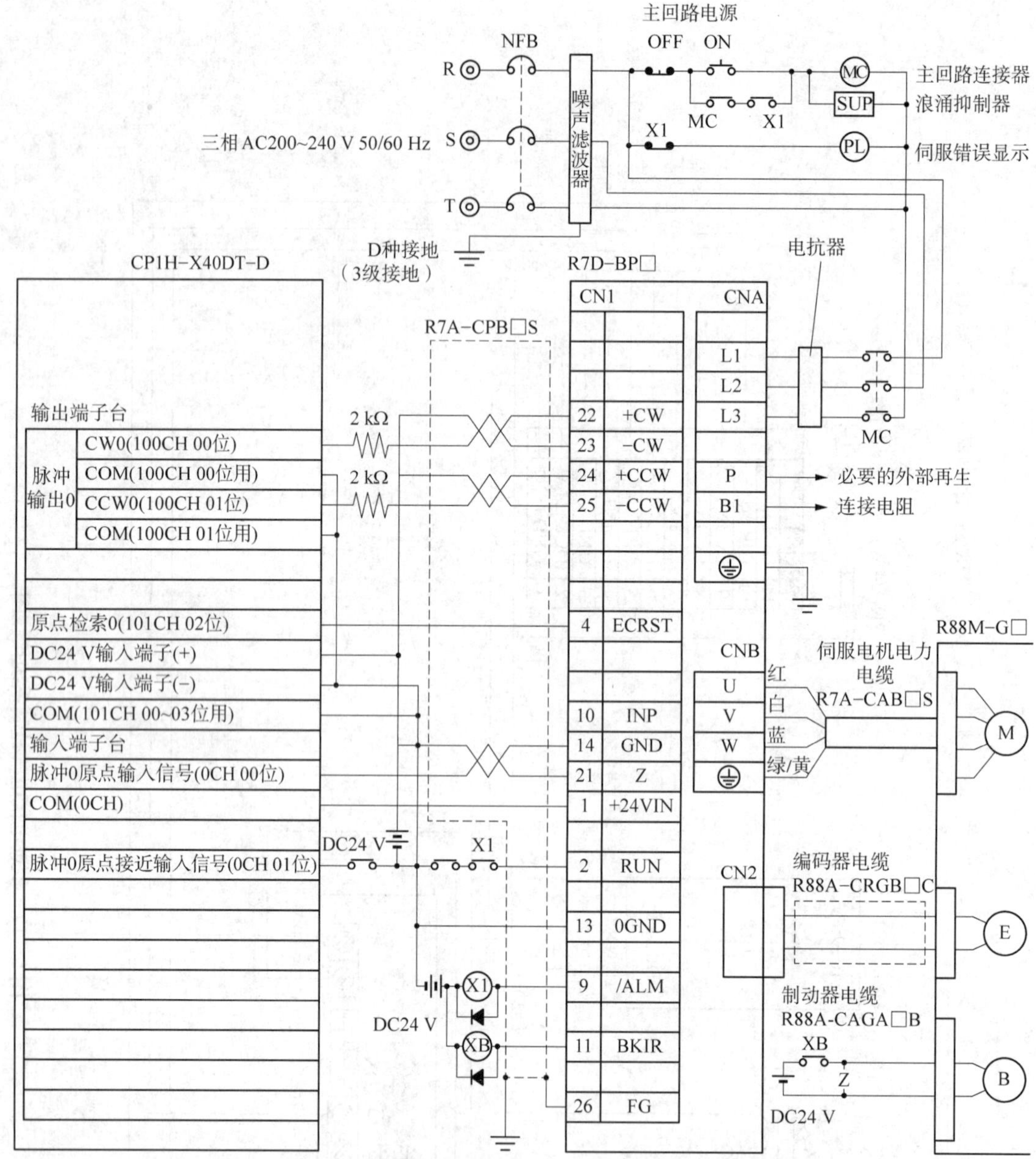

图5-18 基于PLC的交流伺服电机电气控制系统接线图

采用中断线来表示连接导线，以使图纸简明清晰，而且便于安装接线和维护检修。

电气控制系统接线图设计方案关系着整个系统的稳定及后期维护的便利。清晰可见的接线方式为以后调试带来方便，也为后期问题查找节省时间。接线的主要原则包括：强弱电的分开，模拟量的屏蔽，在强电磁变频器要穿管，配接地铜牌。

5.2.6 电气控制系统工艺设计

为了满足电气控制设备的制造和使用要求，必须进行合理的电气控制工艺设计，以实现原理设计提出的各项技术指标，并为设备的调试、维护与使用提供相关的图样资料。工艺设计的主要内容有五部分：设计电气总布置图、总安装图与总接线图，设计组件布置图、安装图和接线图，设计电气箱、操作台及非标准元件，列出元器件清单，编写使用维护说明书。

1）电气设备的总体布置设计

电气设备总体配置设计任务是，根据电气原理图的工作原理与控制要求，先将控制系统划分为几个组成部分（这些组成部分均称为部件），再根据电气设备的复杂程度把每一部件划成若干组件，然后根据电气原理图的接线关系整理出各部分的进出线号，并调整它们之间的连接方式。总体配置设计是以电气系统的总装配图与总接线图形式来表达的，图中应以示意形式反映出各部分主要组件的位置、接线关系、走线方式及使用的行线槽、管线等。

总装配图、接线图（根据需要可以分开，也可并在一起）是进行分部设计和协调各部分组成一个完整系统的依据。总体设计要使整个系统集中、紧凑，同时在空间允许条件下，把发热元件和噪声、振动大的电气部件，尽量放在离其他元件较远的地方或隔离起来；对于多工位的大型设备，还应考虑两地操作的方便性；总电源开关、紧急停止控制开关应安放在方便且明显的位置。总体配置设计得合理与否关系到电气系统的制造、装配质量，更会影响电气控制系统性能的实现及其工作的可靠性，操作、调试、维护等工作的方便及质量。

2）电器元件布置图的设计与绘制

电器元件布置图是某些电器元件按一定原则的组合。电器元件布置图的设计依据是部件原理图、组件的划分情况等。

3）电气控制柜（箱）设计

电气控制柜设计要符合电气设计系统既定的逻辑控制规律，保证电气安全及满足生产工艺的要求。这些设计包括电气控制柜的结构设计，总体配置图、总接线图及各部分的电器装配图与接线图设计，以及元器件目录、进出线型号和主要材料清单等技术资料。图5-19所示为一典型电气控制柜结构布局图。

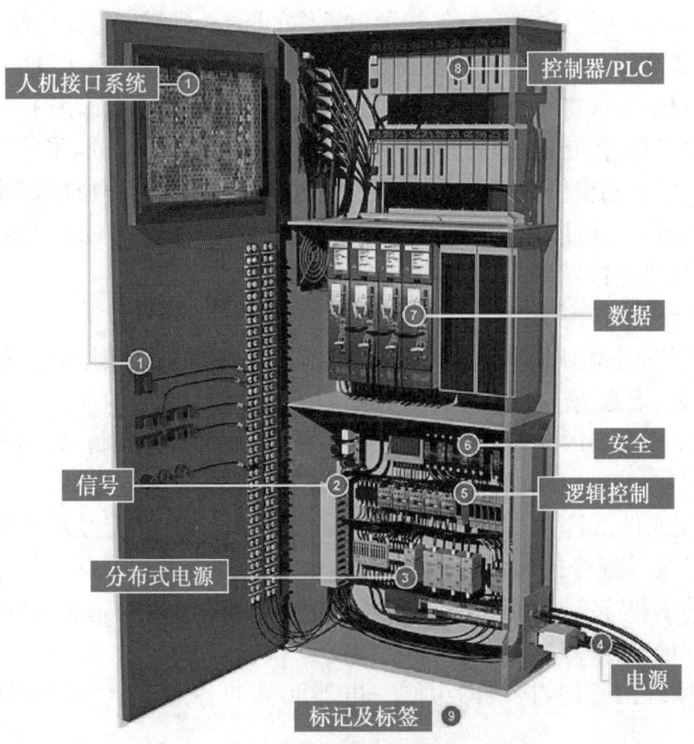

图5-19　典型电气控制柜结构布局图

为了满足电气控制设备的制造和使用要求，必须进行合理的电气控制工艺设计。这些设计包括电气控制柜的结构设计、电气控制柜总体配置图、总接线图设计及各部分的电器装配图与接线图设计，同时还要有部分的元件目录、进出线号及主要材料清单等技术资料。

(1) 电气控制系统总体配置设计。电气控制柜总体配置设计任务是，根据电气原理图的工作原理与控制要求，先将控制系统划分为几个组成部分(这些组成部分均称为部件)，再根据电气控制柜的复杂程度，把每一部件划成若干组件，然后再根据电气原理图的接线关系整理出各部分的进出线号，并调整它们之间的连接方式。

总体配置设计是以电气系统的总装配图与总接线图形式来表达的，图中应以示意形式反映出各部分主要组件的位置及各部分接线关系、走线方式及使用的行线槽、管线等。

电气控制柜总装配图、接线图(根据需要可以分开，也可并在一起)是进行分部设计和协调各部分组成一个完整系统的依据。总体设计要使整个电气控制系统集中、紧凑，并兼顾以下要求：①同时在空间允许条件下，把发热元件，噪声振动大的电气部件，尽量放在离其他元件较远的地方或隔离起来；②对于多工位的大型设备，还应考虑两地操作的方便性；③控制柜的总电源开关、紧急停止控制开关应安放在方便而明显的位置。

总体配置设计得合理与否关系到电气控制系统的制造、装配质量，更将影响到电气控制系统性能的实现及其工作的可靠性、操作、调试、维护等工作的方便及质量。

(2) 控制柜组件的划分。由于各种电器元件安装位置不同，在构成一个完整的电气控制系统时，就必须划分组件。划分组件的原则如下：①把功能类似的元件组合在一起；②尽可能减少组件之间的连线数量，同时把接线关系密切的控制电器置于同一组件中；③让强弱电控制器分离，以减少干扰；④为使布局整齐美观，可把外形尺寸、重量相近的电器组合在一起；⑤为了电气控制系统便于检查与调试，可把需经常调节、维护和易损的元件组合在一起。

(3) 连线方式的原则。在划分电气控制柜组件的同时，要解决组件之间、电气箱之间及电气箱与被控制装置之间的连线方式。连线方式一般应遵循以下原则：①开关电器、控制板的进出线一般采用接线端头或接线鼻子连接，可按电流大小及进出线数选用不同规格的接线端头或接线鼻子；②电气柜、控制柜、柜(台)之间及它们与被控制设备之间，采用接线端子排或工业联接器连接；③弱电控制组件、印制电路板组件之间应采用各种类型的标准接插件连接；④电气柜、控制柜、柜(台)内元件之间的连接，可以借用元件本身的接线端子直接连接；⑤过渡连接线应采用端子排过渡连接，端头应采用相应规格的接线端子处理。

4) 电气部件接线图的绘制

电气部件接线图是根据部件电气原理图及电器元件布置图绘制的，它表示成套装置的连接关系是电气安装、维修、查线的依据。接线图应按以下原则绘制：

(1) 接线图和接线表的绘制应符合《控制系统功能表图的绘制》(GB 6988.6—1993)的规定。

(2) 所有电器元件及其引线应标注与电气原理图一致的文字符号及接线号。原理图中的项目代号、端子号及导线号的编制分别应符合《电气技术中的项目代号》(GB 5094—1985)、《电器设备接线端子和特定导线线端的识别及应用字母数字系统的通则》(GB/T 4026—1992)及《绝缘导线的标记》(GB 4884—1985)等的规定。

(3) 与电气原理图不同，接线图中同一电器元件的各个部分(触头、线圈等)必须画在一起。

(4) 电气接线图一律采用细线条绘制。走线方式分板前走线及板后走线两种。一般采用板前走线，对于简单的电气控制部件，电器元件数量较少，接线关系又不复杂的，可直接画出元件间的连线；对于复杂部件，电器元件数量多，接线较复杂的情况，一般采用走线槽，只要在各电器元件上标出接线号即可，不必画出各元件间连线。

(5) 接线图中应标出配线用的各种导线的型号、规格、截面积及颜色要求等。

(6) 部件与外电路连接时，大截面导线进出线宜采用连接器连接，其他应经接线端子排连接。

5) 控制柜及非标准零件图的设计

电气控制装置通常都需要制作单独的电气控制柜或控制箱，图 5 - 19 为典型的电气控制柜结构布局图。电气控制柜或控制箱设计需要考虑以下几方面：

(1) 根据操作需要及控制面板、箱、柜内各种电气部件的尺寸来确定电气箱、柜的总体尺寸及结构形式，非特殊情况下，应使电气控制柜总体尺寸符合结构基本尺寸。

(2) 根据电气控制柜总体尺寸、结构形式、安装尺寸，设计箱内安装支架，并标出安装孔、安装螺栓及接地螺栓尺寸，同时注明配作方式。柜、箱的材料一般应选用柜、箱用专用型材。

(3) 根据现场安装位置、操作和维修方便等要求，设计电气控制柜的开门方式及形式。

根据以上要求，应先画出电气控制柜箱体的外形草图，估算出各部分尺寸，然后按比例画出外形图，再从对称、美观、使用方便等方面进一步考虑调整各尺寸比例。电气控制柜外表确定以后，按上述要求进行控制柜各部分的结构设计，绘制箱体总装图及各面门、控制面板、底板、安装支架、装饰条等零件图，并注明加工要求，再视需要为电气控制柜选用适当的门锁。当然，电气柜的造型结构各异，在柜体设计中应综合考虑各种形式的特点。对非标准的电器安装零件，应根据机械零件设计要求绘制其零件图，凡配合尺寸应注明公差要求，并说明加工要求。

还要根据各种图纸对电气控制柜需要的各种零件及材料进行综合统计，按类别列出外购成品件的汇总清单表、标准件清单表、主要材料消耗定额表及辅助材料定额表等，以便采购人员、生产管理部门按设备制造需要备料，做好生产准备工作，也便于成本核算。

电气控制柜设计步骤包括：

(1) 设计工艺。包括：① 根据图纸(系统图、原理图)选择主要部件；②按照功能、使用方法和制造标准排布主要器件；③根据排布结果选定箱(柜)尺寸(尽量选通用尺寸)，校验器件排布结果；④根据图纸选其他辅助材料、元件；⑤绘制装配图、接线图，编制加工工艺卡；⑥采购所有器件、材料；⑦加工或委托加工箱(柜)壳体；⑧按工艺卡装配主要器件，加工连接件、连接线；⑨按工艺卡装配附件、配件、接线；⑩整体装配完成后进行检验、试验(按产品生产标准要求项目进行)；⑪按标准及合同要求进行产品包装，附检验合格证、试验记录。

(2) 设计施工图。对于电控箱而言，根据所选元件的尺寸综合考虑和选择电控箱的规格(国家有统一标准规格的电控箱柜台，也有非标准的，非标准的可根据选择的电器元件进行规格设计)。

5.2.7 电气控制系统应用程序开发

(1) 确定控制算法。根据所有控制对象的控制要求设计控制算法，即完成所有控制要求的方法和步骤，其设计流程如图 5 - 20 所示。

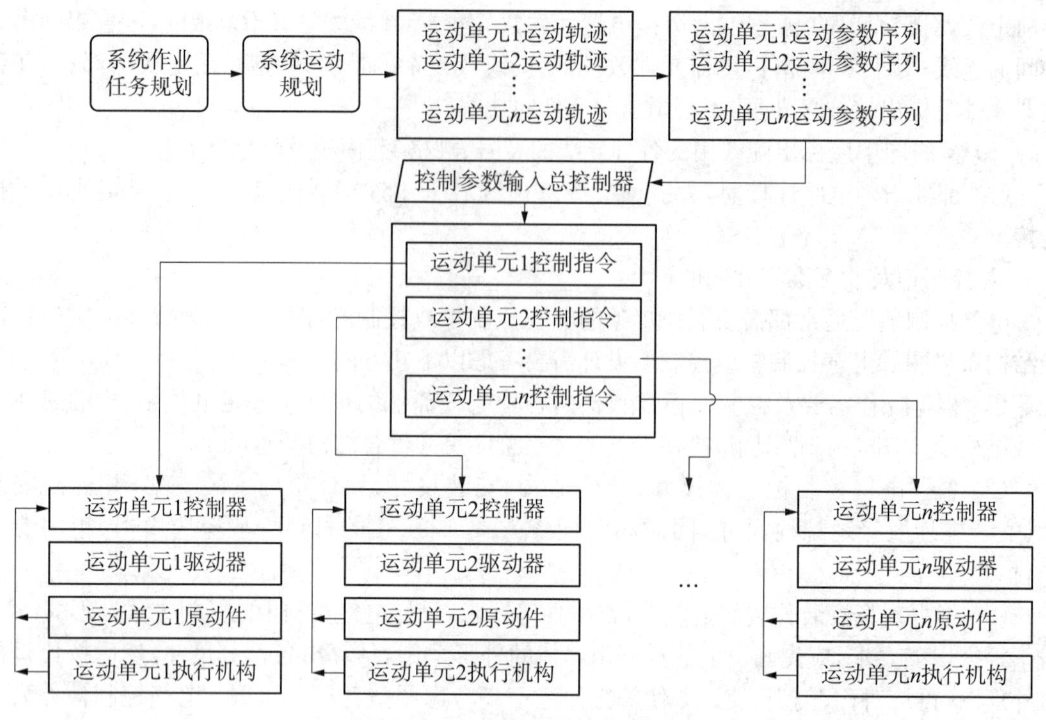

图 5-20　电气控制系统控制算法

(2) 选择应用程序开发平台。应用程序开发平台依赖于控制系统的类型或主控器的类型,如基于 PLC、单片机、专用总线(PXI 总线、VXI 总线、VME 总线等)及基于 IPC 的总线控制系统等,都有相应的应用程序开发平台。

(3) 设计控制系统时序。为了保证系统工作的有序进行,需要根据系统作业任务规划确定每个运动单元的运行时序,如图 5-21 所示。

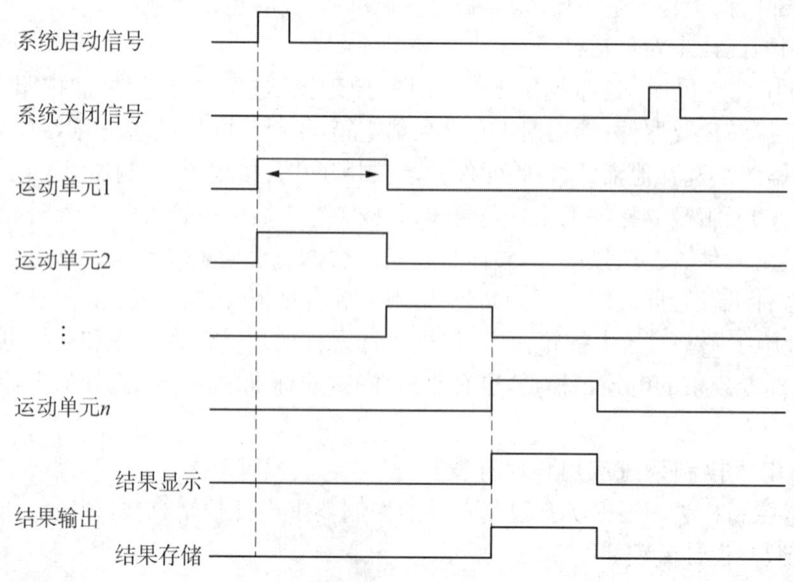

图 5-21　典型机电一体化系统运行时序

(4) 应用程序开发。按照图 5 - 20 所示算法，依据控制系统类型及控制计算机的类型(PLC、工控机或专用计算机)，选择相应的软件开发平台，将运动“翻译”成应用程序。

5.2.8 编写设计说明书和使用说明书

设计说明和使用说明是设计审定、调试、使用、维护过程中必不可少的技术资料。设计和使用说明书应包含：拖动方案的选择依据，本系统的主要原理与特点、主要参数的计算过程、各项技术指标的实现、设备调试的要求和方法、设备使用、维护要求、使用注意事项等。

参考文献

[1] 天津电气传动设计研究所. 电气传动自动化技术手册[M]. 3 版. 北京：机械工业出版社，2020.

[2] 闻邦椿. 机械设计手册[M]. 6 版. 北京：机械工业出版社，2018.

思考与练习

1. 步进电机控制系统电气控制柜设计。

以第 4 章“思考与练习”第 1 题直角坐标机器人为例，若采用步进电机驱动，根据其控制系统原理图及控制要求，试设计其电气控制柜及接线图。

2. 直流伺服电机控制系统电气控制柜设计。

以第 4 章“思考与练习”第 2 题 SCARA 机器人为例，若采用直流伺服电机驱动，根据其控制系统原理图及控制要求，试设计其电气控制柜及接线图。

3. 交流伺服电机控制系统控制柜设计。

以第 4 章“思考与练习”第 3 题 6 自由度关节机器人为例，若采用交流伺服电机驱动，根据其控制系统原理图及控制要求，试设计其电气控制柜及接线图。

4. 液压缸电液比例/伺服控制系统电气控制柜设计。

以第 4 章“思考与练习”第 4 题的控制系统设计为基础，根据其控制系统原理图及控制要求，试设计其电气控制柜及接线图。

5. 气缸电-气比例/伺服控制系统电气控制柜设计。

以第 4 章“思考与练习”第 5 题的控制系统设计为基础，根据其控制系统原理图及控制要求，试设计其电气控制柜及接线图。

第 6 章

检测系统设计方法

◎ **学习成果达成要求**

1. 了解常用模拟量的检测原理及检测方法。
2. 掌握模拟量检测系统的组成及设计方法。
3. 了解脉冲量的检测方法、检测系统的组成及设计方法。
5. 了解开关量的检测方法、检测系统的组成及设计方法。

本章介绍机电一体化系统中检测系统的组成、功能，以及常用模拟量、脉冲量和开关量的检测方法；并在此基础上，介绍检测系统的设计流程及一般检测系统的设计方法。具体内容包括：检测系统的功能定义和设计指标量化、检测系统的结构确定、测量模型的确定、检测系统测量不确定度分配、检测系统硬件的确定、检测算法设计、操作系统类型的选择、检测系统运行时序的确定、应用程序开发等。

6.1　检测系统设计概述

在机电一体化系统中，检测系统是指连接输入、输出，具有机电一体化系统运行状态监测和控制参数检测功能的部分。检测系统对整个系统运行所需要的自身和外部环境各种参数和状态进行检测，并变换成可识别的信号，经过分析、处理后产生相应的控制信息。一个完整的计算机检测系统一般由传感器、信号调理、信号采集、信号处理、结果显示、结果输出、检测算法、计算机、输入设备等部分组成，如图 6-1 所示。

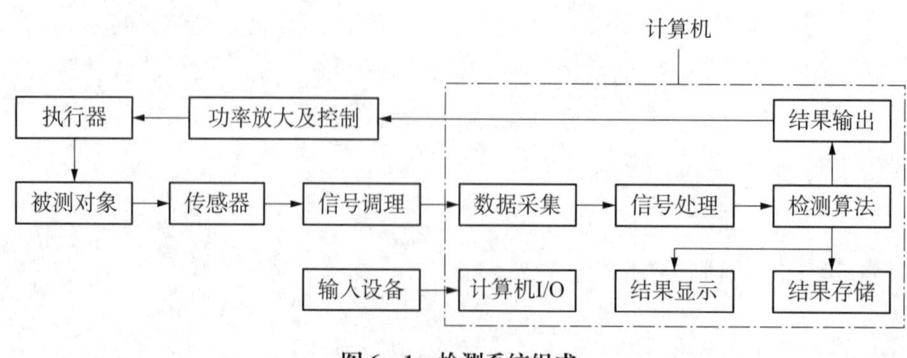

图 6-1　检测系统组成

(1) 传感器。传感器是检测系统与被测对象直接发生联系的器件或装置,其作用是感受被测参量的变化,并按照一定规律转换成一个相应的便于传递的输出信号。传感器通常由敏感元件和转换部分组成。其中,敏感元件为传感器直接感受被测参量变化的部分,转换部分通常是将敏感元件输出转换为便于传输和后续处理的电信号。

(2) 信号调理。信号调理在检测系统中的作用是对传感器输出的微弱信号进行检波、转换、滤波、放大等,以方便检测系统后续处理或显示。

(3) 数据采集。数据采集是对信号调理后的连续模拟信号离散化并转换成与模拟信号电压幅值相对应的一系列数值信息,同时以一定的方式把这些转换数据及时传递给微处理器。数据采集系统通常以模/数(A/D)转换器为核心,辅以模拟多路开关、采样/保持器、输入缓冲器、输出锁存器等组成。

(4) 信号处理。检测系统中的信号处理模块通常以各种型号的单片机、微处理器为核心来构建;对高频信号和复杂信号的处理,有时需增加数据传输和运算速度快、处理精度高的专用高速数据处理器(DSP)处理,或者直接采用工控机处理。

(5) 结果显示。显示被测参量的瞬时值、均方根值(有效值)、幅值谱、相位谱等。

(6) 结果存储。把检测系统测量结果一定的格式保存在计算机存储器里。

(7) 结果输出。把测量值及时传送给控制计算机、PLC或其他执行器等,从而构成闭环控制系统。

(8) 检测算法。检测系统为完成测量功能所采取的方法和步骤,包括信号采集方法、信号调理方法、信号分析及处理方法、测量结果获得方法及测量结果显示、存储等。

(9) 计算机。计算机实现检测系统运行控制,并完成测量数据处理、显示、存储、输出等功能。

(10) 计算机I/O。计算机常用的I/O有RS-232-C总线端口、RS-485总线端口、IEEE-488总线端口、USB总线端口、IEEE 1394端口、PCI总线端口、PXI总线端口等。

(11) 输入设备。通过各种通信总线利用其他计算机或数字化智能终端通过人机接口输入设置参数(如开关量、模拟量输入、设置)、下达有关指令等。

6.2 常用参量检测方法

6.2.1 常用模拟量检测方法

模拟量是指在时间和数值上都是连续变化的信号,如电压、电流、位移、速度、温度、压力、流量等。为了便于选择传感器,可以将被测对象分为电参量和非电参量两大类,前者包括电压、电流、功率等,后者包括机械参量、热工量、磁参量、光学量等。为了便于开发检测系统,需要了解这些参量的定义、测量原理和测量方法。机电一体化系统中常用的模拟量有电参量、机械参量和热工量。

1) 电参量测量

电参量主要有电压、电流、功率、频率、阻抗及波形参数等。其中,电压、电流和功率是主要参数,其主要特点是分布范围广,如电压包括从纳伏级直至几十万伏级;电流从微安培级到千安培级;信号频率从直流到G赫兹级(1 GHz=100 MHz);功率从瓦特级到兆瓦级。常用的电压、电流和功率传感器如图6-2所示。

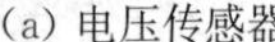

(a) 电压传感器

(b) 电流传感器

(c) 功率传感器

图 6-2 电参量传感器

常用电参量的测量原理和测量方法见表 6-1。

表 6-1 常用电参量的测量原理和测量方法

电参量类型	常用的测量原理和传感器
电压	电压互感器、霍尔电压传感器、光纤电压传感器等
电流	按测量原理可分为电阻分流器、电磁式电流互感器、电子式电流互感器等。其中,电子式电流互感器有霍尔电流传感器、罗哥夫斯基电流传感器等;光纤电流传感器是以法拉第磁光效应为基础、以光纤为介质的新型电流传感器
功率	热敏电阻功率传感器、热电偶功率传感器、二极管功率传感器(低电平信号)、峰值功率传感器。瞬时功率 $W=ui$,即电压 u 和电流 i 之积
频率	用电动系频率表、变换式频率表、比较法(将被测频率与标准频率相比较,通过检测差拍、李沙育图形或混频后的频率求得被测频率);无源测量法(测量电路不需要另加电源,直接用被测信号进行测量,如文氏电桥测频率和谐振回路测频率)
阻抗	电桥法、谐振法、电阻-电压变换器法、阻抗-电压变换器法
波形参数	幅值、频率、相位测量

2) 机械参量测量

机械参量主要有位移、速度、加速度、力、力矩、应力、应变等。常用的位移、速度、加速度、力、力矩、应力、应变传感器如图 6-3～图 6-6 所示。

(a) 直线电位计

(b) 旋转电位计

(c) 编码器

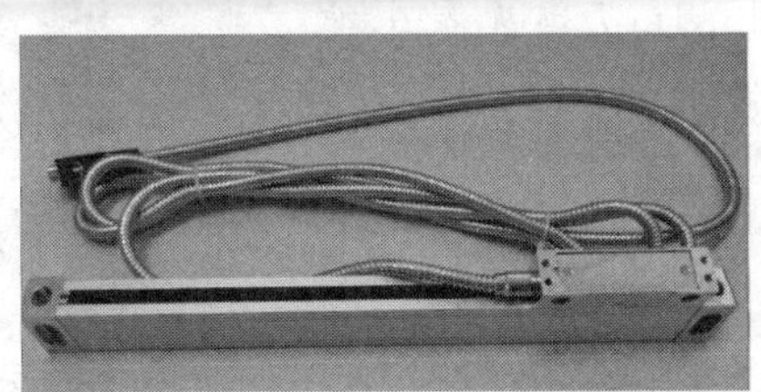

(d) 光栅尺

(e) 激光雷达

(f) 霍尔角位移传感器

图6-3 位移传感器

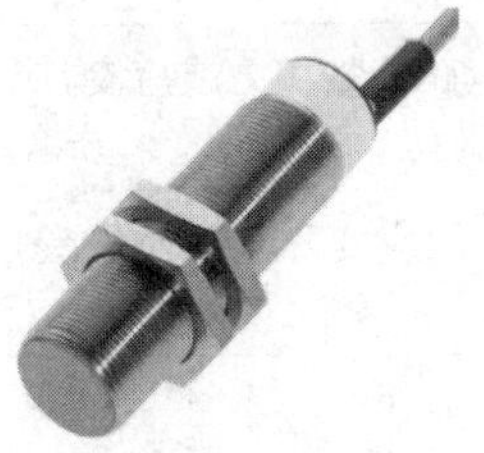

(a) 霍尔角速度传感器

(b) 磁电式转速传感器

(c) 电涡流转速传感器

图6-4 速度传感器

(a) 压电式加速度传感器

(b) 压阻式加速度传感器

(c) 电容式加速度传感器

图6-5 加速度传感器

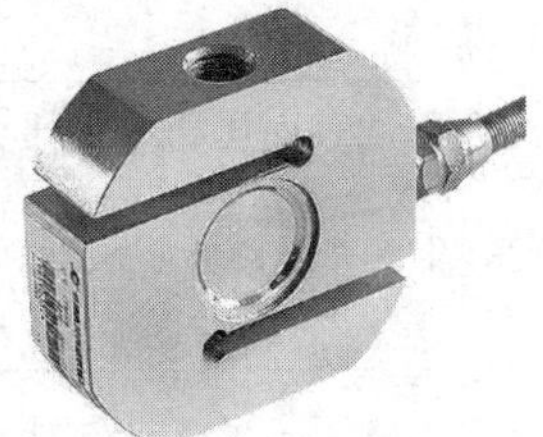

(a) 力传感器

(b) 力矩传感器

(c) 应力传感器

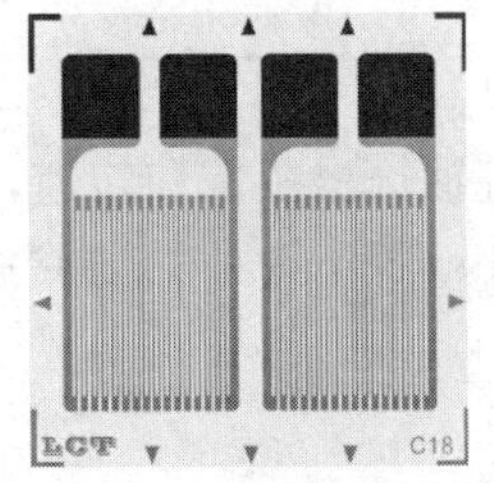

(d) 金属应变片

(e) 半导体应变片

图6-6 力、力矩、应力、应变传感器

位移、速度、加速度、力、力矩、应力、应变的测量原理和测量方法见表 6-2。

表 6-2 常用机械参量的测量原理和测量方法

机械参量类型	常用的测量原理和传感器
位移	电位计、电感式位移传感器、电容式位移传感器、霍尔位移传感器、感应同步器、编码器、光栅、容栅、磁栅、激光雷达、激光干涉仪等
速度	位移微分法、加速度积分法、多普勒效应、电磁感应等
加速度	压电式加速度计、压阻式加速度计、电容式加速度计、位移式加速度计、电阻应变式加速度计等
应力、应变	利用电阻和应变的变化关系，采用电阻应变片结合电桥电路测量应力或应变；应力传感器、电阻应变片
力	应用胡克定律，利用梁受力产生拉伸或压缩弹性变形，利用应变片测量出应变，再计算出力；利用 S 型拉(压)力传感器、称重传感器等
力矩	应用胡克定律，利用梁受力产生的扭转变形

3) 热工量测量

热工量也称热工参数，主要有温度、压力、流量、液位等，其主要特点是大惯性(极短时间内难以发生剧烈变化)和非线性。热工量测量原理和方法见表 6-3。

表 6-3 常用热工量测量原理和方法

热工量类型	常用的测量原理和传感器	
温度	接触式	电阻式温度传感器(包括金属热电阻温度传感器和半导体热敏电阻温度传感器)、热电式温度传感器(包括热电偶和 P-N 结温度传感器)及其他原理的温度传感器
	非接触式	辐射温度传感器、亮度温度传感器和比色温度传感器，由于它们都是以光辐射为基础，也称为辐射温度传感器
压力	(1) 弹性力平衡法：利用各种形式的弹性元件，在被测介质的表面压力或负压力作用下产生的弹性变形来反映被测压力的大小 (2) 电气式：用压力敏感元件直接将压力转换成电阻、电荷量等电量的变化，如应变式、压电式、电容式压力传感器	
流量	速度式流量计、容积式流量计、差压式流量计	
液位	电容式测量、静压式测量、光电折射式测量、音叉振动测量、超声波测量、微波原理测量	

一个典型的模拟量测量系统如图 6-7 所示，其功能是测量电机轴输出扭矩和转速，它包括扭矩传感器、转速传感器、信号调理器、模数转换器(analog-to-digital converter, ADC)和计算机。

6.2.2 脉冲量检测方法

具有脉冲量输出的编码器在测控领域里应用较为广泛，主要用来检测机械运动的位置、速度、角度、距离等，如伺服电机就配有编码器反馈角位移或转速。根据编码器方式又分为增量

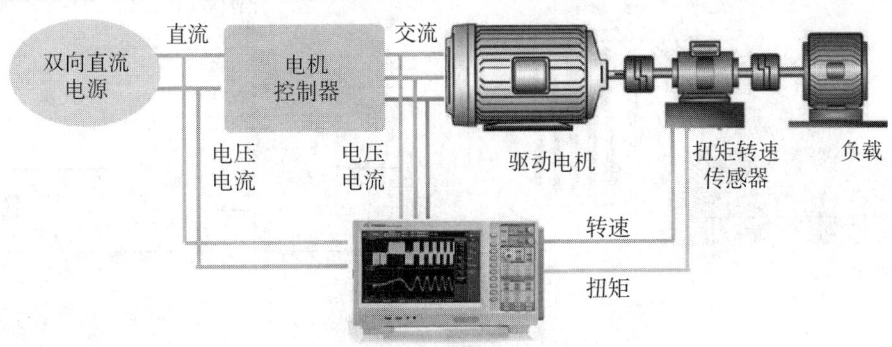

图6-7 转速转矩测量系统

式编码器、绝对式编码器。

1）增量式编码器

增量式编码器提供了一种对连续位移量离散化、增量化及位移变化（速度）检测的方法。增量式编码器的特点是每产生一个输出脉冲信号就对应一个增量位移，它能够产生与位移增量等值的脉冲信号。

如图6-8所示，增量式编码器主要由光源、码盘、检测光栅、光电检测器件和转换电路组成。在码盘上刻有节距相等的辐射状透光缝隙，相邻两个透光缝隙之间代表一个增量周期。检测光栅上刻有A、B两组与码盘相对应的透光缝隙，用以通过或阻挡光源和光电检测器件之间的光线，它们的节距和码盘上的节距相等，并且两组透光缝隙错开1/4节距，使得光电检测器件输出的信号在相位上相差90°。当码盘随着被测转轴转动时，检测光栅不动，光线透过码盘和检测光栅上的透过缝隙照射到光电检测器件上，光电检测器件就输出两组相位相差90°的近似于正弦波的电信号，电信号经过转换电路的信号处理，就可以得到被测轴的转角或速度信息。

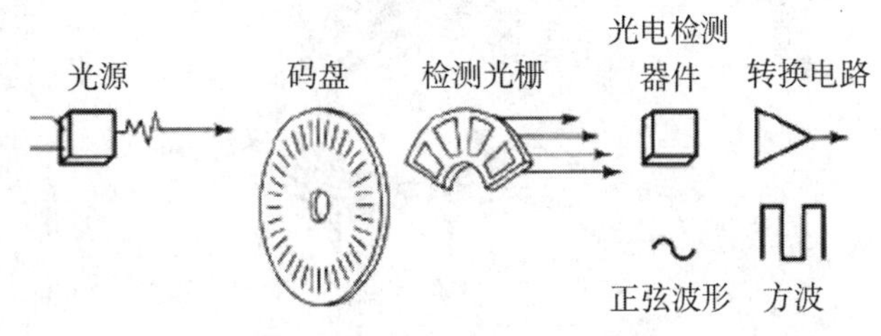

图6-8 增量式编码器测量原理图

增量式光电编码器输出A、B两相相位差为90°的脉冲信号（即所谓的两相正交输出信号），如图6-9所示。可以根据A、B两相的先后位置关系，方便地判断出编码器的旋转方向。另外，码盘一般还提供用作参考零位的N相标识（指示）脉冲信号，码盘每旋转一周，会发出一个零位标识信号。

2）绝对式编码器

绝对式编码器的原理及组成部件与增量式编码器基本相同，与增量式编码器不同的是，绝对式编码器用不同的数码来指示每个不同的增量位置，它是一种直接输出数字量的传感器。

如图6-10所示，绝对式编码器的圆形码盘上沿径向有若干同心码道，每条码道上由透光和不透光的扇形区相间组成，相邻码道的扇区数目是双倍关系，码盘上的码道数就是它的二进制数码的位数。在码盘的一侧是光源，另一侧对应每一码道有一光敏元件。当码盘处于不同位置时，各光敏元件根据受光照与否转换出相应的电平信号，形成二进制数。显然，码道越多，分辨率就越高，对于一个具有n位二进制分辨率的编码器，其码盘必须有n码道。

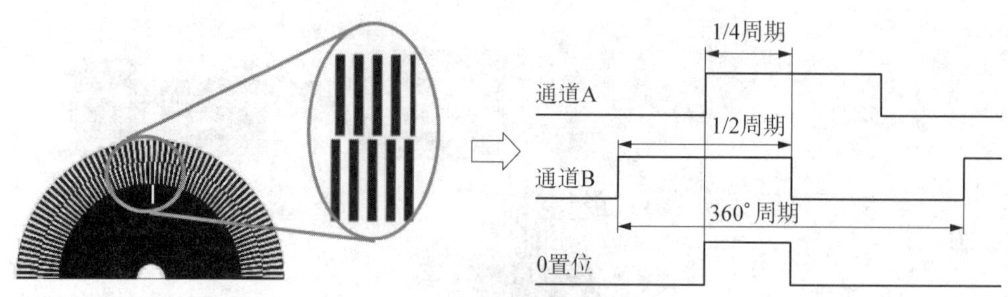

(a) 原理图

(b) 实物图

图 6-9 增量式编码器

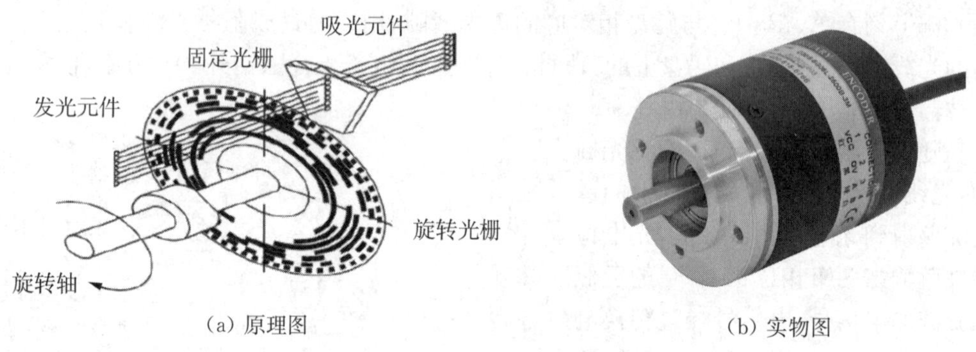

(a) 原理图 (b) 实物图

图 6-10 绝对式编码器

从编码器的光电检测器件获取的信号电平较低，波形也不规则，不能直接用于控制、信号处理和远距离传输，所以在编码器内还需要对信号进行放大、整形等处理。经过处理的输出信号一般近似于正弦波（电流或电压）或矩形波（TTL、HTL）。

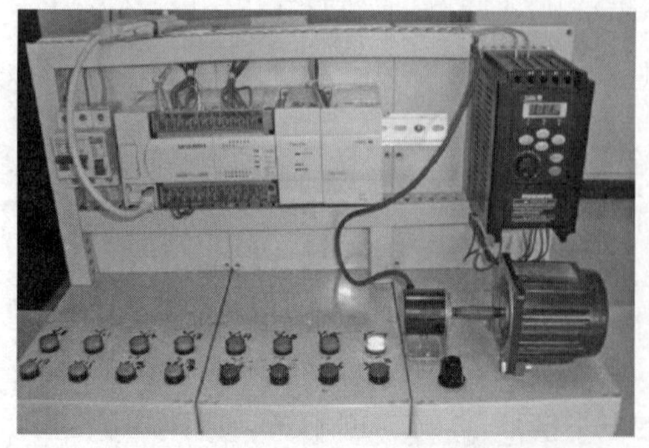

图 6-11 基于 PLC 的电机转速测量系统

3）计数模块

高速计数模块主要用于检测接入模块的各种脉冲信号，一般用于对编码器输出的脉冲信号进行计数和测量等。有些 ADC 有高频技术模块，也可以采用电子频率计数器进行测量；可以采用具有高频计数芯片的计算机。PLC 一般也有高频技术模块。

图 6-11 所示为基于 PLC 的电机转速测

量系统，它利用 PLC 的高频计数模块，通过计算采样时间内的脉冲数量实现转速测量。

设编码器输出脉冲数为 pulse/r；采样时间 T 内的脉冲数为 m，则电机转速 n(r/min)为

$$n = 60m/(pT) \tag{6-1}$$

6.2.3 开关量检测方法

测控领域里大量出现使用开关量检测的情况，如检查工件有无、物体移动是否到位等，这些信号均可以通过开关量进行检查。霍尔接近开关、光电式接近开关、感应接近开关都是常用的检测方式，如图 6-12 所示。接近开关又称为无触点行程开关，它的任务是检查特定环境下的特定工件有无状态，输入信号一般为工件与传感器之间的距离，输出信号一般为电压。

(a) 霍尔接近开关

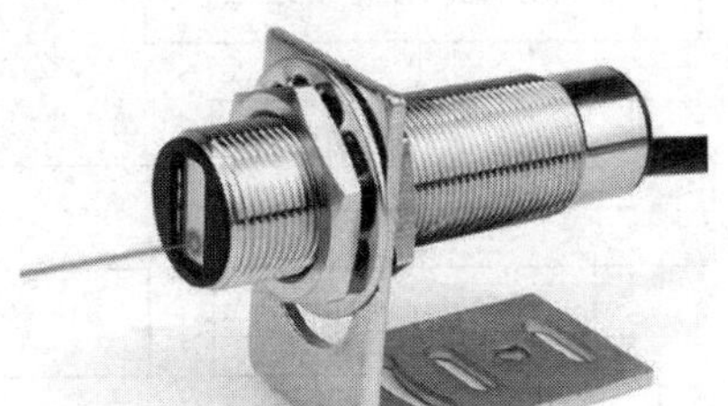

(b) 光电式接近开关

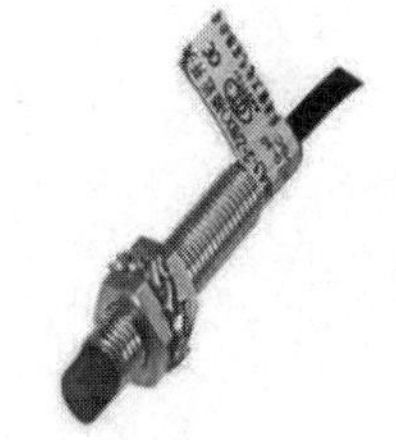

(c) 感应接近开关(涡流式)

图 6-12 接近开关

当打开检测开关时，记录下开关量的原始状态，这样做是考虑开关量常开、常闭或开关量不接的情况，以便将以后的开关量状态与原始的开关量状态相比较(异或关系)。一般开关量可以利用电平高低，通过单片机、PLC、数据采集卡或 IPC 的 I/O 接口进行检测。开关量在检测过程中可能会产生抖动，应用程序需要进行必要的滤波处理。程序中一直检测开关量的状态(无论是否打开检测开关)，当开关量信号改变时开始计时，当信号稳定 10 ms 后将其看作是一个稳定信号。

6.3 检测系统设计

机电一体化中的检测系统完成机电一体化系统的运行状态参数的检测及显示、故障报警，以及控制系统中控制参数的检测及反馈功能。它一般由传感器、信号调理器、数据采集、信号处理、结果显示与存储等部分组成。

6.3.1 检测系统设计流程

检测系统的设计流程如图 6-13 所示。图中检测系统的设计要求可能由第三方用户提出，也可能是由开发方根据市场需求提出。

检测系统设计时，可以按照功能划分为若干个子模块，从而可以采用模块化的设计方法进行设计。

6.3.2 检测系统的功能定义和设计指标量化

机电一体化系统中，检测系统的作用是为保证每一个运动单元(步进电机控制系统、直流伺服电机控制系统、交流伺服电机控制系统、液压缸电-液比例/伺服控制系统、气缸电-气比例/伺服控制系统等)及整个系统的正常运行提供必要的参数检测，这些参数可能是运动单元

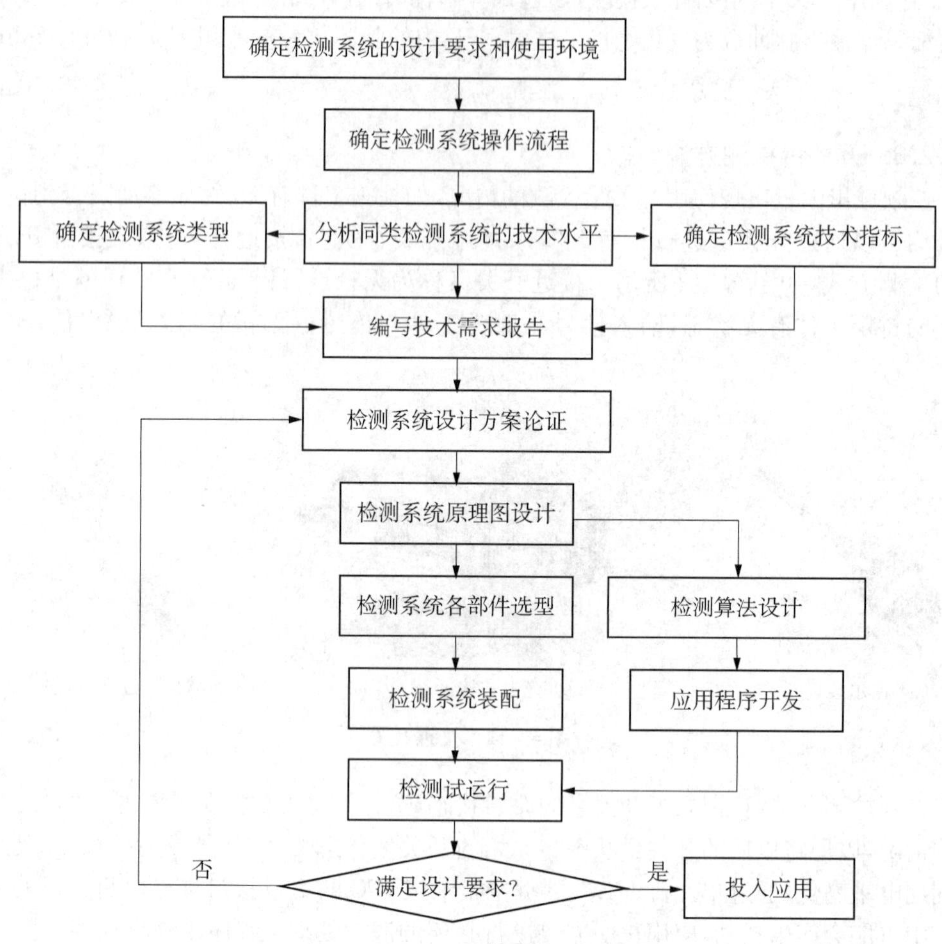

图 6-13 检测系统的设计流程

的运动参数，如位移、速度和加速度等；也可能是运动单元的状态参数，甚至是环境参数。这些参数在电气系统的设计阶段可以确定。

检测系统指标包括静态指标和动态指标。这些指标也包括测量不确定度，它包括静态测量不确定度和动态测量不确定度。检测系统的静态指标表示被测量处于稳定状态时系统的输入输出特性，检测系统的静态指标主要由传感器的静态指标来决定；检测系统的动态指标是指被测量变化较快时，如阶跃输入或斜坡输入，仪器跟随输入信号变化的能力；同样，检测系统的静态和动态指标主要由传感器的静态和动态指标决定。

传感器的静态指标主要包括线性度、滞后、重复性、灵敏度、温度漂移和精度等；动态指标主要包括频率响应和阶跃响应，其中前者是指传感器对于正弦输入信号的响应，称为频率响应，也称为稳态响应；后者是传感器对于阶跃输入信号的响应，称为阶跃响应或瞬态响应，它是传感器在瞬变信号作用下的响应特性。

检测系统的功能定义包括确定检测对象的种类、数量、量程、测量精度等，特别是需要确定计量单位、测量方法及测量不确定度。

依据检测系统技术要求，确定检测系统的主要功能和性能指标，见表 6-4。

表 6-4 检测系统的主要功能和性能指标

功能类别	功能定义
测量功能	被测对象类型
性能指标	(1) 量程:所有被测参数的量程 (2) 测量不确定度:所有被测参数的测量不确定度 (3) 静态指标:线性度、分辨力、迟滞、漂移、重复性、灵敏度、非线性度、回程误差等 (4) 动态指标(幅频特性、相频特性)
测量结果显示	测量结果在计算机屏幕上显示
测量数据存储	测量数据存储格式、数据类型、数据存储方式
测量结果输出	输出数据格式、形式及测量不确定度
自诊断	开机自检、周期自检、故障提示
仪器操作	仪器操作方式(鼠标、键盘、操作手柄)、操作规范

模拟量检测系统中被测量的主要技术指标见表 6-5。

表 6-5 被测量的技术指标

被测量 y	由检测系统设计要求给定
被测量类型	包括电参量、机械参量、热工量、磁参量、光学量等
被测量 y 技术指标	(1) R_M 为量程 (2) u_M 为测量不确定度 (3) 静态指标:线性度 δ_{Mlin}、分辨力 δ_{Mres}、迟滞 δ_{Mlag}、漂移 δ_{Mdri}、重复性 δ_{Mrea}、灵敏度 δ_{Msee}、回程误差 δ_{Mhy} (4) 动态指标主要包括幅频特性 $\mathrm{AFC_M}$、相频特性 $\mathrm{PFC_M}$

被测对象分为模拟量、脉冲量和开关量三种。可以根据机电一体化系统运行状态参数、模拟量、脉冲量和开关量变量进行确定。这些参量汇总见表 6-6～表 6-8。

表 6-6 模拟量变量

模拟量序号	模拟量名称	信号类型	信号幅值
模拟量 1	XX	电压信号/电流信号	A_1
模拟量 2	XX	电压信号/电流信号	A_2
⋮	⋮	⋮	⋮
模拟量 l	XX	电压信号/电流信号	A_n

表 6-7 脉冲量变量

脉冲量序号	脉冲量名称	频率	电平
脉冲量 1	YY	f_1	u_1
模脉冲 2	YY	f_2	u_1
⋮	⋮	⋮	⋮
模脉冲 m	YY	f_{m}	u_{m}

表 6-8 开关量变量

开关量序号	开关量名称	有效	开关量序号	开关量名称	有效
开关量 1	ZZ	高电平/低电平	⋮	⋮	⋮
开关量 2	ZZ	高电平/低电平	开关量 n	ZZ	高电平/低电平

针对上述对象，需要确定每一个被测对象的计量单位、测量方法和测量要求，从而为确定传感器、信号调理器、I/O 接口类型、数据处理和分析算法奠定基础。

6.3.3 检测系统的结构确定

检测系统中计算机等设备的 I/O 接口完成数据采集、A/D 转换及 D/A 转换等功能。根据所采用 I/O 接口设备类型，检测系统可分为 PC 机总线测量系统、GPIB 总线测量系统、VXI 总线测量系统、PXI 总线测量系统、Serial Port 总线测量系统和 Field bus(现场总线)的检测系统，如图 6 - 14 所示。

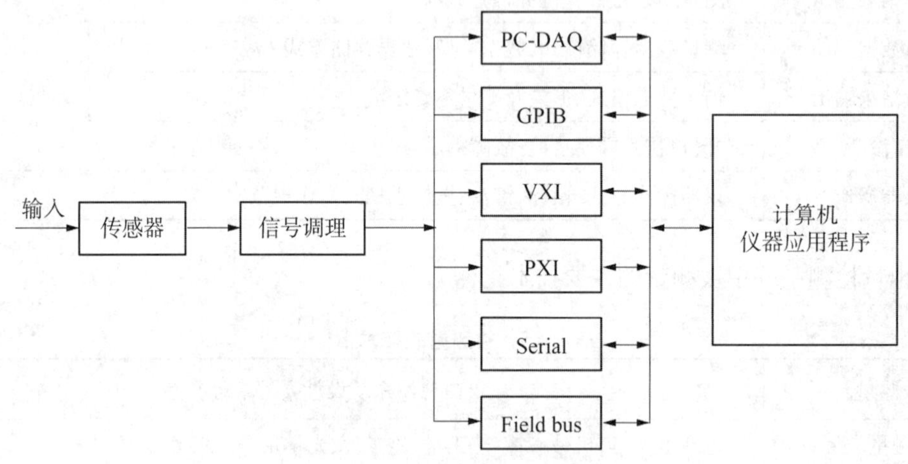

图 6 - 14 检测系统的结构类型

6.3.4 测量模型的确定

1）模拟量测量模型的确定

检测系统设计要求中的每一个被测模拟量，其测量模型的确定要根据测量模式来确定。这里的测量模式是指直接测量或间接测量。对于直接测量，被测量 y 可以由传感器的测量结果直接确定；对于间接测量，被测量 y 由若干个直接测量的值 $x_1, x_2, \cdots, x_k$，利用函数关系式 $y=f(x_1, x_2, \cdots, x_k)$ 运算获得，其测量模型变为 $y=f(x_1, x_2, \cdots, x_k)$。由此，可以确定检测系统设计要求中的所有被测量的测量模型，见表 6 - 9。

表 6 - 9 检测系统测量模型

被测量类型	测量模型	传感器直接测量参量
直接测量	$y_1 = x_1$	x_1
	$y_2 = x_2$	x_2
	$\vdots$	$\vdots$
	$y_m = x_m$	x_m
间接测量	$y_{m+1} = f_{m+1}(x_{m+1}^1, x_{m+1}^2, \cdots, x_{m+1}^p)$	$x_{m+1}^1, x_{m+1}^2, \cdots, x_{m+1}^p$
	$y_{m+2} = f_{m+1}(x_{m+2}^1, x_{m+2}^2, \cdots, x_{m+2}^q)$	$x_{m+2}^1, x_{m+2}^2, \cdots, x_{m+2}^q$
	$\vdots$	$\vdots$
	$y_n = f_n(x_n^1, x_n^2, \cdots, x_n^r)$	$x_n^1, x_n^2, \cdots, x_n^r$

2）脉冲量测量模型的确定

检测系统设计要求中的每一个脉冲量，其测量模型要根据被测量的要求来确定。例如，采用编码器可以测量角位移 φ、角速度 ω，则测量模型，它们分别与脉冲信号的脉冲数 n 及脉冲频率 f 的关系为：$\varphi=k_1n$，$\omega=k_2f$，其中，k_1 和 k_2 为比例系数。脉冲量的测量模型也可能与脉冲量的周期或幅值相关，这都取决于测量原理和被测对象的要求。将所有脉冲量的测量模型汇总，见表 6-10。

表 6-10 脉冲量测量模型

脉冲量名称	测量模型	说明
脉冲量 1	$y_1=F_1(f_1/A_1/T_1/n_1)$	f_i 为脉冲信号 i 的频率 A_i 为脉冲信号 i 的幅值 T_i 为脉冲信号 i 的周期 n_i 为脉冲信号 i 的数量
脉冲量 2	$y_2=F_2(f_2/A_2/T_2/n_2)$	
⋮	⋮	
脉冲量 m	$y_m=F_m(f_m/A_m/T_m/n_m)$	

3）开关量测量模型的确定

单个开关量为通断信号，只有"1"和"0"2 种状态。检测系统设计中，对于每一个开关量，其测量模型要根据被测量的要求来确定。将所有开关量的测量模型汇总，见表 6-11。

表 6-11 开关量测量模型

开关量名称	测量结果	测量模型
开关量 1	高电平/低电平	电路接通/电路断开；目标有/目标无；目标到位/目标非到位……
开关量 2	高电平/低电平	
⋮	⋮	
开关量 n	高电平/低电平	

6.3.5 检测系统测量不确定度分配

6.3.5.1 静态直接测量不确定度分配

检测系统的主要组成包括传感器、信号调理器、ADC、计算机和算法，检测系统的每一项性能指标与这些环节的性能指标有关。在检测系统设计阶段需要解决的关键问题之一是基于检测系统的技术指标如何给检测系统的各个环节合理分配相关的技术指标。由于检测系统中的被测量有直接测量和间接测量两种类型，因此，检测系统的技术指标分配也分为直接测量和间接测量两种情况。

为了便于评定直接测量的合成不确定度，需要引入相对不确定度的概念。设目标变量的变化范围为 $\pm A$，其不确定度为 u，则相对不确定度 u_r 为

$$u_r=\frac{u}{A} \tag{6-2}$$

假定传感器、信号调理器、ADC 及 DSP 的测量范围分别为 $\pm A_{Tr}$、$\pm A_{SC}$、$\pm A_{AD}$ 和 $\pm A_{DS}$。依据式(6-2)，其相对不确定度 u_{rTr}、u_{rSC}、u_{rAD} 及 u_{rDS} 可由式(6-3)～式(6-6)

确定：

$$u_{\mathrm{rTr}}=\frac{u_{\mathrm{Tr}}}{A_{\mathrm{Tr}}} \tag{6-3}$$

$$u_{\mathrm{rSC}}=\frac{u_{\mathrm{SC}}}{A_{\mathrm{SC}}} \tag{6-4}$$

$$u_{\mathrm{rAD}}=\frac{u_{\mathrm{AD}}}{A_{\mathrm{AD}}} \tag{6-5}$$

$$u_{\mathrm{rDS}}=\frac{u_{\mathrm{DS}}}{A_{\mathrm{DS}}} \tag{6-6}$$

直接测量的合成相对不确定度 u_{r} 为

$$u_{\mathrm{r}}=\sqrt{u_{\mathrm{rTr}}^{2}+u_{\mathrm{rSC}}^{2}+u_{\mathrm{rAD}}^{2}+u_{\mathrm{rDS}}^{2}} \tag{6-7}$$

对于检测系统直接测量，假定仪器相对测量不确定度的设计指标为 u_{ds}，需要确定传感器、信号调理器、ADC 及算法的相对测量不确定度 u_{dsTrs}、u_{dsSC}、u_{dsADC} 和 u_{dsDSP}，以满足

$$u_{\mathrm{ds}}=\sqrt{u_{\mathrm{dsTr}}^{2}+u_{\mathrm{dsSC}}^{2}+u_{\mathrm{dsADC}}^{2}+u_{\mathrm{dsDS}}^{2}}\leqslant u_{\mathrm{ds}} \tag{6-8}$$

为解决上述问题，检测系统各个环节的测量不确定度分配可采用图 6-15 所示流程进行。

令

$$\frac{u_{\mathrm{dsSc}}}{u_{\mathrm{dsTr}}}=k_{1}；\frac{u_{\mathrm{dsADC}}}{u_{\mathrm{dsTr}}}=k_{2}；$$

$$\frac{u_{\mathrm{dsDs}}}{u_{\mathrm{dsTr}}}=k_{3}(k_{i}<1,\ i=1,\ 2,\ 3) \tag{6-9}$$

将式(6-9)代入式(6-8)可得

$$\sqrt{(1+k_{1}^{2}+k_{2}^{2}+k_{3}^{2})}\,u_{\mathrm{dsTr}}\leqslant u_{ds}$$

即

$$u_{\mathrm{dsTr}}\leqslant\frac{u_{\mathrm{ds}}}{\sqrt{(1+k_{1}^{2}+k_{2}^{2}+k_{3}^{2})}} \tag{6-10}$$

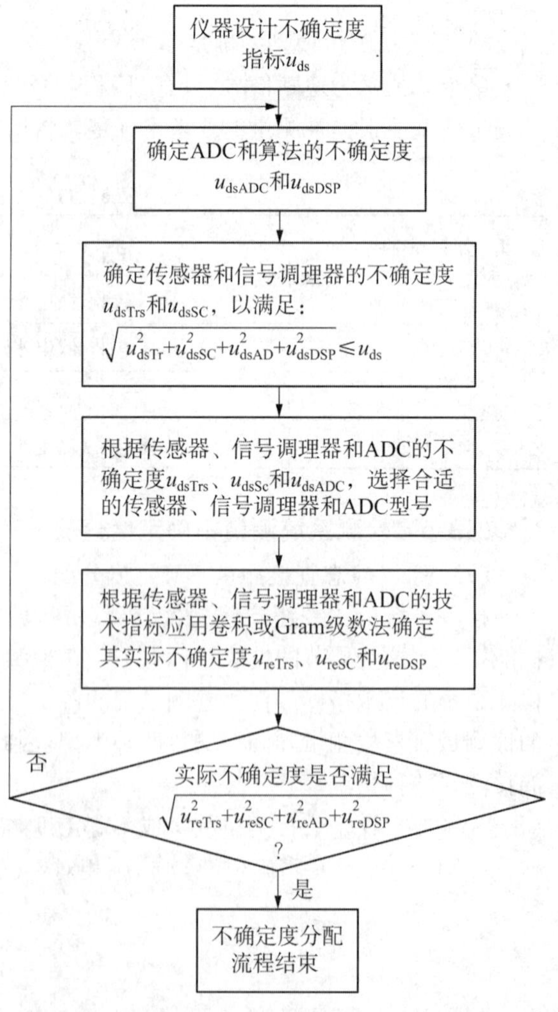

图 6-15　检测系统直接测量不确定度分配流程

1）一般精度设计场合

由于 ADC 的位数一般在 8 位以上，分

辨率较高，尽管这并不一定能保证获得较高的 A/D 转换精度；但是，采样率和带宽都满足匹配条件，包括信号调理采取了抗混叠滤波，使 ADC 输入信号的带宽完全在 ADC 的全功率带宽范围内；可以确保其相对不确定度 $u_{dsADC} \leqslant 0.3\%$；由于当前 PC 机的位数为 32 位或 64 位，舍入误差导致的不确定度几乎可以忽略。若只考虑算法偏差，一般也可以控制其不确定度，以满足 $u_{dsDSP} \leqslant 0.2\%$。此时

$$u_{dsTr}^2 + u_{dsSC}^2 + \leqslant u_{ds}^2 - u_{dsADC}^2 - u_{dsDSP}^2 \tag{6-11}$$

综合考虑成本因素，可选择 $u_{dsSC} = 0.8u_{dsTr}$，代入上式可得

$$1.64u_{dsTr} \leqslant \sqrt{u_{ds}^2 - u_{dsADC}^2 - u_{dsDSP}^2}$$

即

$$u_{dsTr} \leqslant 0.78\sqrt{u_{ds}^2 - u_{dsADC}^2 - u_{dsDSP}^2} = 0.78\sqrt{u_{ds}^2 - 0.2^2 - 0.3^2} \tag{6-12}$$

由上述方法可以确定传感器、信号调理器、ADC 及算法的初选不确定度 $u_{rf\,Trs}$、$u_{rp\,SC}$、$u_{rf\,IADC}$、$u_{rf\,DSP}$，并可依此选择具体型号。之后依据它们的具体技术指标，根据图 6-6～图 6-8 所示流程，验算传感器、信号调理器、ADC 及算法的实际不确定度是否满足设计要求。

2）高精度设计场合

对于高精度检测系统设计场合，可以考虑选择 16 位及以上的 ADC 以获得较高的分辨率；再综合考虑 ADC 的动态和静态参数，保证获得更小的 ADC 测量不确定度；同时，算法的不确定度也可以控制得更小；可以应用图 6-16 所示流程完成测量不确定度的分配。

6.3.5.2 静态间接测量检测系统各环节的不确定度分配

如果某一被测量 y 是通过间接测量得到，设 $y = f(x_1, x_2, \cdots, x_n)$，其中 $x_1, x_2, \cdots, x_n$ 为被测分量，它们可以分别通过 n 个测量仪器 I_1、I_2、…、I_n 直接测量获得。如果给定 y 的测量不确定度 $u_{DS}(y)$，如何确定 n 个测量仪器 I_1、I_2、…、I_n 的不确定度 u_{I1}、u_{I2}、…、u_{In}？

依据不确定度传播定律，可得间接测量的合成不确定度 $u_c(y)$ 满足

$$u_c(y) = \sqrt{\sum_{i=1}^{N}\left[\frac{\partial f}{\partial x_i}u_{Ii}(x_i)\right]^2 + 2\sum_{i=1}^{N-1}\sum_{j=i+1}^{N}\frac{\partial f}{\partial x_i}\frac{\partial f}{\partial x_j}r(x_i, x_j)u_{Ii}(x_i)u_{Ij}(x_j)} \leqslant u_{ds}(y) \tag{6-13}$$

式中，$i \neq j$；N 为输入量的数量；$\frac{\partial f}{\partial x_i}$ 为测量函数对于第 i 个输入量 X_i 在估计值 x_i 点的偏导数，称为灵敏系数；$u(x_i)$ 为输入量 x_i 的标准不确定度；$u(y_i)$ 为输入量 x_j 的标准不确定度；$r(x_i, y_i)$ 为输入量 x_i 与 x_j 的相关系数估计值；$r(x_i, y_i)\ u(x_i)u(x_j)$ 为输入量 x_i 与 x_j 的协方差估计值。

假设 x_1 为对被测量结果影响最大的量，令

$$\frac{u_{I2}}{u_{I1}} = k_{21};\ \frac{u_{I3}}{u_{I1}} = k_{31};\ \cdots;\ \frac{u_{In}}{u_{I1}} = k_{n1} \quad (k_{i1} < 1,\ i = 2, 3, \cdots, n) \tag{6-14}$$

将上述表达式代入式(6-13)可得

$$u_{I1}(x_1)\sqrt{\sum_{i=1}^{N}\left(\frac{\partial f}{\partial x_i}k_{i1}\right)^2+2\sum_{i=1}^{N-1}\sum_{j=i+1}^{N}\frac{\partial f}{\partial x_i}\frac{\partial f}{\partial x_j}r(x_i,\ x_j)k_{i1}k_{j1}}\leqslant u_{ds}(y) \tag{6-15}$$

为求得 u_{I1} 的最大值,可令

$$G(x_1,\ x_2,\ \cdots,\ x_n)=\sum_{i=1}^{N}\left(\frac{\partial f}{\partial x_i}k_{i1}\right)^2+2\sum_{i=1}^{N-1}\sum_{j=i+1}^{N}\frac{\partial f}{\partial x_i}\frac{\partial f}{\partial x_j}r(x_i,\ x_j)k_{i1}k_{j1} \tag{6-16}$$

由于式中 x_1、x_2、…、x_n 有各自的量程范围,即 $x_1\in[l_1,\ r_1]$, $x_2\in[l_2,\ r_2]$, …, $x_n\in[l_n,\ r_n]$。当 $\partial f/\partial x_i$, $i=1$、2、…、n 连续时,多元函数 $G(x_1,\ x_2,\ \cdots,\ x_n)$ 为闭区间上的连续函数,必有最大值和最小值。设其最大值 $G_{\max}(x_1,\ x_2,\ \cdots,\ x_n)$,则当

$$u_{I1}(x_1)\leqslant\frac{u_{ds}(y)}{\sqrt{\sum_{i=1}^{N}\left(\frac{\partial f}{\partial x_i}k_{i1}\right)^2+2\sum_{i=1}^{N-1}\sum_{j=i+1}^{N}\frac{\partial f}{\partial x_i}\frac{\partial f}{\partial x_j}r(x_i,\ x_j)k_{i1}k_{j1}}}\leqslant\frac{u_{ds}(y)}{\sqrt{G_{\max}(x_1,\ x_2,\ \cdots,\ x_n)}} \tag{6-17}$$

就可以满足式(6-15)。

再依据式(6-17),可以确定 I_2、I_3、…、I_n 的测量不确定度 u_{I2}、u_{I3}、…、u_{In}:

$$u_{I2}=k_{21}u_{I1};\ u_{I3}=k_{31}u_{I1};\ \cdots;\ u_{In}=k_{n1}u_{I1}\quad(k_i<1,\ i=1,\ 2,\ 3) \tag{6-18}$$

用上述方法在确定了 n 个测量仪器 I_1、I_2、…、I_n 的不确定度 u_{I1}、u_{I2}、…、u_{In} 后,就可以利用静态直接测量不确定度分配方法,确定每个直接测量中的传感器、信号调理器、ADC 和算法分配不确定度。

当测量 x_1、x_2、…、x_n 中的每一个对被测量 y 的影响"相当"时,可以按照"等不确定度"原则 $(u_{I1}=u_{I2}=\cdots=u_{In})$,初步确定度仪器 I_1、I_2、…、I_n 的不确定度,因而由上式可得

$$u_{I1}(x_1)\leqslant\frac{u_{\mathrm{ds}}(y)}{\sqrt{\sum_{i=1}^{N}\left(\frac{\partial f}{\partial x_i}\right)^2+2\sum_{i=1}^{N-1}\sum_{j=i+1}^{N}\frac{\partial f}{\partial x_i}\frac{\partial f}{\partial x_j}r(x_i,\ x_j)}}\leqslant\frac{u_{\mathrm{ds}}(y)}{\sqrt{G_{\max}(x_1,\ x_2,\ \cdots,\ x_n)}} \tag{6-19}$$

在确定 n 个检测系统 I_1、I_2、…、I_n 的不确定度 u_{I1}、u_{I2}、…、u_{In} 之后,静态直接测量不确定度分配方法确定传感器、信号调理器、ADC 和算法的不确定度。

6.3.5.3 动态直接测量检测系统各环节的不确定度分配

在测量系统设计阶段,需要解决的问题是"当系统动态测量不确定度指标给定的前提下,如何给传感器、信号调理器、ADC 及算法分配合理的不确定度"。假定检测系统相对动态测量不确定度的设计指标为 u_{ds},需要确定传感器、信号调理器、ADC 及算法的相对测量不确定度 u_{dsTr}、u_{dsSC}、u_{dsDSP} 和 u_{dsDSP},以满足

$$u_{\mathrm{c}}=\sqrt{u_{\mathrm{dsTr}}^2+u_{\mathrm{dsSC}}^2+u_{\mathrm{dsADC}}^2+u_{\mathrm{dsDSP}}^2}\leqslant u_{\mathrm{ds}} \tag{6-20}$$

为满足上述要求,检测系统的测量不确定度分配流程如图 6-16 所示。

令

$$\frac{u_{\mathrm{dsSc}}}{u_{\mathrm{dsTr}}}=k_1;\ \frac{u_{\mathrm{dsADC}}}{u_{\mathrm{dsTr}}}=k_2;\ \frac{u_{\mathrm{dsDSP}}}{u_{\mathrm{dsTr}}}=k_3\quad(k_{i1}<1,\ i=1,\ 2,\ 3) \tag{6-21}$$

将式(6-20)代入式(6-21)可得 $\sqrt{(1+k_1^2+k_2^2+k_3^2)}\,u_{dsTr} \leqslant u_{ds}$，即

$$u_{dsTr} \leqslant \frac{u_{ds}}{\sqrt{(1+k_1^2+k_2^2+k_3^2)}} \tag{6-22}$$

1) 一般精度测量场合

由于ADC的位数一般在8位以上，分辨率较高，尽管这并不一定能保证获得较高的A/D转换精度；但是，采样率和带宽都满足匹配条件，包括信号调理采取了抗混叠滤波，使ADC输入信号的带宽完全在ADC的全功率带宽范围内；可以确保其相对不确定度 $u_{rADC} \leqslant 0.3\%$；由于当前PC机的位数为32位或64位，舍入误差导致的不确定度几乎可以忽略。此时可以只考虑算法偏差，一般也可以控制其不确定度以满足 $u_{rCDSP} \leqslant 0.2\%$：

$$u_{dsTr}^2 + u_{dsSC}^2 + \leqslant u_{ds}^2 - u_{dsADC}^2 - u_{dsDSP}^2 \tag{6-23}$$

综合考虑成本因素，可选择 $u_{dsSC} = 0.8u_{dsTr}$，代入上式可得

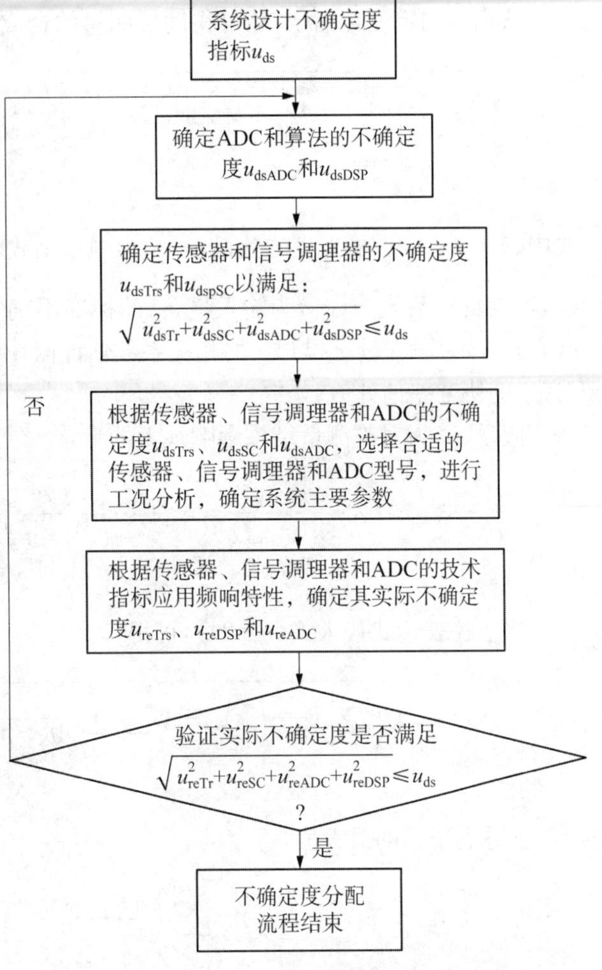

图6-16　检测系统直接测量不确定度分配流程

$$u_{dsTr} \leqslant 0.78\sqrt{u_{ds}^2 - u_{dsADC}^2 - u_{dsDSP}^2} = 0.78\sqrt{u_{ds}^2 - 0.2^2 - 0.3^2} \tag{6-24}$$

由上述方法可以确定的传感器、信号调理器、ADC及算法的不确定度 u_{dsTr}、u_{dsSC}、u_{dsADC} 和 u_{dsDSP}，并可依此选择其具体型号。之后依据它们的具体技术指标确定其实际不确定度 u_{reTrs}、u_{reSC}、u_{reADC} 和 u_{reDSP}。最后按照图6-16所示流程，验证检测系统的合成不确定度 u_c 是否满足设计指标要求。

2) 高精度设计场合

对于高精度检测系统设计场合，可以考虑选择16位及以上的ADC以获得较高的分辨率；再综合考虑ADC的动态和静态参数，保证获得更小的ADC测量不确定度；同时，算法的不确定度也可以控制得更小；可以应用图6-16所示流程，完成仪器各测量环节不确定度的分配。

6.3.5.4　动态间接测量检测系统各环节的不确定度分配

给定被测量 $y(t) = f[x_1(t), x_2(t), \cdots, x_n(t)]$ 有效值的测量不确定度，这一被测量 y 是通过间接测量得到，设 $y = f(x_1, x_2, \cdots, x_n)$，其中 $x_1, x_2, \cdots, x_n$ 为被测分量，它们可以分别通过 n 个测量系统 I_1、I_2、…、I_n 直接测量获得。如果给定 y 有效值 y_{rms} 的测量不确定度 $u(y_{rms})$，如何确定 n 个测量系统 I_1、I_2、…、I_n 的不确定度 $u(x_{1rms})$、$u(x_{2rms})$、…、$u(x_{nrms})$？

依据不确定度传播定律,可得间接测量的合成不确定度 $u(y_{\mathrm{rms}})$ 满足

$$\sqrt{\sum_{i=1}^{N}\left[\frac{\partial f}{\partial x_i}u(x_{i\mathrm{rms}})\right]^2+2\sum_{i=1}^{N-1}\sum_{j=i+1}^{N}\frac{\partial f}{\partial x_i}\frac{\partial f}{\partial x_j}r(x_{i\mathrm{rms}},\ x_j)u(x_{i\mathrm{rms}})u(x_{j\mathrm{rms}})}\leqslant u(y_{\mathrm{rms}}) \tag{6-25}$$

式中,$i\neq j$;N 为输入量的数量;$\frac{\partial f}{\partial x_i}$ 为测量函数对于第 i 个输入量 X_i 在估计值 x_i 点的偏导数,称为灵敏系数;$u(x_i)$为输入量 x_i 的标准不确定度;$u(y_i)$为输入量 x_j 的标准不确定度;$r(x_i,\ y_i)$为输入量 x_i 与 x_j 的相关系数估计值;$r(x_{i\mathrm{rms}},\ y_{i\mathrm{rms}})\ u(x_{i\mathrm{rms}})u(x_{j\mathrm{rms}})$为输入量 x_i 与 x_j 的协方差估计值。

假设 x_1 为对被测量结果影响最大的量,令

$$\frac{u(x_{2\mathrm{rms}})}{u(x_{1\mathrm{rms}})}=k_{21};\ \frac{u(x_{3\mathrm{rms}})}{u(x_{1\mathrm{rms}})}=k_{31};\ \cdots;\ \frac{u(x_{2\mathrm{rms}})}{u(x_{1\mathrm{rms}})}=k_{n1}\quad (k_{i1}<1,\ i=2,\ 3,\ \cdots,\ n) \tag{6-26}$$

将上述表达式代入式(6-24),可得

$$u(x_{1\mathrm{rem}})\sqrt{\sum_{i=1}^{N}\left(\frac{\partial f}{\partial x_i}k_{i1}\right)^2+2\sum_{i=1}^{N-1}\sum_{j=i+1}^{N}\frac{\partial f}{\partial x_i}\frac{\partial f}{\partial x_j}r(x_{i\mathrm{rms}},\ x_{j\mathrm{rms}})k_{i1}k_{j1}}\leqslant u(y_{\mathrm{rms}}) \tag{6-27}$$

为求得 u_{I1} 的最大值,可令

$$G(x_1,\ x_2,\ \cdots,\ x_n)=\sum_{i=1}^{N}\left(\frac{\partial f}{\partial x_i}k_{i1}\right)^2+2\sum_{i=1}^{N-1}\sum_{j=i+1}^{N}\frac{\partial f}{\partial x_i}\frac{\partial f}{\partial x_j}r(x_i,\ x_j)k_{i1}k_{j1} \tag{6-28}$$

由于 x_1、x_2、…、x_n 有各自的量程范围,即 $x_1\in[l_1,\ r_1]$, $x_2\in[l_2,\ r_2]$, …, $x_n\in[l_n,\ r_n]$。当 $\partial f/\partial x_i$, $i=1$、2、…、n 连续时,多元函数 $G(x_1,\ x_2,\ \cdots,\ x_n)$ 为闭区间上的连续函数,必有最大值和最小值。设其最大值为 $G_{\max}(x_1,\ x_2,\ \cdots,\ x_n)$,则当

$$u(x_{1\mathrm{rms}})\leqslant\frac{u_{\mathrm{rms}}(y)}{\sqrt{\sum_{i=1}^{N}\left(\frac{\partial f}{\partial x_i}k_{i1}\right)^2+2\sum_{i=1}^{N-1}\sum_{j=i+1}^{N}\frac{\partial f}{\partial x_i}\frac{\partial f}{\partial x_j}r(x_i,\ x_j)k_{i1}k_{j1}}}\leqslant\frac{u(y_{\mathrm{rms}})}{\sqrt{G_{\max}(x_1,\ x_2,\ \cdots,\ x_n)}} \tag{6-29}$$

就可以满足式(6-27)。

再依据式(6-26)可以确定 I_2、I_3、…、I_n 的有效值测量不确定度 $u(x_{1\mathrm{rms}})$、$u_{\mathrm{r}}(x_{2\mathrm{rms}})$、…、$u_{\mathrm{r}}(x_{n\mathrm{rms}})$:

$$u_{I2}=k_{21}u_{I1};\ u_{I3}=k_{31}u_{I1};\ \cdots;\ u_{In}=k_{n1}u_{I1}\quad (k_{i1}<1,\ i=2,\ 3,\ \cdots,\ n) \tag{6-30}$$

用上述方法在确定了 n 个测量系统 I_1、I_2、…、I_n 的有效值测量不确定度 u_{I1}、u_{I2}、…、u_{In} 后,就可以依据动态间接测量不确定度分配方法确定每个直接测量中的传感器、信号调理器、ADC 和算法分配不确定度。

当测量 x_1、x_2、…、x_n 中的每一个对被测量 y 的影响“相当”时,可以按照“等不确定度”

原则，$u_{I1}=u_{I2}=\cdots=u_{In}$ 初步确定度系统 I_1、I_2、…、I_n 的不确定度，因而由上式可得

$$u(x_{1\text{rms}})\leqslant\frac{u(y_{\text{rms}})}{\sqrt{\sum_{i=1}^{N}\left(\frac{\partial f}{\partial x_i}\right)^2+2\sum_{i=1}^{N-1}\sum_{j=i+1}^{N}\frac{\partial f}{\partial x_i}\frac{\partial f}{\partial x_j}r(x_{i\text{rms}},\ x_{j\text{rms}})}}\leqslant\frac{u(y_{\text{rms}})}{\sqrt{G_{\max}(x_{1\text{rms}},\ x_{2\text{rms}},\ \cdots,\ x_{n\text{rms}})}}\qquad(6-31)$$

在确定 n 个检测系统 I_1、I_2、…、I_n 的不确定度 u_{I1}、u_{I2}、…、u_{In} 之后，可以按照 6.3.5 节的方法确定 n 个测量系统的传感器、信号调理器、ADC 和算法的测量不确定度。对于检测系统动态间接测量，其测量不确定度分配问题可以依据不确定度传播定律，对每一个系统测量有效值的不确定度进行分配。

6.3.6 检测系统硬件的确定

基于表 6 - 4～表 6 - 8 的模拟量、脉冲量和开关量的信息，根据其 6.3.5 节测量不确定度分配结果，可以依据图 6 - 17 完成检测系统硬件选型，包括传感器、信号调理器、ADC、计算机等。

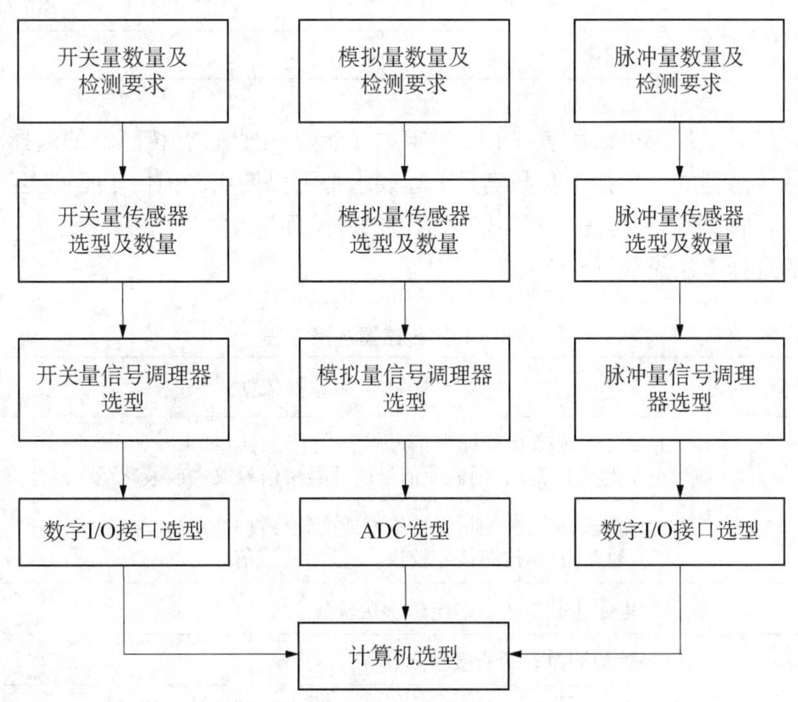

图 6 - 17 检测系统硬件选型方法

1）传感器的确定

传感器的选择需要确定其理论参数。传感器理论参数要根据表 6 - 4 和表 6 - 5 的系统的性能技术指标来确定，包括量程、静态指标（线性度、分辨力、迟滞、漂移、重复性、灵敏度、非线性度）和动态指标（幅频特性、相频特性），见表 6 - 12。依据这些指标首先确定每一个被测量所需要的传感器的类型和型号。

表 6-12 传感器技术参数确定

技术参数	直接测量量 i 技术指标	传感器的理论技术指标
量程	R_M^i	$R_T^i = k_r R_M^i$: $k_r = 1.2 \sim 1.5$
不确定度	u_M^i	$u_T^i = u_M^i$ 1/4
线性度	δ_{Mlin}^i	$\delta_{Tlin}^i = \delta_{lin}^i/4$
分辨力	δ_{Mres}^i	$\delta_{Tres}^n = \delta_{Mres}^i/4$
迟滞	δ_{Mlag}^i	$\delta_{Tlag}^i = \delta_{Mlag}^i$ 1/4
漂移	δ_{Mdri}^n	$\delta_{dri}^i = \delta_{Mdri}^n/4$
重复性	δ_{Mrea}^n	$\delta_{Trea}^n = \delta_{Mrea}^i$ 1/4
灵敏度	δ_{Mse}^n	$\delta_{Tse}^i = \delta_{Mse}^i$ 1/4
回程误差	δ_{hy}^1	$\delta_{hy}^1/4$
幅频特性	幅频特性 AFC_M^i	(1.5～2)AFC^1 频率范围
	幅值不确定度 u_{MAF}^i	$u_{AF}^1/4$
相频特性	相频特性 PFC_M^i	(1.5～2)PFC^1 频率范围
	不确定度 u_{MPF}^i	$u_{TPF}^i = u_{MPF}^i/4$

每一个直接测量量都可以用表 6-12 确定主要参数，由此进行传感器的选择。理论上，只要选择的实际传感器的主要技术参数满足上述要求都可以使用。但由于不同类型传感器的输出结果有差异，所以还需要考虑传感器输出信号的匹配问题。

传感器的选择方法见表 6-13。

表 6-13 传感器选择方法

技术指标	选择依据
量程	应尽可能选择具有标准信号输出的传感器，如 0～5 V、0～10 V、±5 V、4～20 mA；超出此范围，则需要信号调理器将信号放大或衰减至上述范围
信号类型	(1) 静态信号：被测量保持不变或变化缓慢的直流信号 (2) 动态信号：被测信号较快，一般为交流信号
测量环境	(1)电磁干扰较少；(2)电磁干扰较强
测量要求	(1)接触测量；(2)非接触测量
测量原理	根据上述要求参照表 6-2 和表 6-3 可以确定传感器的类型和型号

选用传感器时，应注意以下问题：

(1) 分辨率、精度、量程。传感器的分辨率和精度至少应比系统检测精度高一个数量级，以弥补各种误差和干扰对检测结果的影响。对于惯量较大的参量，应保证其正常变化范围在传感器量程 10%～90%内；对于惯量较小的参量，传感器的上限量程可取该参量正常变化值上限的 1.5 倍。

(2) 输出信号匹配。应尽量选择具有标准输出信号的传感器，即输出 4～20 mA 电流信号(传送距离>10 m)或 0～5 V、0～10 V 电压信号(传送距离≤10 m)，以便与计算机 I/O 接口信号相匹配,否则需要调理电路将传感器的输出信号变换成标准信号。

(3) 动态特性。根据被测信号的幅频和相频特性选择传感器,最好使被测信号的动态特性在传感器动态特性的前 1/3 范围内。

2) 信号调理器的选择

一旦每个传感器的幅值变换要求、幅频特性和相频特性等调理要求确定后,综合起来可以确定信号调理器的类型、通道数和增益,见表 6-14。

表 6-14 信号调理器的其他技术指标确定

项 目	说 明	备 注
类型	直流信号调理、交流信号调理或交直流两用信号调理器	取决于传感器的输出信号是直流还是交流;有些信号调理器通过切换开关或跳线可以完成交流/直流切换
增益	$G \geqslant 10/V_{\text{Tmin}}$	对于电压输出,V_{Tmin} 为所有传感器输出的最小电压信号值;如果传感器输出为 4～20 mA 电流信号,则可以串联一个 250 Ω 的标准电阻,将其变换成电压输出;ADC 一般要求输入标准信号,如 0～5 V、±5 V 或 0～10 V
通道数	$N \geqslant n+3$	n 为传感器的数量

如果传感器输出不是标准信号,则需要信号放大或衰减处理;当被测对象是动态信号或现场存在较强的电磁干扰时,则需要滤波处理;根据被测对象的频率特性可以选择低通、高通、带通和带阻模拟滤波器。

根据所有传感器的数量和信号调理要求,确定信号调理器的类型、通道数和增益,信号调理器的其他技术参数可以依据表 6-15 确定。

表 6-15 信号调理器主要技术参数确定

技术参数	传感器 i 技术指标	信号调理器的理论技术指标
量程	R_{T}^{i}	$R_{\text{SC}}^{i}=k_{\text{r}}R_{\text{T}}^{i}$; $k_{\text{r}}=1.2\sim1.5$
不确定度	u_{T}^{i}	$u_{\text{SC}}^{i}-u_{\text{T}}^{i}\ 1/4$
线性度	δ_{Tlin}^{i}	$\delta_{\text{SClin}}^{i}=\delta_{\text{lin}}^{i}/4$
分辨力	δ_{Tres}^{i}	$\delta_{\text{SCres}}^{n}=\delta_{\text{Tres}}^{i}/4$
迟滞	δ_{Tlag}^{i}	$\delta_{\text{SClag}}^{i}=\delta_{\text{SClag}}^{i}1/4$
漂移	δ_{Tdri}^{n}	$\delta_{\text{dri}}^{i}=\delta_{\text{Tdri}}^{n}/4$
重复性	δ_{Trea}^{n}	$\delta_{\text{SCrea}}^{n}=\delta_{\text{Trea}}^{i}\ 1/4$
灵敏度	δ_{Tse}^{n}	$\delta_{\text{SCse}}^{i}=\delta_{\text{Tse}}^{i}\ 1/4$
回程误差	δ_{hy}^{1}	$\delta_{\text{hy}}^{1}/4$
幅频特性	幅频特性 $\text{AFC}_{\text{T}}^{i}$	$\text{AFC}_{\text{SC}}^{i}=(1.5\sim2)\ \text{AFC}_{\text{T}}^{i}$ 频率范围
	幅值不确定度 u_{TAF}^{i}	$u_{\text{SCAF}}^{i}=u_{\text{TAF}}^{i}/4$
相频特性	相频特性 $\text{PFC}_{\text{T}}^{i}$	$\text{PFC}_{\text{SC}}^{i}=(1.5\sim2)\ \text{PFC}_{\text{T}}^{i}$ 频率范围
	不确定度 u_{TPF}^{i}	$u_{\text{SCPF}}^{i}=u_{\text{TPF}}^{i}/4$

依据表 6－14 和表 6－15 可以确定信号调理器的具体型号。

3）ADC 的选择

ADC 的选择主要依据技术指标，同时也要考虑成本因素。只要主要技术指标能满足测量要求，应尽可能选择成本低的 ADC。

(1) ADC 类型的选择。根据 AD 转换的具体技术要求可以确定 ADC 的类型，见表 6－16。

表 6－16　ADC 的类型及特点

技术指标	工作原理
积分型	将输入电压转换成时间（脉冲宽度信号）或频率（脉冲频率信号），然后由定时器/计数器获得数值。 其优点是用简单电路就能获得高分辨率，缺点是由于转换精度依赖于积分时间，因此转换速率极低
逐次比较型	由一个比较器和 DA 转换器通过逐次比较逻辑构成，从 MSB 开始，顺序地对每一位将输入电压与内置 DA 转换器输出进行比较，经 n 次比较而输出数值。其电路规模属于中等。 其优点是速度较高、功耗低，在低分辨率（<12 位）时价格低，但高精度（>12 位）时价格较高
并行比较型	采用多个比较器，仅做一次比较而实行转换，又称 FLash（快速）型。由于转换速率极高，n 位的转换需要 $2n-1$ 个比较器，因此电路规模大、价格也高，只适用于视频 AD 转换器等速度特别高的领域
串并行比较型	结构上介于并行比较型和逐次比较型之间，最典型的是由两个 $n/2$ 位的并行型 AD 转换器配合 DA 转换器组成，用两次比较实行转换，所以称为 Half Flash（半快速）型。还有分成三步或多步实现 AD 转换的，称为分级（Multistep/Subrangling）型 AD
Σ－Δ 调制型	由积分器、比较器、1 位 DA 转换器和数字滤波器等组成。原理上近似于积分型，将输入电压转换成时间（脉冲宽度）信号，用数字滤波器处理后得到数值
压频变换型	先将输入的模拟信号转换成频率，然后用计数器将频率转换成数值。其优点是分辨率高、功耗低、价格低

(2) ADC 技术参数确定。ADC 主要技术参数有量程、不确定度、信号极性、分辨率、带宽、最低有效位、带宽、采样率、采样保持、量化误差、微分线性度、增益误差、温度漂移、电源抑制比、信噪比、噪声系数、总谐波失真和无杂散动态范围，可依据表 6－17 的原则和方法逐一确定。

表 6－17　ADC 的主要技术参数确定

技术参数	技术指标	说　明
量程	R_{AD}^{i}	$R_{AD}^{i}=k_r R_{SC}^{i}$：$k_r=1.2\sim1.5$
不确定度	动态测量不确定度/静态测量不确定度	根据检测系统测量不确定度确定
通道数	$N_{AD}>N_{SC}$	设计阶段，一般应预留 15%
信号极性	单极性方式/极性方式	根据信号调理器输出信号是正电压、负电压或正负电压决定

(续表)

技术参数		技术指标	说　明
分辨率		8 位、9～12 位、13 位以上	8 位以下的 A/D 转换器称为低分辨率 A/D 转换器,9～12 位的称为中分辨率转换器,13 位以上的称为高分辨率转换器。10 位及以下 A/D 转换器误差较大,11 位以上对减小误差并无太多贡献
最低有效位		LSB$\Delta=R^{i}_{AD}/2^{n}$	
最高采样率	低通信号	$f_{max}>(5\sim10)N_{AD}f_{sinmax}$	被测信号频率范围:$0\sim f_{max}$; N_{AD} 为 ADC 通道数;f_{sinma} 为被测信号的最高频率
	带通信号	$f_{max}>(5\sim10)N_{AD}(f_{sigmin}-f_{sigmax})$	被测信号频率范围: $f_{sigmin}\sim f_{sigmax}$
带宽		$Bw_{ADC}>(5\sim10)Bw_{sig}$	Bw_{sig} 为被测信号带宽
采样保持		捕捉时间(TAC)、孔径时间(TAP)、保持建立时间(THS)、衰减率(DR)、传动误差	对于信号的变化幅度<LSB/1 的直流和变化缓慢的模拟信号,可不用采样保持器。对于其他模拟信号一般都要加采样保持器
量化误差		LSB/2	
微分线性度		DNL	高速采样时要考虑
增益误差			精密测量时尽可能选取较小值
温度漂移			工作环境温度变化大应尽可能选取较小的值
电源抑制比			工作环境高噪声应尽可能选取较小值
信噪比			工作环境高噪声应尽可能选取较小值
噪声系数			工作环境高噪声应尽可能选取较小值
总谐波失真			需要对信号进行频谱分析时尽可能小
无杂散动态范围			需要对信号进行频谱分析时尽可能小

对于表 6-17 中的低通信号和带通信号,其采样率的选取不同。根据奈奎斯特-香农采样定理,对于频率范围为 $0\sim f_{smax}$ 的低通信号,若采样率 $f_{sam}>2f_{smax}$,则不会出现混叠现象,即可以利用相等时间间隔取得的采样点数据,毫无失真地重建模拟信号波形。其原因可以从信号的时域和频域分析中得出。应该指出的是,工程上一般取 $f_{sam}\geqslant(5\sim10)f_{max}$,这是考虑到测量环境的电磁干扰,特别是高频干扰的影响。

(3) ADC 选择注意事项。

① 最高采样率。对于 n 通道 ADC,如果需要 n 个通道同时采样,为了避免出现混叠现象,其最高频率 f_{max} 和被测信号的最高频率 f_{Omax} 之间应满足以下关系:

$$f_{max}\geqslant(5\sim8)nf_{Omax} \tag{6-32}$$

② 分辨率、分辨力、码宽。分辨率是指 ADC 用来显示模拟信号的位数,位数为 m 的 ADC 表示的二进制的数量为 2^{m}。设 ADC 的增益为 G,当 ADC 输入信号电压由 $U=0$ 增大到满量程 $U=U_H$($U\leqslant U_H$,A 为 ADC 能量化的模拟信号输入范围)时,相邻的两个量化级之间的电

压变化 B（码宽）为

$$B=\frac{U_{\mathrm{H}}}{G\cdot 2^{m}} \tag{6-33}$$

ADC 分辨力 1LSB=B。选用高增益会缩小码宽，从而提高分辨率，但是 ADC 输入电压会降低为 U_{H}/G。

③ 精度。精度用 ADC 的量化误差 e 表示：

$$e=\frac{1}{2}1\mathrm{LSB} \tag{6-34}$$

④ 采样率的确定。对于表 6-17 中的低通信号和带通信号，其采样率的选取不同。根据奈奎斯特-香农采样定理，对于频率范围为 0～$f_{s\max}$ 的低通信号，若采样率 $f_{\mathrm{sam}}>2f_{\mathrm{smax}}$，则不会出现混叠现象，即可以利用相等时间间隔取得的采样点数据，毫无失真地重建模拟信号波形。其原因可以从信号的时域和频域分析中得出。

对于频率范围为 0～$f_{\max}$ 的低通信号 $x(t)$，其频谱如图 6-18 所示。

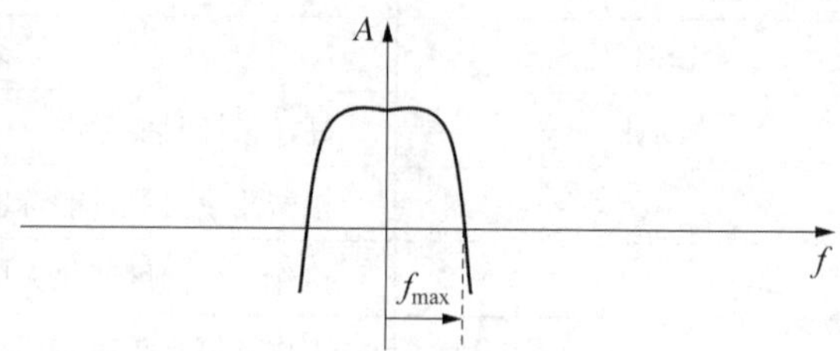

(a) 带通信号频谱图

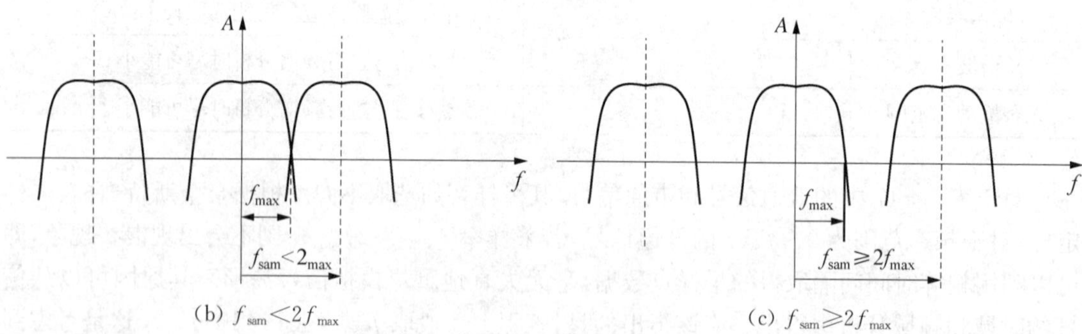

(b) $f_{\mathrm{sam}}<2f_{\max}$　　(c) $f_{\mathrm{sam}}\geqslant 2f_{\max}$

图 6-18　带限信号及采样频谱图

信号的 $x(t)$ 的频谱可以由傅里叶变换获得，即

$$\left.\begin{aligned} x(t)&=\frac{1}{2\pi}\int_{-\infty}^{+\infty}X(j\omega)\mathrm{e}^{j\omega t}\,\mathrm{d}\omega \\ X(j\omega)&=\int_{-\infty}^{+\infty}x(t)\mathrm{e}^{-j\omega t}\,\mathrm{d}t \end{aligned}\right\} \tag{6-35}$$

设采样周期为 T_{sa}，采样频率 $S_{\mathrm{sma}}=1/T_{\mathrm{sam}}$，则采样信号为 $y(t)=x(t+nT_{\mathrm{sam}})$。根据傅里叶变换，采样信号 $y(t)$ 的频谱 $Y(j\omega)$ 为

$$Y(j\omega)=\int_{-\infty}^{+\infty}x(t+nT_{\text{sam}})\mathrm{e}^{-j\omega t}\mathrm{d}t \tag{6-36}$$

令：$t+nT_{\text{sam}}=u$，代入式(6-36)可得

$$\begin{aligned}Y(j\omega)&=\int_{-\infty}^{+\infty}x(u)\mathrm{e}^{-j\omega(u-nT_{\text{sa}})}\mathrm{d}u=\int_{-\infty}^{+\infty}x(u)\mathrm{e}^{-j\omega u}\mathrm{d}u=\int_{-\infty}^{+\infty}x(u)\mathrm{e}^{-j\omega u+jn\omega T_{\text{sam}}}\mathrm{d}u\\&=\int_{-\infty}^{+\infty}\mathrm{e}^{jnT_{\text{sam}}}x(u)\mathrm{e}^{-j\omega u+jnT_{\text{sam}}}\mathrm{d}u=\mathrm{e}^{jnT_{\text{sam}}}\int_{-\infty}^{+\infty}x(u)\mathrm{e}^{-j\omega u}\mathrm{d}u\\&=\mathrm{e}^{j\frac{n\omega}{S_{\text{sam}}}}\int_{-\infty}^{+\infty}x(u)\mathrm{e}^{-j\omega u}\mathrm{d}u\end{aligned} \tag{6-37}$$

$$\begin{aligned}Y[j(\omega+k\omega_{\text{sa}})]&=Y[j(\omega+k\times2\pi S_{\text{sa}})]\\&=\mathrm{e}^{j\frac{n(\omega+2k\pi S_{\text{sam}})}{S_{\text{sam}}}}\int_{-\infty}^{+\infty}x(u)\mathrm{e}^{-(\omega+2k\pi S_{\text{sam}})u}\mathrm{d}u=Y(j\omega)\end{aligned} \tag{6-38}$$

由式(6-37)可知，采样信号 $y(t)$ 的频谱是以采样圆频率 $\omega_{\text{sam}}=2\pi S_{\text{sam}}$ 为周期的函数，也是以采样率 S_{sam} 为周期的函数。此外，对比式(6-35)和式(6-38)可知，采样信号 $y(t)=x(t+nT_{\text{sam}})$ 的频谱与被测信号 $x(t)$ 频谱相比，只是幅值大小按比例改变，形状则是一致的。由这两条结论可知，采样信号的 $y(t)$ 的频谱图如图6-18b、c所示，它是以采样率 S_{a} 为周期的函数，其形状与图6-18a相同，只是幅值大小不同。

对于带通信号 $x=x(t)$，设其频率范围为 $f_{\min}\sim f_{\max}$，带宽 $Bd=f_{\max}-f_{\min}$ 其频谱如图6-19所示。采样信号 $y(t)=x(t+nT_{\text{sam}})$ 的频谱是以采样圆频率 $\omega_{\text{sam}}=2\pi S_{\text{sam}}$ 为周期的函数，也是以采样率 S_{sam} 为周期的函数。采样信号 $y(t)=x(t+nT_{\text{sam}})$ 的频谱与被测信号 $x(t)$ 频谱相比，只是幅值大小按比例改变，形状则是一致的。

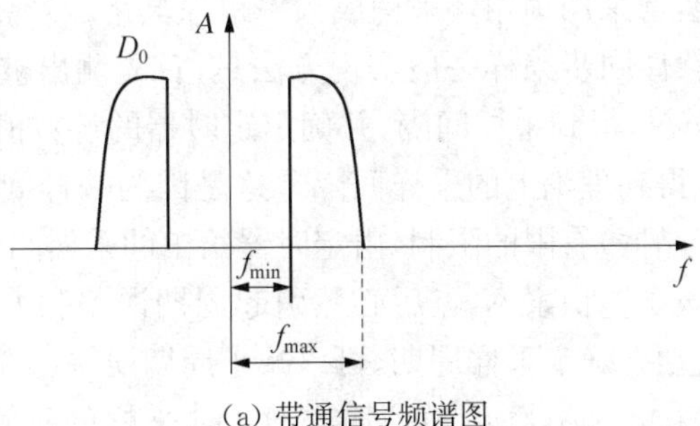

(a) 带通信号频谱图

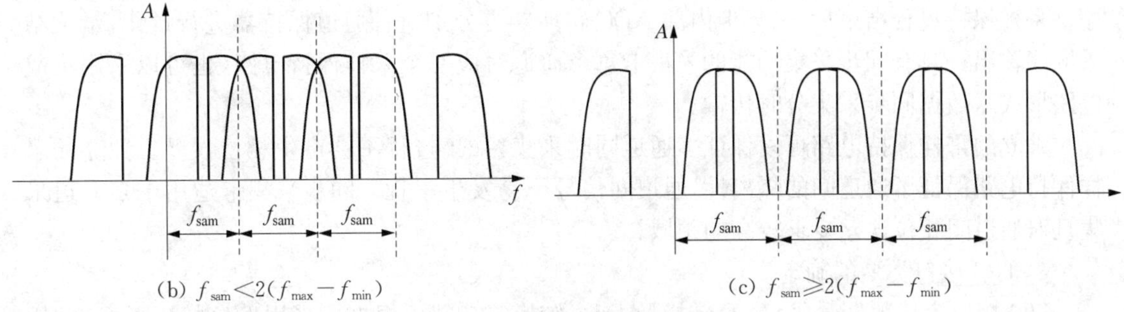

(b) $f_{\text{sam}}<2(f_{\max}-f_{\min})$　　(c) $f_{\text{sam}}\geqslant2(f_{\max}-f_{\min})$

图6-19　带通信号及采样频谱图

当采样频率 f_{sam} 和信号带宽满足 $f_{sam} \geqslant 2(f_{smax} - f_{smin})$ 时，采样信号的频谱不出现重叠，不会发生“混叠”现象。采样信号可以利用带通滤波器还原。

应该指出的是，工程上一般取 $f_{sam} \geqslant (5 \sim 8) f_{max}$，这是考虑到测量环境的电磁干扰，特别是高频干扰的影响。

(4) ADC 选型时的其他因素。依据表 6－17 中的主要技术参数选择 ADC。此外，还要考虑 ADC 的类型、驱动程序类型及成本因素，见表 6－18。

表 6－18 ADC 选择需要考虑的其他因素

驱动程序类型	应用程序类型	成本
Windows、Linux、Mac OS 等	C 语言、C++、VB、LabVIEW、Agilent VEE 等	购置成本、应用程序开发成本
用户要求使用的操作系统类型	开发人员熟悉的高级语言类型	要综合考虑系统总成本约束及系统应用程序开发成本

(5) 同步采样和实时采样。同步采样也称为跟踪采样，即为了使采样频率 f_s 始终与系统实际运行的频率 f_r 保持固定的比例关系 $N = f_s / f_r$，必须使采样频率随系统运行频率的变化而实时地调整。这种同步采样方式实施的技术保障可利用硬件测频设备或软件计算频率的方法来配合实现，区别于异步采样。

① 硬件同步采样。硬件同步采样法在采样计算法发展的初期被普遍采用。理论上只要严格满足 $T = N \cdot T_s$ 且 $N > 2M$(M 为被测信号最高次谐波次数)，用同步采样法就不存在测量方法上的误差。当采样频率和信号基频不同步时，模拟信号用离散信号代替会出现泄漏误差。在对某些系统中包含有多次谐波分量的电压和电流周期信号进行测试分析时，泄漏是造成误差的主要来源。为此，常采用锁相环来构成频率跟踪电路，实现同步等间隔采样。

② 软件同步采样。软件同步采样一般实现方法是：首先测出被测信号的周期 T，用该周期除以一周期内采样点数 N，得到采样间隔，并确定定时器的计数值，用定时中断方式实现同步采样。用软件方法很难得到理论上的采样间隔。这是因为采样间隔由计算机定时器控制，受其时钟周期 T_d(取决于晶振)有限的限制，由定时器给出的采样间隔与理论计算所得采样值相比会存在着截断误差，该误差积累 N 点后必然引起周期误差和方法误差。因此，在采样过程中修改定时器的计数值动态确定采样周期，可以减小周期误差、提高准确度。

(6) 同时采集与分时采集。ADC 的模拟输入通道从采样的时间角度可以分为同时采集和分时采集。同时采集是指采集卡同时采样和保持多通道模拟电压，采样过程不区分先后顺序。采样保持过程结束后，采集卡内部 ADC 转换器再分别对各通道保持器进行量化，量化结果顺序输出。具有同步采集功能的采集卡每个通道对应一个采样保持电路(也可以采用集成电路形式)，数据同步采集分时传输。

独立的采样保持电路可以保证多通道同时采集，采集过程不会产生相位误差。独立的采样保持电路保证了通道间的隔离性，通道间信号不易发生串扰。同步采集卡适用于多通道采集且对通道间相位误差要求较高的领域。

4) I/O 接口类型的确定

I/O 接口完成数据采集、A/D 转换及 D/A 转换等功能。根据所采用 I/O 接口类型，常用的接口类型分为 PC 机总线测量系统、GPIB 总线测量、VXI 总线测量、PXI 总线测量系统、

Serial Port 总线测量系统和 Field 总线测量系统 6 种类型。

5）计算机的确定

测量用的计算机主要有普通 PC 机、工控机和专用计算机 3 种类型，其选择依据见表 6 - 19。

表 6 - 19　测量用计算机

计算机类型	应用场合	说　明
普通 PC 机	测量环境中电磁干扰较少	机箱无屏蔽，成本较低
工控机	测量环境中电磁干扰较严重	机箱有屏蔽，成本高
专用计算机	测量环境中电磁干扰较严重、测量对象较多、数据处理量较大	成本较高，具有专用的测控总线和专用的机箱，如 VXI 总线和 PXI 总线及其机箱

6.3.7　检测算法设计

充分利用计算机的运算和数据处理功能的优势，完善监测系统功能。首先要建立被测信号进入计算机的通道，也称数据采集链路；之后，根据被测对象的测量要求和测量算法，建立数据处理和显示的链路。

1）软件结构方案设计

检测系统软件结构设计是软件设计的第一步，其目标是根据测量系统的功能、相关硬件的类型和功能，确定其体系结构。为此，可以利用模块化设计的思路和方法完成检测系统软件的结构化设计，以便于编程和日后功能扩充。

检测系统软件的主要功能包括用户界面、信号采集、信号处理、测量结果输出 4 种类型，它们可以作为软件的四个模块，其功能见表 6 - 20。

表 6 - 20　检测系统软件功能划分

功能类型		功能定义
用户界面		在计算机屏幕上显示的虚拟的“测量系统面板”。该面板上提供测量系统运行所需要输入的参数、测量系统功能按钮，如开关指示器、波形显示控件等。用户通过鼠标操作测量系统，与传统测量系统的“测量系统面板”相似
信号采集		(1) 确定被测信号从某一个传感器经过信号调理器后，经过 ADC 进入计算机的虚拟通道；有物理通道和虚拟通道形成检测系统的数据链路 (2) 确定进入 ADC 的模拟信号区间＝$[V_{min}, V_{max}]$ (3) 按照设定的采样率完成信号采集 (4) 完成 A/D 转换功能
信号处理		(1) 实现软件滤波(数字滤波)功能 (2) 测量模型计算：基于采样数据，利用直接测量和间接测量模型实现测量值的计算
测量结果输出	结果显示	对测量结果以波形图、统计图表、数值等方式进行显示
	测量报告	根据测量系统功能，提供完整的测量报告，包括测量对象、测量条件、测量结果量值及测量不确定度等
	结果存储	对测量结果以一定的数据格式将其存储在本地计算机或其他存储介质里

检测系统的优势在于软件，它是充分利用了计算机的运算和数据处理功能优势实现的。图 6-20 所示为检测系统的信号采集、信号处理、测量结果输出、测量结果存储功能与 ADC 及计算机的控制器、运算器、主存(内存)等的关系。

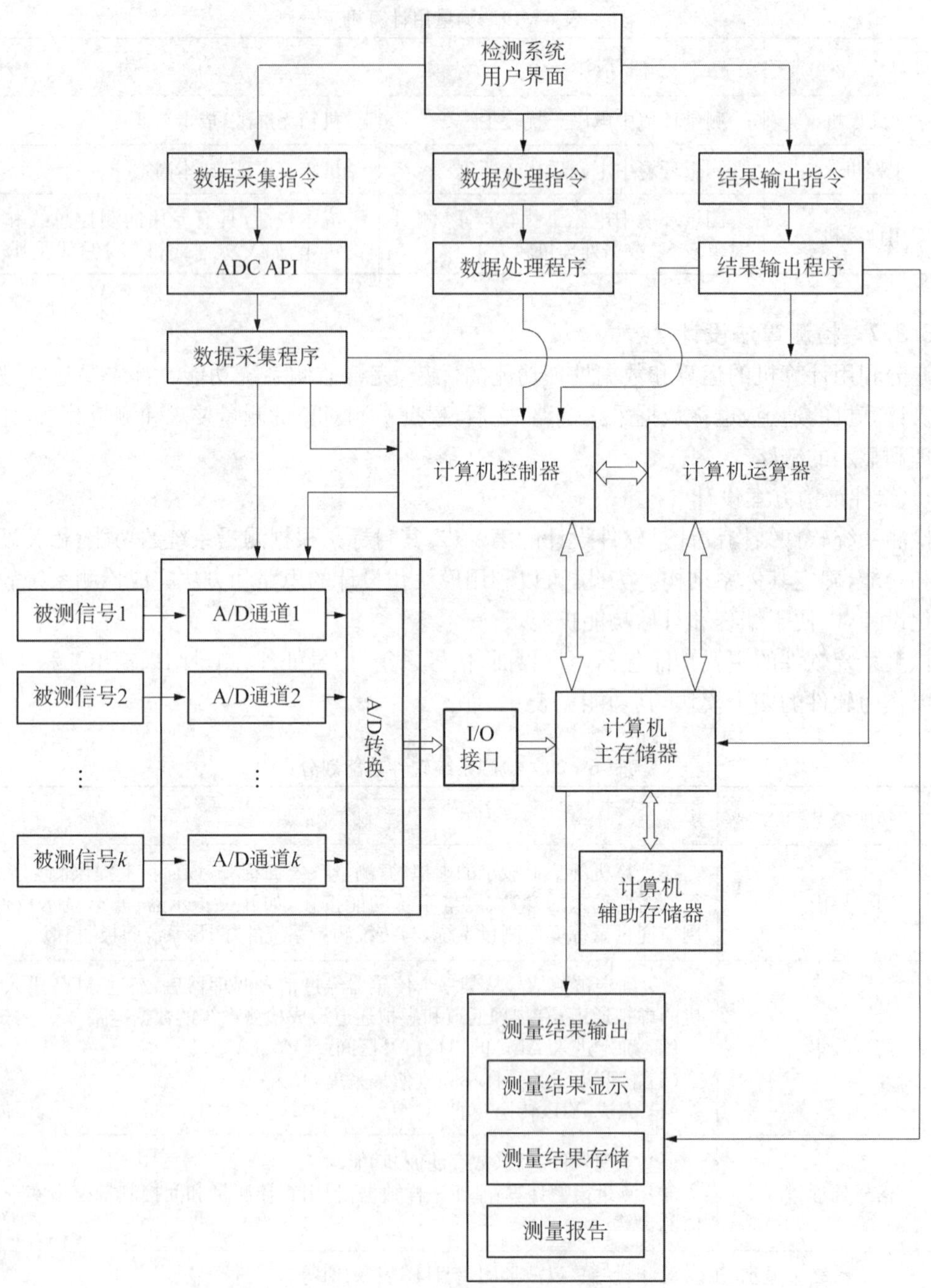

图 6-20 检测系统软件功能模块

高级语言如 C 语言、Berland C++、Visual C++、VB、LabVIEW 会提供图形用户界面 GUI(graphical user interface)，它以图形的形式提供了一种人与计算机交互的方式。图形用户界面允许用户使用鼠标等输入设备操纵屏幕上的图标或菜单选项，以选择命令、调用文件、启动程序或执行其他任务。图形用户界面一般包括窗口、下拉菜单、对话框及其相应的控制机制，用户启动和控制 ADC 完成 A/D 功能就是通过图形用户界面实现的。

2）相关算法的确定

检测系统中软件模块中信号处理是最核心的模块，它的功能包括软件滤波和测量模型计算。其中，软件滤波已有成熟的设计方法，而测量模型计算则取决于具体的测量要求。

（1）软件滤波算法。软件滤波由数字滤波器完成，数字滤波器也有低通、高通、带通、带阻和全通等类型。数字滤波器是由数字乘法器、加法器和延时单元组成的一种算法或装置。数字滤波器的功能是对输入离散信号的数字代码进行运算处理，以达到改变信号频谱的目的。数字滤波器目前也有较为成熟的设计方法。作为检测系统开发，数字滤波器可以根据滤波要求选用成熟的算法来实现，如算术平均滤波和移动平均滤波算法。

（2）检测模型算法。测量模型是根据测量要求建立起来的数学模型，其种类也较多，一般可以分为量值获得模型、特征信息提取模型、统计分析模型三类，它们的特点见表 6-21。

表 6-21　测量模型分类

<table>
<tr><th colspan="2">测量模型类型</th><th colspan="2">定义</th><th>模型表达式</th></tr>
<tr><td colspan="2" rowspan="4">量值获得模型</td><td rowspan="2">根据传感器的测量结果确定被测量的值的大小</td><td>直接测量</td><td>$y = x$</td></tr>
<tr><td>间接测量</td><td>$y = f(x_1, x_2, \cdots, x_n)$</td></tr>
<tr><td rowspan="2">测量不确定度分析</td><td>直接测量</td><td rowspan="2">根据测量不确定度 B 类评定方法确定</td></tr>
<tr><td>间接测量</td></tr>
<tr><td rowspan="3">特征信息提取模型</td><td>时域分析</td><td colspan="2">波形参数：幅值、频率、相位</td><td></td></tr>
<tr><td>频域分析</td><td colspan="2">傅里叶变换(FSC)/离散傅里叶变换(DFSC)</td><td>$F(\omega) = \int_{-\infty}^{+\infty} f(t) e^{-j\omega t} dt$
$f(t) = \frac{1}{2\pi}\int_{-\infty}^{+\infty} F(\omega) e^{j\omega t} d\omega$</td></tr>
<tr><td>时频域分析</td><td colspan="2">小波变换(WSC)/离散小波变换(DWSC)</td><td>$WT(a, \tau) = \frac{1}{\sqrt{a}}\int_{-\infty}^{+\infty} f(t) * \Psi\left(\frac{t-\tau}{a}\right) dt$</td></tr>
<tr><td rowspan="3">统计分析模型</td><td>参数分析</td><td colspan="2">均值 μ_x、方差 σ_x^2、均方值 ψ_x^2、标准差 σ_x 估计值</td><td>$\hat{\mu}_x = \frac{1}{T}\int_0^T x(t) dt$；$\hat{\sigma}_x^2 = \frac{1}{T}\int_0^T [x(t) - \mu_x]^2 dt$
$\hat{\psi}_x^2 = \frac{1}{T}\int_0^T x(t)^2 dt$</td></tr>
<tr><td>自相关分析</td><td colspan="2">自相关函数、相关系数</td><td>$R_f(\tau) = \int_{-\infty}^{+\infty} x(t)x(t-\tau) dt$
$\rho_{xx}(\tau) = \frac{\int_{-\infty}^{+\infty} x(t)x(t-\tau) dt}{\int_{-\infty}^{+\infty} x^2(t) dt}$</td></tr>
<tr><td>互相关分析</td><td colspan="2">互相关函数、相关系数</td><td>$R_{xy}(\tau) = \int_{-\infty}^{+\infty} x(t)y(t-\tau) d\tau$
$\rho_{xy}(\tau) = \frac{\int_{-\infty}^{+\infty} x(t)x(t-\tau) d\tau}{\left[\int_{-\infty}^{+\infty} x^2(t) dt \int_{-\infty}^{+\infty} y^2(t) dt\right]^{1/2}}$</td></tr>
</table>

3）结果输出算法

被测量经过 A/D 转换后成为数值，进入计算机内存，这些数据是以“数组”的形式存在，依据测量模型对这些采样数组进行处理，最后以一定的结果输出。测量结果分为图形数据输出和非图形数据输出。图形数据有波形图、频谱图、统计图等；非图形类测量结果输出有测量结果报告（含统计数据、结果分析）等。非图形数据输出有静态图形数据和动态图形数据输出两种。

（1）非图形数据输出算法。非图形输出是指按照测量算法，如电压测量、温度测量算法、幅值谱和相位谱计算方法，经过运算直接输出每一个被测参数的测量值及其测量不确定度。需要测量数据的输出文件格式。

（2）静态非波形图输出算法。利用软件控件显示被测参数及处理结果。

（3）波形图输出算法。对于连续时间信号 $x(t)$，设采样周期为 T_{sam}，其采样数据为离散的序列：$x[0]=x(0)$、$x[1]=x(T_{sam})$、$x[2]=x(2T_{sam})$、…、$x[n]=x(nT_{sam})$；如何利用采样数重建原始信号是一个根本问题。假定采样满足奈奎斯特-香浓采样定理，理论上可以利用低通滤波器“还原”原始信号 $x(t)$。这个问题就是重建波形 $y(t)$ 的问题。采样信号的重建是通过“插值运算”实现的。根据信号处理理论，由采样 $x[n]$ 序列可以得到连续时间信号 $y(t)$ 为

$$y(t)=\sum_{n=-\infty}^{\infty}x[n]\frac{\sin[\pi(t-nT_{sam})/T_{sam}]}{\pi(t-nT_{sam})/T_{sam}} \tag{6-39}$$

当采样序列 $x[n]$ 为无穷时，理论上可以由式（6-39）完全真实地恢复“原始信号”$x(t)$。实际上采样点不可能为无穷，这就意味着有有限个采样信号通过插值运算得到的连续信号 $y(t)$ 与原始信号 $x(t)$ 不完全一致。式（6-39）中，在采样点 $t=kT_{sam}$，$y(kT_{sam})=x[n]$；而在非采样点，即当 $t\neq kT_{sam}$ 时，重建的信号 $y(t)$ 与原始信号 $x(t)$ 一定有偏差。式（6-39）为获得连续波形提供了理论依据。数字式示波器就是基于上述原理制作而成。对于同一个被测信号 $x(t)$，不同厂家的数字示波器所显示的波形有差异，这是由于不同厂家采用了不同的插值算法，但都是基于式（6-39）的信号重建原理。

利用软件在计算上显示连续波形的算法如图 6-21 所示。

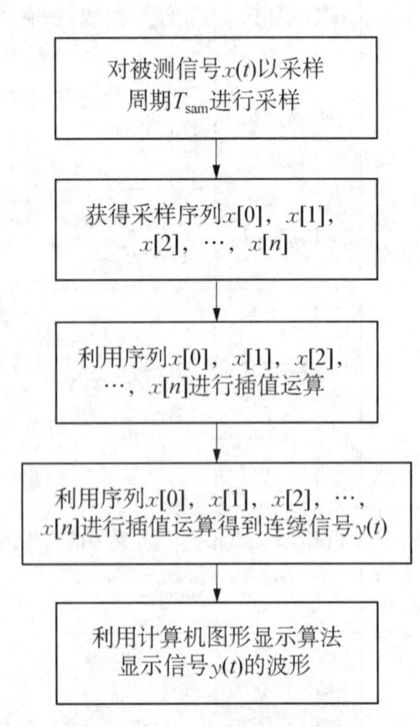

图 6-21　由采样信号重建信号波形的算法

高级语言如 C 语言、C++、VB、LabVIEW 等一般都提供图形显示控件，它利用计算机图形显示算法实现波形的显示，用户只要按照其设置相关图形参数，如坐标轴名称、刻度、坐标点数等，再按照控件调用函数的说明，实现采样数据的波形显示功能。

4）总算法流程图

检测系统测量总算法包括了完成测量系统中的信号采集、信号处理和结果输出模块运行。常用的检查算法如图 6-22 所示。

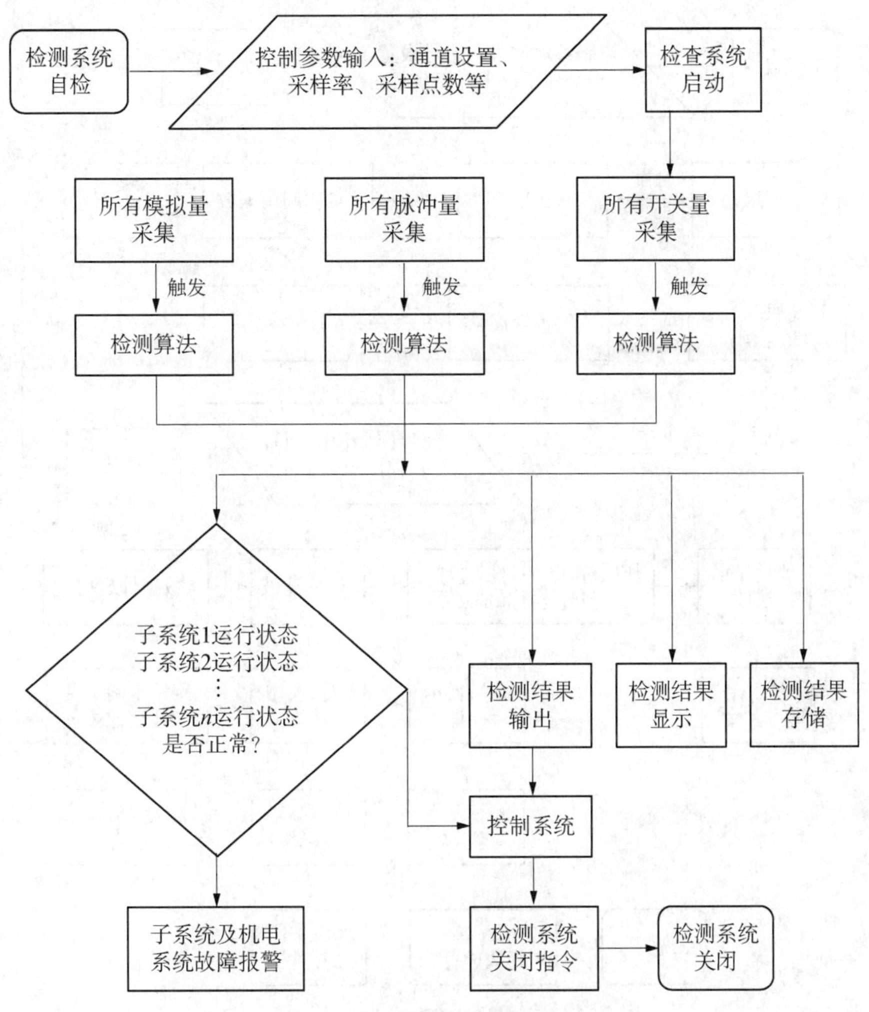

图 6 - 22　检测系统测量总算法

模拟量的检测算法如图 6 - 23 所示。

控制测量功能模块、数据处理模块、显示模块、存储模块也由顺序结构、选择(分支)结构和循环结构这三种基本结构组成。

"事件"和"触发"是测量系统程序有序运行的保障。"事件"是指程序运行中的某一"行为",如点击计算机桌面上的控件"按钮"的行为、某一程序运行结束的"标识"等。而"触发"是指由某一"事件"的发生作为"依据",开始运行其他程序,如软件程序检测到"测量系统运行按钮"被点击这一事件后,去调用模数转换器(ADC)的动态链接库,从而启动 ADC;测量系统开机自检时发现错误报警,也是一种事件。算法中的"事件"和"触发"实际上决定了软件的控制流和数据流,其中控制流是指为完成数据采集、处理和结果显示而发出的"指令集",即程序的运行时序;数据流是指被测信号从传感器、ADC 进入计算机内存,以及数据在程序内和程序之间的流向。

6.3.8　操作系统类型的选择

检测系统是基于计算机的系统。检测系统中的设备驱动、运行的运行控制、数据处理、结

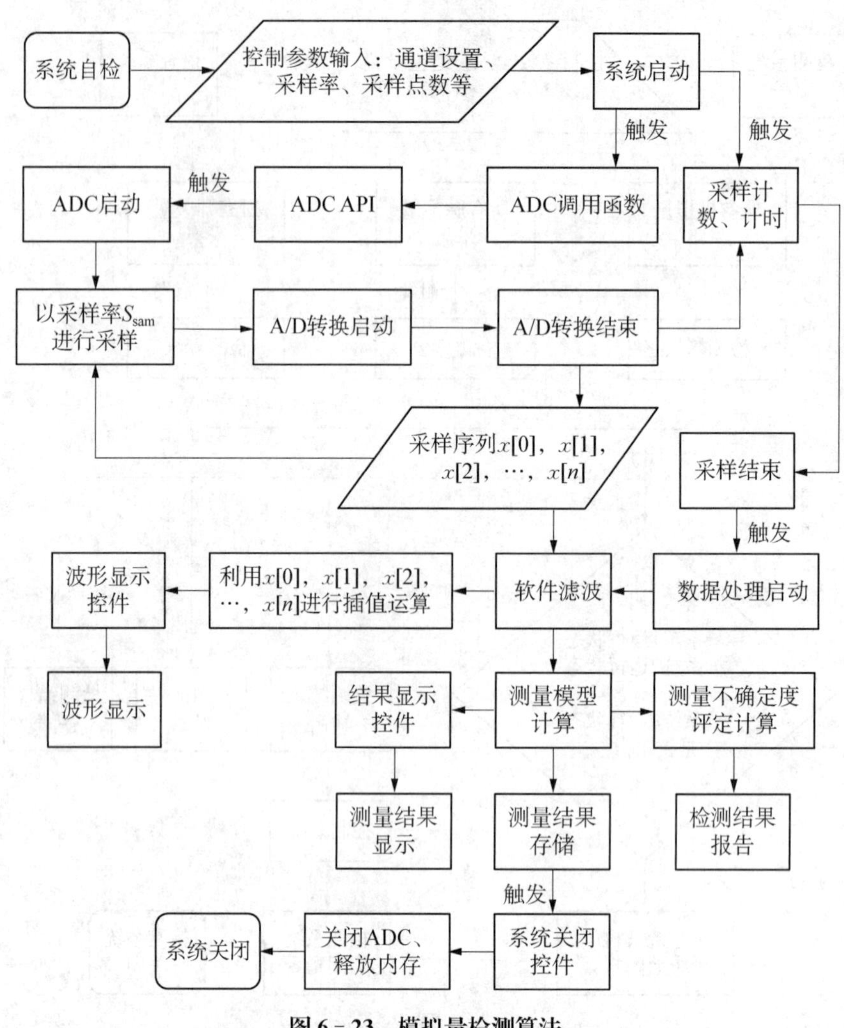

图 6-23　模拟量检测算法

果显示和数据输出都要依赖操作系统，因此，要开发检测系统，了解操作系统的功能和运行机制是必须的。

操作系统位于底层硬件与用户之间的桥梁。用户可以通过操作系统的用户界面，输入命令。操作系统则对命令进行解释，然后驱动硬件设备、实现用户要求。一个标准 PC 机操作系统应该提供以下功能：进程管理、内存管理、文件系统、用户界面、驱动程序。工控领域常用的操作系统主要包括 Windows、Linux 和 MacOS(苹果操作系统)。操作系统的选择依据见表 6-22。

表 6-22　检测系统开发操作系统选择依据

硬件驱动程序支持的操作系统类型	产品应用环境及要求
检测系统的主要硬件，如数据采集卡、运动控制卡等在什么类型的操作系统下有驱动程序，即支持什么类型的操作系统	(1) 最终用户对操作系统的要求 (2) 与检测系统相连的其他设备的操作系统类型

6.3.9 应用程序开发平台的选择

在获得优化的检测系统体系结构后可以实施编程，即将其“翻译”成应用程序。这时会面临开发平台的选择问题。理论上任何一种程序设计语言均可用来开发检测系统，但它们的开发效率不同。目前的检测系统开发平台可分为通用平台和专用平台，前者包括 C 语言、C++等开发平台，后者包括 LabVIEW、HPVEE 等。一般市场上提供的板卡都提供基于 C 语言的驱动程序、应用程序及其接口，因此都可以用 C 语言或 C++进行开发。此时需要开发人员在熟悉操作系统(如 Windows)的运行机制及计算机原理的前提下，利用 C 语言或 C++开发检测系统面板，并利用面板上定义的控件调用板卡的驱动程序，调用应用程序函数，从而启动板卡工作，并指示采集装置将采集到的数据读入计算机内存，之后用户利用自己开发应用程序从内存中读取采集数据，并进行相应的处理。采用专用的检测系统开发平台(如 LabVIEW、HPVEE)时，因为采用图形化开发环境，提供了数据采集、数据处理和数据显示 3 个模块，因此简化了测量系统开发过程。

检测系统中的软件的功能包括：提供测量系统用户界面、以软件实现传统测量系统中的部分硬件功能、相关设备的驱动程序设计及检测系统应用程序开发。要实现上述功能，需要检测系统开发平台。理论上，任何一种高级语言都可以作为检测系统开发平台，但它们之间还是有一定差异。常用的检测系统开发语言见表 6-23。

表 6-23 检测系统开发语言特点

检测系统开发语言		特点	集成开发环境
通用高级语言	VB	(1) 可视化的设计平台：按设计的要求，用系统提供的工具在屏幕上“画出”各种对象，VB 能自动产生界面设计代码 (2) 面向对象的设计方法：采用面向对象的编程方法，把程序和数据封装起来作为一个对象，并为每个对象赋予相应的属性 (3) 事件驱动的编程机制：通过事件来执行对象的操作。在设计应用程序的时候，不必建立具有明显开始和结束的程序，而是编写若干个微小的子程序 (4) 结构化的设计语言：在结构化的 BASIC 语言基础上发展起来，加上了面向对象的设计方法，因此是更出色的结构化程序设计语言 (5) 充分利用 Windows 资源：提供的动态数据交换编程技术，实现与其他 Windows 应用程序建立动态数据库交换；提供的对象链接与嵌入将不同的对象链接起来，嵌入某个应用程序中；通过动态链接库技术将 C 语言/C++或汇编语言编写的程序加入 VB 应用程序中，或者调用 Windows 应用程序接口函数，实现 SDK 所具有的功能 (6) 数据库功能与网络支持：可以管理 MS Access 格式的数据库，还能访问其他外部数据库。VB 还提供了开放式数据连接功能，可以通过直接访问或建立连接的方式，使用并操作后台大型网络数据库，如 SQL Sever、Oracle 等	VB

（续表）

检测系统开发语言		特点	集成开发环境
通用高级语言	C语言	（1）语言简洁、紧凑，使用方便灵活 （2）运算符丰富 （3）数据类型丰富，具有现代语言的各种数据结构 （4）具有结构化的控制语句 （5）语法限制不严格，程序设计自由度大 （6）C语言允许直接访问物理地址，能进行位(biSC)操作，能实现汇编语言的大部分功能，可以直接对硬件进行操作等	SCurboc；kDevelop；AnjuSCa；Code Blocks；Ideone；Compilr 等
	C++	（1）C++是C语言的超集，其既保持C语言的简洁、高效和接近汇编语言等特点，又克服了C语言的缺点 （2）C++保持了与C语言的兼容。大多数C语言程序可以不经修改直接在C++环境中运行，用C语言编写的众多库函数可以用于C++程序中 （3）支持面向对象程序设计的特征。C++既支持面向过程的程序设计，又支持面向对象的程序设计 （4）C++在可重用性、可扩充性、可维护性和可靠性等方面都较C语言得到了提高 （5）C++设计成静态类型和C语言同样高效且可移植的多用途程序设计语言 （6）C++设计成直接、广泛支援多种程序设计风格(程序化程序设计、资料抽象化、面向对象程序设计、泛型程序设计)等	Visual C++、Borland C++；GCC；
	Delphi	（1）直接编译生成可执行代码，编译速度快 （2）支持将存取规则分别交给客户机或服务器处理的两种方案，而且允许开发人员建立一个简单的部件或部件集合，封装起所有的规则，并独立于服务器和客户机 （3）提供了快速开发方法，使开发人员能用尽可能少的重复性工作完成各种不同的应用 （4）具有强大的数据存取功能 （5）拥有强大的网络开发能力等	
专用开发平台	LabVIEW	图形化编程语言，有数据采集、运动控制、信号处理、图形显示的专门模块；应用程序开发效率高	LabVIEW
	AgilenSC VEE	图形化编程语言，有数据采集、运动控制、信号处理、图形显示的专门模块；应用程序开发效率高	AgilenSC VEE

常用的桌面应用程序开发框架包括 MFC、QT，其特点见表 6－24。

6.3.10 检测系统运行时序的确定

检测系统从启动到测量结束的整个过程中，信号采集、信号处理和结果输出 3 个模块的运行必须有序，而且要满足逻辑上的关系。这种顺序和逻辑上的关系可以通过时序图来表达，如图 6－24 所示。

表 6-24 应用程序开发平台

开发平台	适用操作系统	特　点
MFC	Windows	MFC 是一个微软公司提供的类库，以 C++类的形式封装了 Windows API，并且包含一个应用程序框架，以减少应用程序开发人员的工作量；类中包含大量 Windows 句柄封装类和很多 Windows 的内建控件和组件的封装类；不支持跨平台
QT	Windows、Linux、Mac OS	QT 是面向对象的框架，使用特殊的代码生成扩展及一些宏，易于扩展，允许组件编程；支持跨平台

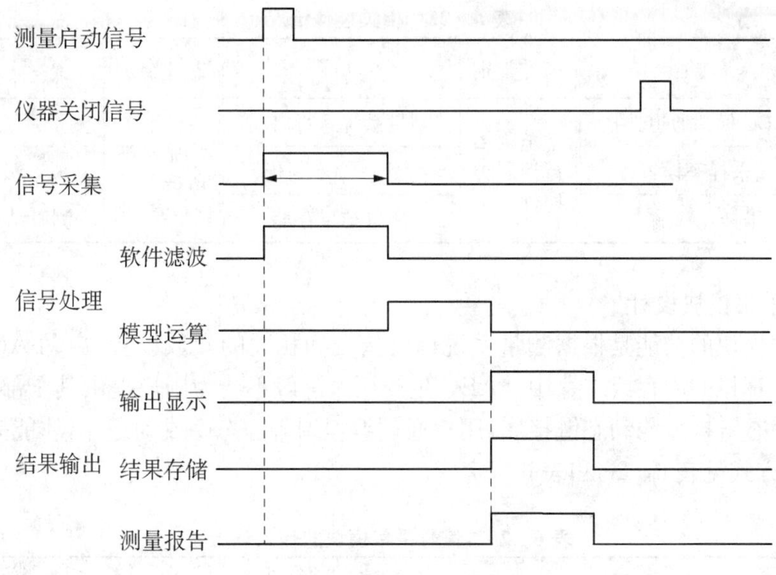

图 6-24 检测系统运行时序图

利用时序图可以确定各个模块运行的触发信号是什么类型及在什么时间发出，从而为每个模块程序运行提供依据和基准。

6.3.11 应用程序开发方法

检测系统开发应采用模块化的设计思路，即将检测系统的开发分成数据采集模块、数据处理模块、测量系统控制模块及数据显示模块 4 个模块，以便于代码重复使用。检测系统开发涉及相关类型的控件，也包括数据采集卡、运动控制卡等相关硬件的驱动程序；信号处理模板提供频域、时域的信号发生和处理控件；确定与其他高级语言接口。检测系统软件结构可以利用顺序控制、循环控制、局部变量和全局变量、数值运算和逻辑运算等控件进行组合。

开发桌面应用程序包括用户界面、计算机外围硬件控制和输出结果等，势必涉及外围设备的访问、计算机内部的运行机制(包括数据流和信息流)和软件编程。检测系统本质上是一种桌面应用程序，本质上它要解决传感器的信号进入计算机和测量结果输出的问题。做这样的应用程序开发，需要解决的问题包括外硬件(如数据采集卡)的控制、用户界面开发、测量模型计算和测量结果输出等方面。由于外围硬件是运行在某一操作系统下，所以需要了解操作系统的运行机制；外围硬件为用户提供某些高语言如 C 语言或 C++等的静态链接库或动态链接库，用于控制设备的启动和结果输出；开发人员编程时如何调用这些链接库。此外，桌面应用程序开发一般采用可视化的开发平台，如 Visual C++等，它们采用模块化的集成开发环境，其图形控件、用户代码、静态库或动态库文件的设置等由不同的模块完成，因此也需要开发人员掌握可视化开发平台的架构。

1）检测系统用户界面设计

检测系统面板是检测系统与用户之间的接口，数据采集参数的输入、数据采集结果显示、中间过程计算结果显示及最终目标结果显示、测量系统运行状态、测量系统的操纵（测量系统的启动、关闭、数据存储等）任务由前面板上相应的控件完成。检测系统设计相关控件的说明见表 6-25。

表 6-25 相关控件情况

<table>
<tr><th>控件类别</th><th>功能</th><th>控件类别</th><th>功能</th><th>控件类别</th><th>功能</th></tr>
<tr><td rowspan="3">参数输入类控件</td><td>ADC 模拟通道选择</td><td rowspan="3">系统运行控制类控件</td><td>测量系统运行启动</td><td rowspan="3">显示类控件</td><td>测量系统运行状态显示</td></tr>
<tr><td>采样率设置</td><td>测量系统关闭</td><td>波形显示</td></tr>
<tr><td>采样点数输入</td><td>测量结果存储</td><td>测量结果显示图、表</td></tr>
</table>

2）信号采集模块设计

数据采集模块的功能是根据测量系统运行指令和相关的参数设置，启动 ADC，并完成采样数据进入计算机的内存或缓存中。ADC 生产厂家一般不会为用户提供其全部源文件，而是为用户提供静态链接库或动态链接库，用户通过编程调研静态库或动态库，才能完成数据采集功能，其实现方式见表 6-26 和表 6-27。

表 6-26 信号采集模块的输入输出

<table>
<tr><th>模块输入</th><th>功能</th><th>模块输出</th><th>输出变量类型</th><th>说明</th></tr>
<tr><td rowspan="3">参数输入</td><td>ADC 模拟通道选择</td><td rowspan="3">采样数组</td><td rowspan="3">浮点数/定点数</td><td rowspan="4">由控件“按下”事件作为触发，以调用 ADC 的动态链接库或静态链接库的调用函数，该函数中，上述输入参数“形参”；该函数执行后，ADC 的动态链接库文件运行，从而启动 ADC 开始工作，输出采样数据到计算机内存或缓冲区</td></tr>
<tr><td>采样率设置</td></tr>
<tr><td>采样点数输入</td></tr>
<tr><td>系统运行按钮</td><td>控件</td><td>0 或 1</td><td>布尔开关量</td></tr>
</table>

表 6-27 静态链接库和动态链接库的特点

<table>
<tr><th>链接类型</th><th>优点</th><th>缺点</th></tr>
<tr><td>静态链接</td><td>(1) 代码加载载速度快，执行速度比动态链接库快
(2) 只需保证在开发者的计算机中有正确的. LIB 文件，在以二进制形式发布程序时不需考虑在用户的计算机上. LIB 文件是否存在版本问题，可避免 DLL 地域等问题</td><td>使用静态链接生成的可执行文件体积较大，包含相同的公共代码，造成空间浪费</td></tr>
</table>

(续表)

链接类型	优点	缺点
动态链接	(1) 更加节省内存并减少页面交换 (2) DLL 文件与 EXE 文件独立,只要输出接口不变,更换 DLL 文件不会对 EXE 文件造成任何影响,因而极大地提高了可维护性和可扩展性 (3) 不同编程语言编写的程序只要按照函数调用约定就可以调用同一个 DLL 函数 (4) 适用于大规模的软件开发,使开发过程独立、耦合度小,便于不同开发者和开发组织之间进行开发和测试	使用动态链接库的应用程序不是自完备的,它依赖的 DLL 模块的存在。如果使用载入时动态链接,程序启动时发现 DLL 不存在的话,系统将终止程序并给出错误信息;使用运行时动态链接,系统不会终止,但由于 DLL 中的导出函数不可用,程序会加载失败

3) 信号处理模块设计

检测系统的信号处理模块主要完成软件滤波和测量模型计算功能。该模块的输入和输出见表 6-28。

表 6-28 信号处理模块的输入输出

模块输入	串行程序		输出变量类型	说明
采样数组 $x[0]$, $x[1]$, …, $x[n]$	基于软件滤波算法的软件滤波程序	基于测量模型算法的测量模型计算程序	测量数组 $x[0]$, $x[1]$, …, $x[n]$	以"采样结束"消息事件,触发软件滤波程序运行,再运行测量模型程序,并将运行结果输出采样数据到计算机内存或缓冲区

4) 测量结果输出模块设计

检测系统的测量结果输出模块包括结果显示、测量报告输出及测量结果存储。该模块的输入和输入见表 6-29。

表 6-29 测量结果输出模块的输入输出

模块输入	并行程序	输出	说明
测量数组 $x[0]$, $x[1]$, …, $x[n]$	结果显示控件	测量结果屏幕显示	信号处理结束消息事件,分别触发,结果显示控件、测量报告程序运行及测量结果保存程序运行,实现测量结果的屏幕显示、测量报告的打印输出及测量结果存储
	测量报告打印程序	测量报告生成	
	测量结果保存程序	测量结果存储	

表 6-29 中,"测量结果屏幕显示""测量报告生成"及"测量结果存储"3 个子模块之间是"并行关系",即这 3 个子模块之间没有信息输入和输出的关系,也没有逻辑上的先后关系。因此,要采用"并行编程"技术实现该目标。

在进行应用程序开发时,还应该注意以下几个方面的问题:

(1) 缓冲的使用。在进行中、高速检测(采样率≥20～30 Hz)时需要使用缓存,特别是使用循环缓存。它需要将具有连续数据采集功能的控件和移位寄存器组合使用。

(2) 检测结果有效数字。测量结果量值应该用有效数字表示,它是指只保留末位不准确数字，其余数字均为准确数字。测量结果有效数字的确定与传感器的量程及分辨率有关。对于直接测量而言，测量结果的有效位数由传感器的有效位数决定。如某一电压传感器的分辨率是 0.01 V，理论上该传感器的最小分度值是 0.01 V，则测量系统测量结果应该保留小数点以后 3 位，这表明测量系统测量结果中小数点以后的有效位应该为传感器分辨率或最小分度值位数 $N+1$；对于间接测量，测量系统测量结果中小数点以后的有效位应该为所有传感器中传感器分辨率位数或最小分度值位数的最小值 $N+1$。

参考文献

[1] 荆学东，徐滨士，王成涛，等. 虚拟仪器技术及其应用[J]. 陕西科技大学学报，2007，25(2)：128-132.

[2] 荆学东. 虚拟仪器的测量不确定度评定方法研究[M]. 上海：上海科学技术出版社，2020.

思考与练习

1. 一管道油液温度变化范围为 0～100℃，拟采用 PT100 热电偶温度传感器测量，试设计基于单片机的测量系统，完成电气原理图设计。

2. 如图 6-25 所示，拟采用两个电涡流传感器实现轴线轨迹的非接触测量，要求涡流传感器分辨率<5 μm、频率 5 kHz。试设计基于 PC 机的测量系统，确定传感器、信号调理器和数据采集卡的型号，并确定测量算法。

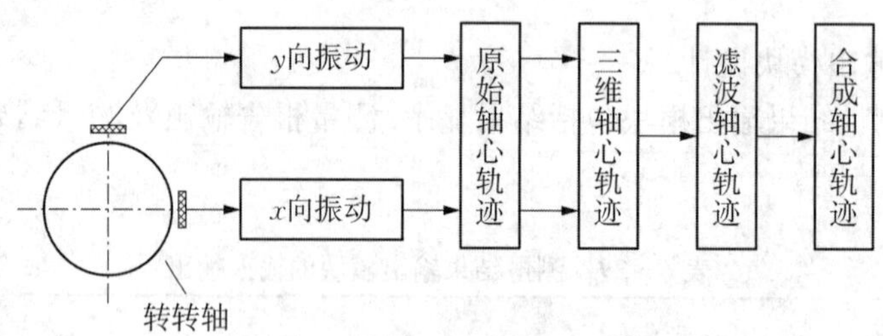

图 6-25 轴线轨迹测量原理

3. 一电机额定转速为 1500 r/min，电机轴颈为 ϕ64 mm。试选择一种增量型编码器，并开发基于单片机的转速测量系统。

4. 一电机额定转速为 750 r/min，电机轴颈为 ϕ24 mm。试选择一种增量型编码器，并开发基于 PLC 的转速测量系统。

第7章

机电一体化系统设计方法

◎ 学习成果达成要求

1. 了解机电一体化系统的技术需求分析方法。
2. 了解机电一体化系统的设计流程。
3. 掌握小型机电一体化系统的设计方法。
4. 了解中型机电一体化系统的设计方法。
5. 了解大型机电一体化系统的设计方法。

本章主要介绍机电一体化系统的产品需求分析、设计流程，包括小型机电一体化系统、中型机电一体化系统及大型机电一体化系统的设计方法。

7.1 机电一体化系统的产品需求分析

机电一体化产品在进行立项或技术设计之前，需要进行市场需求分析、技术需求分析和投资需求分析，如图7-1所示。

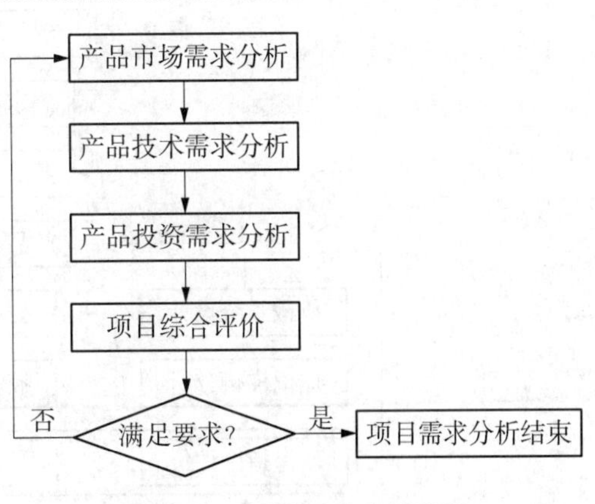

图7-1 项目需求分析流程

1) 市场需求分析

市场现状调查主要包括市场环境调查、技术发展趋势调查、市场需求调查、产品及价格调查、竞争能力调查5个部分。进行市场需求分析时可以采用卡诺模型，也可以采用马斯诺模型。

(1) 市场环境调查。主要是对与产品相关的国家有关方针、政策、法律、法规的调查。

(2) 技术发展趋势调查。主要包括新技术及新工艺发展趋势调查、新产品技术现状调查、技术研究政策调查3个部分。其中，新技术及新工艺发展趋势调查是对技术创新与发明、新工艺开发等国内外最新技术动向的调查。

(3) 市场需求调查。指通过对相关商品价格、消费者购买能力及偏好、政策变化、季节变化、广告及消费者对未来价格的预期等影响市场需求的因素进行调查，以确定市场的现实需求及潜在需求。

(4) 产品及价格调查。产品调查是指对产品的包装、规格、品种、方便性、耐久性、用户的评价、市场占有率等方面的调查;价格调查是对产品价格的供给及需求弹性、国家政策对价格的影响、产品定价策略、方法选择及价格变化后用户和竞争对手的可能反应等进行调查。

(5) 竞争能力调查。调查竞争对手产品的数量、分布、市场占有率、产品销售额、生产能力、产品成本、工艺水平及其竞争策略和手段等。

2) 技术需求分析

在充分占有大量信息的基础上,通过科学的预测方法,围绕定性、定量、时间、概率 4 个要素对一定范围内的技术发展水平、速度、趋势进行预测。在此基础上确定技术需求,具体包括确定机电一体化系统的任务描述、功能需求、性能需求、性能指标等。

3) 投资需求分析

投资需求分析主要包括机电一体化系统的投资成本分析、产品投资回收周期分析、融资方案、市场推广策略等方面的分析。

7.2 机电一体化系统的设计流程

机电一体化系统的设计流程如图 7-2 所示。图中产品的设计要求可能由第三方用户提出,也可能是由开发方根据市场需求提出。

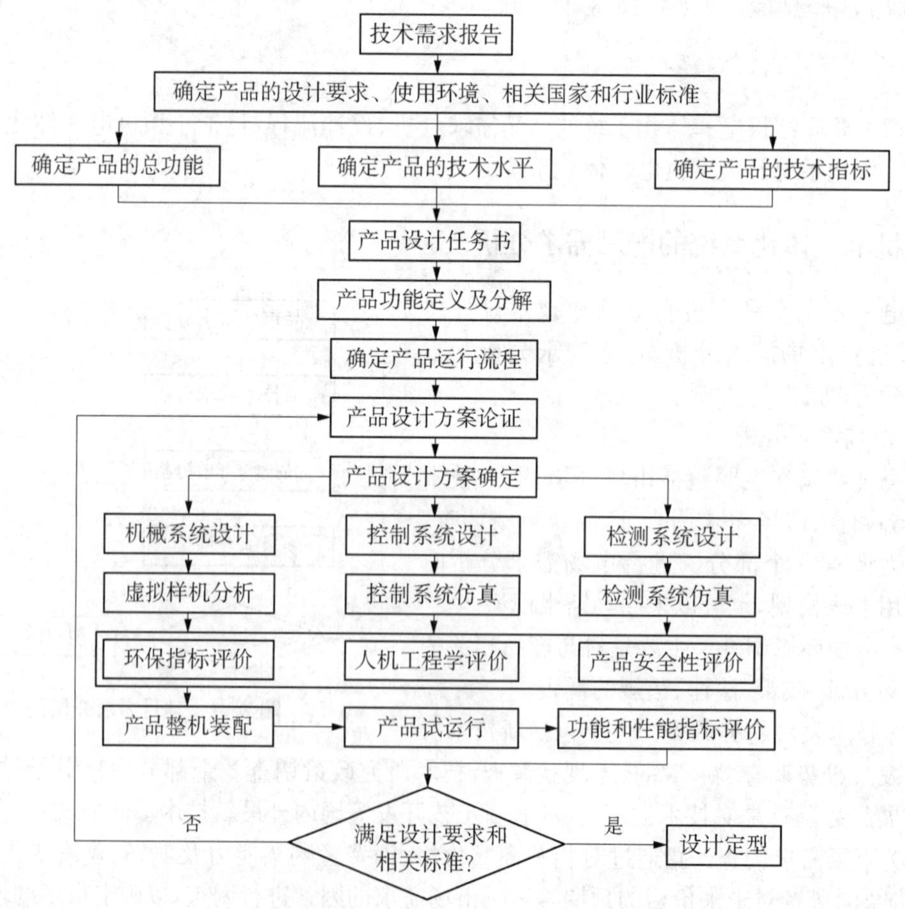

图 7-2 机电一体化系统设计流程

机电一体化系统包括机械系统、控制系统和检测系统三大部分，它们都可以用采用模块化的设计方法进行设计。产品要符合相关领域的国家标准，如工业产品标准、医疗产品国家标准、教育产品国家标准等。

机电一体化系统完整的组成及功能见表 7 - 1。

表 7 - 1 机电一体化系统组成及功能

名　称	功　能
机械本体	机械本体包括机架、机械连接、机械传动等，是机电一体化的基础，起着支撑系统中其他功能单元、传递运动和动力的作用。与纯粹的机械产品相比，机电一体化系统的技术性能得到提高、功能得到增强，这就要求机械本体在机械结构、材料、加工工艺及几何尺寸等方面能够与之相适应，具有高效、多功能、可靠、节能、小型、轻量、美观的特点
控制系统	电子控制单元又称 ECU(electrical control unit)，是机电一体化系统的核心，负责将来自各传感器的检测信号和外部输入命令进行集中、存储、计算、分析，根据信息处理结果，按照一定的程度和节奏发出相应的指令，控制整个系统有目的地进行
检测系统	检测传感部分包括各种传感器及其信号检测电路，其作用就是检测机电一体化系统工作过程中本身和外界环境有关参量的变化，并将信息传递给电子控制单元，电子控制单元根据检查到的信息向执行器发出相应的控制
动力源	动力源是机电一体化产品能量供应部分，其作用是按照系统控制要求向机械系统提供能量和动力，使系统正常运行。提供能量的方式包括电能、气能和液压能，以电能为主
执行器	执行器的作用是根据电子控制单元的指令驱动机械部件的运动。执行器是运动部件，通常采用电力驱动、气压驱动和液压驱动等方式

设计要求可分为主要要求和次要要求。主要要求是指直接关系产品的功能、性能、技术经济指标的要求，次要要求是指间接关系产品质量的要求。具体设计要求见表 7 - 2。

表 7 - 2 机电一体化系统设计要求

产品设计要求	内　容
功能要求	产品的功用可以从人机功能分配、价值工程原理和技术可行性三方面来分析
适应性要求	对作业对象的特征、工作状况、环境条件等工况发生变化的适应程度
性能要求	指产品所具有的工作特征
生产能力要求	指产品在单位时间内所能完成工作量的多少
可靠性要求	指产品在规定使用条件下和预期使用寿命内能完成规定功能的概率
使用寿命要求	指正常使用条件下，因磨损等原因引起产品技术性能、经济指标在允许范围内下降而无需大修的、延续工作的期限
效率要求	指输入量的有效利用程度
使用经济性要求	指单位时间内生产的价值与同时间内使用费用的差值
成本要求	要根据产品批量综合考虑设计成本、制造成本、维护和维修成本及成本回收周期
人机工程学要求	作业姿势、作用力、系统信息显示、标识、控制器、产品形态符合人机工程学的基本原理要求

（续表）

产品设计要求	内　容
制造工艺要求	产品中零部件的材料、结构工艺、装配技术要求要根据产品批量大小和制造成本约束来确定
安全防护、自动报警要求	产品设计要满足《机械安全　安全防护的实施准则》(GB/T 30574—2021)和《国家电气设备安全技术规范》(GB 19517—2009)要求，确定设备安全防护等级 IPXX
环境适应的要求	要确定设备正常工作的温度、压力、湿度、粉尘、振动、冲击等的具体要求
包装、运输的要求	产品设计阶段要考虑到便于包装和运输，需要考虑运输方式、运载工具的装载空间及运输相关的规定

7.3 产品功能定义、功能分解及求解

机电一体化系统功能包括主功能、控制功能、动力功能和结构功能，其定义见表 7-3。

表 7-3 机电一体化系统功能定义

功能类型	功能定义	特征
主功能	直接实现系统目的，表明系统的主要特征和功能	物质的输入、转换与输出功能(物质流)
控制功能	包括信息检测、处理和控制，是维持系统正常运行的必要手段	信息传递与控制功能(信息流)
动力功能	为系统提供必要的能量，使其达到精确、可靠、节能、协调所必需的功能	能量传递与变换功能(能量流)
结构功能	主要为主功能、控制功能、动力功能提供物理载体	连接方式和机械结构

在进行机电一体化系统设计时，可按系统工程原理对产品进行功能分解，建立功能结构图，即功能树。功能树起于总功能，末端为功能元。其中，功能元是指组成总功能或分功能的、具有确切功能的基本单元；前级功能是后级功能的目的功能，后级功能是前级功能的手段功能；同一层次的功能元组合起来，应能满足上一层功能的要求，最后合成的整体功能应能满足系统的要求。

对于机电一体化系统，一般机械运动功能是其主要功能，包括位移、速度、加速度的控制要求。典型机电一体化系统，如工业机器人有多个关节，它们的合成运动使机器人末端能够完成既定的运动功能，如位置、姿态控制要求，轨迹控制要求，力控制要求等；数控机床为了实现零件的精密加工，也需要多种机械传动机构带动刀具或工件进行运动，从而使刀具和工件之间按一定的运动轨迹、位姿和姿态进行运动，从而完成零件轮廓加工功能。

以工业机器人为例，其三大功能包括：

(1) 运动功能。指机器人末端执行器可达其工作空间内任意点，沿规划的轨迹运动，并能保持准确的姿态。

(2) 信号交换及功能实现。指与其他设备进行信号交换，控制其所有设备的开启和关闭。

(3) 仿真及轨迹模拟。通过仿真及轨迹模拟研究机器人轨迹的可达性、CT 循环时间等。

根据工业机器人的功能分解原理确定其功能树，如图 7-3 所示。

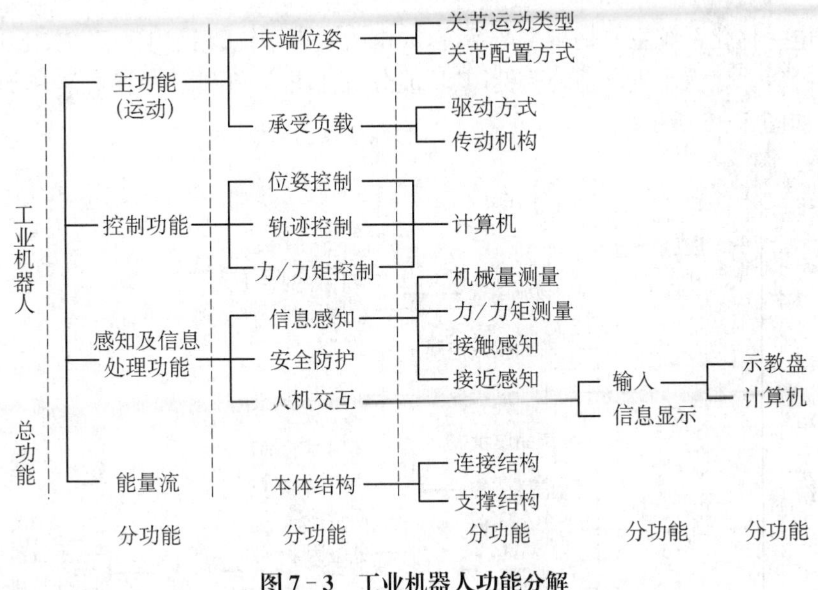

图 7 - 3　工业机器人功能分解

可以依据工业机器人的设计指标要求，利用功能求解的方法分解成若干分功能，从而确定技术方案。分功能的求解就是寻求完成分功能的技术实体，即功能载体。求解的过程是基于一定的科学原理，经过应用研究探明具体的技术原理，然后寻求实现该技术原理的技术手段和主要结构。功能求解的基本思路可以简明地表达为：功能→工作原理→功能载体。

典型的中型机电一体化系统是数控加工中心，它是高效、高速、自动化技术和数控技术最佳组合的系统，也是高性能与经济性完美统一的系统。加工中心备有刀库，具有自动换刀功能，对工件一次装夹后进行多工序加工的数控机床。工件装夹后，数控系统能控制机床按不同工序自动选择、更换刀具，自动对刀，自动改变主轴转速、进给量等，可连续完成钻、镗、铣、铰、攻丝等多种工序，对加工形状比较复杂、精度要求较高、品种更换频繁的零件具有良好的经济效益。

数控加工中心的功能分解如图 7 - 4 所示。

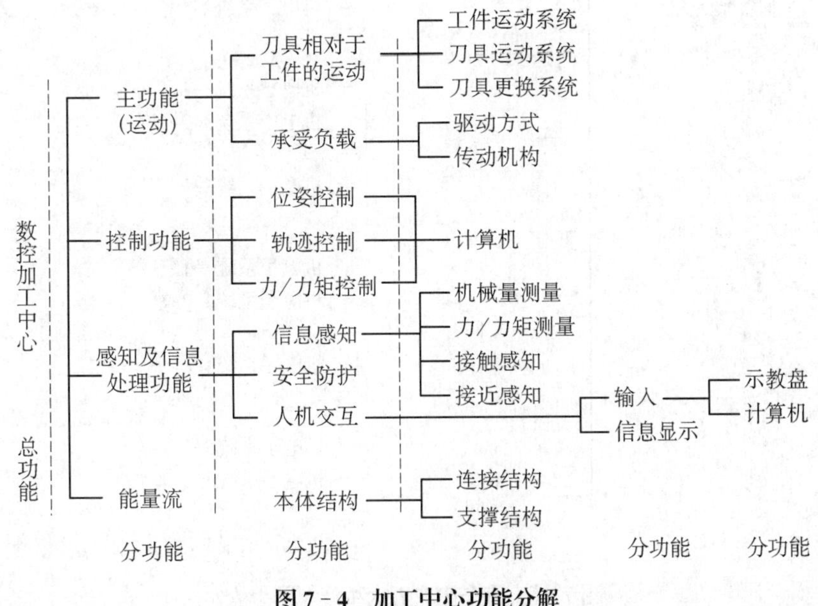

图 7 - 4　加工中心功能分解

大型机电一体化系统主要是指生产系统，如电力生产系统、汽车生产系统、化工生产系统、食品生产系统等。以汽车生产系统为例，其功能分解如图 7-5 所示，图 7-5 中汽车生产五大车间的组成如图 7-6 所示。

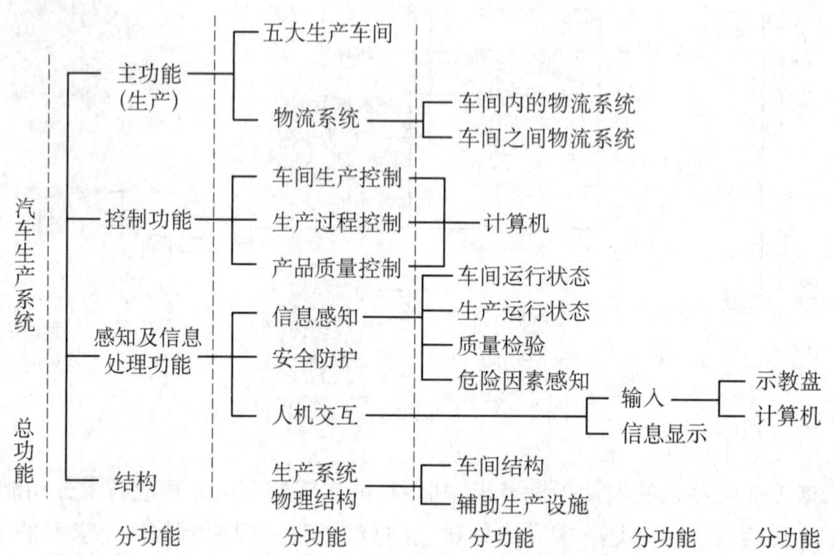

图 7-5　汽车生产系统功能分解

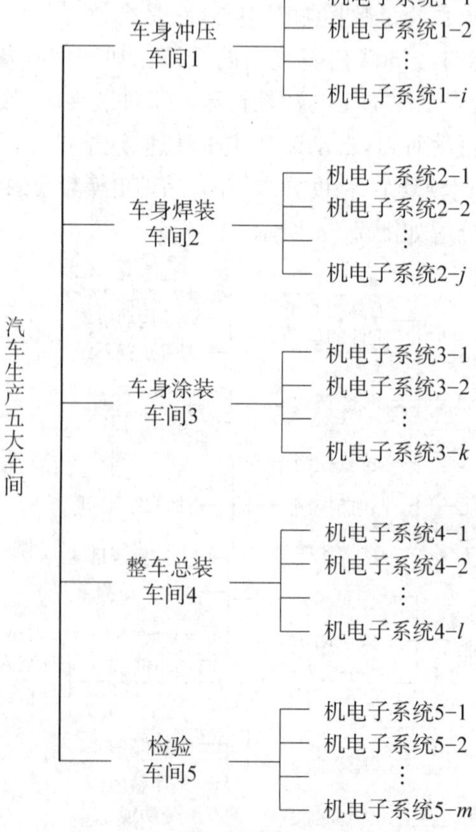

图 7-6　汽车生产五大生产车间组成

7.4 系统技术指标确定

为了设计机电一体化系统，首先应按照需求确定系统的主要功能、系统性能指标。典型的机电一体化系统包括机器人、数控机床、几何量测量设备、生产系统、物流系统等，一般由机械子系统、控制子系统和检测子系统组成。机电一体化系统的功能依赖于精密的机械运动和精密的控制手段，其性能指标包括机械性能指标、控制性能指标和检测性能指标，见表7-4。

表7-4 机电一体化系统的主要功能和性能指标

功能类别	功能定义
机械系统性能指标	自由度、总运动范围、每一个自由度对应的运动范围、定位精度、速度、加速度、力、力矩等参数范围
控制系统性能指标	控制变量数量、控制变量类型、控制精度、控制算法等
检测系统性能指标	被测对象数量、被测对象类型、测量精度、测量算法等
环保指标	环境排放达到相应的国家标准
人机工程学指标	人机工程学指标系统包括心理、生理学指标，人体测量学指标和劳动保护指标
安全性指标	安全性是免除不可接受的风险影响的特性，包括系统在正常运行下的安全性(即逻辑上的错误，又称功能安全)和故障(失效)下的安全性。安全控制系统中逻辑上的错误是要坚决杜绝的(百分之百没有也是不现实的)；故障安全是指故障时设备应导向安全状态。安全性是以防止人身伤亡和财产损失为目的的。安全性评价比较常用的是安全完整性等级(SIL)，根据安全要求的不同共分为4个等级，如国内石化行业用的是SIL3、铁路和轨道交通用的是SIL4
结果显示功能	测量结果在计算机屏幕上显示
数据存储功能	测量数据存储格式、数据类型、数据存储方式
数据输出功能	输出数据格式、形式及测量不确定度
自诊断功能	开机自检、周期自检、故障提示
操作功能	仪器操作方式(鼠标、键盘、操作手柄)、操作规范

7.5 小型机电一体化系统设计方法

在机电一体化系统中，机械系统和电气控制系统的结合部是原动(件)机，一般为电机、液压油(驱动液压缸)和压缩机(驱动气缸)。原动机为纽带，机械系统、电气系统和检测系统的设计可以同步进行。由于电机驱动和伺服控制技术及检测技术的日臻成熟，机电一体化系统设计时，需要追求“机与电的平衡与融合”，即应尽可能避免采用复杂的机械传动机构，并缩短传动链，合理的机构设计胜过采用复杂的控制算法。

7.5.1 小型机电一体化系统技术设计流程

小型机电一体化系统主要指单机型机电一体化系统，如工业机器人、数控机床(数控铣床、数控车床、数控磨床等）、几何量测量设备等，它们一般以运动功能要求或几何量测量等功能要求为设计依据。设计这样的系统需要综合应用机械工程学科、电气工程学科、计算机学科及信息学科的知识，借助可视化设计工具完成。具体而言，机械系统三维设计需要利用 AutoCAD、SolidWorks、UG、Pro/E 等三维设计平台；机械零部件受力分析可以用 ANSYS 软件；运动学和动力学仿真可以应用 ADAMS；电气系统设计需要 AutoCAD Electrical、SolidWorks Electrical、SEE electrical、EPLAN、EB、Promis. e、Elecworks 等设计平台。

小型机电一体化系统的设计流程如图 7－7 所示。

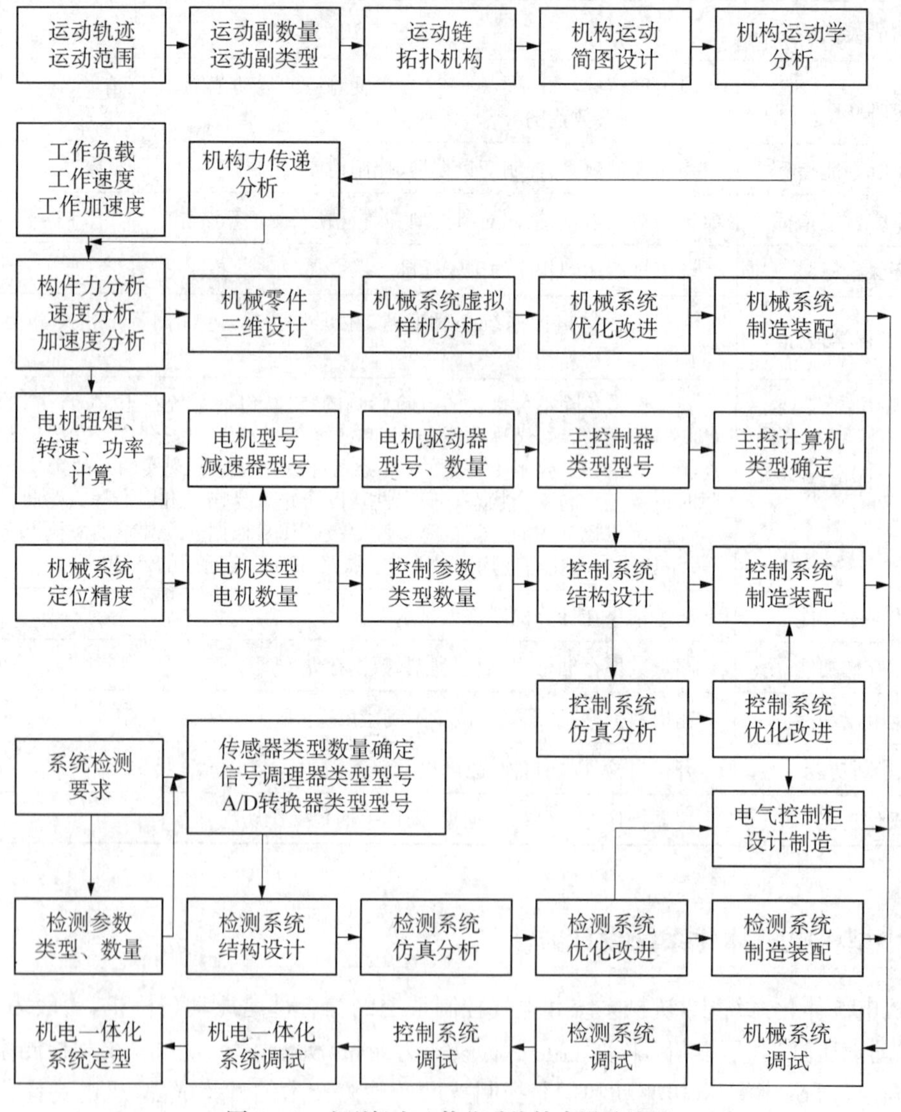

图 7－7　小型机电一体化系统技术设计流程

7.5.2　机械系统设计

机械系统设计包括机械传动方案拟定、机构设计、零部件设计、装配图设计等环节。技术设计阶段的目标是产生总装配及部件装配草图；通过草图设计确定出各部件及其零件的外形及基本尺寸，包括各部件之间的连接、零部件的外形及基本尺寸；最后绘制零件的工作图、部件装配图和总装图，可以按照第 3 章 3.2 节内容完成机械系统设计。机械系统技术设计的具体任务包括：

1）机械系统主要技术参数及设计指标的确定

根据表 3－1 和表 7－4，参照第 3 章 3.3 节内容可以确定机械系统的主要技术参数、技术指标（指设备或产品的精度、功能等）和总体设计图要求。机械系统的主要技术参数与技术指标汇总见表 7－5。

表 7－5　机械系统的主要技术参数

技术参数类型	技术参数说明	参数
规格参数	主要指影响力学性能的结构尺寸、规格尺寸	机械系统三维尺寸
运动参数	指执行机构的转动或移动速度及调速范围等	位移、速度、加速度等
动力参数	指机械系统中使用的动力源参数	力矩、功率等
性能参数	也称技术经济指标，它是评价机械系统性能优劣的主要依据，也是设计应达到的基本要求	生产率、加工质量、寿命、成本等
重量参数	整机重量、各主要部件重量、重心位置等	

2）机械系统传动方案设计

机械传动系统是连接原动机和执行系统的中间装置，其任务是将原动机的运动和动力按执行系统的需要进行转换并传递给执行机构。机械传动系统一般包括减速或变速装置、起停换向装置、制动装置、安全保护装置等部分。机器的执行系统方案设计和原动机的预选型完成后，即可进行传动系统的方案设计，机械传动方案设计可以参照第 3 章 3.4 节内容进行，具体步骤可以参照图 3－6。

3）机械系统机构运动简图设计

根据机械传动方案及原动件类型和数量可以参照第 3 章 3.5 节内容完成机械系统机构运动简图设计。根据表 7－5 中每一个执行机构的位移、速度和加速度要求，用简单的线条和符号来代表构件和运动副，并按一定比例表示各运动副的相对位置，用以说明机构各构件间相对运动关系的简单图形，称为机构运动简图。利用机构运动简图可以建立机械系统的运动学方程，该方程可以求解正向和逆向运动学问题。借助机构运动简图，可以建立系统的力学-数学模型，分析其运动学和动力学特性，求解作用在各组成构件上的力，为进一步选择零件材料及其承载能力设计奠定基础。

4）原动件类型的选择及设计

按照第 3 章 3.6 节中的方法，基于上述机械传动方案及式（3－1）～式（3－11）可以确定原动机的主要参数范围，如转速范围、功率范围、转矩范围等；依据这些参数和工作要求，可以确定步进电机、直流伺服电机、交流伺服电机、液压缸和气缸的类型和型号，汇总结果见表 7－6。

表 7-6 原动件控制技术要求

原动件类型		数量	技术参数
控制电机	步进电机	i	最大转矩、转速范围、定位精度等
	直流伺服电机	j	最大转矩、转速范围、定位精度等
	交流伺服电机	k	最大转矩、转速范围、定位精度等
液压缸		l	最大工作阻力、转速范围、定位精度等
气缸		m	最大工作阻力、转速范围、定位精度等

由表 7-6 可知，步进电机的选型可以根据最大转矩、转速范围、定位精度要求，按照第 4 章 4.1 节中的方法确定。直流伺服电机的选型可以根据最大转矩、转速范围、定位精度要求，按照第 4 章 4.2 节中的方法确定。交流伺服电机的选型可以根据最大转矩、转速范围、定位精度要求，按照第 4 章 4.3 节中的方法确定。液压缸选型/设计可以根据最大转矩、转速范围、定位精度要求，按照第 4 章 4.4 节中的方法确定。气缸选型/设计可以根据最大转矩、转速范围、定位精度要求，按照第 4 章 4.5 节中的方法确定。

用上述方法确定了所有原动件的类型和技术参数后，可以为每一个原动件的运动控制系统设计提供依据。这些内容会在电气控制系统设计和检测系统设计中应用。

5）机构运动学分析

参照第 3 章 3.7 节内容进行机构运动学分析。基于机构运动简图，根据运动件的位移、速度和加速度确定每个构件的位移、速度和加速度。应用 SolidWorks、UG、Pro/E、ADAMS 等软件的运动仿真分析功能，完成上述机器人的运动学分析。在进行运动学分析中，需要确定每个构件质心的线加速度和角加速度，从而根据构件的质量和转动惯量确定构件的惯性力和惯性力矩，为构件的强度和刚度计算奠定基础。

6）机构静力学分析

可以依据第 3 章 3.8 节内容进行机构静力学分析。机电一体化系统中的构件和零件的主要结构尺寸一般是根据强度、刚度和稳定性原则设计的，因此需要确定每个构件的受力情况，需要根据运动链研究负载从电机到末端连杆上的静力及其传递关系。

7）机械零部件结构设计

可以依据第 3 章 3.9 节内容进行零部件的结构设计。机械系统中的零部件按照性质可以分为运动副、连接结构、标准部件、基础件（床身），它们的结构设计有所区别。

机械零件的基本设计准则见表 3-2，包括强度准则、刚度准则、振动稳定性准则、耐磨性准则、结构工艺性准则、经济学准则、装配和维护性准则、工业设计准则等。

8）机械系统装配图设计

依据机构运动简图及所有零部件结构图，依据第 3 章 3.10 节机械系统装配图设计，完成配合公差、总体尺寸、传动特性尺寸的标准和装配技术要求撰写。

9）机构动力学分析

依据第 3 章 3.11 节内容完成机构动力学分析。先应用拉格朗日方程或牛顿-欧拉方法建立机构的动力学方程，利用 ADAMS 等工程软件对该系统进行动力学分析。

10）基于 3D 实体模型的虚拟样机分析及改进

依据第 3 章 3.12 节中的方法，利用 3DEXPERIENCE、ADMAS、VRED Pro 2021 等工

程软件，对整个机械系统进行虚拟样机分析，包括外观、空间关系、运动学和动力学特性分析，模拟在真实环境下系统的运动和动力特性，并根据仿真结果精简和优化系统。

7.5.3 电气控制系统设计

电气控制系统要为整个机电一体化系统提供自动控制功能、保护功能、监视功能、测量功能。电气控制系统的基本设计思路是：将整个控制系统分解成步进电机控制系统单元、直流伺服电机控制系统单元、交流伺服电机控制系统单元、液压缸控制系统单元、气缸控制电气控制系统单元，将这些控制系统单元按照控制系统时序加以组合，形成总控制系统。

1）控制系统功能定义和设计指标量化

按照机械系统的控制要求，根据第 5 章 5.1 节中的方法，结合表 7－4 及表 7－6 确定电气控制系统的主要技术参数和技术指标，见表 7－7。

表 7－7 电气控制系统控制对象的类型及技术参数

控制对象	数量	控制方式	控制信号及类型
步进电机	i	位置控制	脉冲、方向、使能
	j	速度控制	脉冲、方向、使能
直流伺服电机	k	转矩控制	模拟量
	l	位置控制	脉冲
	m	速度模式	模拟量/脉冲
交流伺服电机	n	转矩控制	模拟量
	p	位置控制	脉冲
	q	速度模式	模拟量/脉冲
液压缸	r	位置控制	模拟量
	s	速度控制	模拟量
	t	力控制	模拟量
气缸	u	位置控制	模拟量
	v	速度控制	模拟量
	w	力控制	模拟量

根据电气控制系统的类型及生产工艺过程的运行状态监测要求，可以确定整个系统的运行状态参数，汇总见表 7－8。

表 7－8 机电一体化系统状态运行状态参数

信号名称	信号类型	数量	幅值	信号名称	信号类型	数量	幅值
信号 1	模拟量/数字量	s_1	S_1	⋮	⋮	⋮	⋮
信号 2	模拟量/数字量	s_2	S_2	信号 k	模拟量/数字量	s_k	S_k

汇总上述所有控制变量，参照表 5－3～表 5－5，得到模拟量变量表、脉冲量变量表和开关量变量表，见表 7－9～表 7－11。

表 7-9 模拟量变量

模拟量序号	模拟量名称	信号类型	信号幅值
模拟量 1	XX	电压信号/电流信号	A_1
模拟量 2	XX	电压信号/电流信号	A_2
⋮	⋮	⋮	⋮
模拟量 l	XX	电压信号/电流信号	A_n

表 7-10 脉冲量变量

脉冲量序号	脉冲量名称	频率	电平
脉冲量 1	YY	f_1	u_1
脉冲量 2	YY	f_2	u_1
⋮	⋮	⋮	⋮
脉冲量 m	YY	f_{m}	u_{m}

表 7-11 开关量变量

开关量序号	开关量名称	有效	开关量序号	开关量名称	有效
开关量 1	ZZ	高电平/低电平	⋮	⋮	⋮
开关量 2	ZZ	高电平/低电平	开关量 n	ZZ	高电平/低电平

2）电气控制系统设计流程

按照第 5 章 5.2.1 节内容明确电气控制系统设计流程。

3）控制系统类型确定

按照第 5 章 5.2.3 节内容确定控制系统的类型。

机电一体化系统的控制方式从传统的继电接触器控制向 PLC 控制、CNC 控制、计算机网络控制等方面发展，控制方式的柔性越来越强。控制方式的选择应在经济、安全的前提下，最大限度地满足工艺的要求。

小型机电一体化系统有专用控制系统和通用控制系统两种模式。

以每一个控制对象为目标，形成一个控制系统单元。在电气控制系统设计中，控制单元的类型主要有步进电机控制单元、直流伺服电机控制单元、交流伺服电机控制单元、液压缸电-液比例/伺服控制单元、气缸电-气比例/伺服控制单元。

（1）步进电机控制单元。步进电机控制单元包括步进电机、步进电机驱动器、控制器（上位机，如 PLC 或 PC 机）、电机供电电源、驱动器供电电源等。将每个步进电机控制单元的控制参数、检测参数和电源参数汇总，见表 7-12。

表 7-12 步进电机控制单元技术参数

控制系统名称	控制方式	控制参数	控制信号类型	检测参数	驱动器供电电源参数
步进电机控制系统 1	位置/速度	脉冲、方向、使能	差分/单端共阴极/共阳极	参数 1、参数 2、…	ACXXV/DCYYV
步进电机控制系统 2	位置/速度	脉冲、方向、使能	差分/单端共阴极/共阳极	参数 1、参数 2、…	ACXXV/DCYYV
⋮	⋮	⋮	⋮	⋮	⋮
步进电机控制系统	位置/速度	脉冲、方向、使能	差分/单端共阴极/共阳极	参数 1、参数 2、…	ACXXV/DCYYV

（2）直流伺服电机控制单元。直流伺服电机控制单元包括直流伺服电机、直流伺服电机

驱动器、编码器、控制器(上位机，如 PLC 或 PC 机)、电机供电电源、驱动器及编码器供电电源。

根据表 5-1 中的最大转矩、转速范围、定位精度等参数，确定直流伺服电机的型号，其驱动器也可根据直流伺服电机的型号确定(每种型号的伺服电机有推荐的驱动器型号)。在确定了伺服电机的控制模式后，控制器可能是 PLC，也可能是能满足驱动器控制信号输入要求的、具有模拟量或数字量输出模块的 PC 机或单片机等。

将每个直流伺服电机控制系统的控制参数、检测参数和电源参数汇总，见表 7-13。

表 7-13　直流伺服电机控制系统技术参数

控制系统名称	控制方式	控制参数	控制信号类型	检测参数	驱动器供电电源参数
直流伺服电机控制系统 1	位置/速度/转矩	脉冲信号/模拟量(地址)	差分/单端共阴极/共阳极	参数 1、参数 2、…	ACXXV/DCYYV
直流伺服电机控制系统 2	位置/速度/转矩	脉冲信号/模拟量(地址)	差分/单端共阴极/共阳极	参数 1、参数 2、…	ACXXV/DCYYV
⋮	⋮	⋮	⋮	⋮	⋮
直流伺服电机控制系统 l	位置/速度/转矩	脉冲信号/模拟量(地址)	差分/单端共阴极/共阳极	参数 1、参数 2、…	ACXXV/DCYYV

(3) 交流伺服电机控制单元。交流伺服电机控制单元包括交流伺服电机、交流伺服电机驱动器、编码器、控制器(上位机，如 PLC 或 PC 机)、电机供电电源、驱动器供电电源及编码器供电电源。

根据表 5-2 中的最大转矩、转速范围、定位精度等参数，确定交流伺服电机的型号，其驱动器也可根据交流伺服电机的型号确定(每种型号的伺服电机有推荐的驱动器型号)。在确定了伺服电机的控制模式后，控制器可能是 PLC，也可能是能满足驱动器控制信号输入要求的、具有模拟量或数字量输出模块的 PC 机、单片机或微控器等。

将每个交流伺服电机控制系统的控制参数、检测参数和电源参数汇总，见表 7-14。

表 7-14　交流伺服电机控制系统技术参数

控制系统名称	控制方式	控制参数	控制信号类型	检测参数	驱动器供电电源参数
交流伺服电机控制系统 1	位置/速度/转矩	脉冲信号/模拟量(地址)	差分/单端共阴极/共阳极	参数 1、参数 2、…	ACXXV
交流伺服电机控制系统 2	位置/速度/转矩	脉冲信号/模拟量(地址)	差分/单端共阴极/共阳极	参数 1、参数 2、…	ACXXV
⋮	⋮	⋮	⋮	⋮	⋮
交流伺服电机控制系统 m	位置/速度/转矩	脉冲信号/模拟量(地址)	差分/单端共阴极/共阳极	参数 1、参数 2、…	ACXXV

(4) 液压缸电-液比例/伺服控制单元。液压控制单元主要包括液压缸、比例/伺服阀、比例/伺服控制器(上位机，PLC 或 PC 机)、液压泵、液压管路和油箱。

伺服液压缸用于闭环控制，根据其位置、速度和力控制要求，配置位移传感器、速度传感器和力传感器。此外，控制系统单元可能根据生产工艺需要检测其他参数。

将每个液压缸伺服控制系统的控制参数、检测参数和电源参数汇总，见表 7-15。

表 7-15　液压缸伺服控制系统技术参数

控制系统名称	控制方式	控制参数	检测参数	供电参数
液压缸伺服控制系统 1	位置/速度/力	电压/电流	参数 1、参数 2、…	ACXXV/DCYYV
液压缸伺服控制系统 2	位置/速度/力	电压/电流	参数 1、参数 2、…	ACXXV/DCYYV
⋮	⋮	⋮	⋮	⋮
液压缸伺服控制系统 n	位置/速度/力	电压/电流	参数 1、参数 2、…	ACXXV/DCYYV

(5) 气缸电-气比例/伺服控制单元。气缸伺服控制单元主要包括气缸、电-气比例阀/伺服阀、传感器、控制器、气动管路、空压机等。

伺服气缸用于闭环控制，根据其位置、速度和力控制要求，配置位移传感器、速度传感器和力传感器。此外，控制系统单元可能根据生产工艺需要检测其他参数。

将每个气缸伺服控制系统的控制参数、检测参数和电源参数汇总，见表 7-16。

表 7-16　气缸伺服控制系统技术参数

控制系统名称	控制方式	控制参数	控制信号类型	检测参数	供电电源参数
气缸比例(伺服)控制系统 1	位置/速度/力	电压/电流	差分/单端共阴极/共阳极	参数 1、参数 2、…	ACXXV/DCYYV
气缸比例(伺服)控制系统 2	位置/速度/力	电压/电流	差分/单端共阴极/共阳极	参数 1、参数 2、…	ACXXV/DCYYV
⋮	⋮	⋮	⋮	⋮	⋮
气缸比例(伺服)控制系统 n	位置/速度/力	电压/电流	差分/单端共阴极/共阳极	参数 1、参数 2、…	ACXXV/DCYYV

4) 电气控制系统单元设计

由表 7-14～表 7-17，依据第 5 章 5.2.4 节中的方法，完成每个步进电机控制单元、直流伺服电机控制单元、交流伺服电机控制单元、液压缸比例/伺服控制单元、气缸比例/伺服控制单元等相关器件的选型及控制系统电气原理图设计。

5) 电气控制原理图设计

依据第 5 章 5.2.5 节内容，按照整个电气系统的组成，将每个步进电机控制单元、直流伺服电机控制单元、交流伺服电机控制单元、液压缸比例/伺服控制单元、气缸比例/伺服等控制单元的电气原理图组合，再结合电气控制系统的保护功能、监视功能、测量功能，完成主电路和控制电路设计。

6) 电气控制装置的工艺设计

依据电气控制系统原理图和控制系统的技术要求，按照第 5 章 5.2.6 节中的方法，完成电气总布置图、总安装图与总接线图设计，组件布置图、安装图和接线图设计，电气控制柜(箱)设计。

7）电气控制系统应用程序开发

依据第5章5.2.7节中的方法，完成控制算法设计，选择合适的应用程序开发平台，然后依据控制系统运行时序完成控制系统应用程序开发。

8）编写设计说明书和使用说明书

依据第5章5.2.8节中的方法，以及设计审定、调试、使用、维护的要求，编写设计说明书和使用说明书。

7.5.4 检测系统设计

（1）检测系统的功能定义和设计指标量化。可以根据7.5.3节内容确定的机电一体化系统运行状态参数（表7-8），每个步进电机控制单元、直流伺服电机控制单元、交流伺服电机控制单元、液压缸比例/伺服控制单元、气缸比例/伺服控制单元等的检测参数（表7-12～表7-16），确定被测量的类型、数量和技术指标，汇总于表7-17～表7-19。

表7-17 模拟量变量

模拟量序号	模拟量名称	信号类型	信号幅值
模拟量1	XX	电压信号/电流信号	A_1
模拟量2	XX	电压信号/电流信号	A_2
⋮	⋮	⋮	⋮
模拟量 l	XX	电压信号/电流信号	A_n

表7-18 脉冲量变量

脉冲量序号	脉冲量名称	频率	电平
脉冲量1	YY	f_1	u_1
模脉冲2	YY	f_2	u_1
⋮	⋮	⋮	⋮
模脉冲 m	YY	f_m	u_m

表7-19 开关量变量

开关量序号	开关量名称	有效	开关量序号	开关量名称	有效
开关量1	ZZ	高电平/低电平	⋮	⋮	⋮
开关量2	ZZ	高电平/低电平	开关量 n	ZZ	高电平/低电平

（2）检测系统流程设计。根据检测系统设计要求，依据第6章6.3.2节内容完成检测系统设计。

（3）测量模型的确定。依据第6章6.3.4节内容确定表7-20～表7-22中每一个被测量的测量模型。

（4）检测系统硬件的确定。依据第6章6.3.6节中的方法，对表7-20～表7-22中每一个被测量，确定传感器、信号调理器、ADC、I/O接口类型及计算机的类型。

（5）检测算法设计。依据第6章6.3.7节内容确定软件结构方案，包括用户界面、信号采集、信号处理、测量结果输出等模块的功能，并以此确定检测算法。

（6）操作系统类型的选择。依据第6章6.3.9节内容，从Windows、Linux和MacOS（苹果操作系统）等操作系统中选择合适的类型。

（7）检测系统运行时序的确定。依据第6章6.3.11节中的方法确定检测系统从启动到测量结束的整个过程中，信号采集、信号处理和结果输出3个模块的运行必须有序。

（8）应用程序开发。依据第6章6.3.12节内容，选择合适的应用程序开发平台，完成检测系统用户界面设计、信号采集模块设计、信号处理模块设计、测量结果输出模块设计、检测系统自检功能设计，从而完成控制系统应用程序开发。

7.5.5 系统调试

为了验证机电一体化系统的功能和性能是否达到了设计指标要求，在整体系统安装完毕后，需要确定机电设备系统调试及试运行方案。

7.5.5.1 系统调试和试运行要求

1）分系统调试

机电一体化系统各主要设备安装完成后，应分别对机械系统、电气控制系统及检测系统按设计、施工及验收规范进行验收，分项验收合格后可以分别进行机械系统调试、电气控制系统调试和检测系统调试。

2）系统联合调试

(1) 空载试验：各主要设备安装完成后，进行空载运行试验。空载试验应符合有关规范的技术要求。

(2) 满负荷联动调试（试验）：所有设施（加工、供电和供水设施）的设备及空载试验完毕后，必须进行系统联动调试和生产性试验。系统联动调试应在有生产运行经验的工程技术人员指导、监理人参加下进行。

(3) 进行满负荷联动调试试验前应编制试验大纲，报送监理人批准后实施。

(4) 在完成满负荷联动调试后应编制试验报告，将测定和观察的主要参数编制成《调试试验报告》。

3）试运行

(1) 系统联动调试合格后，经批准即可投入试运行。

(2) 试运行应在监理人参加下进行。试运行人员，应以经验丰富的运行人员为主，并对运行人员进行技术培训。

(3) 试运行各主要参数应进行测定和观察，做好各项记录。

(4) 试运行连续进行，如发现问题，应提出书面分析和改进意见报告。

(5) 试运行期间满负荷连续运行时间一般不得小于 12 h。

(6) 系统试运行期间应严格按照规程、规范进行成品质量检测和系统生产能力的检测。

7.5.5.2 设备试运行应具备的条件

(1) 机电设备及其附属装置、管路等均全部施工完毕，施工记录及资料齐全。设备中的润滑、液压、冷却、水、气（汽）、电气（仪器）控制等附属装置均按系统检验完毕，符合试运转的要求。

(2) 需要的能源、介质、材料、工机具、检测仪器、安全防护设施及用具等均符合试运转的要求。

(3) 设备编制试运行方案或试运转操作规程。

(4) 参加试运转的人员必须熟悉设备的构造、性能、设备技术文件，并掌握操作规程及试运转操作。

(5) 备试运行方案包括下列内容及步骤：①电气（仪器）操纵控制系统及仪表的调整试验；②润滑、液压、气（汽）动、冷却及加热系统的检查和调整试验；③机械系统运行试验；④检测系统运行试验；⑤以上 4 项调整试验合格后进行空负荷试运行。

7.5.5.3 设备试运行的调试要求

(1) 电气及其操作控制系统调整试验要求。

① 按电气原理图及安装接线图进行，设备内部接线和外部接线正确无误。

② 按电源的类型、等级与容量，检查或调试其断流容量、熔断器容量及过压、欠压、过流保护等，检查或调试内容均符合其规定值。

③ 按设备使用说明书有关电气系统调整方法及调试要求，用模拟操作检查其工艺动作、指示、信号和联锁装置的正确、灵敏、可靠。

④ 上述3项检查调整合格后，再进行机械、电气控制系统及检测系统的联合调整试验。

(2) 润滑系统调试要求。

① 系统清洗后，其清洁度经检查符合规定。

② 按润滑油(剂)性质及供给方式，对需要润滑的部位加注润滑剂，油(剂)性能、规格和数量均符合设备使用说明书的规定。

③ 干油集中润滑装置各部位的运动均匀、平稳、无卡滞和不正常声响；给油量在5个循环中，每个给油孔每次最大给油量的平均值不得低于说明书规定的调定值。

(3) 液压系统调试要求。

① 滤器不进入空气，调整溢流阀(或调压阀)使压力逐渐升高到工作压力为止。升压过程中多次开启系统放气阀将空气排出。

② 按说明书的规定调整安全阀、保压阀、压力继电器、控制阀、蓄能器和溢流阀等液压元件，其工作性能符合规定，动作正确，灵敏可靠。

③ 液压系统的活塞(柱塞)、滑块、移动工作台等驱动件(装置)，在规定的行程和速度范围内无振动、爬行和停滞现象，换向和卸压不得有不正常的冲击现象。

④ 系统的油(液)路应通畅。

(4) 气动、冷却或加热系统调试要求。

① 各系统的通路畅通无差错。

② 系统进行放气和排污。

③ 系统的阀件和机构等经过数次试验，动作正确，灵敏可靠。

④ 各系统的工作介质供给不间断，不泄漏，保持规定供给量、压力和温度。

(5) 机械和各系统联合调试要求。

① 设备及其润滑、液压、冷却、气(汽)动、加热和电气及控制等系统均单独调试检查，并符合要求。

② 联合调试按要求进行，不用模拟方法代替。

③ 系统的调试执行设计图纸要求及使用说明书规定。

(6) 电气系统调试。在系统调试之前，先组织相关人员进行认真准备，仔细检查，制订出切实可行的安全措施。特别是工程技术人员、质检人员和安装工人更应仔细、认真、负责，以确保在调试过程中设备和人员的安全。

在调试之前先进行电气模拟试验，电气模拟试验成功后才可单机运转。待所有单机调试完毕后，再进行系统调试和试运行。

控制系统运行程序的组态由工程师和技术人员进行，根据设计图纸及工艺流程进行。组态完成后，要进行模拟运行，成功后方可试运行。

在完成硬件和软件的分部安装、编制之后，即进行调试。调试采取分部进行，首先对程序软件进行模拟信号调试，正常无误后再进行联调。在检查接线等无差错后，先对各单元环节和各电柜分别进行调试，然后再按系统动作顺序，逐步进行调试，并通过各种指示灯显示器观察程序执行情况和系统运行是否满足控制要求。如果有问题，先修改软件，必要时再调整硬件，直到符合要求为止，接着进行模拟负载，空载或轻载调试，没有问题的话再进行额定负载调试，并投入运行。

7.5.5.4 系统空载试运行

在各子系统调试完毕后可进行空载试运行，系统空载试运行分为各子系统联动及系统联动运行、调试两步进行。

(1) 子系统联动。子系统联动要保证该系统按规定的时序要求运行，各子系统联动的目的主要是检查子系统开、停机顺序及系统设备空载运行情况。

(2) 系统空载试运行后须立即做的工作。包括：① 切断电源和其他动力来源；②进行必要的放气、排水或排污及防锈涂油；③对蓄能器和设备内有余压的部分进行卸压；④按各类设备安装规范的规定，对设备安装精度进行必要的复查，各紧固部分进行复紧；⑤对润滑剂的清洁度进行检查，清洗过滤器，必要时更换新油(剂)；⑥拆除调试中的临时装置，装好试运转中临时拆卸的部件或附属装置；⑦清理现场及整理试运转的各项记录。

(3) 系统满负荷试运行。系统满负载试运行既要使系统联动生产，又要使系统内任一子系统单独运行。系统设备满负荷连续试运行的时间不小于 72 h，系统运行要保证开机、停机平顺，信号统一，制动可靠，各设备产量满足设计要求。

系统满负载试运行按照下列要求全面测试：各设备运行平稳，润滑可靠，温升正常；系统信号统一，紧急制动可靠；各带载运行设备状况良好，并进行设备单台生产能力测试、运行参数记录。

7.5.6 实例

基于激光扫描的 3D 轮廓测量仪也是典型的小型机电一体化系统，按照本章 7.5 节的设计方法和步骤，完成该测量仪机械系统、控制系统和检测系统的设计。

7.5.6.1 设计要求

针对中小尺寸零件，拟开发专用的非接触式轮廓测量仪器，其具体技术要求为：

(1) 测量机构行程：X 轴行程为 150 mm，Y 轴行程为 150 mm，Z 轴行程为 200 mm。

(2) 线性度：±0.1%F.S；Z 轴重复测量精度≤0.4 μm；X 轴重复测量精度≤5 μm。

7.5.6.2 3D 轮廓线激光扫描测量原理

线激光三角法由点激光三角法发展而来，可以同时获取工件 $X-Z$ 方向的轮廓信息。如图 7-8 所示，半导体激光器发出的激光经过准直透镜后，由柱面物镜将点光源扩展为直线光束，线激光在被测轮廓表面上发生漫反射，反射光经物镜极限聚焦，再经过接收透镜，最终在 CMOS 上生成被测轮廓表面的二维轮廓。

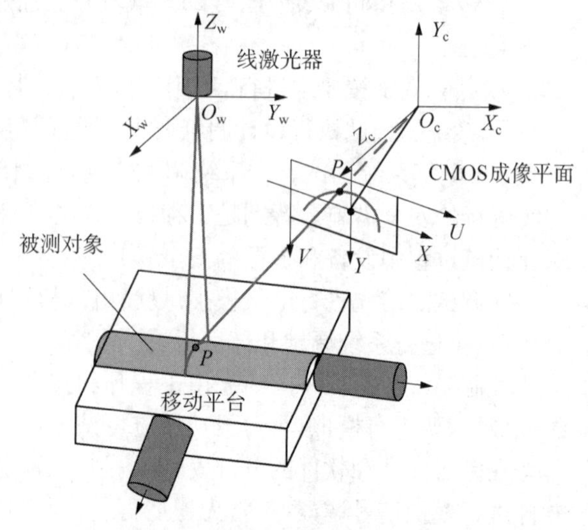

图 7-8 线激光立体视觉的测量模型

要获取被测对象的 3D 轮廓点云数据，需要借助精密位置控制系统，实现线结构光视觉传感器和被测对象的相对运动。

7.5.6.3 总体设计方案

测量仪器的总体设计方案如图 7－9 所示，包括激光扫描传感器、传动机构(驱动激光扫描传感器)、工作台、数据采集系统和运动控制系统。

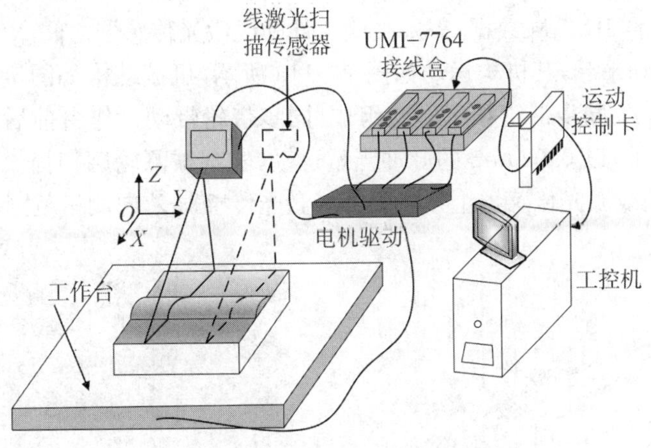

图 7－9 测量系统总体结构设计方案

激光扫描 3D 轮廓测量系统主要包括线激光扫描系统和精密位置控制系统。激光扫描 3D 轮廓测量系统包括系统软件、系统驱动和系统硬件三大部分，如图 7－10 所示。

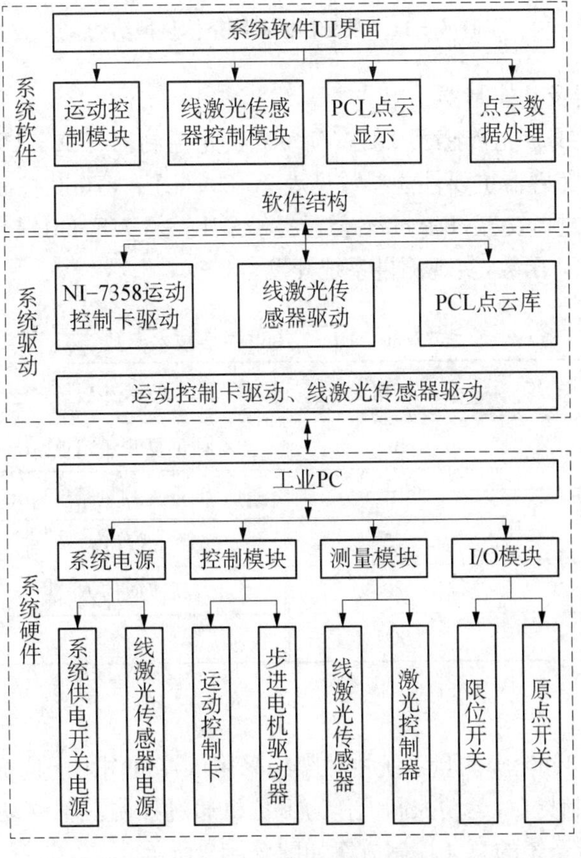

图 7－10 系统总体结构

7.5.6.4 系统硬件设计

系统硬件主要包括线激光传感器及其控制器、三轴移动平台、运动控制卡、控制卡接线盒、步进电机、电机驱动器和工控机等。

1）机械系统设计

为了获取工件的3D轮廓数据，需要被测工件和线激光传感器之间产生相对运动，为此设计了龙门式三轴移动平台，其机构运动如图7-11a所示，机械结构如图7-11b所示。其中，X轴滑台由步进电机、同步带轮和工作台组成，同步带轮带动工作台前后移动。线激光传感器安装在Y轴滑台上，以0.02 mm的脉冲当量运动，实现被测轮廓扫描。Z轴由两个丝杆及直线导轨组成，带动线激光传感器上下移动。线激光传感器Z向测量范围为52～68 mm。

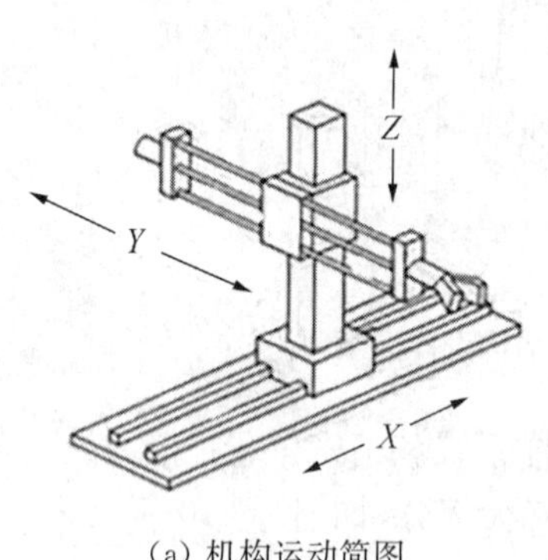

（a）机构运动简图

（b）机械结构图

图7-11 激光扫描系统整体机械结构

2）线激光传感器及其控制器

测量系统主要由线激光传感器LJ-V7060、激光控制器、CA-U4稳压电源模块组成。LJ-V7060型线激光传感器主要性能参数见表7-20。LJ-V7060控制器负责与线激光传感器通信和上位机软件进行交互，Keyence公司提供了LJ-V7IF.LIB静态链接库，用户可以根据需求调用其中的API函数，实现测量系统开发。

表7-20 LJ-V7060主要技术参数

技术参数	规格	技术参数	规格
激光波长/nm	405	Z轴重复测量精度/μm	0.4
Z轴测量范围/mm	60±8	X轴重复测量精度/μm	5
X轴测量范围/mm	15	线性度	±0.1%F.S
轮廓数据间隔/μm	20	高速通信方式	USB/Ethernet
轮廓数据点	800		

3）控制系统设计

基于激光扫描的3D轮廓测量系统主体架构采用工控机作为上位机主要负责用户界面的显示和接收用户的控制指令，运动控制卡作为下位机通过控制三轴移动平台来实现线激光传感器的空间运动，测量系统的总体控制方案如图7-12所示。

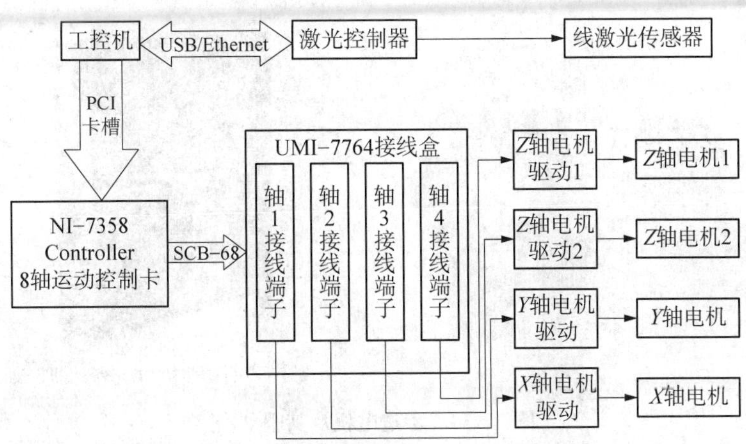

图 7 - 12　激光扫描测量系统总体控制结构

系统软件通过系统驱动和工控机交互连接，NI - 7358 运动控制卡与工控机通过 PCI 总线通信，激光控制器通过 Ethernet 和工控机通信。激光控制器通过 Ethernet 线缆将线激光传感器采集的二维轮廓数据传送到上位机软件中，再根据线激光传感走过的位移计算出轮廓表面的 Y 轴坐标。

4）运动控制卡

选用 NI 公司生产的 PCI - 7358 高性能运动控制卡，如图 7 - 13a 所示。NI - 7358 运动控制卡可通过编程实现对 8 个轴的独立控制，也可通过多轴联动实现空间协调运动，每个轴具有专用的运动 I/O 及附加的 I/O 通用功能。UMI - 7764 是 NI 公司为 PCI - 7358 生产的专用接线盒，如图 7 - 13b 所示，可同时或独立连接 4 个运动轴。

(a) PCI - 7358 多功能 8 轴运动控制卡

(b) UMI - 7764 运动控制卡接线盒

图 7 - 13　NI 运动控制单元

5）步进电机及其驱动器

系统的 3 个移动轴均选用雷赛 CME 型步进电机驱动，如图 7 - 14a 所示。选用雷赛公司生产的数字式两相型驱动器 DM542，如图 7 - 14b 所示。DM542 输入电源电压为 24VDC/36VDC，步进脉冲频率最高可达 200 kHz。

DM542 的接口性能参数见表 7 - 21。表中脉冲信号 PUL 为上升沿有效，可接收 5VDC 或 24VDC 控制信号。方向信号 DIR 为高/低电平信号，为了保证稳定换向，方向信号需要比脉冲信号早 5 μs。

(a) 步进电机

(b) 数字式两相步进电机驱动器 DM542

图 7-14 步进电机及其驱动器

表 7-21 DM542 接口性能参数

参数名称	功能	参数名称	功能
GND	电源负极	DIR−	负方向信号
+Vdc	电源正极	ENA+	使能信号正极
A+、A−	电机 A 相线圈	ENA−	使能信号负极
B+、B−	电机 B 相线圈	BR	抱闸信号
PUL+	脉冲控制信号正极	COM	报警和抱闸信号公共端
PUL−	脉冲控制信号负极	ALM	报警信号
DIR+	正方向信号		

6) 系统控制线路

(1) 步进电机与驱动器接线。只有正确连接电机和驱动器才能实现三轴位移平台的正确动作。图 7-15 所示为电机和 DM542 驱动器接线示意图，电机的 2 个线圈分别接在驱动器 DM542 的 A+、A−、B+和 B−引脚上。

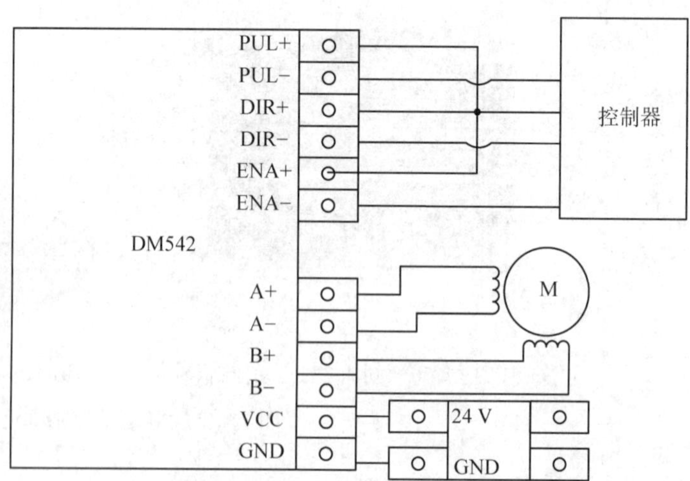

图 7-15 步进电机与驱动器 DM542 接线示意图

(2) 驱动器与运动控制卡接线。DM542 驱动器与控制器采用共阳极接线方式。图 7-16 所示为驱动器与 PCI-7358 运动控制卡接线图，驱动器的 DIR-引脚接到 UMI-7764 接线板的 Aix1 接线端子的 DIR 接口，PCI-7358 与运动控制卡的引脚 Pin1 相连，驱动器的 PUL-引脚接到 UMI-7764 接线板的 Aix1 接线端子的 Step 接口，即 PCI-7358 与运动控制卡的引脚 Pin35 相连，而 PUL+、DIR+连接 UMI-7764 接线板的 Aix1 接线端子的+5 V 引脚，即 PCI-7358 与运动控制卡的引脚 Pin59 相接。

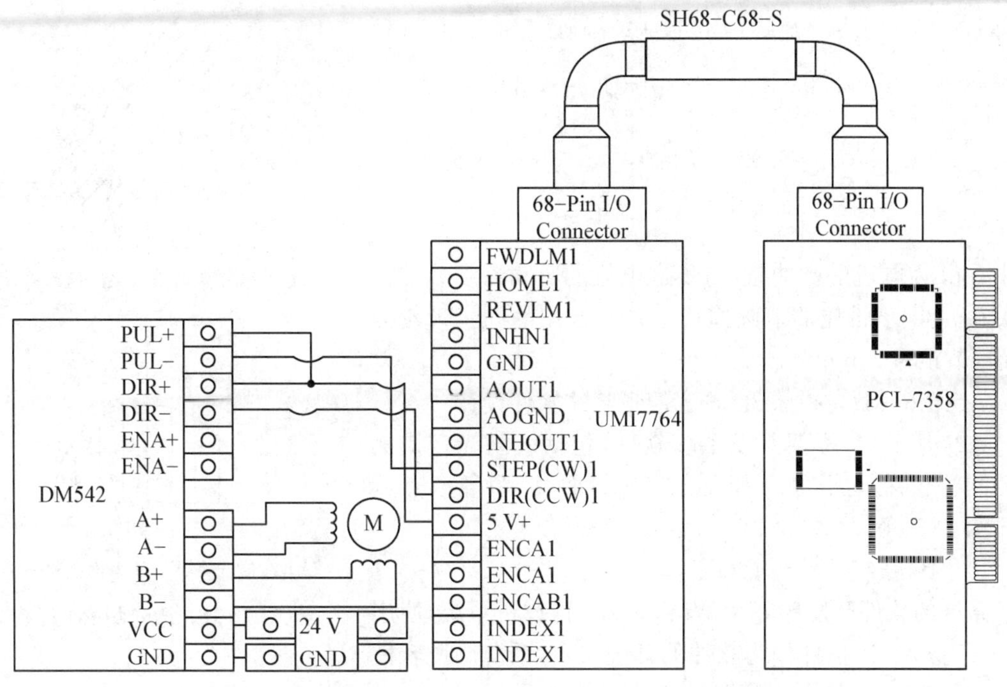

图 7 - 16　驱动器 DM542 与 PCI - 7358 运动控制卡接线图

(3) 激光控制器与线激光传感器接线。如图 7 - 17 所示,线激光传感器通过专用的传感器线缆和激光控制器连接,激光控制器和工控机使用以太网连接,CA - U4 电源为激光控制器供电。

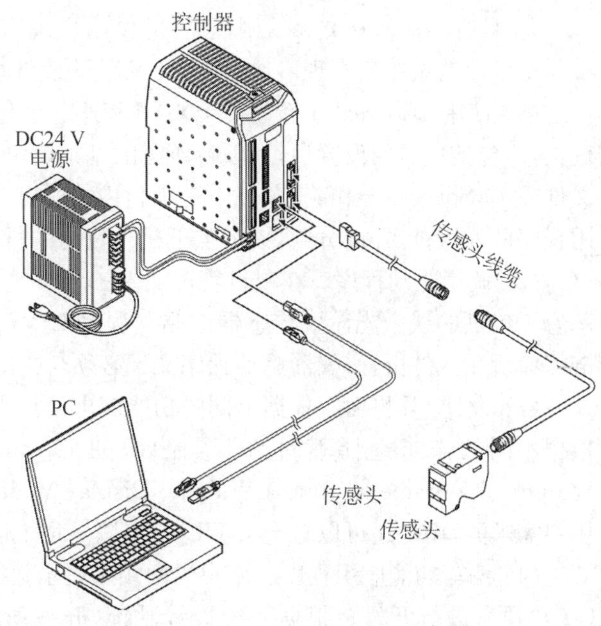

图 7 - 17　线激光传感器接线图

7.5.6.5　**激光扫描 3D 轮廓测量系统坐标系建立**

1) 三轴位置控制系统坐标系建立

三轴位置控制系统坐标系如图 7 - 18 所示,以激光线为 X 轴方向,线激光水平移动方向为 Y 轴,Z 轴垂直于 X - Y 轴所确定的平面。

2) 激光扫描测量坐标系建立

为了获取 3D 轮廓数据,建立如图 7 - 18a 所示激光扫描测量坐标系,其中,Z 轴垂直于工作台,Y 轴水平向右,X 轴平行于线激光传感器激光束。当线激光束投射到被测工件轮廓上,每条线激光可以测量一个工件轮廓截面上的 800 个点 $P_{ij}(x, z)$,每个采样点的深度为 h_i,即满足式(7 - 1),如图 7 - 18b 所示;激光线上采样点的 X 轴坐标范围为−8.000～7.980 mm,相邻采样点的间隔为 0.02 mm,即 X 轴坐标符合式(7 - 2),其中 i 为第 i 次扫描。记 Y_i 为第 i 次扫描,根据运动关系可以确定 Y 轴的坐标,扫描仪沿着 Y 轴匀速运动,使线激光传感器沿着被测对象等间隔测量,每次采样点的 Y 轴坐标可由式(7 - 3)计算:

$$z_{i,j}=h_j \quad (j=1, \cdots, 800) \tag{7-1}$$

$$x_{i,j}=-8.0+0.02j \quad (j=1, \cdots, 800) \tag{7-2}$$

$$y_i=i\times\frac{\text{pul}}{d}\times 0.02 \quad (i=0, 1, 2, \cdots, N) \tag{7-3}$$

式中，pul 为电机的脉冲数，与步进电机的驱动器细分选择有关；d 为同步带轮的节圆周长。系统选用的同步带轮为 16 齿，节距为 2 mm。

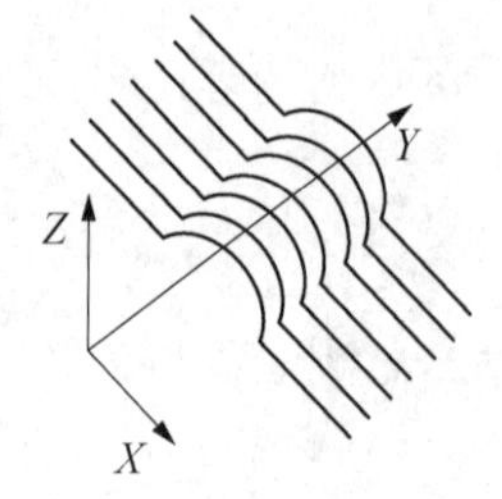

(a) 激光测量坐标系三维示意图

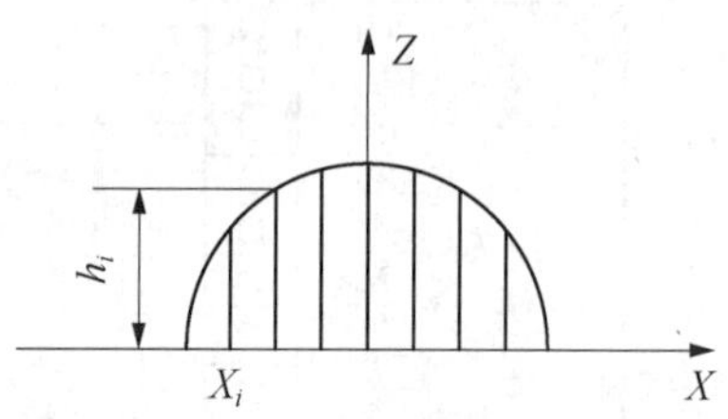

(b) 线激光在 X - Z 平面测量示意图

图 7 - 18 激光测量坐标系

7.5.6.6 激光扫描 3D 轮廓测量系统软件设计

系统基于 Qt 框架开发系统软件，包括线激光扫描测量控制、三轴移动平台控制、软件 UI 界面及 3D 轮廓点云的显示、处理等。

1) 测量系统开发环境和工具

系统的软件开发环境为 Windows10 计算机系统，使用 VS2017 嵌入 Qt 插件作为软件的开发 IDE，系统测量软件基于 Qt、PCL、VTK 等开发工具。

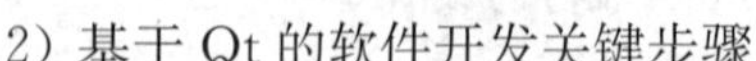

2) 基于 Qt 的软件开发关键步骤

Qt 具有丰富的基类和示例程序，可供用户快速开发和搭建自己的软件系统。Qt 采用信号与槽函数的机制来实现事件处理，开发者只需知道信号由谁发出、谁来接收即可。

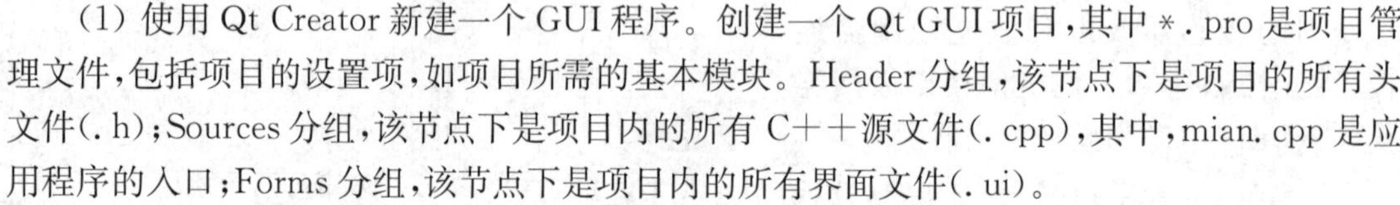

(1) 使用 Qt Creator 新建一个 GUI 程序。创建一个 Qt GUI 项目，其中 *. pro 是项目管理文件，包括项目的设置项，如项目所需的基本模块。Header 分组，该节点下是项目的所有头文件(. h)；Sources 分组，该节点下是项目内的所有 C++源文件(. cpp)，其中，mian. cpp 是应用程序的入口；Forms 分组，该节点下是项目内的所有界面文件(. ui)。

(2) 调用驱动程序。在项目管理文件 *. pro 里添加仪器驱动的动态链接库 DLL 文件，如基恩士提供的线激光轮廓传感器的驱动程序 LJV7_IF. dll，只需在. pro 文件里引入这个动态链接库所在文件位置，仪器驱动程序文件必须与主应用程序放在同一文件夹下。

(3) 设计 UI 界面。根据不同的功能需求设计 UI 界面。Qt Designer 里的组件面板可以根据不同的需求选择不同的 UI 控件，如 Layout、Spacers、Buttons、Item Views、Item Widgets、Containers、Inpute Widget、Display Widget 等，如果 Qt 所提供的 UI 控件没有符合用户需求的，用户还可以自定义 UI 控件，以满足个性化的需求。

(4) 编写功能应用程序。用户界面用来展示数据，方便用户操作，而具体的功能需要使用 C++语言进行开发。根据系统设计功能，开发所需的 UI 控件事件，即开发 UI 控件的槽函数。

3) 软件总体功能结构设计

图 7 - 19 所示为软件总体功能结构设计。本测量系统软件应具有定位运动、相对运动、绝对运动和系统归零，可分别对 X、Y、Z 轴的速度、加速度、减速度等参数进行设置，并具有急停、限位等系统保护功能；也具备对运动控制卡进行 ID 设置、板卡初始化、运动控制卡状态监控功能，可以获取线激光传感器的测量数据。

根据上述系统功能要求，系统软件主要有运动控制卡管理、测量设备管理、运动控制、轮廓

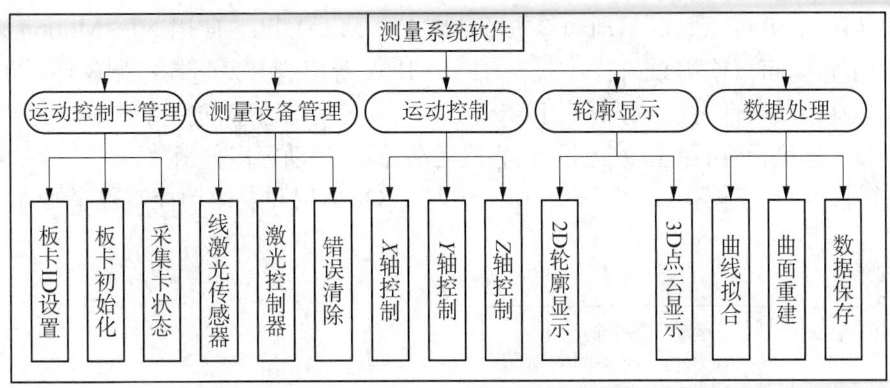

图 7 - 19 软件总体功能结构设计

显示和数据处理五大部分，如图 7 - 18 所示。图 7 - 18 中每个功能模块下具有相应的子功能，这些功能依靠 PCI - 7358 运动控制卡、线激光传感器 LJ - V7060 和 PCL 点云处理库等提供的 API 函数进行开发。

4) 运动控制系统模块设计

(1) 运动控制系统软件开发。运动控制系统软件结构如图 7 - 20 所示。NIPCI - 7358 运

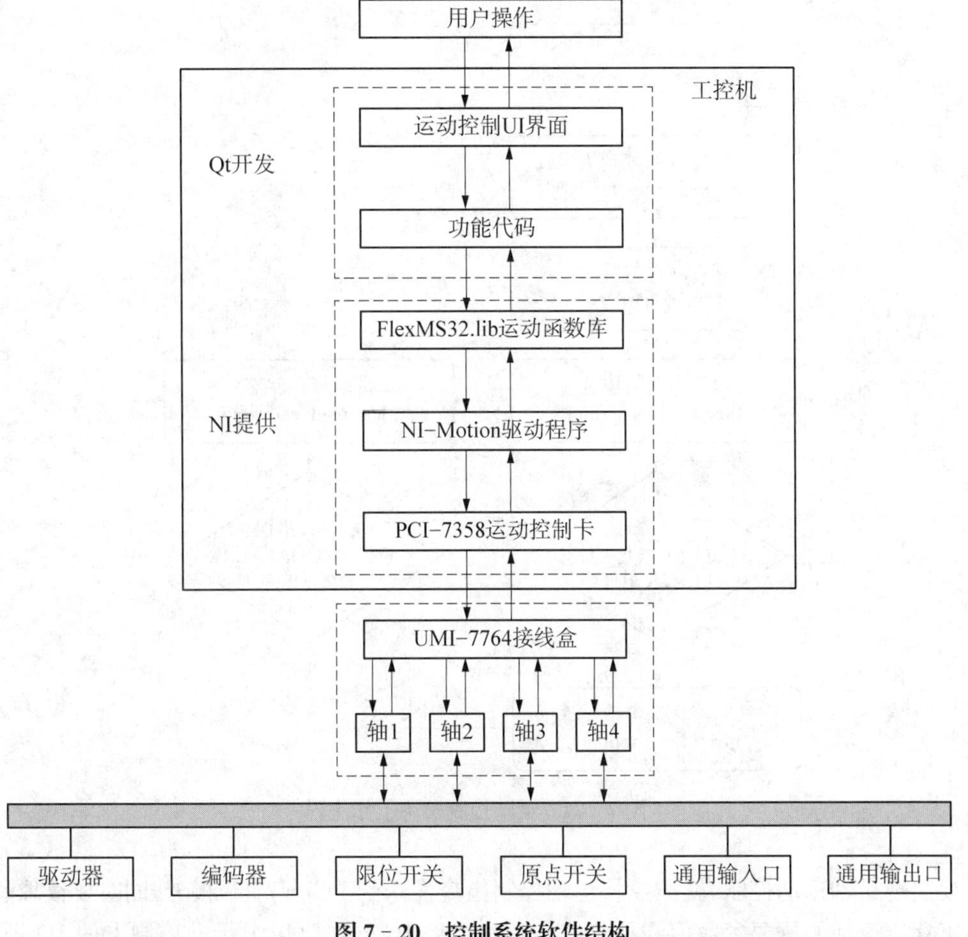

图 7 - 20 控制系统软件结构

动控制卡使用的 NI－Motion 驱动和静态链接库 FlexMS32. lib。使用 NI－Motion 来创建运动控制应用程序，可以使用 C 语言/C＋＋、LabVIEW 等语言开发运动控制软件。在使用 Qt 开发系统运动模块软件时，首先要调用 FlexMS32. lib 运动函数库，包括板卡初始化、轴控制函数、脉冲模式、速度设置、加速/减速设置、直线运动、圆弧运动等多种函数。

（2）多轴运动控制模块。图 7－21 所示为基于 Qt 框架开发运动控制程序的流程和关键函数说明。

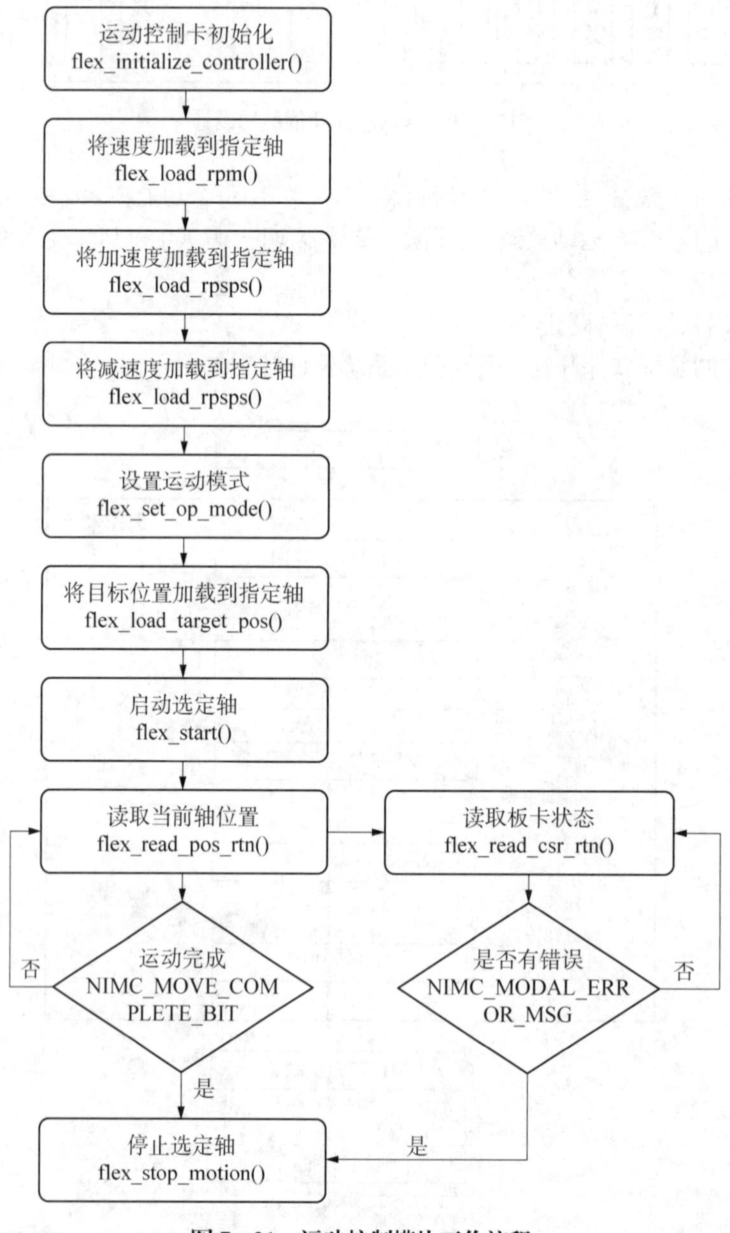

图 7－21　运动控制模块工作流程

要实现三轴运动控制，就需要将运动控制指令发送给 PCI－7358 板卡，同时要读取运动控制卡寄存器返回的重要参数值和位状态。开发过程中，首先要指定运动控制卡的 ID 号，其次要设置运动轴的速度、加减速度、运动模式及目标运动位置，将这些参数设置后启动指定的运动轴，然后进入运动循环。

5) 线激光传感器控制模块设计

(1) 线激光传感器软件线程处理。在3D轮廓点云数据的获取过程中，一方面要计算大量的数据点，通常具有百万数量级的数据，同时需要将这些数据显示到软件界面。为了降低程序负担，系统采用多线程处理，如图 7-22 所示，将不同功能的程序线程分离，提高系统的可靠性。

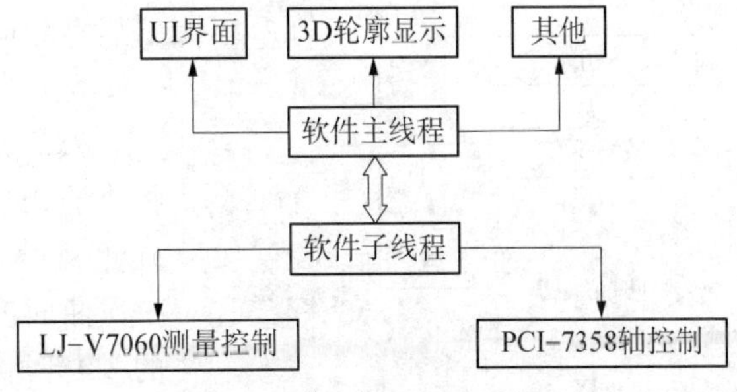

图 7-22 系统测量线程结构

(2) 线激光传感器数据获取。线激光传感器模块主要负责对 LJ-V7060 的通信和各种控制操作，实现对线激光传感器控制器的控制。该模块包括线激光传感器的 Ethernet 通信、高速数据通信、批量测量结果获取、系统资源释放等功能。要获取 LJ-V7060 测量数据，就要和线激光控制器进行高速通信。

6) 轮廓显示模块设计

对于3D轮廓测量软件，必须要有良好的可视化界面，使用户可以直观地观察所测量的3D轮廓点云数据。本系统3D轮廓点云显示模块软件基于 PCL1.9.1 图形库开发。

7.5.6.7 **用户界面和操作流程**

1) 软件用户界面

系统软件 UI 界面主要包括运动控制界面、线激光传感器通信界面和3D轮廓点云显示界面，如图 7-23 所示。

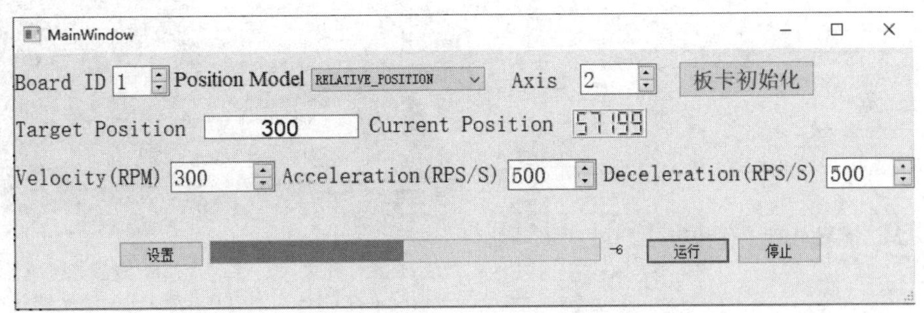

图 7-23 运动控制界面

启动 3D Measurement 软件，点击运动控制按钮，进入系统控制 UI 界面，首先要选定板卡 ID，对板卡进行初始化。在选定好运动轴后，根据实际需求选择不同的运动模式，测量时要对运动速度(RPM)、加速度(RPS/S)和减速度(RPS/S)进行设置。

2) 系统软件工作流程

用户通过 UI 界面操作 3D 轮廓测量系统，图 7-24 所示为系统软件 3D Measurement 的操作流程。打开电源给系统供电，确保系统各个硬件正常运行，再启动系统软件。启动软件后，进行设备初始化操作，为系统开辟资源。

三轴回零后，设置相关参数，点击设置按钮，确认参数无误后关闭运动控制界面，返回主界

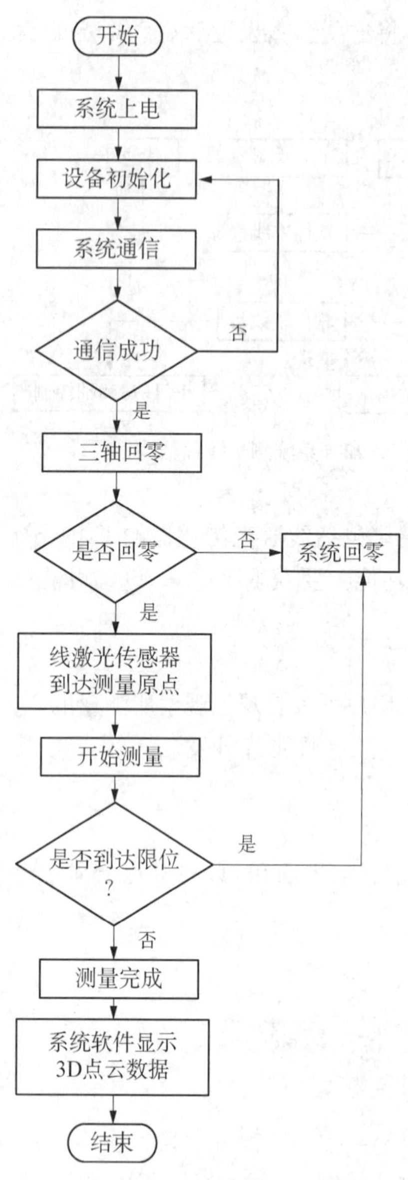

图 7 - 24　系统软件工作流程

面;在菜单栏单击开始按钮,软件触发激光控制器开始测量零件 3D 轮廓。与此同时,电机带动线激光传感器匀速移动,对零件进行扫描测量,测量完成后,停止电机运动,最后在软件界面上显示 3D 轮廓点云数据。

7.5.6.8　**系统扫描测试与 3D 轮廓点云数据处理**

为了测量零件的 3D 轮廓点云数据,搭建基于线激光扫描的 3D 轮廓测量系统样机,开发系统使用的专用测量软件 3D Measurement。借助系统三轴移动平台,对典型二次曲面工件进行扫描测量及自由曲面测量。由于获取的 3D 轮廓数据是离散的点云数据,以坐标的形式储存,还需要进一步处理,重构出工件的 CAD 模型。

1) 系统样机搭建

根据前文所述的系统工作原理、数学模型和结构设计,搭建一套基于激光扫描的 3D 轮廓测量系统,包括系统硬件的搭建、测量控制软件的开发。图 7 - 25 所示为激光扫描 3D 轮廓测量系统样机实物图。

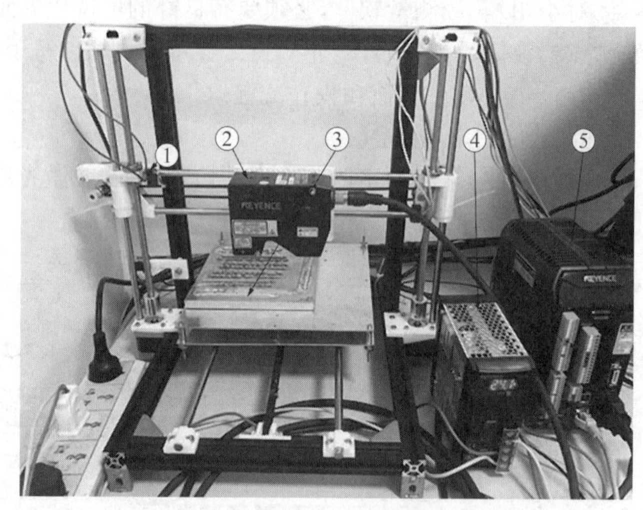

①—Y 轴限位开关;②—LJ - V7060 线激光传感器;
③—被测工件;④—CA - U4 电源;⑤—激光控制器

图 7 - 25　激光扫描 3D 轮廓测量系统样机

在测量系统中,通过运动控制卡 PCI - 7358 发出的脉冲信号控制三轴移动平台,X、Y 轴分别使用同步带传动,Z 轴使用丝杆传动,X 轴行程为 150 mm,Y 轴行程为 150 mm,Z 轴行程为 200 mm。三轴移动平台可带动 LJ - V7060 线激光传感器在 Y 轴和 Z 轴移动。

2) 系统扫描测试

为了验证系统扫描测试功能,分别选取几种常见的工件对系统进行扫描测试。测试中分别选取 V 形定位槽、标准圆柱体和标准球进行测量,分别对标准平面(图 7 - 26)、标准圆柱面(图 7 - 27)、标准球面(图 7 - 28)进行扫描测试。其中,V 形定位槽是英国泰勒公司的高精度定位块,标准圆柱工件是英国泰勒公司的标准试样,标准球面是米思米公司的标准汽车检具。

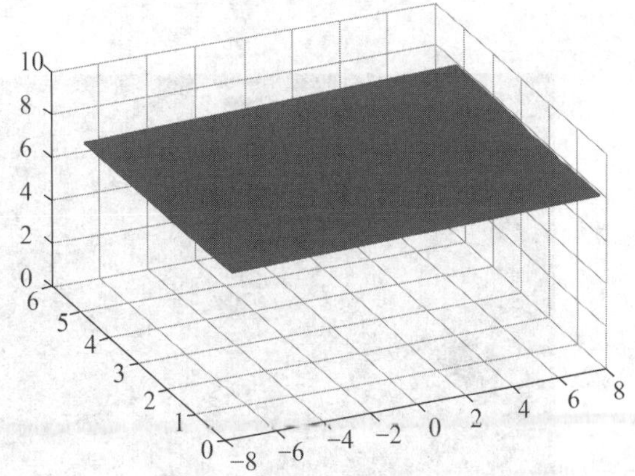

(a) 平面扫描测试　　(b) V 形定位块平面 3D 轮廓点云

①—V 形定位槽；②—LJ - V7060 线激光传感器

图 7 - 26　标准平面工件测量

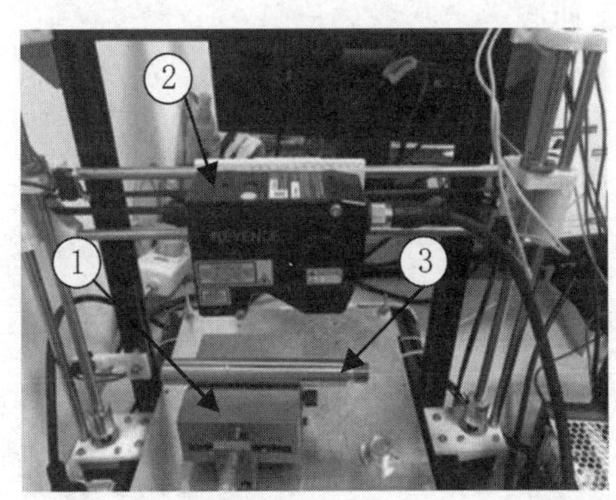
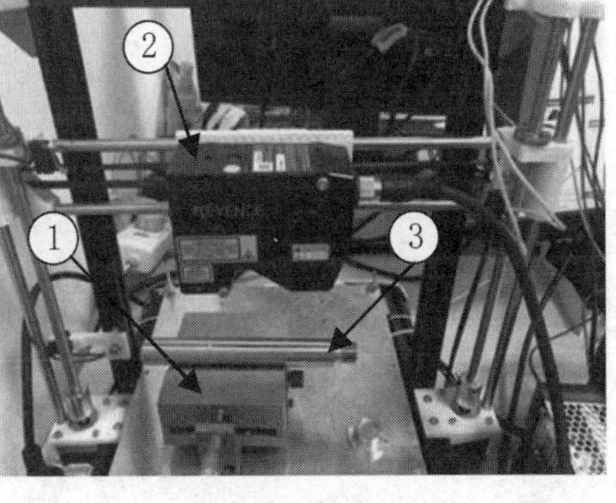

(a) 圆柱面扫描测试　　(b) 标准圆柱工件 3D 轮廓点云

①—V 形定位槽；②—LJ - V7060 线激光传感器；③—标准圆柱工件

图 7 - 27　标准圆柱工件测量

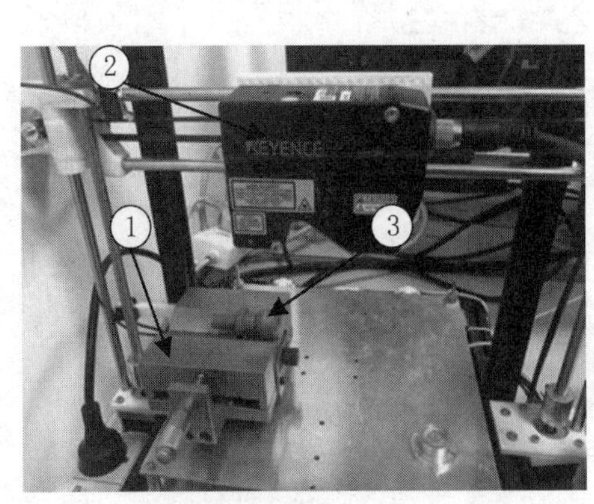

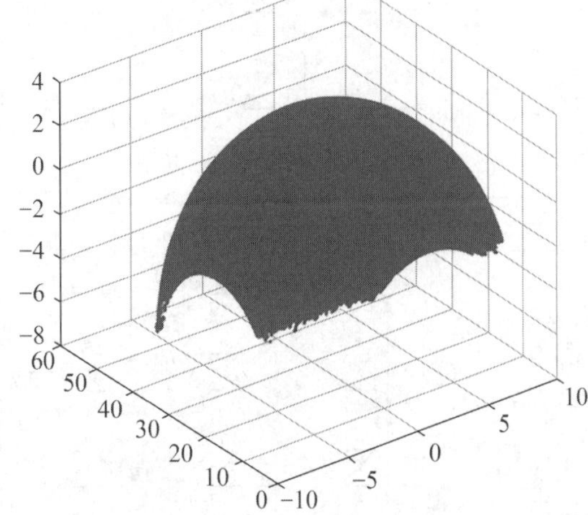

(a) 球面扫描测试　　(b) 标准球面 3D 轮廓点云

①—V 形定位槽；②—LJ - V7060 线激光传感器；③—标准球体工件

图 7 - 28　标准球面工件测量

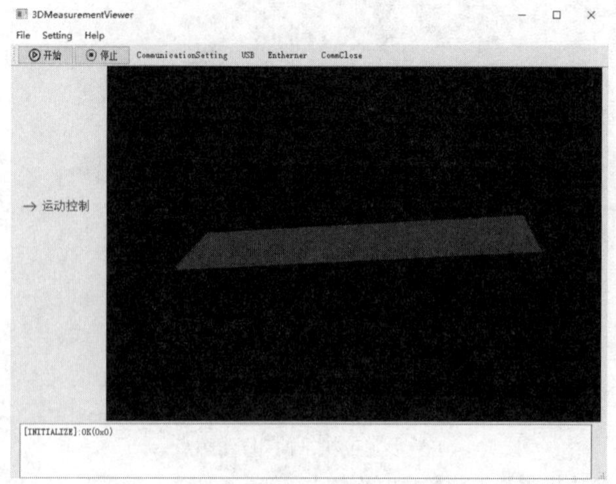

图 7-29　V 形定位槽平面点云

3）3D 轮廓点云数据处理

（1）基于最小二乘法的平面点云数据拟合。设 M 为测量的图 7-27a 中 V 形定位槽的平面点云，如图 7-29 所示。平面 M 的方程为：$Ax+By+Cz=0$，该方程能够唯一表示平面 M，但是 M 的表示形式不唯一。假设平面不过坐标系原点，定义标准平面方程如下：

$$p(x,\ y,\ z)=ax+by+cz+1=0 \tag{7-4}$$

设点集 $M\{(x_1,\ y_1,\ z_1),\ (x_2,\ y_2,\ z_2),\ \cdots,\ (x_n,\ y_n,\ z_n)\}$，其最佳拟合平面满足下式：

$$\sum_{i=1}^{n}[p(x,\ y,\ z)-p(x_i,\ y_i,\ z_i)]^2=\min \tag{7-5}$$

式中，$p(x,\ y,\ z)=0$，则

$$f=\sum_{i=1}^{n}(ax_i+by_i+cz_i+1)^2=\min \tag{7-6}$$

要使式(7-6)成立，需要分别对 a、b、c 求偏导数，满足 $\frac{\partial f}{\partial a}=0$、$\frac{\partial f}{\partial b}=0$、$\frac{\partial f}{\partial c}=0$ 成立，整理后得

$$\begin{cases}a\sum_{i=1}^{n}x_i^2+b\sum_{i=1}^{n}x_iy_i+c\sum_{i=1}^{n}z_ix_i=-\sum_{i=1}^{n}x_i\\ a\sum_{i=1}^{n}x_iy_i+b\sum_{i=1}^{n}y_i^2+c\sum_{i=1}^{n}z_iy_i=-\sum_{i=1}^{n}y_i\\ a\sum_{i=1}^{n}x_iz_i+b\sum_{i=1}^{n}y_iz_i+c\sum_{i=1}^{n}z_i^2=-\sum_{i=1}^{n}z_i\end{cases} \tag{7-7}$$

设

$$Q=\begin{bmatrix}\sum_{i=1}^{n}x_i^2 & \sum_{i=1}^{n}x_iy_i & \sum_{i=1}^{n}z_ix_i\\ \sum_{i=1}^{n}x_iy_i & \sum_{i=1}^{n}y_i^2 & \sum_{i=1}^{n}z_iy_i\\ \sum_{i=1}^{n}x_iz_i & \sum_{i=1}^{n}y_iz_i & \sum_{i=1}^{n}z_i^2\end{bmatrix},\ X=\begin{bmatrix}a\\ b\\ c\end{bmatrix},\ K=\begin{bmatrix}-\sum_{i=1}^{n}x_i\\ -\sum_{i=1}^{n}y_i\\ -\sum_{i=1}^{n}z_i\end{bmatrix} \tag{7-8}$$

则有

$$QX=K \tag{7-9}$$

解得平面方程系数为

$$X = Q^{-1}K \tag{7-10}$$

根据以上最小二乘平面拟合原理，为系统软件开发了相应的平面点云拟合算法。把图7-29中平面点云数据读取到软件中，经计算后的平面点云系数如下：

$$[a,\ b,\ c] = [0.02891,\ 0.00991,\ -1]$$

为了验证系统软件平面拟合算法的准确性，将图7-29中V形定位槽平面点云读取到Geomagic Studio中，使用其最佳平面拟合算法拟合该平面，得到的结果如图7-30所示，和Geomagic Studio的计算结果相比，系统软件平面拟合算法满足要求。

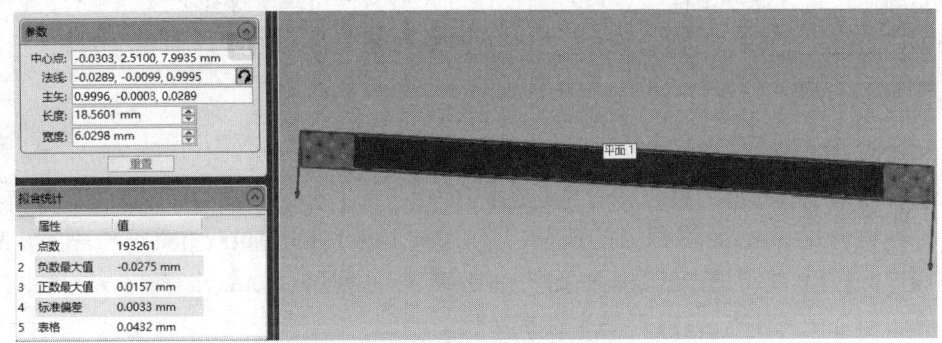

图7-30 Geomagic Studio最佳拟合平面参数

(2) 基于最小二乘法的球面点云数据拟合。设点集 $M\{(x_1,\ y_1,\ z_1),\ (x_2,\ y_2,\ z_2),\ \cdots(x_n,\ y_n,\ z_n)\}\ (n \geqslant 4)$，设球面方程为

$$(x-a)^2 + (y-b)^2 + (z-c)^2 = r^2 \tag{7-11}$$

构造目标函数

$$f(a,\ b,\ c,\ r) = \sum_{i=1}^{n} [(x_i - a)^2 + (y_i - b)^2 + (z_i - c)^2 - r^2]^2 \tag{7-12}$$

分别对 a、b、c、r 求偏导，则有

$$\sum_{i=1}^{n} x_i [(x_i - a)^2 + (y_i - b)^2 + (z_i - c)^2 - r^2] = 0 \tag{7-13}$$

$$\sum_{i=1}^{n} y_i [(x_i - a)^2 + (y_i - b)^2 + (z_i - c)^2 - r^2] = 0 \tag{7-14}$$

$$\sum_{i=1}^{n} z_i [(x_i - a)^2 + (y_i - b)^2 + (z_i - c)^2 - r^2] = 0 \tag{7-15}$$

$$\sum_{i=1}^{n} r [(x_i - a)^2 + (y_i - b)^2 + (z_i - c)^2 - r^2] = 0 \tag{7-16}$$

用式(7-13)～式(7-15)分别减去式(7-16)，可得

$$\begin{bmatrix} \overline{X^2}-(\bar{X})^2 & \overline{XY}-\bar{X}*\bar{Y} & \overline{XZ}-\bar{X}*\bar{Z} \\ \overline{XY}-\bar{X}*\bar{Y} & \overline{Y^2}-(\bar{Y})^2 & \overline{YZ}-\bar{Y}*\bar{Z} \\ \overline{XZ}-\bar{X}*\bar{Z} & \overline{YZ}-\bar{Y}*\bar{Z} & \overline{Z^2}-(\bar{Z})^2 \end{bmatrix}\begin{bmatrix} a \\ b \\ c \end{bmatrix}$$

$$=\frac{1}{2}\begin{bmatrix} (\overline{X^3}-\bar{X}*\overline{X^2})+(\overline{XY^2}-\bar{X}*\overline{Y^2})+(\overline{XZ^2}-\bar{X}*\overline{Z^2}) \\ (\overline{X^2Y}-\bar{Y}*\overline{X^2})+(\overline{Y^3}-\bar{Y}*\overline{Y^2})+(\overline{YZ^2}-\bar{Y}*\overline{Z^2}) \\ (\overline{X^2Z}-\bar{Z}*\overline{X^2})+(\overline{ZY^2}-\bar{Z}*\overline{Y^2})+(\overline{Z^3}-\bar{Z}*\overline{Z^2}) \end{bmatrix}$$

求解该矩阵便可得到球心坐标$[a, b, c]$，代入式(7-16)便可求解球径 r。

根据以上最小二乘球面拟合原理，为系统软件开发了最小二乘球面拟合算法，把图 7-31b 中球面点云数据读取到软件中，经计算后的球面点云系数如下：

$$[a, b, c, r]=[1\,166.7231, 160.4218, -1\,235.1872, 50.167]$$

为了验证系统软件球面拟合算法的准确性，使用了徕卡公司提供的标定标准靶球，该标定靶球公称直径为 50 mm，如图 7-31a 所示，并使用徕卡 AT960 跟踪仪和 T-Scan5 激光扫描仪对靶球进行扫描，获得的点云数据如图 7-31b 所示，并使用 Geomagic Studio 软件中最佳球面拟合算法拟合该靶球点云，得到靶球的参数为

$$[a, b, c, r]=[1\,166.7226, 160.4189, -1\,235.1769, 50.167]$$

(a) 徕卡标定靶球

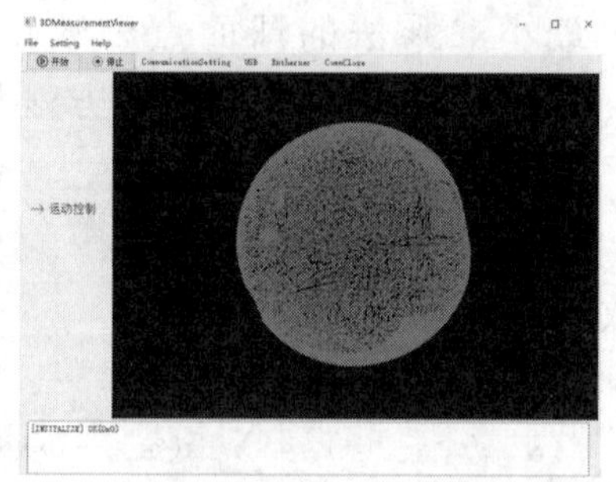

(b) 标准靶球 3D 轮廓点云

图 7-31 标定靶球及其轮廓点云数据

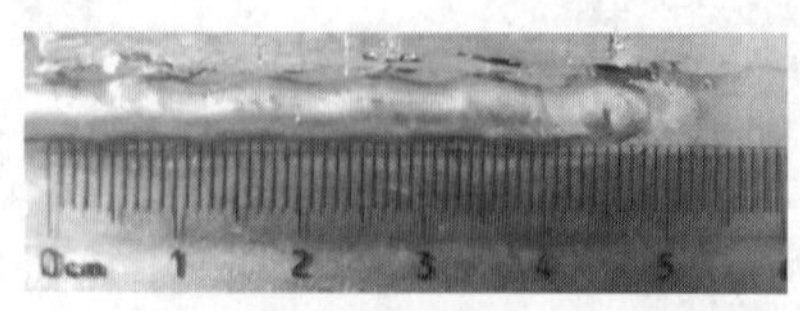

图 7-32 铝合金 3D 打印焊缝实物图

(3) 自由曲面点云重建应用。根据被测对象的几何特征，可以将零件表面轮廓分为二次曲面、扫掠曲面和自由曲面，而自由曲面表面轮廓复杂，测量较为困难。为了研究系统扫描自由曲面 3D 轮廓的性能，对铝合金 3D 打印焊缝轮廓进行扫描测试，以获取其表面 3D 轮廓数据，如图 7-32 所示。

为了研究铝合金 3D 打印焊缝成形质量，需要对焊缝表面轮廓进行精确测量，对其缺陷做出高效、精准的检测。使用基于投影的 Delaunay 三角剖分算法实现焊缝三维点云的曲面重建。如图 7-33a 所示，首先将焊缝轮廓三维点云投影到 X-Y 平面，并生成平面三角网格拓扑

结构,该平面三角网格划分满足"空圆特性"和"最大化最小角",且 Delaunay 三角剖分具有唯一的最优解,如图 7-33b 所示;生成 $X-Y$ 平面点云的三角网格划分后,根据 $X-Y$ 平面三角网格与各原始三维点云之间的拓扑关系,拓扑连接形成焊缝轮廓的空间三角网格,实现自由曲面的重建,如图 7-34a 所示,7-34b 为其重建后局部放大的曲面三角网格。从图 7-34 可以看出,整个焊缝高低不平,并在 Y 轴方向 1.5 mm 和 3.5 mm 处存在咬边缺陷,因此本系统具有一定的检测能力。

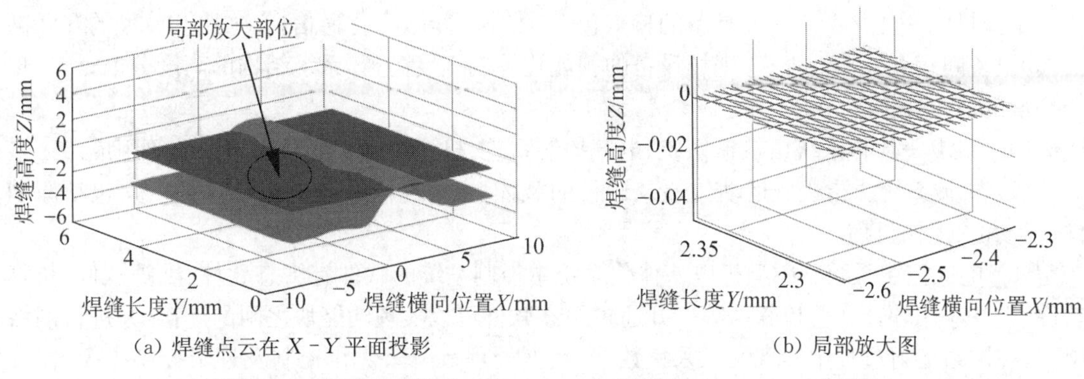

(a) 焊缝点云在 X-Y 平面投影　　(b) 局部放大图

图 7-33 铝合金焊缝点云在 X-Y 平面投影的 Delaunay 三角网格

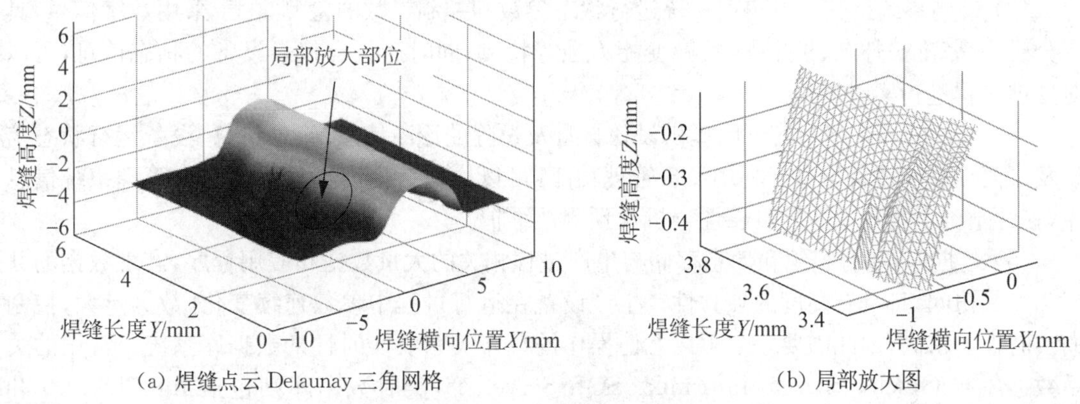

(a) 焊缝点云 Delaunay 三角网格　　(b) 局部放大图

图 7-34 焊缝三维 Delaunay 三角网格曲面

7.6 中型机电一体化系统设计方法

中型机电一体化系统一般为生产线上的一个生产单元,如汽车生产线上的机器人工作站;也可能是一个车间,如汽车生产线上的喷涂车间、焊装车间等。这些生产单元或车间一般由一系列能够完成若干工序的小型机电一体化系统组成,如加工中心。数控加工中心是由机械设备与数控系统组成的适用于加工复杂零件的高效率自动化机床。数控加工中心综合加工能力较强,工件一次装夹后能完成较多的加工内容,可以把它分为加工系统、换刀系统、工装和夹具、测量系统等部分,每一部分可以看作一个独立的小型机电一体化系统。这些子系统按照一定的时序运动才能完成复杂零件的加工功能,这就要求在独立的小型机电一体化系统之上还要有一个层级更高的控制系统。机器人焊接工作站也是典型的中型机电一体化系统,它由工业机器人、焊枪、自动焊机、变位机、送丝机构、保护气体输送装置、焊接工装、夹具等部分组成，每一个部分可以看作独立的小型机电一体化系统，这些子系统之上也需要有一个层级更高的控制系统才能协调各个子系统的运动，从而实现既定的焊接作业。

7.6.1 中型机电一体化系统设计要求

中型机电一体化系统设计不但具有控制和检测功能，还具备通信和管理功能。它主要解决工业现场的智能化仪器仪表、控制器、执行机构等现场设备之间的数字通信，以及这些现场控制设备和上层控制系统之间的信息传递问题。

中型机电一体化系统一般具备的特点包括：①实现全数字化通信；②采用开放型的互联网络；③设备间相互操作性强；④现场设备的智能化控制程度高；⑤系统结构的高度分散；⑥对现场环境的适应性强。

中型机电一体化系统由机械系统、电气控制系统、检测系统和设备管理系统等组成。

(1) 机械系统。指机械运动传递及运行的载体，主要完成系统的运动功能。它包括原动件、运动链、工作机构。

(2) 电气控制系统。中型机电一体化系统中控制系统的软件有组态软件、维护软件、仿真软件、设备应用软件和监控软件等。开通过组态软件可以实现功能块之间的连接，并进行网络组态，在网络运行过程中实现实时采集数据、数据处理、计算、优化控制及逻辑控制报警、监视和显示等功能。

(3) 检测系统。其可以实现系统运行状态参数和控制参数的检测，由于采用数字信号，具有分辨率高、准确性高、抗干扰、抗畸变能力强等特点，同时还具有仪表设备的状态信息，可以对处理过程进行实时调整。

(4) 设备管理系统。其可以提供设备自身及过程的诊断信息、管理信息、设备运行状态信息及厂商提供的设备信息。利用设备管理功能，可以构建一个现场设备的综合管理系统信息库，在此基础上实现设备的可靠性分析及预测性维护。

(5) 数据库，能有组织和动态存储与生产过程相关的大量数据和应用程序，实现数据的共享和交叉访问，且具有高度的独立性。生产设备在运行过程中参数连续变化，数据量大，控制的实时性要求高，因此需要一个可以互访操作的分布关系及实时性的数据库系统。常用的关系数据库有 Oracle、Sybas、Informix、SQL Server 等，实时数据库则包括 InfoPlus、PI 和 ONSPEC 等，可以基于机器人工作站的功能选择合适的数据库类型。

7.6.2 中型机电一体化系统总体方案设计

中型机电一体化系统设计前，首先要确定这个系统的运行流程，如设计数控加工中心需要确定数控加工工艺流程；设计机器人焊接工作站需要确定焊接工艺流程；设计机器人喷涂工作站需要确定喷涂工艺流程；设计机器人装配工作站需要确定装配工艺流程。典型的中型机电一体化系统设计流程如图 7－35 所示。根据生产工艺流程确定生产工序功能及布局；把每个生产工序作为一个独立的设计单元，即一个小型的机电一体化系统，按照 7.2 节的方法进行设计。

子系统分解的方法为：根据产品的功能和生产流程，把它分成若干具有相对独立功能的子系统，如加工中心可以根据其数控加工功能分解为加工系统、换刀系统、工装和夹具、测量系统 5 个子系统，每一部分可以看作一个独立的小型机电一体化系统；机器人焊接工作站可以分解为工业机器人、焊枪、自动焊机、变位机、送丝机构、保护气体输送装置、焊接工装、夹具等 8 个子系统，每一个子系统可以看作独立的小型机电一体化系统。

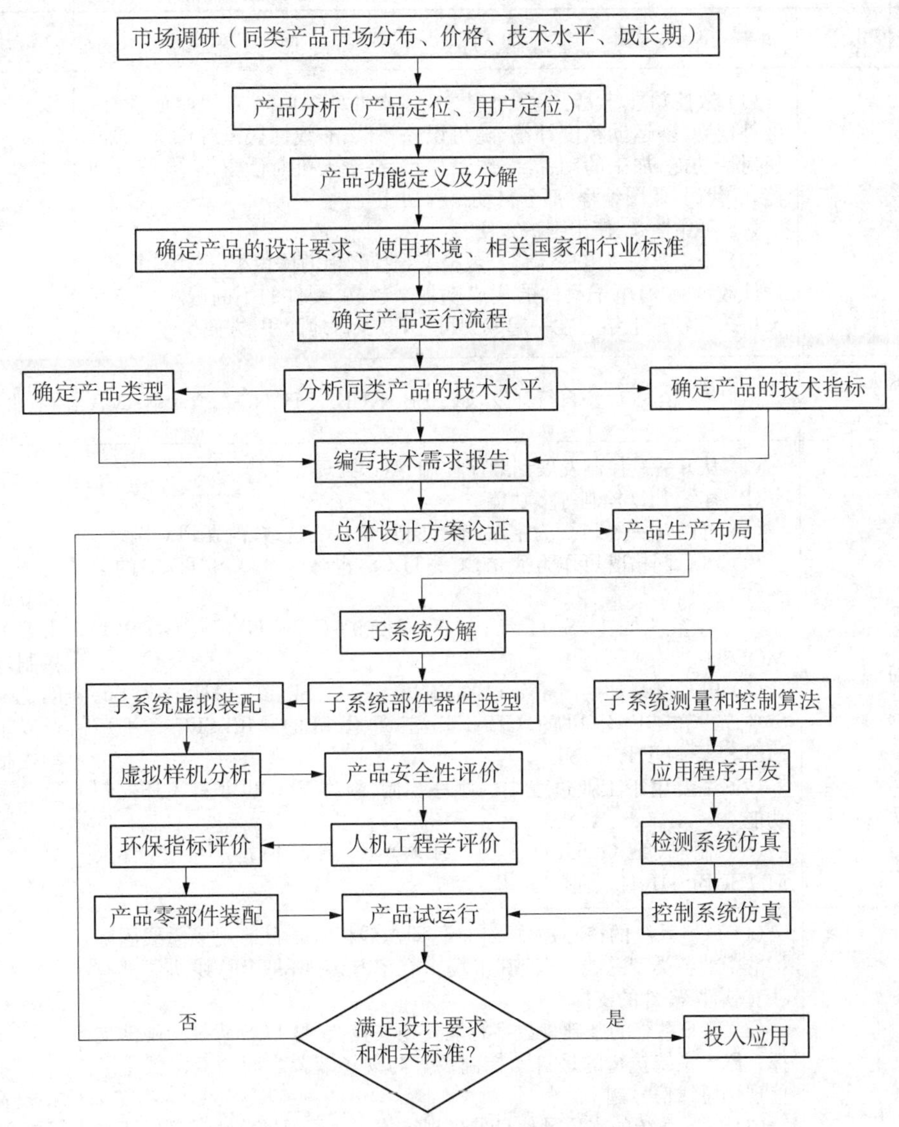

图7-35 中型机电一体化系统设计流程

工序是指一个（或一组）工人在一个工作地对一个（或几个）劳动对象连续进行生产活动的综合，是组成生产过程的基本单位。根据性质和任务的不同，工序可分为工艺工序、检验工序、运输工序等。

中型机电一体化系统可以基于PLC构建，也可以基于现场总线构建，还可以基于专用控制系统和工业互联网构建，它们的优缺点见表7-22。

7.6.3 中型机电一体化系统拓扑结构确定

中型机电一体化系统的主要功能是完成现场控制，基于PLC、现场总线和工业以太网的中型机电一体化系统的拓扑结构如图7-36～图7-39所示，一般采用上位机和下位机两级计算机控制模式。

表 7-22 3 种典型模式的中型机电一体化系统的特点

系统模式		特　点	应用场合
专用系统	数控系统	(1) 数控功能丰富:①插补功能,二次曲线、样条、空间曲面插补;②补偿功能,运动精度补偿、随机误差补偿、非线性误差补偿等;③人机对话功能,加工的动、静态跟踪显示,高级人机对话窗口;④编程功能,G代码、蓝图编程、部分自动编程功能 (2) 可靠性高、使用维护方便 (3) 易于实现机电一体化。数控系统控制柜的体积小(采用计算机,硬件数量减少;电子元件的集成度越来越高,硬件的不断减小),使其与机床在物理上结合在一起成为可能,减少占地面积,方便操作	数控机床
	机器人控制系统	由机器人生产厂家自行开发,如 ABB、KUKA、FANUC、YASKAMA	工业机器人
基于 PLC		(1) 从开关量控制发展到顺序控制、运送处理 (2) 连续 PID 控制等多功能 (3) 可以以一台 PLC 为主站,多台同型 PLC 为从站,构成 PLC 网络 (4) PLC 网格既可作为独立 DCS/TDCS,也可作为 DCS/TDCS 的子系统 (5) 大系统同 DCS/TDCS,如 TDC3000、CENTUMCS、WDPFI、MOD300 (6) PLC 网络如西门子公司的 SINEC—L1、SINEC—H1、S4、S5、S6、S7 等,GE 公司的 GENET,三菱公司的 MELSEC—NET、MELSEC—NET/MINI (7) 主要用于工业过程中的顺序控制,新型 PLC 也兼有闭环控制功能 (8) 制造商:GOULD(美)、AB(美)、GE(美)、欧姆龙(日)、MITSUBISHI(日)、西门子(德)等	实时性要求高的现场控制,响应时间为毫秒级及以下,如运动控制
基于现场总线		(1) FCS 系统的核心是总线协议,即总线标准。目前现场总线国际标准中的各类型总线,不论其市场占有率有多少,每个总线协议都有一套软件、硬件的支撑 (2) FCS 系统的基础是数字智能现场装置,它是 FCS 系统的硬件支撑。FCS 系统执行的是自动控制装置与现场装置之间的双向数字通信现场总线信号制 (3) FCS 系统的本质是信息处理现场化。采用现场总线后可以从线上得到更多的信息。相比 DCS,FCS 的总信息量是增加的,但传输信息的线缆大大减少 (4) 一些现场总线的仪器仪表本身就装了许多功能块,实际建立 FCS 系统时,一个网络支路上有许多性能类同功能块的情况是很可能出现的。选用哪一个现场仪表上的功能块,是系统组态要解决的问题	实时性要求较高的现场控制,如运动控制
基于工业以太网		(1) 工业以太网能提供一个开放的标准,使工业企业从现场控制到管理层实现全面的无缝的信息集成,它有效解决了由于协议上的不同导致的"自动化孤岛"问题 (2) 嵌入式以太网是最近网络应用的热点,是通过 Internet 使所有连接网络的设备彼此互通。利用企业信息网络可以进行工厂实时运行数据的发布和显示,管理者通过 Web 浏览器对现场工况进行实时远程监控、远程设备调试和远程设备故障诊断和处理。实现的最简单办法就是采用独立的以太网控制器,连接具有 TCP/IP 界面的控制主机及具有 RS-232 或 RS-485 接口的现场设备	实时性要求低的现场控制

(续表)

系统模式	特　点	应用场合
基于工业以太网	(3) 以太网在工业控制网络结构中有两种不同应用：一种是把以太网用在复合型结构的通信网络中作为管理子网，传递生产管理信息；另一种是把以太网当作控制网络使用，即把所有的工作站直接挂在以太网上用来传递过程数据 (4) 由于以太网采用CSMA/CD存取控制方法，并不满足实时性约束条件，故把以太网作为工业控制网使用时，需要在通信负荷比较轻的时候才能具有良好的实时性	

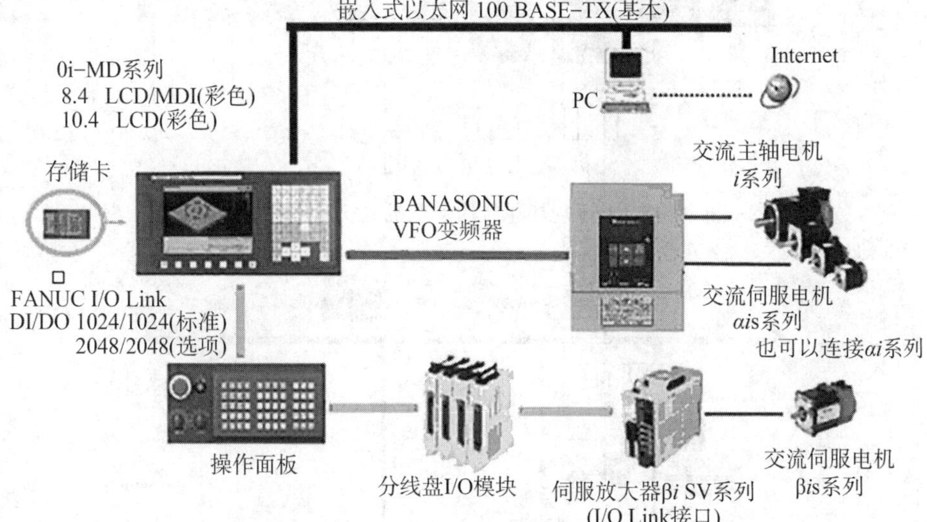

图7-36　FANUC 0i-MD系统组成

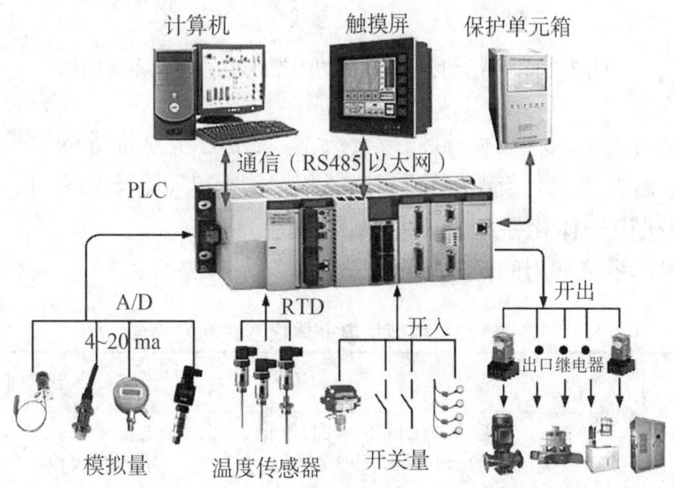

图7-37　基于PLC的中型机电一体化系统结构

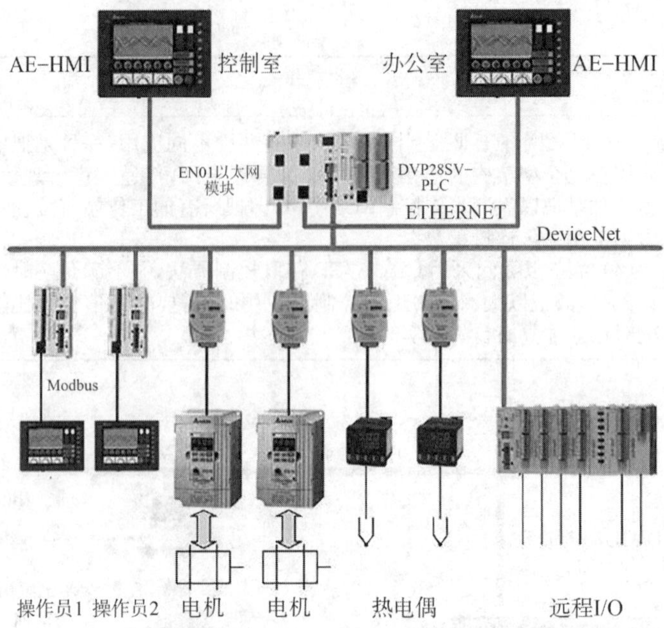

图 7-38 基于现场总线的中型机电一体化系统结构

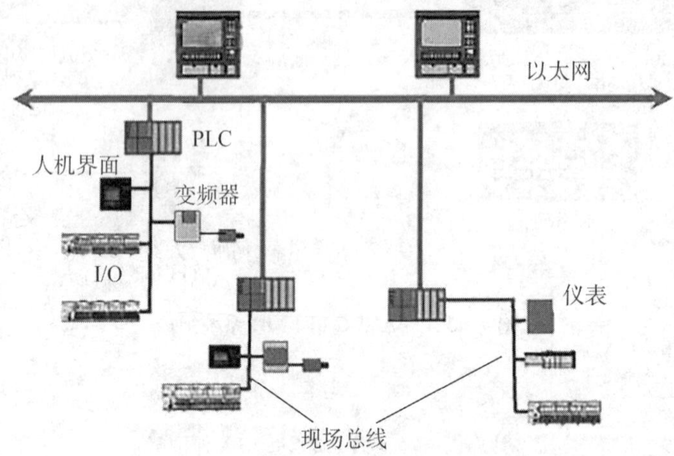

图 7-39 基于工业以太网的中型机电一体化系统结构

根据控制对象的类型、数量、实时性、投资成本、现场环境条件等的要求，可以确定中型机电一体化系统的结构类型。对于现场控制，选择顺序为 PLC、现场总线、工业以太网。

7.6.4 中型机电一体化系统开发平台的确定

中型机电一体化系统常用的开发平台见表 7-23。

表 7-23 中型机电一体化系统开发平台

系统模式	常用类型	编程平台
基于专用数控系统(加工中心)	FANUC 数控系统(日本)、西门子数控系统(德国)、Heidenhain(德国)、MAZATROL(日本)、Mitsubishi(日本)、广州数控、凯恩帝数控、华中数控、杭州正嘉等	每一品牌的数控系统针对不同类型的加工中心有不同的编程平台，但其应用程序都采用 G 代码编程

（续表）

系统模式	常用类型	编程平台
基于PLC	西门子PLC	STEP7 Micro/Wiin(S7-200)、STEP7 Micro/Wiin Smart(S7-200SMART)、STEP7 V5.5(S7-300、S7-400、ET200)、SIMATIC WinCC flexible、TIA Portal V15(S7-300、S7-400、S7-1200、S7-1500)、西门子组态、WinCC 6.2、WinCC 7.0等
	欧姆龙PLC	CX-Programmer V9.3等
	三菱PLC	GX Developer、GX WORKS2、GX WORKS3、GT WORKS3等
	松下PLC	FPWIN GR、FPWIN GR7、FPWIN Pro
	台达PLC	WPLSoft、ISPSoft
基于现场总线	PROFIBUS、EtherCAT、Lightbus、Interbus、CANopen、ControlNet、Iinterface、Ethernet/IP、ROFINET、Modbus、CC-Link、LonWorks、EIB、CANInterbus、P-ne、CC-Link、DeviceNet等	组态软件；每一种现场总线都有自己的应用程序开发平台
基于工业以太网	支持4种主要协议：HSE、Modbus TCP/IP、ProfINet、Ethernet/IP	组态软件；VB、Java、VC等

7.6.5 中型机电一体化系统开发实施

为了便于系统开发、管理、维护和将来系统升级，作为生产单元或车间的中型机电一体化系统一般采用模块化的结构，即每一个子系统作为一个相对独立的模块。对于每一个子系统，需要确定其控制对象类型、数量、控制方式、控制要求，也需要确定其通信接口和通信协议。

1）各子系统设计

每个中型机电一体化系统可以分解成若干个小型机电一体化系统，即子系统，如焊接机器人工作站可以分解为工业机器人、焊枪、自动焊机、变位机、送丝机构、保护气体输送装置、焊接工装、夹具等8个子系统，每一个子系统可以看作独立的“小型机电一体化系统”。每一个子系统的设计可以参照7.5节进行。

2）生产单元/车间空间布局设计

按照车间(生产单元)和生产工艺流程中各工序的功能，完成各子系统的空间布局设计。

车间布局的最常用的方法是系统化布局设计方法，即SLP (system layout planning, SLP)，它是一种最早应用于工厂、车间布局的设计方法。该方法以分析作业单位之间的物流关系及相互的非物流关系为主，运用简单图例和相关表格完成布局设计。该方法提出了作业单位相互关系的等级表示法，使布局问题得到了飞跃性的发展，即由定性阶段发展到定量阶段。

在SLP方法中，主要以P(产品)、Q(产量)、R(路径)、S(服务)、T(时间)5个要素作为布局的基本依据。应用SLP方法布局时，首先要分析各个作业单位之间的关系密切程度，主要包括物流和非物流的相互关系。经综合二者的关系后得到作业单位相互关系表，然后依据表中各个作业单位之间的相互关系的密切程度，确定作业单位布局的相对位置，并以此绘制出作业单位位置相关图；作业单位位置相关图要与实际的各作业单位占地面积结合起来，在此基础上形成作业单位面积相关图；通过修改和调整作业单位面积相关图，便可得到几个可行的布置方案；接下来对各方案进行评价选择，采用的是加权因素方法，且对其中的因素进行量化，将分数最高的布置方案作为最佳布置方案。其车间布局流程如图7-40所示，其流程说明见表7-24。

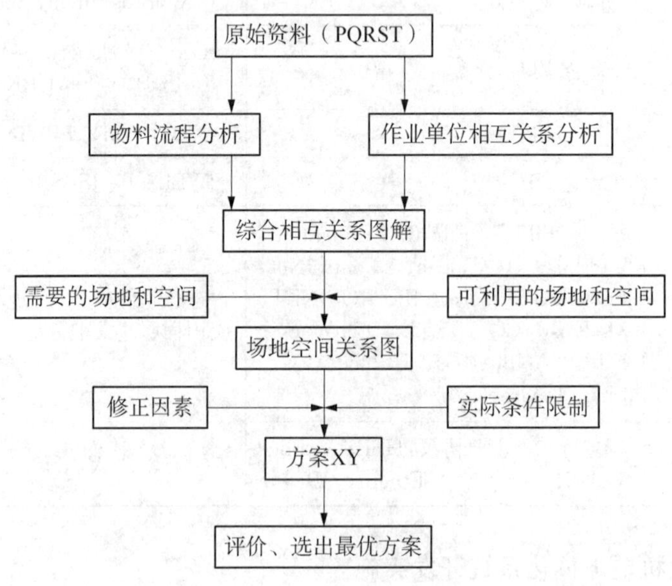

图7-40 车间布局流程

表7-24 车间布局流程说明

序号		流程
1	原始资料的准备	收集原始资料，即布局所需要的基本要素，然后通过分析作业单位划分的情况，综合之后获得作业单位最优的划分情况
2	物流分析及作业单位间关系的分析	对于车间的布局来说，物流分析是规划设计中十分重要的过程。作业单位之间的物流分析可用物流强度等级及物流相关表表示，作业单位间的非物流关系可用量化关系等级表示
3	绘制作业单位的位置相关图	根据得出的物流与非物流关系，从关系等级高低的角度进行考虑来决定两个作业单位相对位置的远近程度，从而得出作业单位的位置关系，一些资料上称为拓扑关系。但是这并没有将各作业单位实际所需面积考虑进去，得到的仅仅是相对的位置图，所以称为位置相关图
4	作业单位占地面积的计算	根据物流、人流和信息流，各作业单位所需要的面积、设备、操作人员等因素，计算出面积大小及土地可用面积大小

(续表)

序号		流程
5	绘制作业单位面积的相关图	将计算出的作业单位面积添加到位置相关图上
6	修正	修正因素的考虑主要包括物料搬运与操作的方式、储存周期等，还应考虑到实际约束条件，包括费用、员工技术及人员安全等。在考虑上述条件后再结合面积图调整得出可行的总体设施布局方案
7	方案评价及选择	针对上面所述的调整方案，要对其费用、技术及其他一些因素进行评价。通过与各方案的评价比较，选出最优的方案

3) 系统运行时序图

为了保证按照成车间(生产单元)内生产工艺过程的有序进行，需要首先确定生产过程的每个工序。以此为基础，可以确定车间(生产单元)内每个子系统的运行时序。典型的中型机电一体化系统的运行时序如图7-41所示。

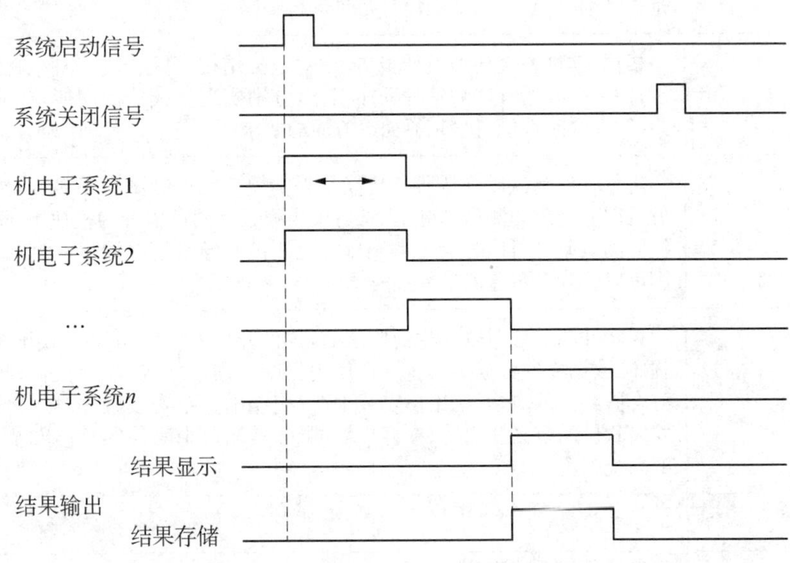

图7-41 中型机电一体化系统运行时序

4) 总控制系统硬件设计

根据每个子系统的控制对象类型、数量、通信接口类型、通信协议类型及拓扑结构类型，确定总控制系统的硬件构成，包括上位机、下位机类型及型号，通信网络硬件，实现上位机和每个子系统之间的数据通信，即建立数据链路。

5) 总控制系统软件设计

总控制系统软件设计流程见表7-25。

(1) 确定控制系统结构。以每一个子系统作为一个模块，确定软件结构拓扑图。每个模块都要明确输入量、输出量、系统状态(关闭、运行、待命、故障)。

(2) 总控制算法设计。中型机电一体化系统总控制算法如图7-42所示。

表 7-25 总控制系统软件设计流程

软件开发流程	实施内容
需求分析	(1) 分析软件设计需求,用相关的工具软件列出要开发的系统的大功能模块,每个大功能模块有哪些小功能模块,对于有些需求比较明确相关的界面时,在这一步里面可以初步定义好少量的界面 (2) 根据需求再做出一份文档系统的功能需求文档。该文档列出系统大致的大功能模块,大功能模块有哪些小功能模块,还要列出相关的界面和界面功能 (3) 确认技术是否全部满足
系统设计	方案设计需要对软件系统的设计进行考虑,包括系统的基本处理流程、系统的组织结构、模块划分、功能分配、接口设计、运行设计、数据结构设计和出错处理设计等,为软件的详细设计提供基础
详细设计	在概要设计的基础上,开发者需要进行软件系统的详细设计。在详细设计中,描述实现具体模块所涉及的主要算法、数据结构、类的层次结构及调用关系,需要说明软件系统各个层次中的每一个程序(每个模块或子程序)的设计考虑,以便进行编码和测试。应当保证软件的需求完全分配给整个软件。详细设计应当足够详细,能够根据详细设计报告进行编码
编写代码	根据《软件系统详细设计报告》中对数据结构、算法分析和模块实现等方面的设计要求,开始具体的编写程序工作,分别实现各模块的功能,从而实现对目标系统的功能、性能、接口、界面等方面的要求
软件测试	进行软件测试以确认所有功能是否实现。软件测试有很多种:按照测试执行方可以分为内部测试和外部测试;按照测试范围可以分为模块测试和整体联调;按照测试条件可以分为正常操作情况测试和异常情况测试;按照测试的输入范围可以分为全覆盖测试和抽样测试
软件交付	在软件测试证明软件达到要求后,软件开发者应向用户提交开发的目标安装程序、数据库的数据字典、《用户使用指南》、需求报告、设计报告、测试报告等双方合同约定的产物。《用户安装手册》应详细介绍安装软件对运行环境的要求、安装软件的定义和内容、在客户端、服务器端及中间件的具体安装步骤、安装后的系统配置
软件验收	功能验收
软件维护	维护是指在已完成对软件的研制(分析、设计、编码和测试)工作并交付使用以后,对软件产品所进行的一些软件工程的活动。即根据软件运行的情况,对软件进行适当修改,以适应新的要求,以及纠正运行中发现的错误。编写软件问题报告、软件修改报告

(3) 应用程序开发。根据机电一体化系统的类型,选择合适的应用程序开发平台,按照表 7-25 所示软件开发流程以及图 7-41 所示的系统运行时序,利用“顺序结构”“循环结构”“条件结构”和“并行结构”,实现各个子模块的控制,完成应用程序开发。

6) 设计文档撰写

(1) 设计说明书,包括控制系统电气原理图、元器件明细、电气控制系统布置图、电气控制系统接线图等。

(2) 用户操作手册。

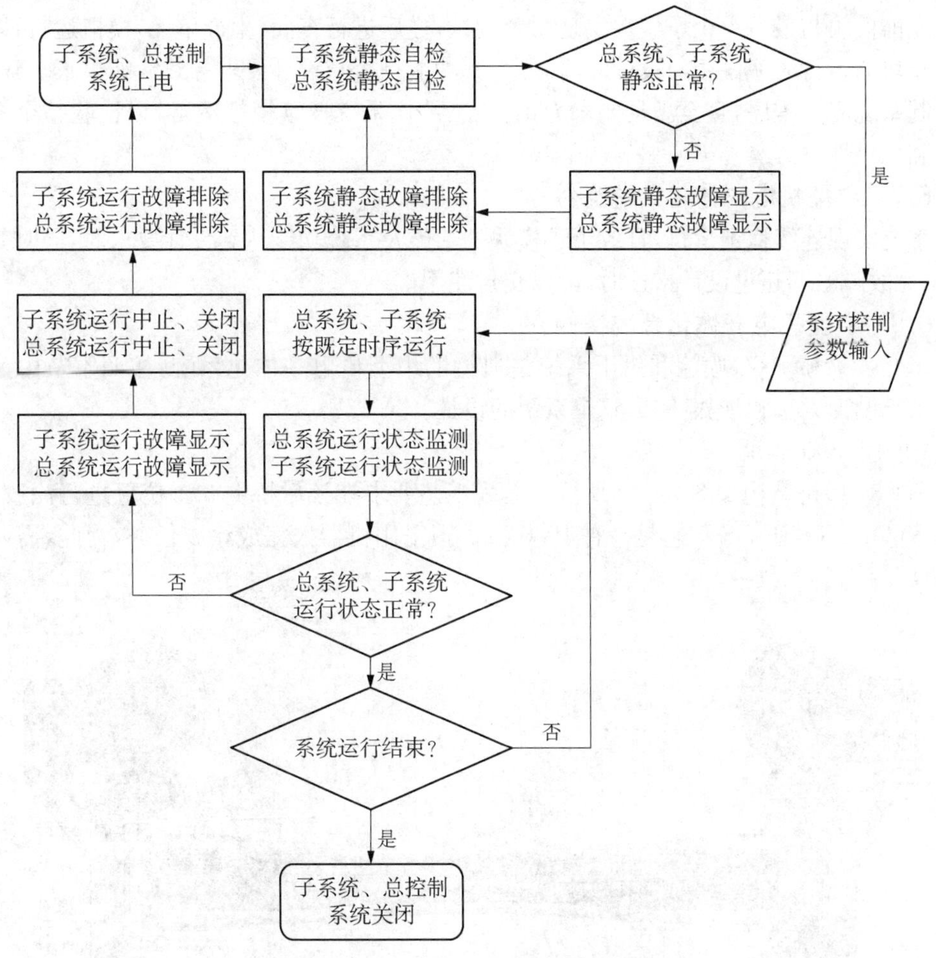

图7-42 中型机电一体化系统总控制算法

(3) 故障及系统维护维修手册等。

7) 施工图设计

施工图设计包括机电设备安装图、电气施工图、网络综合布线施工图。

7.6.6 中型机电一体化系统施工及调试

按照施工图完成车间(生产单元)子模块和总控制系统的安装。

(1) 子模块安装。按照布局图,完成每个车间(生产单元)中每个子系统中机械本体的安装;完成每个子模块控制柜的安装,完成接制系统线硬件布置及动力线路、通信线路的连接。

(2) 车间(生产单元)总控制系统安装。包括总控制柜安装及总控制系统硬件布置;完成总控制柜与各子系统控制柜之间的通信线路连接;完成总控制柜与上位机之间的通信线路连接。

(3) 子模块调试。完成每个子模块机械系统调试;完成每个子模块控制系统调试;每一个子模块按照7.2.5节中的方法完成调试。

(4) 车间(生产单元)运行调试。按照系统运行时序将总控制系统与第一个子模块运行联合调试;调试成功后,再将它们与第二个子模块联合调试,即采用逐一增加的方法实现总控制系统及先前模块与最后一个子模块实现联合调试;之后进行车间(生产单元)模拟运行;以检验每个子模块的运行时序是否与设计时序一致,其功能是否与设计要求一致。如果不一致,则修改总控制系统应用程序,直至满足要求为止。之后,让系统连续模拟运行,以检验整个系统的稳定性和可靠性。

7.6.7 中型机电一体化系统交付

在系统实现连续稳定运行,且各个子模块的功能及系统功能达到设计要求时,同时其连续时,平均无故障时间超过设计指标时,可以交付使用。

7.6.8 中型机电一体化系统实例

汽车 C84 后桥 PVC 喷涂和烘干系统是典型的中型机电一体化系统,按照本节中型机电一体化系统设计方法和步骤,完成整个系统的设计。

7.6.8.1 作业要求

汽车 C84 后桥结构如图 7-43 所示。装配工艺要求在该后桥上 3 个位置进行涂胶,胶的类型为 STOP NOISE 5077,它是一种 PVC 胶。拟采用机器人完成涂胶任务,为此,需要开发喷涂和烘干系统。

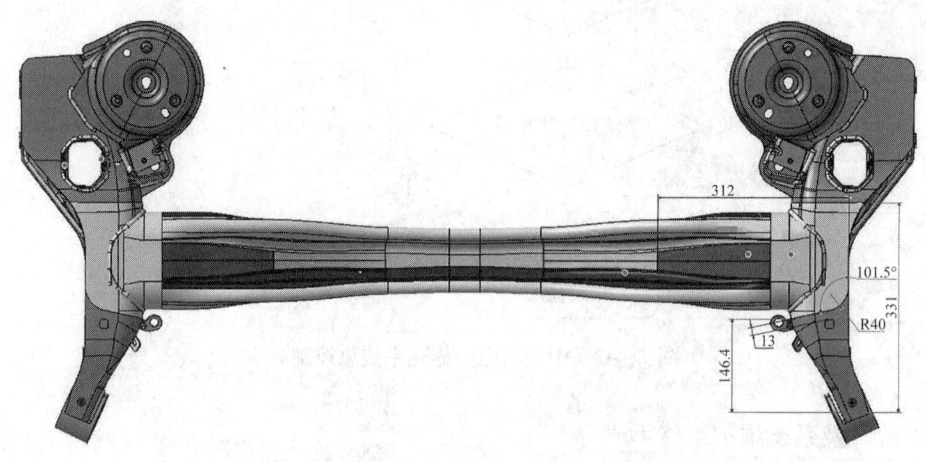

图 7-43 C84 后桥结构

STOP NOISE 5077 是由 PVC 树脂、填料、增塑剂、增黏剂和稳定剂组成的 PVC 增塑糊。它是一种多功能型的底部密封涂料,由于使用了玻璃微球,在不同的固化温度下都能保持低密度,而且具有良好的防腐蚀、耐湿热和抗黄变性能。即便是在 300~500 μm 低膜厚的情况下,依然具有极好的耐崩裂性。

在 C84 后桥上,可利用喷涂机器人完成 STOP NOISE 5077 涂胶任务,即利用机器人与无气设备配合,利用 TC4 喷嘴在 100 bar 压力下进行喷涂,喷涂距离在 160~200 mm,可获得宽度为 200 mm 的喷幅。

C84 后桥涂胶要求如图 7-44 和图 7-45 所示。

7.6.8.2 作业工序流程

汽车 C84 后桥 PVC 喷涂和烘干工序流程如图 7-46 所示。

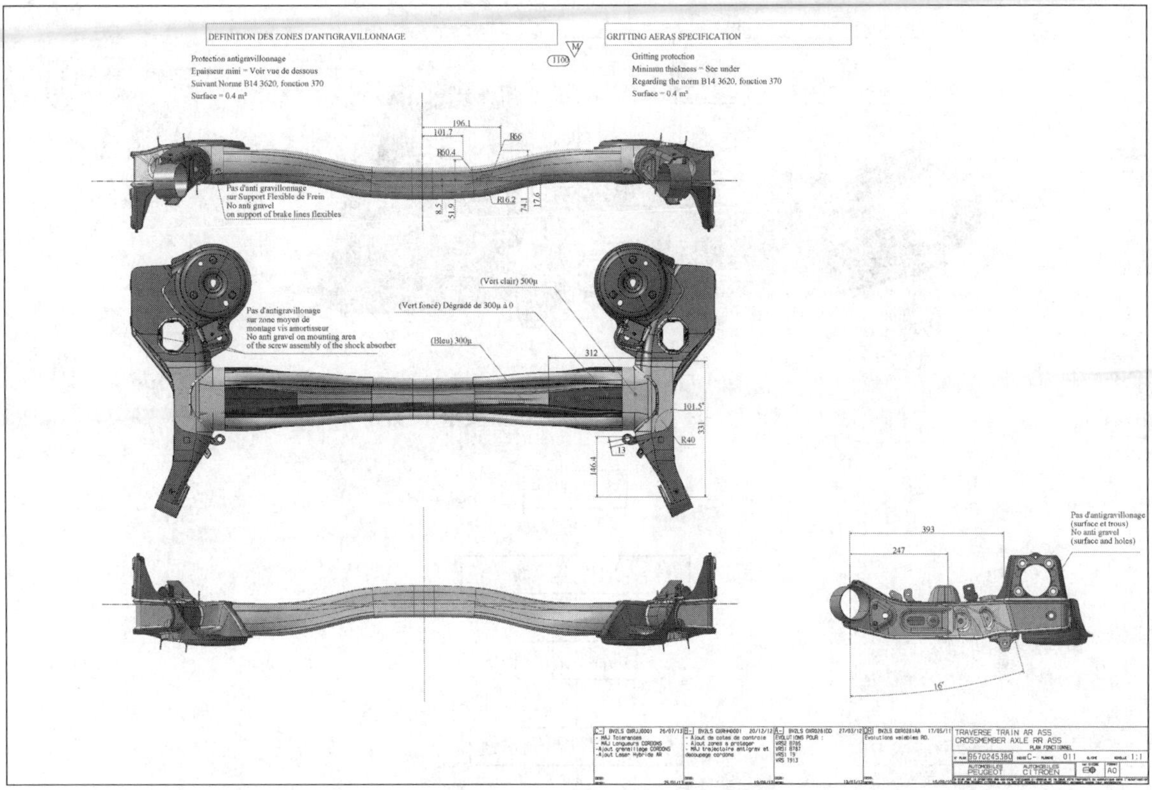

图 7－44　C84 后桥涂胶总要求示意图

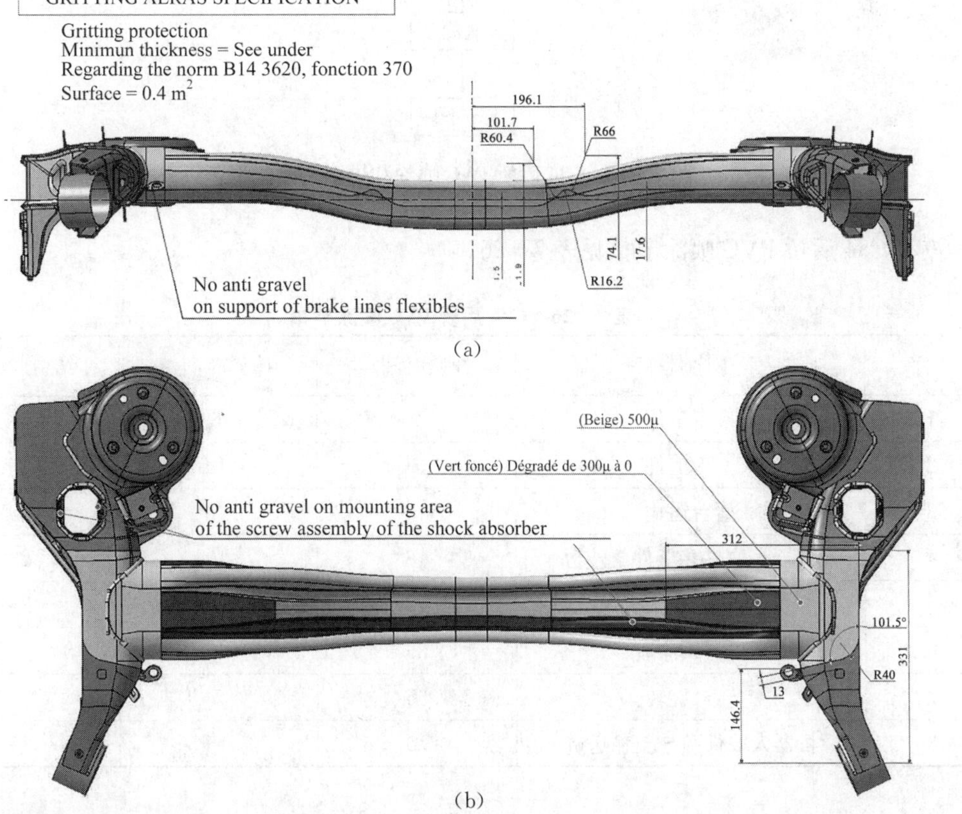

(a)

(b)

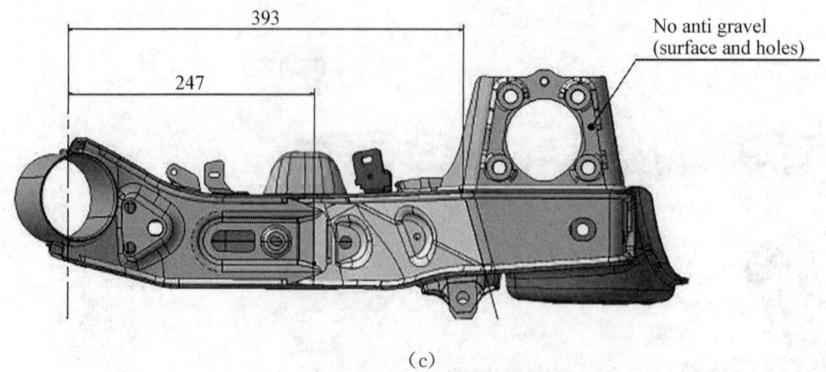

(c)

图 7-45　C84 后桥涂胶细部要求示意图

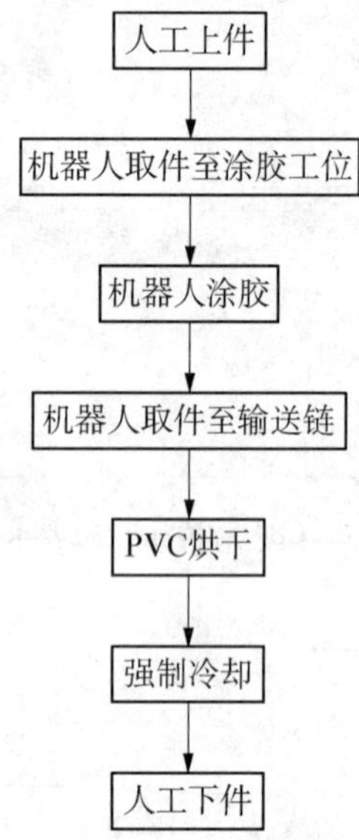

图 7-46　C84 后桥 PVC 喷涂和烘干工序流程

汽车 C84 后桥 PVC 喷涂节拍见表 7-26。

表 7-26　C84 后桥 PVC 喷涂节拍

工序	工序名称	开始时间/s	操作时间/s	结束时间/s
1	准备工作	0	5	5
2	人工上件	5	10	15
3	滑台运输	15	3	18
4	机器人取件并上件至转台	18	10	28
5	夹具夹紧,转台旋转	28	5	35
6	机器人涂胶	35	40	65
7	转台旋转	65	5	70
8	机器人取件并挂至输送链	70	15	85

7.6.8.3 PVC喷涂和烘干控制系统设计方案

汽车C84后桥机器人PVC喷涂和烘干系统组成如图7-47所示，主要包括人工上件滑台、上件抓手、上件机器人、转台、定位夹具、涂胶机器人、供胶系统、喷胶房、烘干房、强冷室、输送链、人工下料助力臂、安全控制系统及电控系统。

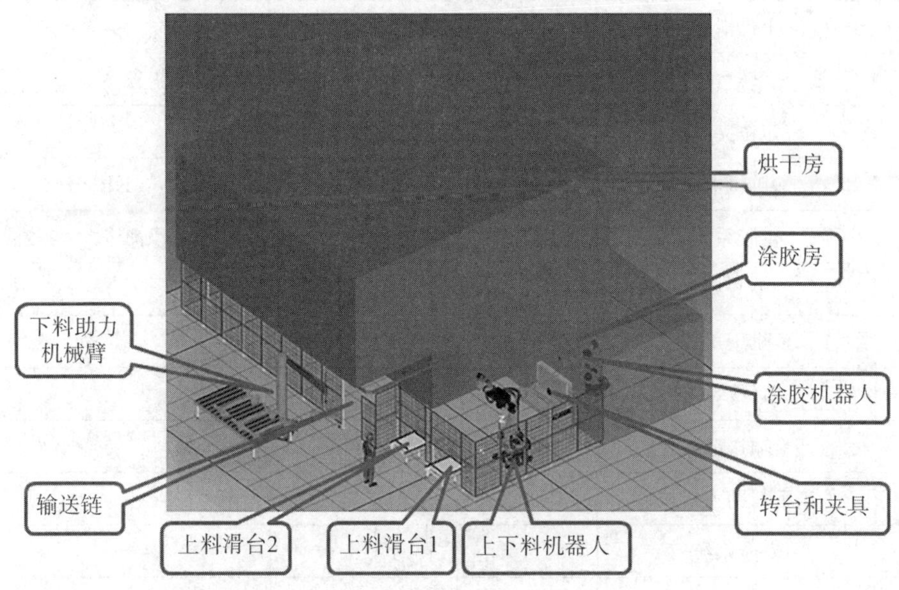

图7-47　汽车C84后桥机器人PVC喷涂和烘干系统组成

因为本系统中无大量数据需要处理，故可以选择如图2-12所示基于PLC的机电一体化系统结构，形成以PLC为核心的机器人工作站控制系统结构，通过PLC的通信端口将机器人及外围设备与PLC相连，形成数据交换链路（通路），具体结构如图7-48所示。

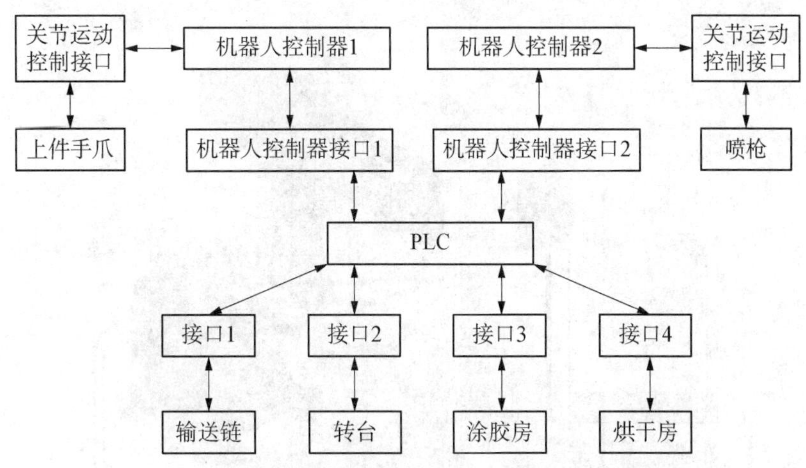

图7-48　汽车C84后桥机器人PVC喷涂和烘干控制系统结构

7.6.8.4 PVC喷涂和烘干系统设备选型

PVC喷涂和烘干系统所有设备选型见表7-27。

表 7-27 汽车 C84 后桥机器人 PVC 喷涂和烘干系统设备清单

序号	名称	数量	品牌	备注
1	上件机器人	1	KUKA	KR210 R2700 Extra
2	上件机器人抓手	1	KUKA	
3	上件滑台	2	KUKA	
4	转台	1	KUKA	
5	定位夹具	2	KUKA	
6	涂胶机器人	1	KUKA	KR60-3
7	供胶系统	1	GRACO	盲端,无胶循环与胶温控制
8	喷胶房	1	KUKA	
9	烘干房	1	KUKA	
10	强冷室	1	KUKA	
11	输送链	1	KUKA	
12	人工下料助力机械臂	1		
13	安全系统	1	KUKA	
14	电控系统	1	KUKA	

1）上件机器人

C84 后桥上件采用 KR210 R2700 Extra 机器人完成,它从输送上抓取 C84 后桥放置到夹具上。KR210 R2700 Extra 机器人工作空间如图 7-49 所示,技术参数见表 7-28。

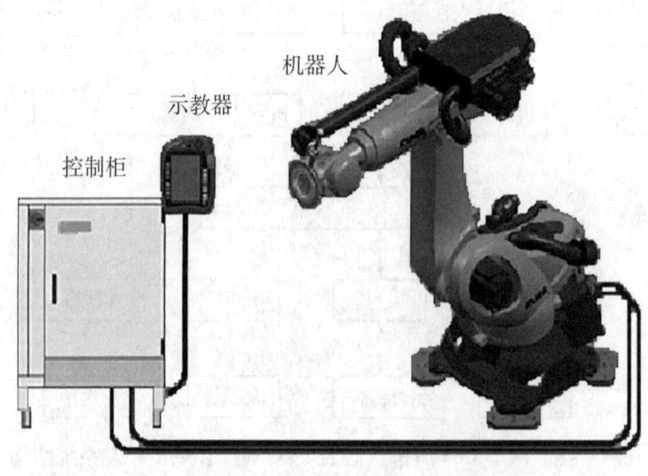

(a) KR210 R2700 Extra 机器人系统

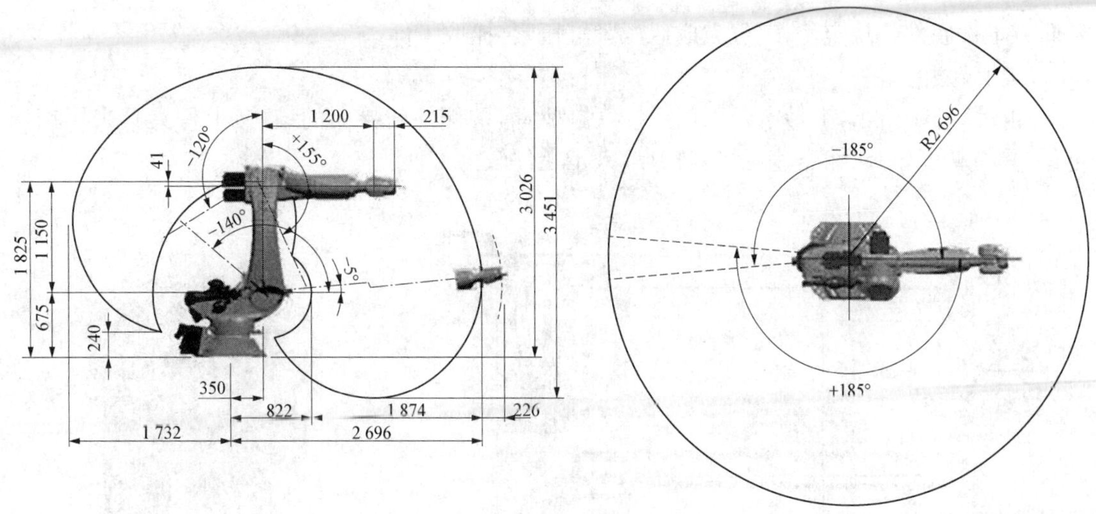

(b) KR210 R2700 Extra 机器人运动范围

图 7-49 KR210 R2700 Extra 机器人

表 7-28 KR210 R2700 Extra 机器人技术参数

技术参数	规格	技术参数	规格
轴数	6	控制器	KRC4
工作空间/m^3	55	A1 轴运动范围/转速	+/− 185°; 123°/s
最大工作范围/mm	696	A2 轴运动范围/转速	−5°/−140°; 115°/s
重复定位精度/mm	±0.06	A3 轴运动范围/转速	+155°/−120°; 112°/s
重量/kg	1 068	A4 轴运动范围/转速	+/−350°; 179°/s
防护等级	IP65	A5 轴运动范围/转速	+/−125°; 172°/s
噪声/dB	<75	A6 轴运动范围/转速	+/−350°; 219°/s

2）上件机器人手爪

如图 7-50 所示，上件机器人手爪主体结构为焊接件，销子定位，定位精度为±0.3 mm，

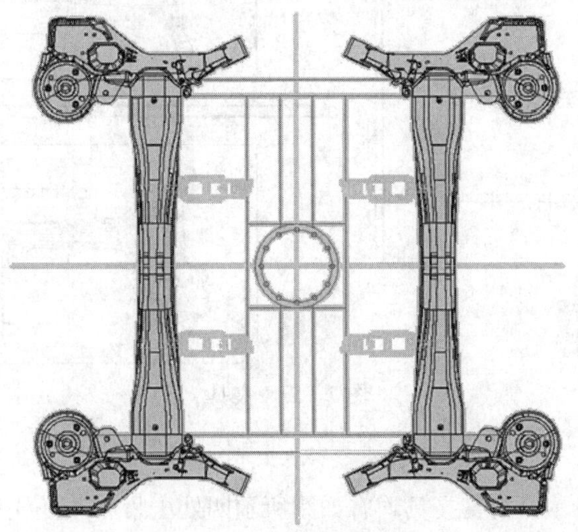

图 7-50 上件机器人手爪

Z 向有工件底部垫块定位，定位完成后压紧缸压紧，抓取工件。

3）上件滑台

如图 7－51 所示，上件滑台采用无杆气缸驱动，两侧导轨导向的结构，上件夹具采用销子定位，具有精度较高、输送速度快的特点，人工上件较为方便。

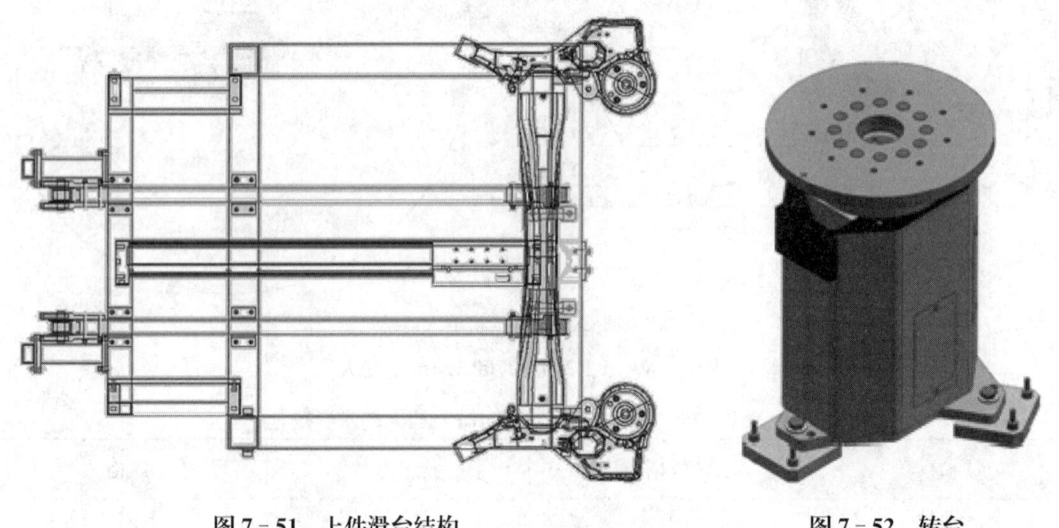

图 7－51　上件滑台结构　　图 7－52　转台

4）转台

如图 7－52 所示，转台采用库卡(KUKA)标准伺服电机驱动，确保定位精度，快速切换；平台中间设有隔板，防止上件位和涂胶位相互影响；采用单机器人双工位，节省机器人上、下时间，提高工作效率。

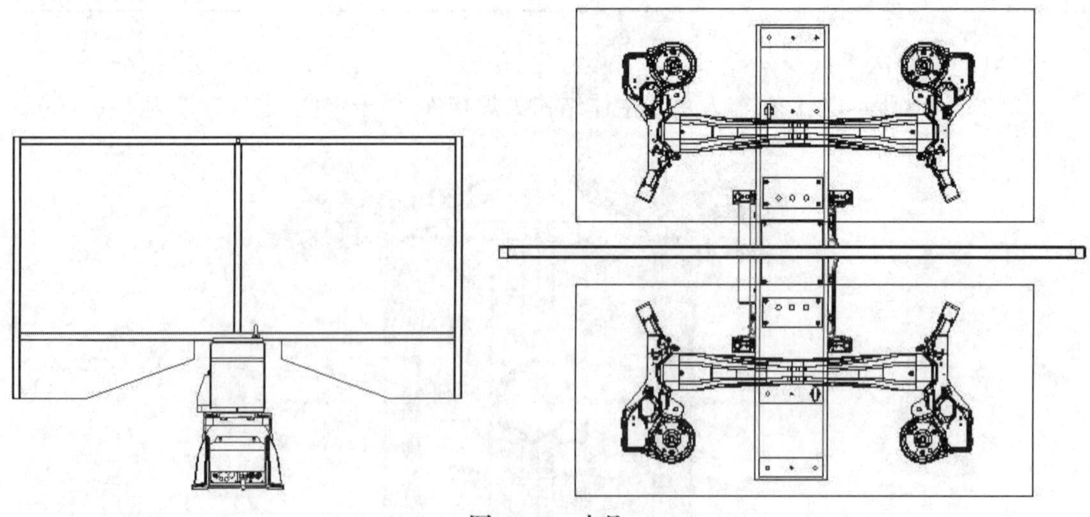

图 7－53　夹具

5）定位夹具

夹具如图 7－53 所示。每套夹具均有如图所示四处压紧点，定位销的位置在图中原点处；平台中间设有隔板，防止上件定位和涂胶位置相互影响。

6）涂胶机器人

涂胶机器人系统组成如图 7－54a 所示，工作空间如图 7－54b 所示，技术指标见表 7－29。

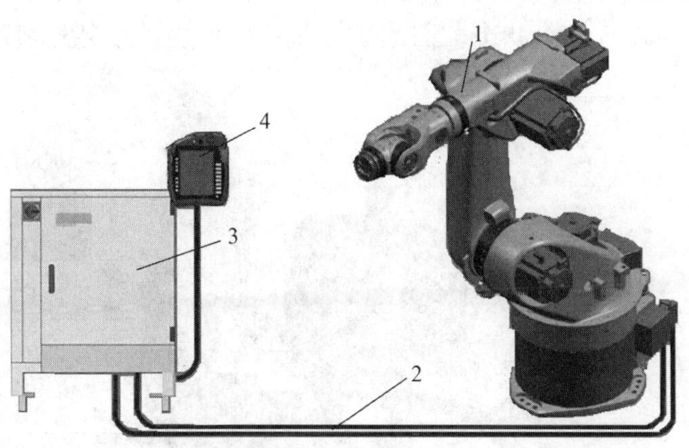

(a) KR60－3 机器人系统组成

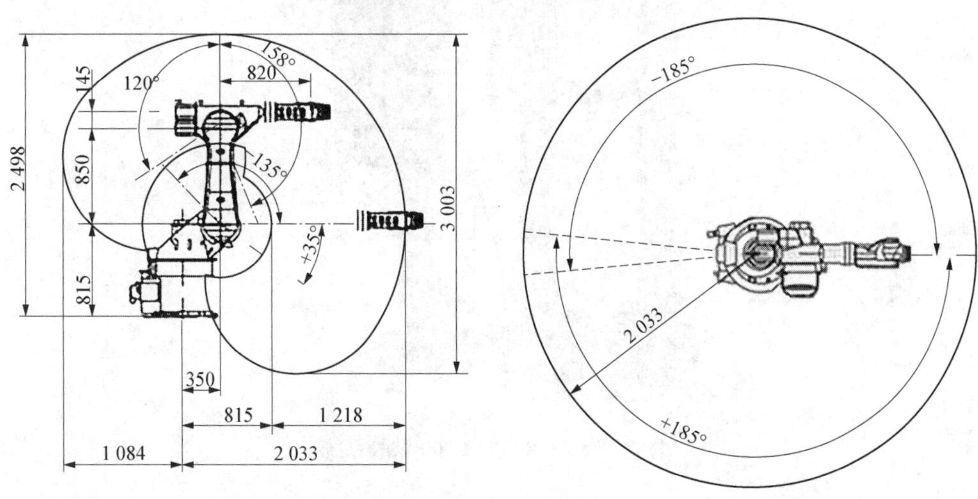

(b) KR60－3 工作空间

1—机械手；2— 连接电缆；3—KR C4 控制系统；4—编程器

图 7－54 KR60－3 机器人

表 7－29 KR60－3 机器人技术参数

技术参数	规格	技术参数	规格
轴数	6	控制器	KRC4
工作空间/m^3	27.2	A1 轴运动范围/转速	＋/－ 185°；128°/s
最大工作范围/mm	2 033	A2 轴运动范围/转速	＋35°/－135°；102°/s
重复定位精度/mm	±0.06	A3 轴运动范围/转速	＋158°/－120°；128°/s
重量/kg	665	A4 轴运动范围/转速	＋/－350°；260°/s
防护等级	IP64	A5 轴运动范围/转速	＋/－119°；245°/s
噪声/dB	<75	A6 轴运动范围/转速	＋/－350°；322°/s

7）供胶系统

系统采用 GRACO D200 供胶系装置，如图 7－55 所示。该系统采用双泵切换，共用 1 把喷枪；供料泵采用自动切换方式，并具有低液位报警功能。系统采用 2 个供料泵，其中一个处于工作状态，另外一个处于待命状态；当工作泵胶桶中的胶达到警戒线高度时，系统报警，并自动切换到另外一个泵。

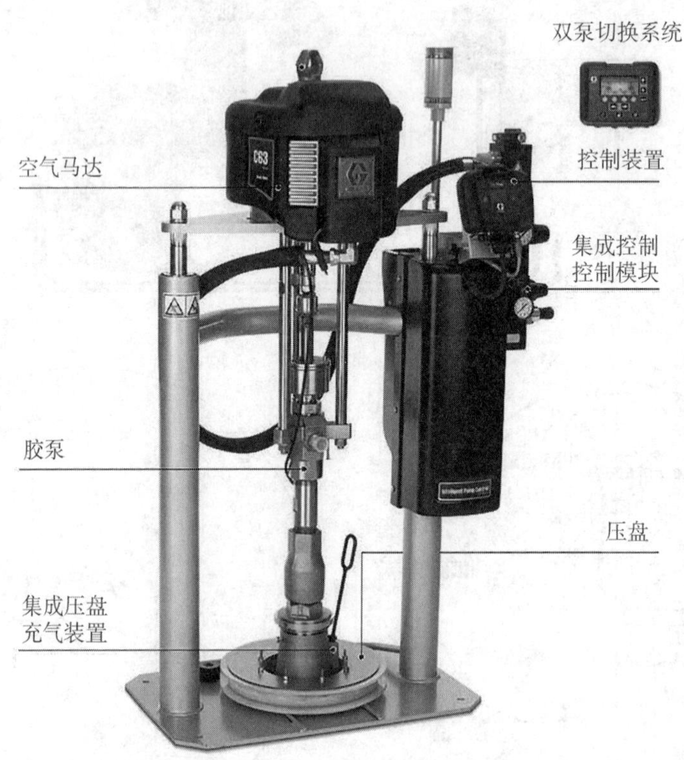

图 7－55　GRACO D200 供胶系统

供胶系统配置见表 7－30。

表 7－30　PVC 供胶系统配置表

名称	说　明	备注
供胶泵	GRAC 双立柱升压盘泵，压力比为 55∶1，流量为 250 CC/cycle，双泵切换	

（续表）

名称	说　明	备注
循环桶	200 L，原料桶	
物位计	限位开关	
硬管管路	CS	
模组过滤器	5 000 psi(1 psi＝6.895 kPa)，双过滤器切换模组	
枪站过滤器	GRACO，最大工作压力为 5 000 psi	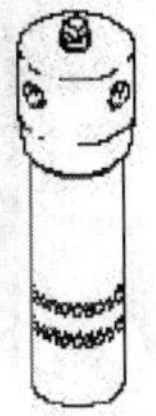
手动枪站调压器	GRACO 高压调压器；适用于高黏度涂料；最大进气压力为 7 bar(1 bar＝0.1 MPa)；涂料调节范围为 207～345 bar	
自动枪站调压器	GRACO 高压气动调压器；适用于高黏度涂料；最大进气压力为 7 bar；涂料调节范围为 17～310 bar	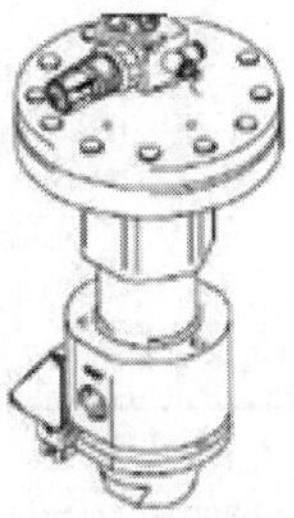
自动无气喷枪	GRACO 无气喷枪，最大工作压力为 4 000 psi	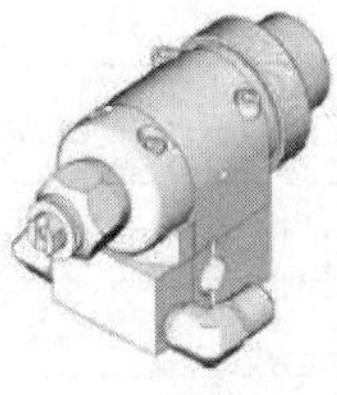
胶型号	STOP NOISE 5077	

8）涂胶房

涂胶房的结构如图 7-56 所示。

图 7-56　涂胶房

涂胶房中的喷房送风机组用于处理空气，其技术参数见表 7-31。

表 7-31　房送风机组技术参数

<table>
<tr><th>序号</th><th>技术参数</th><th>规格</th><th>序号</th><th colspan="2">技术参数</th><th>规格</th></tr>
<tr><td rowspan="5">1</td><td rowspan="5">风量/(m^3/h)</td><td rowspan="5">5 000</td><td rowspan="15">4</td><td rowspan="15">功能段</td><td rowspan="3">制冷/加热</td><td rowspan="3">Copper aluminum</td></tr>
<tr></tr>
<tr></tr>
<tr><td rowspan="3">加湿</td><td rowspan="3">喷水</td></tr>
<tr></tr>
<tr><td rowspan="5">2</td><td rowspan="5">温度/℃</td><td rowspan="5">18～30</td></tr>
<tr><td rowspan="3">加热</td><td rowspan="3">Electric heater</td></tr>
<tr></tr>
<tr></tr>
<tr><td rowspan="3">风机</td><td rowspan="3">KDF600</td></tr>
<tr><td rowspan="5">3</td><td rowspan="5">湿度</td><td rowspan="5">45%～65%</td></tr>
<tr></tr>
<tr><td rowspan="3">过滤</td><td rowspan="3">F7</td></tr>
<tr></tr>
<tr></tr>
</table>

上述风机为双进风，由带驱动，送风机型号为 KDF600，其技术参数见表 7-32。

表 7-32　KDF600 送机技术参数

序号	技术参数	规格	序号	技术参数	规格
1	风量/(m^3/h)	39 100	4	转速/(r/min)	1 100
2	全压/Pa	1 158	5	功率/kW	22
3	静压/Pa	1 090	6	电动机	Y180L 22-4

涂胶房中的排风系统采用集中抽风的方式，其型号为 B4-72N0. 8C，其技术参数见表 7-33。

表 7-33 排风系统技术参数

序号	技术参数	规格	序号	技术参数	规格
1	风量/(m^3/h)	7986	4	转速/(r/min)	1120
2	全压/Pa	975	5	功率/kW	5.5
3	静压/Pa	841	6	电动机	Y160M 55-4

9) 烘干房

烘干房如图 7-56 所示，主要用于涂胶固化。烘干房组成见表 7-34。烘干采用燃气燃烧机加热适用于涂层固化。

表 7-34 烘干房技术参数

序号	技术参数	规格	序号	技术参数	规格
1	外形尺寸/mm	12000 L×5300 W×5700 H	5	加热功率/kW	270
2	换气次数/(次/min)	7	6	升温时间/min	30
3	循环风量/(m^3/h)	52000	7	洁净度	100000
4	温度/℃	180			

烘干房中的循环风机型号为 B4-79No.7C，其技术参数见表 7-35。

表 7-35 循环风机技术参数

序号	技术参数	规格	序号	技术参数	规格
1	风量/(m^3/h)	53500	4	转速/(r/min)	1120
2	全压/Pa	843	5	功率/kW	11
3	静压/Pa	777	6	电动机	Y132S 11-4

烘干房中的排气风机的型号为 SDF-6.3C，其技术参数见表 7-36。

表 7-36 排气风机技术参数

序号	技术参数	规格	序号	技术参数	规格
1	风量/(m^3/h)	3000	4	转速/(r/min)	1450
2	全压/Pa	450	5	功率/kW	3
3	静压/Pa	400	6	电动机	Y110M 3-4

10) 强冷室

强冷室中的冷风机热泵机组中风冷热泵是以空气为冷(热)源、以水为供冷(热)介质的中央空调机组，其技术参数见表 7-37。作为冷热源兼用的一体化设备，风冷热泵省却了冷却塔、水泵浦、锅炉及相应管道系统等许多辅件。该系统结构简单、空间小、维护管理方便且又节能，具有布置灵活、控制方式多样等特点。

表 7-37 风冷热泵技术参数

序号	技术参数	规格	序号	技术参数	规格
1	制热热量/kW	180	4	冷水温度/℃	7～12
2	热水温度/℃	45～40	5	装机功率/kW	10
3	制冷量/kW	220	6	数量	1

11）输送链

输送机功能是输送 C84 后桥，由电机驱动，其技术参数见表 7-38。

表 7-38 输送链机技术参数

序号	项目	单位	规格
1	驱动马达	式	5.5 kW SEW
2	负载小车	式	特制积放链专用小车
3	输送链	套	自制

12）人工下料助力机械臂

如图 7-57 所示，人工下料采用悬臂式平衡吊作为助力臂，可以大幅度减小工人的工作强度，并且能够加快下料的速度。

图 7-57 人工下料助力机械臂

13）电控系统

C84 后桥机器人 PVC 喷涂和烘干系统以 PLC 为核心，完成控制和管理功能，该系统主要包括 PLC 柜、主操作盘、启动按钮盒等。其中，PLC 采用德国西门 S7-300，触摸屏采用德国西门子 TP-177；系统总线采用西门子 Profibus；I/O 模块采用西门子 ET200S 系列产品，PLC 编程使用 Step 7 V5.5 SP2。

14）安全系统

C84 后桥机器人 PVC 喷涂和烘干系统的安全防护装置包括安全栏、安全门、安全光栅和报警装置。安全栏置于系统的外围，采用型钢框架。如图7-58所示，安全门(操作人员在维修时进出用)装有安全门锁，防止系统工作时人员进入；工人取放工件口采用安全光栅作安全保护，在显著位置设置三色警示灯。

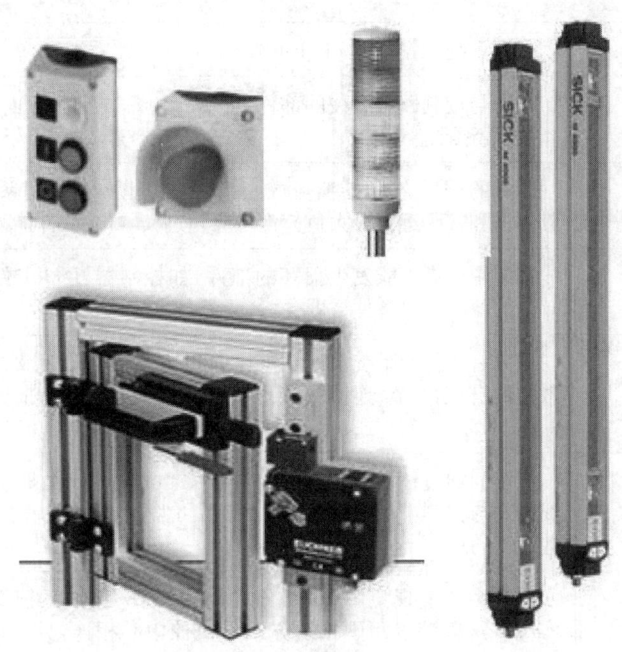

图7-58 安全防护装置

7.7 大型机电一体化系统设计方法

大型机电一体化系统一般具有完整的物流链、数据链、能量链。它以车间(生产单元)为单元，以中央监控单元为核心，以工业互联网、工业以太网、局域网(LAN)、内联网(Intranet)为桥梁，将各个产单元(车间)连接起来，按照既定的生产流程运行。该系统一般具有生产、物流、管理和运行监测功能。

参照图7-5，可以将大型机电一体化系统整个生产系统按照生产流程分解为生产系统、物流系统、管理和服务系统三大部分。

(1) 生产系统功能。其中，生产系统可以参照图7-5分解成若干生产车间，如车间1、车间2，…，车间n。每一个生产车间有明确的功能，并确定其生产流程和工序，即把每一个车间作为一个中型机电一体化系统。

(2) 物流系统功能。根据成品生产流程，确定车间之间的物流系统，即完成生产车间之间的原材料和零部件传送，也可以把这个物流系统看作一个中型机电一体化系统。

(3) 管理和运行监测系统功能。根据生产流程，确定每个车间的生产运行状态参数及其实时生产信息、物流系统运行状态参数及每个车间的实时物流信息，形成完整的信息流和物质流，确定安全预警阈值和安全预警系统。

7.7.1 系统设计指标确定

根据生产系统功能和设计要求，参照表7-4确定系统设计指标。大型机电一体化系统不但具有控制和检测功能，而且还具备通信和管理功能，具体设计要求见表 7-39。

表 7-39 大型机电一体化系统的设计要求

基本要求	说明
完整性原则	保证系统的完整性、工作可靠
冗余配置原则	所有与控制回路有关的部件(如 I/O 卡件、控制器、电源、通信总线等)都按 1∶1 冗余配置
负荷原则	所有的子系统，包括控制站、操作站、工程师站、通信系统、电源系统等，其设计负荷和实际运行最大负荷都不应超过其硬件、软件能力的 60%
备件原则	系统中所有可能发生损坏的部件(如控制器、I/O 卡件)应按系统配置数量 15%的原则留出备件裕度
规划合理，实用、先进、可靠	采用一体化的系统设计。监控中心将车间 1、车间 2、…、车间 n 相连，把参数检测、自动调节、连锁保护、顺序控制、显示、报警、报表设置、监控管理融为一体
数据通信功能	各车间通过标准通信接口与监控中心通信，控制、联锁、SOE 信号通过硬接线方式与控制中心相连，监控中心既可监视这些系统的运行参数，也可控制这些系统的运行
电气控制系统	监控中心实现集中管理、分散控制，继电保护系统等仍采用专用装置来实现。这些装置用硬接线方式与监控中心相连，另外设置必要的紧急跳闸按钮
模拟量控制系统	对各个车间的温度、压力、流量、液位等参数进行控制
顺序控制系统	对于系统中的电动门、主要电机等设备，全部由 LCD 画面触摸操作实现，进行完善的联锁保护逻辑设计，以确保系统安全运行。在一体化设计时，在充分发挥信息共享和变送器可靠性优于逻辑开关的优点，将所需的开关量信号用变送器引入控制系统，在控制系统中通过高选，低选获取所需的开关量信号，用于顺序控制系统
数据采集系统	数据采集系统可将机组所有运行参数，输入输出状态，操作信息、报警信息等以实时方式提供给运行操作人员。画面能显示数据库中任一测点的实时状态和趋势曲线，数据采集系统还包括操作指导和事件顺序记录功能。在进行数据采集系统一体化设计时，应尽可能地将需要监控的信息送至监控中心
整体信息化、预留通信接口	在一体化的系统设计时，要充分考虑整个生产系统信息化建设的需要，预留与仪表安全系统及管理信息系统连接接口，以便满足将来功能扩展的需要
显示功能	运行人员在操作员站的 LCD 上监控系统运行，集控室采用超大屏幕显示，大屏幕与操作员站实时显示，互为冗余，将常规表计降低到最低限度，只安装必要的事故停机按钮等
抗干扰功能	所有进入控制系统的信号线(如热电偶、热电阻、变送器)电缆、补偿导线和所有电动门、执行器电缆设计为屏蔽电缆

7.7.2 大型机电一体化系统总体方案设计

进行大型机电一体化系统设计，首先要确定这个系统的运行流程，该流程是以车间(生产单元)为基本组成单元,如汽车生产线是以车间为生产基本单元,食品、制药等流程工业也是以车间为生产单元。对于大型机电一体化系统的设计,一般采用自上而下的设计流程,如图 7-59 所示,即首先根据生产规模确定合适的生产工艺流程,并以此为依据,确定每个车间(生产单元)的功能及其布局;把每个车间(生产单元)作为一个独立的设计单元,即一个中型的机电一体化系统,按照第 5 章 5.4 节内容进行设计。

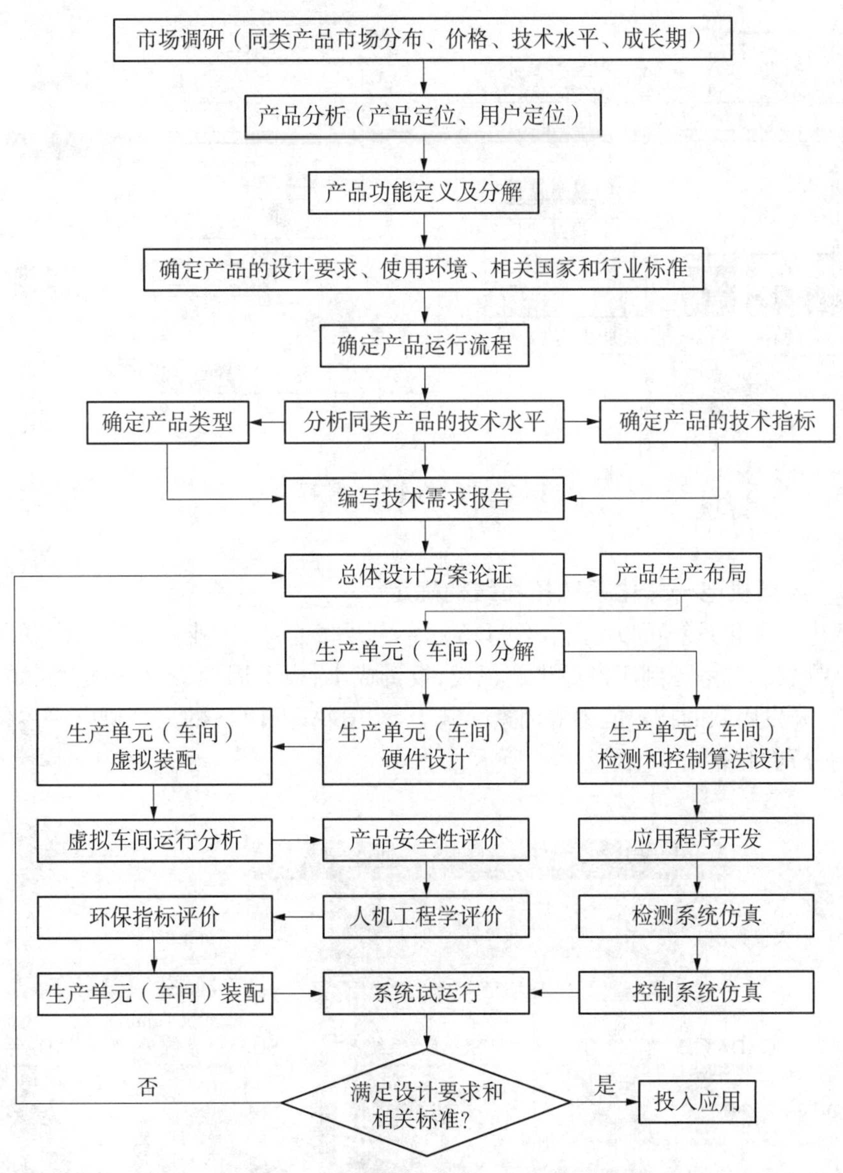

图 7-59　大型机电一体化系统设计流程

汽车生产系统是典型的大型机电一体化系统,其生产工艺流程如图 7-60 所示。

在如图 7-60 所示汽车生产工艺过程中,汽车制造厂需要拥有汽车组装的 5 大工艺生产线,即车身冲压线、车身焊装线、车身涂装线、整车总装线和汽车检测线。为了实现汽车生产,需要设计车身冲压、车身焊装、车身涂装和整车总装、检验 5 大车间。

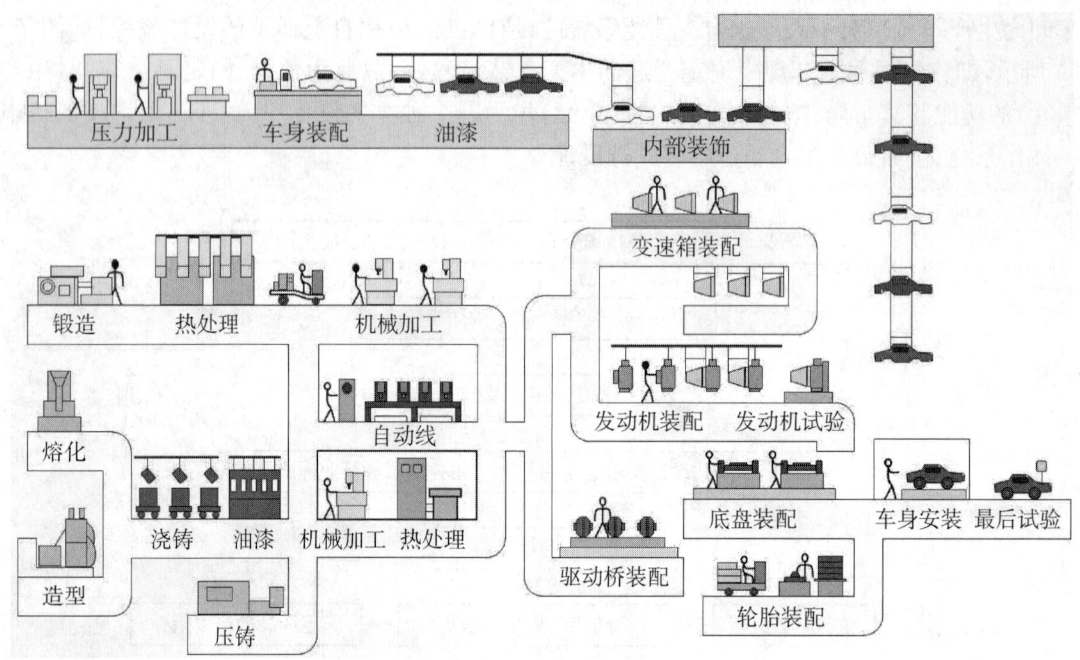

图 7-60 汽车生产流程

7.7.3 大型机电一体化系统拓扑结构确定

大型机电一体化系统可以基于 SCADA、DCS、现场总线、工业互联网和内联网构建。具体类型的选择要综合考虑到于产品生产规模、投资成本、投资周期、系统稳定性、系统扩展性、系统维护性、开发团队的技术能力等因素。基于 SCADA 和 DCS 的大型机电一体化系统的典型拓扑结构分别如图 7-61、图 7-62 所示。

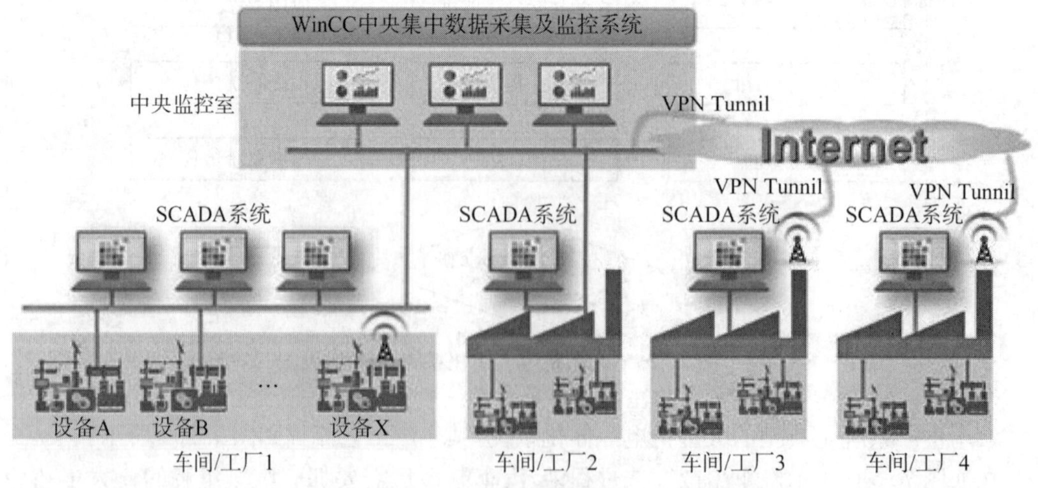

图 7-61 基于 SCADA 的大型机电一体化系统

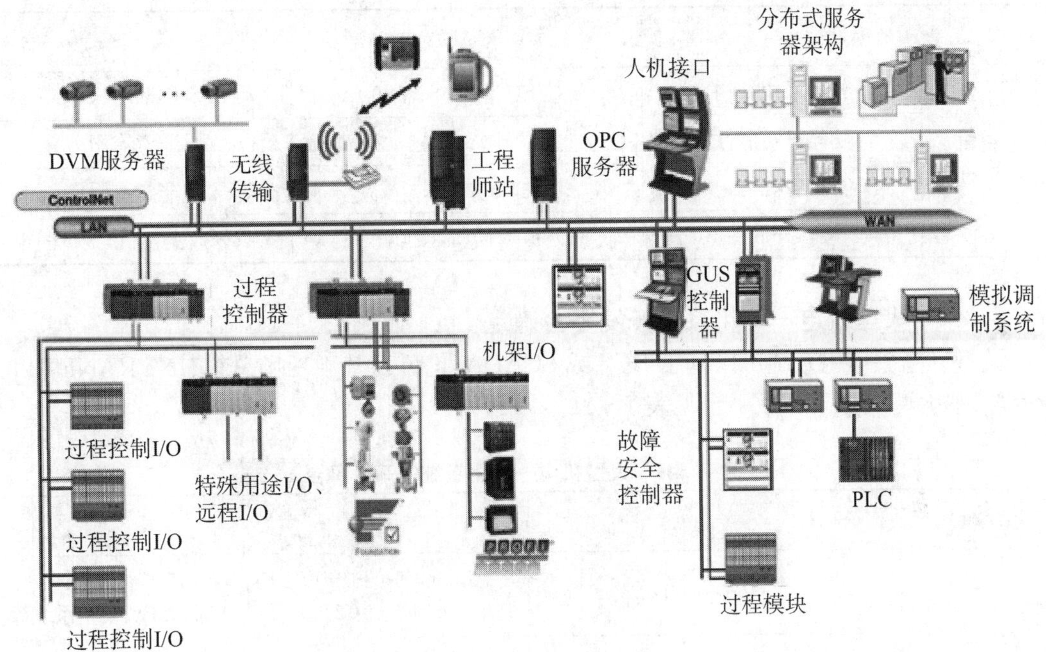

图 7-62　基于 DCS 的大型机电一体化系统

基于 DCS 和 SCADA 架构的机电一体化系统，它们的性能对比见表 7-40。

表 7-40　SCADA 和 DCS 性能对比

项目		SCADA	DCS
数据采集	高频数据采集能力	有	无
	灵活定制采集数据能力	无	无
数据处理	海量数据处理能力	部分采用时序数据库，有一定的处理能力	采用关系数据库，能力不足
数据分析	数据分析能力	无	无
	报表输出能力	无	无
设备控制	对设备实时控制能力	无	有
	多设备联动控制能力	无	有
	控制策略	固定策略	固定策略
	综合分析、非线性运算、多设备智能调度	无	无
适用范围	组网能力	支持广域网和局域网	仅支持局域网
	应用场景	仅适用于地理位置分散场景	适用于集中场景和工业现场

（续表）

项目		SCADA	DCS
平台可扩展性	软件系统结构	C/S(Client/Server)	C/S(Client/Server)
	功能可扩展性	非常有限	非常有限
	扩容能力	非常有限	非常有限
	接口开放性	只开放数据库，接口单一	只开放上位机，接口固定

7.7.4 大型机电一体化系统开发平台确定

大型机电一体化系统可以基于DCS或SCADA，也可以基于现场总线、INTRANET和工业互联网构建，其主要开发平台见表7-41。

表7-41 大型机电一体化系统的开发平台

系统模式	产品	主要型号
DCS	Honeywell	Alcont、Experion LS、Experion PKS、Experion HS、Plant Scape、TDC2000、TDC3000、TPS、安全系统等
	ABB	ABB的DCS控制系统主要包括：800xA、Advant OCS with Master Software、带有MOD 300软件的Advant OCS、Freelance
	Emerson	SE4302T05、SE3008、SE3008、KJ2005X1-SQ1、12P6383X032等
	北京和利时集团	HOLLIAS MACS-F系统：规模上适用于中小型项目(2万个物理点以内)，端子可达1056点； HOLLIAS MACS-S系统：规模上适用于大型项目(10万个物理点以内)，端子可达720点
	浙江中控技术股份有限公司	X-300XP、ECS-100、ECS-700
	南京科远自动化股份有限公司(SCIYON)	NT6000
	上海新华控制技术(集团)有限公司	XDC800 DCS
	上海自动化仪表股份有限公司	SUPMAX800
SCADA	西门子	Wincc
	紫金桥软件技能有限公司	紫金桥Realinfo
	纵横科技(HMITECH)	Hmibuilder
	北京世纪长秋科技有限公司	世纪星
	北京三维力控科技有限公司	三维力控
	北京亚控科技发展有限公司	组态王KingView
	北京昆仑通态自动化软件科技有限公司	MCGS
	南京新迪生软件技能有限公司	态神

7.7.5 大型机电一体化系统开发实施

1）厂区布局设计

厂区布局设计完成工厂与车间平面布置。工厂平面布置方法包括物料流向图法、物料运量图法、作业相关图法和综合法。某一汽车厂的厂区布局如图 7－63 所示。

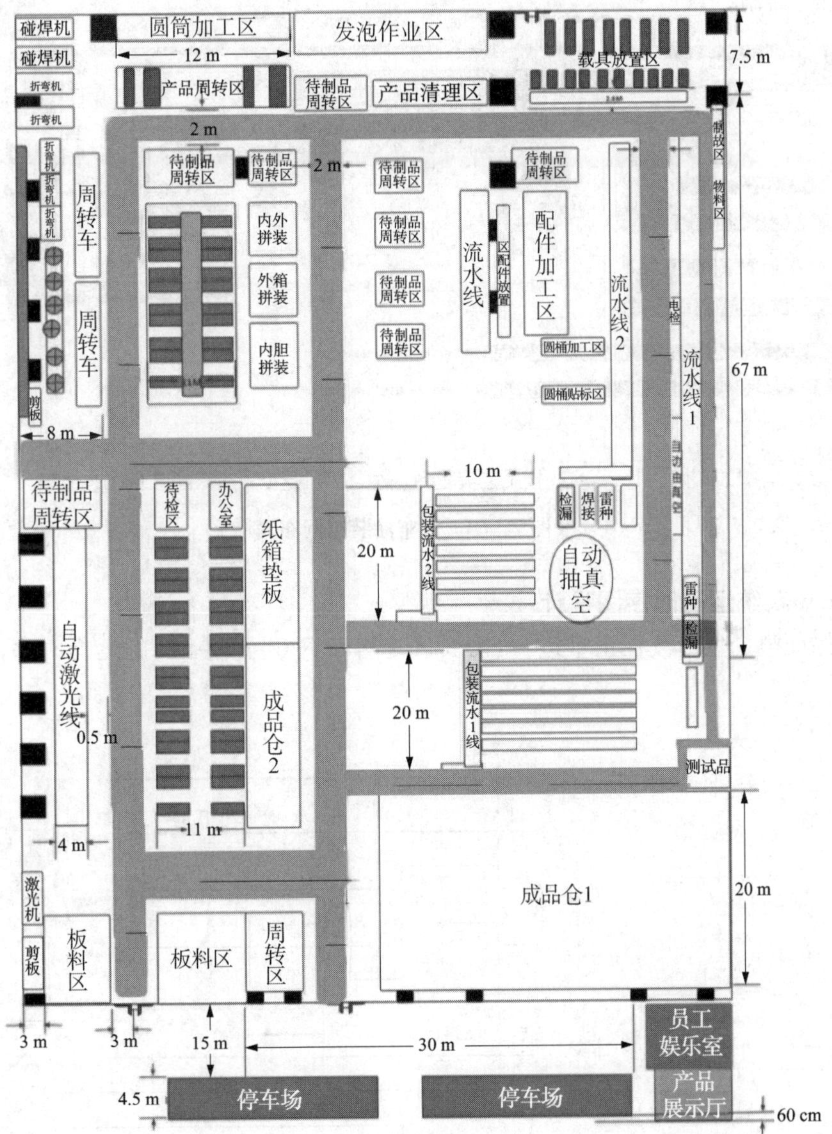

图 7－63 某一汽车生产厂区布局

2）车间布局设计

车间平面布置前需要完成以下准备工作：

（1）根据企业生产大纲和车间分工明细表，编制车间生产大纲。

（2）根据车间生产大纲，制定工艺规程、工艺路线和生产组织形式。

（3）确定机床设备、起重运输设备的种类、型号及数量。

车间平面布置技术与方法包括数学方法、从至表试验法、线性规划法、设备双行布置试验法等。汽车生产五大车间中的汽车涂装车间的布局如图 7－64 所示。

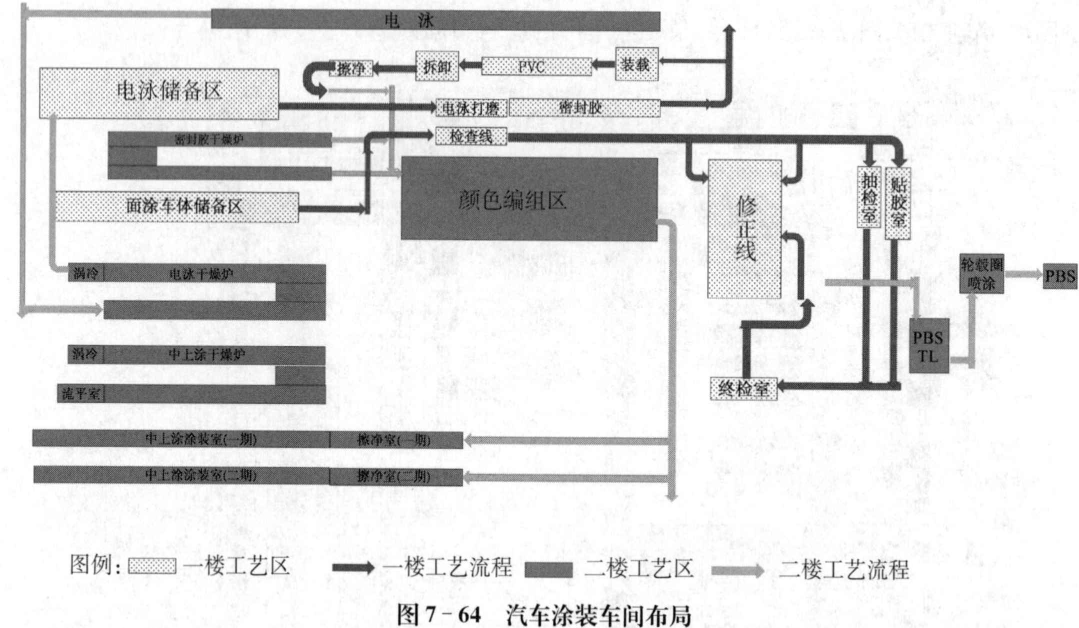

图 7－64　汽车涂装车间布局

7.7.6　系统运行时序图设计

为了保证整个生产流程正常进行，需要确定各车间(生产单元)的运行时序，如图 7－65 所示。

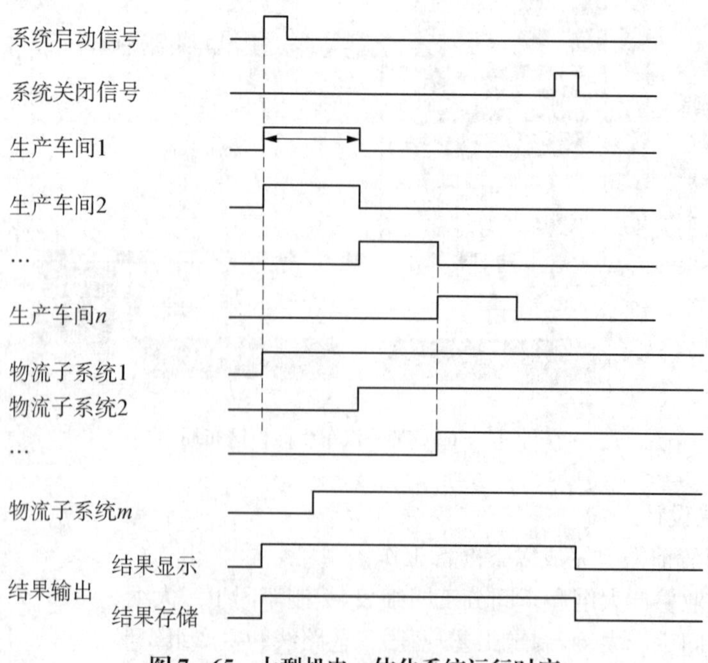

图 7－65　大型机电一体化系统运行时序

7.7.7 总控制系统软件设计

总控制系统软件设计流程见表7-25。根据每个车间的控制系统的输入输出量及生产流程,确定产品总的生产流程。

(1) 确定控制系统结构。以每一个车间作为一个模块,确定软件结构拓扑图。每个模块:输入量、输出量、系统状态{关闭、运行、待命、故障}。

(2) 总控制算法设计。大型机电一体化系统的总控制算法如图7-66所示。

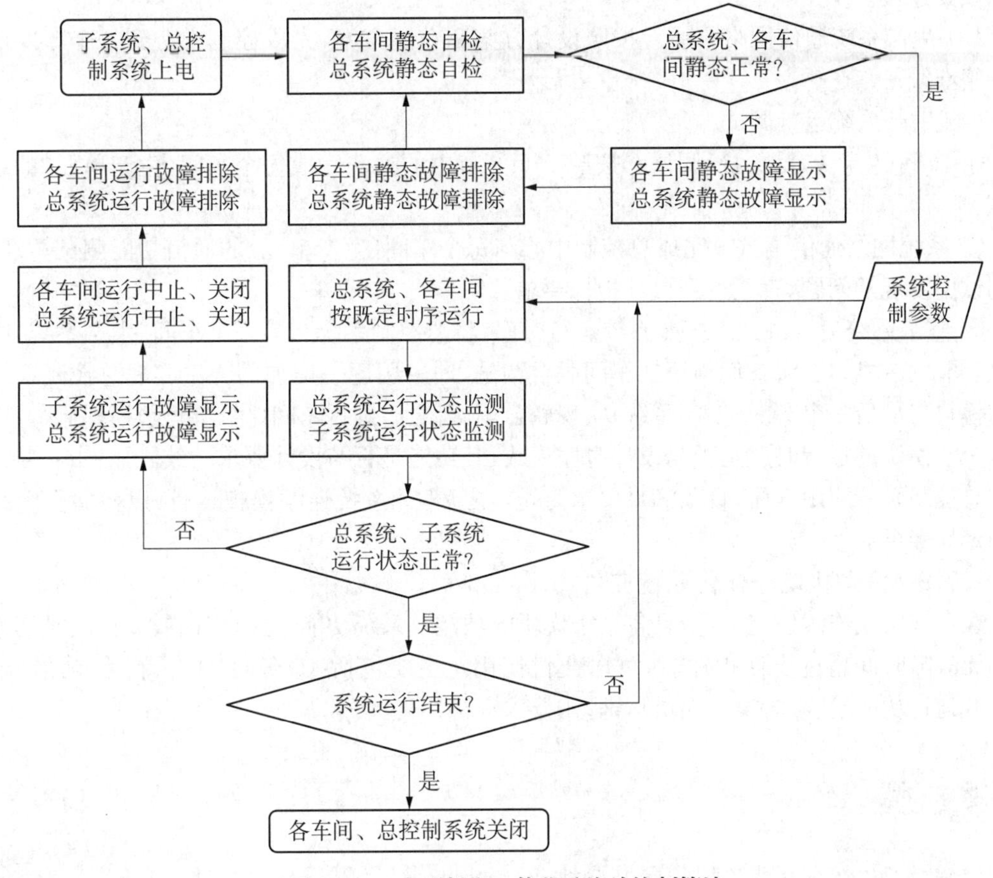

图7-66 大型机电一体化系统总控制算法

(3) 应用程序开发。根据机电一体系统的类型,选择合适的应用程序开发平台,按照表7-25所示软件开发流程及图7-65所示系统运行时序,利用"书序结构""循环结构""条件结构"和"并行结构",应用组态实现各个子模块的控制,完成应用程序开发。

(4) 设计文档撰写。

① 设计说明书。基于生产流程,绘制每个车间的电气控制系统电气图、设备布局图、系统运行控制流程图、通信网络图等。

② 用户操作手册。为用户提供设备操作指南、用户维护指南及故障显示及处理指南。

③ 故障及系统维护维修手册等。

(5) 施工图设计。完成机电设备安装图、电气施工图、网络综合布线施工图设计。

7.7.8 大型机电一体化系统施工及调试

按照施工图完成车间(生产单元)子模块和总控制系统的安装。

(1) 车间(生产单元)设备安装。按照布局图,完成每个车间(生产单元)中每个子系统中机械本体的安装;完成每个子模块控制柜的安装,完成接制系统线硬件布置及动力线路、通信线路的连接。

(2) 车间(生产单元)控制系统安装。包括总控制柜安装以及总控制系统硬件布置;完成总控制柜与各个车间(生产单元)控制柜之间的通信线路连接;完成总控制柜与上位机之间的通信线路连接。

(3) 生产系统通信网络布线。按照设计方案和布局方案,完成控制中心到每个车间的通信网络布线。

(4) 生产系统运行调试。

① 车间(生产单元)运行调试。按照 7.6.6 节中的方法完成每个车间(生产单元)的系统调试。

② 系统网络通信调试。完成总控制中心与每个车间(生产单元)的通信功能测试;及时修改测试中发现的问题,直至达到设计指标要求。

③ 整个系统运行调试。按照系统运行时序,将总控制系统与第一个车间(生产系统)联合调试,调试成功后,在将它们与第二车间联合调试,即采用逐一增加的方法实现总控制系统及先前模块与最后一个车间(生产系统)实现联合调试;之后进行车间(生产单元)模拟运行,以检验每个子模块的运行时序是否与设计时序一致,其功能是否与设计要求一致。如果不一致,则修改总控制系统应用程序,直至满足要求为止。之后,让系统连续模拟运行,以检验整个系统的稳定性和可靠性。

7.7.9 大型机电一体化系统交付

在系统实现连续稳定运行,且各个子模块的功能及系统功能达到设计要求时,同时其连续平均无故障时间超过设计指标时,可以交付使用。主要包括:①车间(生产单元)功能验收;②系统运行功能验收;③操作人员培训;④技术资料移交。

参考文献

[1] 狩野纪昭.在全球化中创造魅力质量[J].中国质量,2002(9):32-34.
[2] 马斯洛 A H.动机与人格[M].许金声,程朝翔,译.北京:华夏出版社,1987.
[3] 伏波,白平.产品设计:功能与结构[M].北京:北京理工大学出版社,2008.
[4] 郭泰.基于激光扫描的3D轮廓测量系统研究[D].上海:上海应用技术大学,2022.

思考与练习

1. 试设计一个机器人焊接工作站。该工作站采用单工位三班制,每班工作时间 8 h,并且要求工作站应具有 24 小时三班连续作业工作能力。

设计要求如下:

(1) 现场条件:电源为三相 AC380 V、50 Hz±1 Hz,电源的波动小于 10%;工作温度为 5~45 ℃;工作湿度在 90%以下。

(2) 焊接工艺。焊接方法：MIG/MAG；保护气体：80% Ar + 20% CO_2。焊丝直径：1.0 mm/1.2 mm。焊丝形式：盘/桶装。

(3) 机器人焊接工作站动作流程：工件吊装→放置在头尾架变位机上→工装快速定位→压紧→启动机器人→弧焊机器人按示教寻位焊接路径→起弧焊接→依次焊接各条焊缝→工件焊接完毕→人工吊装卸下工件，完成一个工作循环。

(4) 工作站组成：本工作站主要由弧焊机器人(1 套)、焊接电源(1 套)、L 型双轴变位机(1 套)、机器人底座(1 套)、系统集成控制柜(1 套)、焊枪等组成，如图 7 - 67 所示。

(a) KUKA KR6 弧焊机器人

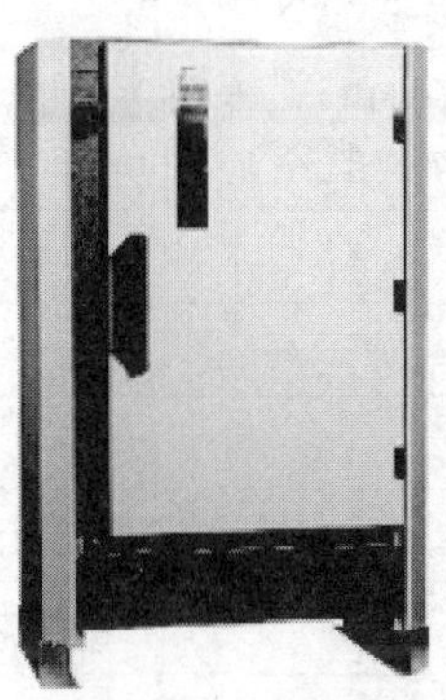

(b) KRC2 控制柜

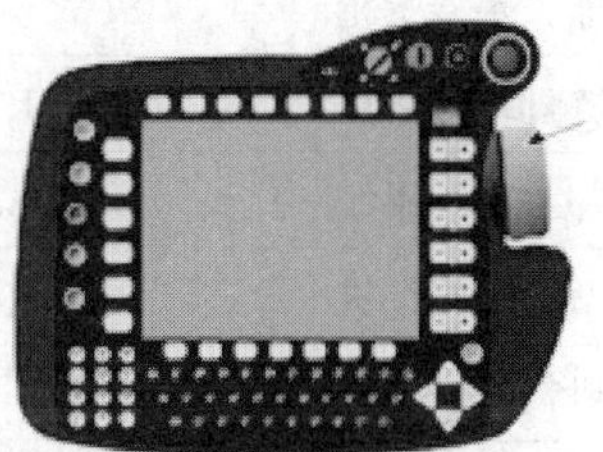

(c) 示教器

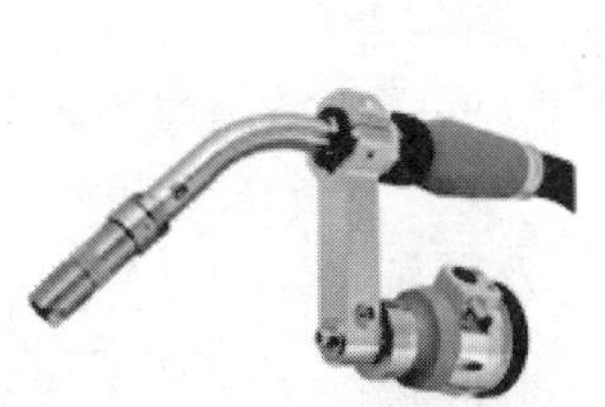

(d) TBi RM 81W 焊枪

(e) DT400 送丝机

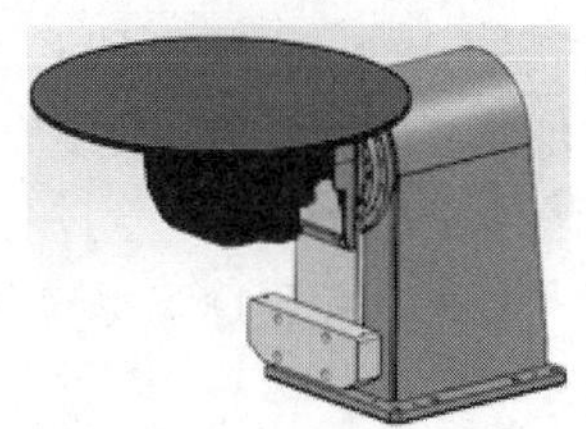

(f) L 型双轴变位机

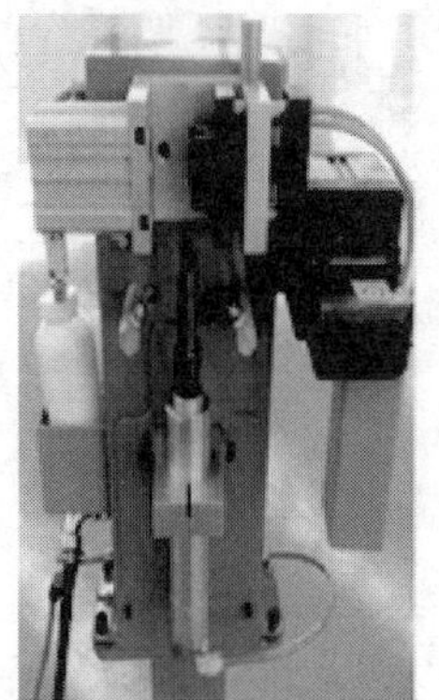

(g) 自动清枪装置

(h) 防碰撞传感器 KS - 1

图 7 - 67　机器人焊接工作站组成

机器人焊接工作站设备配置清单见表 7 - 42。

表 7-42 机器人焊接工作站设备配置清单明细

名称	型号及配置	生产厂家	数量
弧焊机器人本体及控制器	型号:KR6 主要配置:标准配置机器人本体,臂展 1611 mm;有效负载为 6 kg; KRC2 控制柜、示教器电缆长度为 10 m;机器人本体电缆长度为 7 m;机器人标准中文操作系统	KUKA	1套
焊接电源	型号:KempArc SYN 500 主要配置:焊接电源、专用送丝机、送丝轮组、通信电缆、送丝轮(直径 1.2 mm)	肯倍	1套
机器人水冷焊枪	81 W	TBI	1套
防碰撞传感器	KS-1	TBI	1套
冷却水循环系统	LXII-20	正特	1套
L 型双轴变位机	伺服电机、精密减速机;精密回转支承		1套
机器人底座	自制		1套
控制系统	配置:操作盒(1 套)、配线/气盒,电器控制柜		1套
安全系统	自制		1套

根据上述条件,基于 PLC 和 PROFIBUS 总线设计该机器人工作站控制系统。

2. 以一个基于 SCADA 的化工生产过程监控系统为例,简述 SCADA 系统的组成及各部分功能。

3. 以一个基于 DCS 系统的电厂为例,简述该 DCS 系统组成及各部分功能。